放射性废物处理与处置

罗上庚　编著

中国环境出版集团・北京

图书在版编目（CIP）数据

放射性废物处理与处置 / 罗上庚编著. --北京 : 中国环境出版集团，2007.4（2025.8 重印）. --ISBN 978-7-80209-531-1

Ⅰ. TL942

中国国家版本馆 CIP 数据核字第 2025GV0830 号

责任编辑 田 怡
封面设计 康巴朗斯

出版发行 中国环境出版集团
（100062 北京市东城区广渠门内大街 16 号）
网　　址：http://www.cesp.cn
联系电话：010-67112765（总编室）
发行热线：010-67125803
印　　刷 北京鑫益晖印刷有限公司
经　　销 各地新华书店
版　　次 2007 年 4 月第 1 版
印　　次 2025 年 8 月第 2 次印刷
开　　本 787×1092 1/16
印　　张 23
字　　数 510 千字
定　　价 85.00 元

序

核工业是高科技战略产业，核能是能量密度最高的能源，核技术是附加值很高的技术。自 20 世纪 40 年代以来，从军用到民用，核科学技术已取得了卓越的成就，现在它正向着广度、深度发展。核科学技术是符合全面、协调、可持续发展要求的高新技术。现在，我国开始了积极发展核电的新时期，我们迎来了核能开发利用的大好形势。

核能和核技术的开发利用给人们带来巨大好处的同时，也产生了可能对人类健康和环境有负面影响的放射性废物。为降低或消除这种负面影响，从 20 世纪 60 年代以来，世界上许多科技工作者作出了很多贡献，开发了很多有效的放射性废物处理、处置技术，特别是低、中放废物的处理与处置以及高放废物处理技术。但是，对于高放废物的处置、α废物的处理与处置、核设施退役和污染场地清污等方面尚需加强研究、交流和合作，以便促进这方面的工艺设备和技术更加完善、安全和经济。

本书系统和全面地介绍了放射性废物处理与处置的新概念、新技术和新进展，内容丰富、实用性强。希望本书出版对推进我国放射性废物处理与处置事业起到积极作用。

潘自强

2006 年 10 月 20 日

前　言

1938 年，哈恩和斯特拉斯曼发现核裂变，打开了核宝库。近 70 年来，核能的开发利用，从军用到民用，发展迅猛。在军事上，核武器成为强大的威慑力量；在国民经济建设中，核能的利用空间越来越大。现在，世界上有 440 座核电站在发电，提供了世界总电量 16%以上的电能。由于核能是能量密度最高的能源，且不释放二氧化碳，核电是取代化石燃料最可能的依靠对象。核能的利用从裂变能到聚变能，前程远大。同位素和核技术利用是高附加值产业，将会开发更多的市场和创造更大的效益。

我国核工业经过半个世纪的发展，取得了举世瞩目的成就，不仅为保卫国家安全和维护世界和平作出了重大贡献，同时也促进了我国科技进步和经济发展。

人类的一切生产、生活活动会产生废物，核能和核技术的开发利用过程会产生放射性废物。人们对放射性废物的认识有一个逐步深化的过程。今天，放射性废物的处理和处置，除了高放废物处置外，基本具备了安全可靠的工业化技术。比起其他工业有毒、有害废物，放射性废物管理受到最高程度的关注。国际原子能机构经过向成员国征求意见和理事会的批准，发布了放射性废物管理九条原则，要求放射性废物管理确保工作人员和公众的健康，切实保护生态环境、保护后代人的健康和不给后代带来不适当的负担。

我国政府高度重视放射性废物的治理。我国军工遗留的放射性废物的治理和核设施退役，正在积极稳妥地进行。我国核电厂放射性废气和废液得到有效净化处理，气载和液体流出物所增加的辐照剂量远低于国家限值，仅约为天然本底辐射水平的 1%。《中华人民共和国放射性污染防治法》对放射性废物管理作了许多重要法律规定，并且提出国家鼓励、支持放射性污染防治科学研究和技术开发利用，推广先进的放射性污染防治技术。

放射性废物处理与处置是一门新兴的交叉学科，它涉及放射化学、放射化工、无机化学、有机化学、物理化学、分析化学、核物理、辐射防护、地质、水文地质、地球化学、环境科学等许多学科和专业。为安全和经济地处理和处置好废物，世界上有核国家都投入了许多经费，制订法规标准、研究开发新技术和培养管理人才。

本书以科学发展观作指导，介绍放射性废物处理和处置新概念、新技术，阐述放射性废物管理发展动向，推进我国放射性废物治理，促进核能可持续发展，迎接核电发展高潮的到来和建设环境友好的社会主义和谐社会。

全书共分 13 章，全面介绍了气载、液态和固体放射性废物的处理和处置技术。本书没有对放射性废物处理、处置技术的历史发展进程作过多描述，而重在阐述当今世界关注的放射性废物管理领域的热点和难点问题。例如，废物最小化、核设施退役、放射性废源管理、极低放废物、高放废液固化、分离−嬗变和分离−整备、高放废物安全处置等。本书注意收集和介绍我国在放射性废物处理与处置方面所取得的重要成果。

本书在书后设置了 7 个附录，给出了我国和国际原子能机构所发布的放射性处理与处置相关的法规、标准和导则，以及相关出版物目录，介绍了一些国家放射性废物管理专门机构、放射性废物相关监测方法和分析标准，这些内容颇具实用价值。

中国工程院潘自强院士为本书作了序。我国放射性废物领域知名专家陈式、王显德、孙东辉、徐国庆、孙明生分别对本书诸章进行了审阅。在这里对他们的指教和支持，表示衷心的感谢。

本书附录得到了李泽研究员、金惠民研究员、张振涛研究员、肖雪夫研究员、吉艳琴博士、张华博士、潘竞舜高级工程师等的帮助，谨向他们表示谢忱。

本书覆盖面大，涉及范围宽，加上放射性废物处理与处置技术不断推陈出新，而本人知识水平和理解程度有限，书中难免存在不当或疏漏之处，敬请专家和读者批评指正。

罗上庚

2006 年 10 月

目　录

第一章　放射性废物管理内容和原则

核能是一种高度浓缩的能源，是目前唯一可以大量替代化石燃料的能源。核技术是一种高附加值的生产技术。核能的开发利用给人类社会带来了巨大经济效益和社会效益，但是它也像人类的其他生产、生活活动一样会产生废物，这就是本书所要阐述的放射性废物，也有人称之为核废物。

放射性废物是含有放射性核素或为放射性核素所污染，其放射性核素的浓度或活度大于审管机构确定的清洁解控水平，并且预期不再使用的物质。

放射性废物以各种各样的形式存在，其物理和化学特性、放射性浓度或活度、半衰期和生物毒性可能差别很大。放射性废物与别的有害物质或一般废物不同，它的危害作用不能通过化学、物理或生物的方法消除，而只能通过自身衰变或核反应嬗变来降低其放射性水平，最后达到无害化。因此，放射性废物的管理有其特殊要求和需要专门的措施。放射性废物治理的基本方法可概括为两类：① 分散稀释；② 浓集隔离。放射性废气和废液经过净化处理之后，以气载或液体流出物排放到大气或水体中属于“分散稀释”。放射性废物经过固化、整备，把放射性核素浓集在固化体中，实行近地表处置或深地质处置，就属于“浓集隔离”。

第一节　放射性废物管理内容

放射性废物管理是包括废物的产生、预处理、处理、整备、运输、贮存和处置在内的所有的行政和技术活动。放射性废物管理应实行从“产生”到“处置”的生命周期全过程的优化管理，力求达到最佳的经济、环境和社会效益，有利于可持续发展。放射性废物管理体系可用图 1-1 来表示。

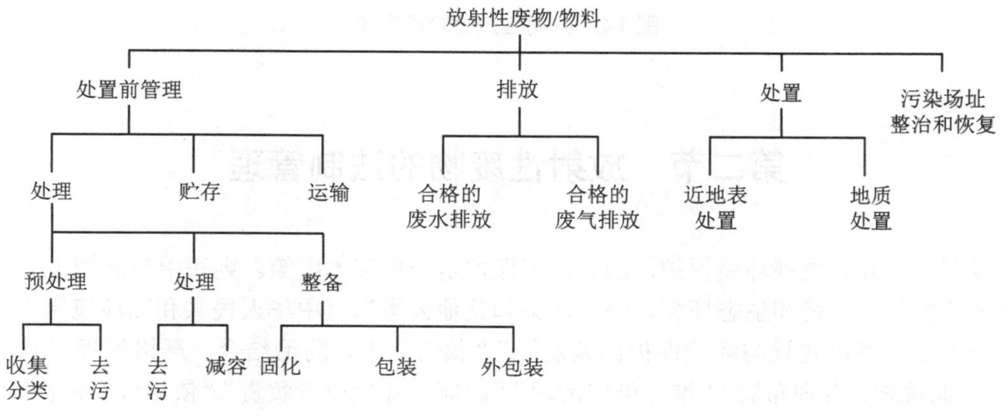

图 1-1　放射性废物管理体系图

放射性废物管理以“安全”为目的，“处置”为核心。气载和液体流出物的排放是处置的一种形式。核设施退役涉及去污、切割解体、场址清污等一系列活动，退役活动会产生许多废物，所以国际原子能机构（IAEA）把退役划分在放射性废物管理之中。

放射性废物管理要用科学发展观作指导，以优化方式进行全过程管理，实现安全处置，使当代和后代人的健康与生态环境和非人类物种免遭危害，不给后代带来不适当的负担，使核能事业持续发展。

放射性废物管理者的责任是按照国家颁发的相关法律、法规和标准，以及国际社会一致同意的放射性废物管理基本原则和辐射防护原则，安全、经济、科学、合理地处理处置好废物。废物最小化应作为放射性废物管理必须遵守的宗旨和努力目标，为此，废物管理应该把豁免的废物和物料分出来，把可再利用、再循环的物料分出来，经过适当的处理，使需要最终处置的废物可合理达到的尽可能少，经过适当处理和整备得到安全处置（图1-2）。

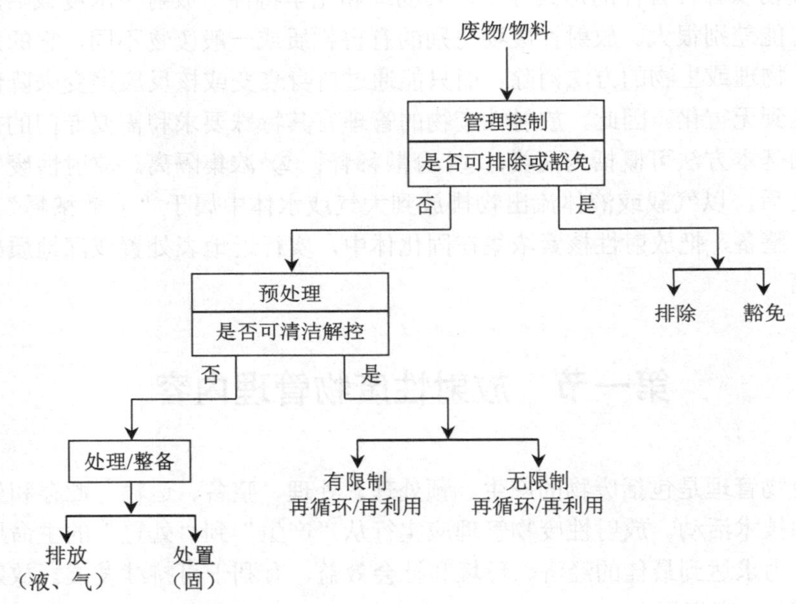

图 1-2 放射性废物管理模式

第二节 放射性废物的法制管理

我国政府高度重视环境保护，确定环境保护是一项基本国策。宪法中明确规定“国家保护和改善生活环境和生态环境，防治污染和其他公害”。《中华人民共和国环境保护法》明确提出了“经济建设与环境保护协调发展”“预防为主、防治结合、严格管理、安全第一”“全面规划、合理布局”“谁污染谁治理”“政府对环境质量负责”“依靠群众保护环境”等原则。在防治污染和其他公害方面，我国已颁布了《中华人民共和国海洋环境保护法》、

《中华人民共和国水污染防治法》、《中华人民共和国大气污染防治法》、《中华人民共和国放射性污染防治法》等一系列法律、法规，形成了较完整的法律体系。

全国人民代表大会常务委员会于2003年6月28日通过了《中华人民共和国放射性污染防治法》[1]，此法在总结我国几十年核能和核技术利用中的经验和教训，参照国际上成熟的通用的实践，对核设施、核技术应用，铀矿和伴生矿开发以及放射性废物管理等方面的污染防治作出了规定，确定了核设施许可证、环境影响评价、辐射环境监测、核事故应急等管理制度，对放射性污染防治实行全过程管理。放射性污染防治法规定了向环境排放放射性废气、废液必须符合国家放射性污染防治标准；低、中水平放射性固体废物在符合国家规定的区域实行近地表处置；高水平放射性固体废物和α废物实行集中的深地质处置；产生放射性固体废物的单位，应当按照国务院环境保护行政主管部门的规定，对其产生的放射性固体废物进行处理后，送交放射性固体废物处置单位处置，并承担处置费用；设立专门从事放射性固体废物贮存、处置的单位，必须经国务院环境保护行政主管部门审查批准，取得许可证；禁止将放射性废物和被放射性污染的物品输入中华人民共和国境内或者经中华人民共和国境内转移，等等。

我国已经建立职责分工明确和实行独立监管的组织机构。例如，国防科学技术工业委员会（以下简称国防科工委）是我国放射性废物管理的行业主管部门。国防科工委所属中国核工业集团公司是我国最大的放射性废物产生和管理部门。国家环境保护总局（国家核安全局）是我国放射性废物管理最高安全监管机构。地方环保部门参与有关放射性的监管活动，进行独立环境监测。企业内部有运营机构与监督机构之分，企业法人是安全直接责任者，承担对辐射照射达到并保持满意控制的责任[2]。

放射环境管理实行国家和省、自治区、直辖市（下称省级）两级管理。国家环境保护总局对全国放射环境保护工作实施统一监督管理。省级人民政府环境保护行政主管部门对本辖区的放射环境保护工作实施统一监督管理，并根据本地区的实际情况加强环境管理队伍建设和组织落实。国家环境保护总局负责拟定放射环境管理的政策和法规，制定放射环境标准并监督实施；负责核设施环境影响报告的审批和指导省级环境保护行政主管部门的放射环境管理工作。放射环境管理的具体任务由省级环境保护行政主管部门负责实施[3]。

《放射环境管理办法》《放射环境管理实施细则》《建设城市放射性废物库的暂行规定》《城市放射性废物管理办法》，以及《关于我国中低水平放射性废物处置的环境政策》等法规、条例和标准，都体现了我国放射性废物管理的实行：

- 在国家法律框架下，按法律、法规、标准办事；
- 建立审管机构，独立行使审管的执法和监督职能；
- 明确废物产生者和废物管理设施营运者的职责；
- 实行环境影响评价制度和许可制度。

在放射性废物管理方面，我国已发布了不少标准，基础性的标准如：《放射性废物管理规定》（GB 14500—2002）、《放射性废物分类标准》（GB 9133—1995，HAD401/04）、《放射性废物安全监督管理规定》（HAF 401）、《核科学技术术语　放射性废物管理》（GB/T 4960.8—1996）等。我国已发布的放射性废物相关法规、标准和导则目录详见附录一。

第三节 放射性废物管理的基本原则

放射性废物不恰当的管理会在现在或将来对人类健康和环境产生不利的影响，放射性废物管理必须履行旨在保护人类健康和环境的各项措施。国际原子能机构（IAEA）在征集成员国意见的基础上，经理事会批准，在 1995 年发布了放射性废物管理以下九条基本原则[4]：

原则 1 保护人类健康

放射性废物管理必须确保对人类健康的保护达到可接受水平。

放射性废物引起的危害作用和某些有毒废物相类似，而且放射性废物还具有电离辐射危害作用，需要特殊的保护，必须控制工作人员和公众受到的照射在国家规定的允许限值之内，并且可合理达到的尽可能低。在确定辐射防护的可接受水平时，主要应考虑国际放射防护委员会（ICRP）和国标原子能机构（IAEA）的推荐，特别是关于正当性、最优化和剂量限值的原则。

原则 2 保护环境

放射性废物管理必须提供环境保护达到可接受水平。

放射性废物管理应使放射性废物向环境的释放实际可达到最少，优选的办法是把放射性核素浓集和包容起来，但是，也可以采取适当的控制措施，在批准的限值内释放到大气和水体中，并且也可进行复用。

放射性核素释放到环境中，除人类之外的其他生物物种也可能受到电离辐射的照射，对于这些照射的各种影响也应予以考虑。放射性废物处置可能在相当长的时间内对天然资源（如土地、森林、地表水、地下水及矿藏）未来的可用性产生不良的影响，放射性废物管理应尽可能限制这些影响。

放射性废物管理活动有可能引起非放射性环境影响，如化学污染或生物天然栖息地的变更。对于这些影响，要使放射性废物的非放射性环境影响至少达到类似的工业活动的水平。

原则 3 超越国界的保护

放射性废物管理必须考虑对人体健康和环境的超越国界可能的影响。

本原则出于道义上的考虑，放射性废物管理要使对相关国家人体健康和环境的有害影响不大于对自己国内已经判定可接受的影响。在履行这项义务时，要考虑诸如国际放射防护委员会和国际原子能机构等国际团体的建议。

在正常释放、潜在释放或放射性核素越境转移情况下，事发国应根据这一原则的精神，通过与邻国或受影响国交换信息或商议等方式达成共识。

国际原子能机构《关于放射性废物国际越境转移实践规程》规定：一个国家仅当具备符合国际安全标准的处理和处置废物所需的行政管理、技术能力及审管机构时，才可接收另一个国家的废物进行处理或处置。

原则 4　保护后代

放射性废物管理必须保证对后代预期的健康影响不大于当今可接受的有关水平。

本原则是基于对后代健康的人道考虑。可接受水平的确定主要根据国际放射防护委员会和国际原子能机构的最新建议。

对会长时期延续影响的情况，如不能保证放射性废物的完全隔离，则应达到合理保证人类健康不会受到不可接受的影响。这一目标主要通过采用天然屏障及工程屏障构成的多重屏障体系来实现。此外，应考虑未来人类闯入隔离区域的活动或自然活动，可能会对处置设施的隔离能力产生不利影响；应考虑预测遥远未来的困难性，会造成安全评价的不确定性。

原则 5　不给后代造成不适当的负担

放射性废物管理必须保证不给后代造成不适当的负担。

本原则也是出于道义的考虑，享受核能开发利用好处的人们应承担管好其所产生废物的责任。有些活动的影响可能延续到后代，如废物处置，对处置设施应按规定进行监测和控制。对放射性废物管理，当代人有责任开发技术、建立基金体系进行有效控制和计划安排。

各类放射性废物处置的时间安排和具体实施，受科学、技术、社会和经济等因素的影响，例如，合适场址的可获得性、公众的可接受性和地方政府的配合。放射性废物处置应尽量不依赖于长期对处置场的监测和处置场关闭后对放射性废物进行回取。

原则 6　纳入国家法律框架

放射性废物管理必须在适宜的国家法律框架内进行。

国家应制订法律框架，发布放射性废物管理的法律和法规。进行放射性废物管理活动的有关部门和机构应有明确的分工。审管职能必须与运行职能分离，使放射性废物管理实现独立的审查和监督。

放射性废物管理特别是放射性废物的处置要涉及许多代人和持续非常长的时间，故现在及将来的情况都应予以考虑，应当确保职责的长期持续性和资金满足需求。

原则 7　控制放射性废物产生

放射性废物的产生量必须可实现的尽可能少。

通过适当的设计、运行和退役，使放射性废物量和活度两者都尽可能地最小。减少废物量的办法包括：优化管理、对材料的选择和控制、循环使用和复用、采用分类和减容措施，以及优化的运行程序等。

原则 8　兼顾放射性废物产生和管理各阶段间的相依性

必须重视放射性废物产生和管理的各阶段间的相互依存关系，实施全过程管理。

放射性废物管理各阶段间相互联系，某个阶段所作出的放射性废物管理的决定可能会对后续阶段产生影响。因此要正确地识别各阶段间的相互作用和关系，使管理的安全和有效性得以平衡。例如，全面考虑废物的处理与处置、核设施的退役、放射性物质的运输、贮存和处置；整备废物及包装与处置环境的兼容；固化体品质符合接收标准和适应处置要求等。

由于放射性废物管理各阶段处于不同时期，在考虑任何一个放射性废物管理活动和做决定时，都应该考虑其对后续放射性废物管理活动的影响，尤其是对废物处置的影响。

原则 9 保证废物管理设施安全

必须保证放射性废物管理设施使用寿期内的安全。

废物管理设施的选址、设计、建造、调试、运行、退役、处置场的关闭，应优先考虑安全问题，包括预防事故和减轻事故影响的措施，尤其要重视公众问题。提供和保持适当水平的防护，限制可能的辐射影响。

放射性废物管理设施在整个寿期内，应该有适当的质量保证、人员培训和资格认证，适当评估设施的安全及环境影响。

IAEA 对放射性废物管理十分重视，成立了废物安全标准顾问委员会（WASSAC），发布了许多标准和导则（见附录二）。IAEA 还组织召开了许多放射性废物管理国际大会、专题研讨会和专家会议，发布了许多对放射性废物管理有指导意义的报告文集（见附录三）。

国际放射防护委员会（ICRP）也给放射性废物管理提供了许多指导原则。ICRP 第 26 号出版物，确定了适用于涉及辐射照射的实践剂量限制体系，确定了有效剂量当量概念。第 46 号出版物针对放射性固体废物处置，提出了个人风险限制和其他建议，发展了辐射防护三原则。第 60 号出版物，建立了实践和干预两大防护体系，还包括了豁免原则。这些为放射性废物管理及核设施退役的辐射防护标准的制定和选用提供了指导思想[5-7]。

ICRP 提出了《固体放射性废物处置的辐射防护原则》第 46 号出版物、《潜在照射的防护：概念框架》第 64 号出版物、《放射性废物处置的辐射防护政策》第 77 号出版物、《用于长寿命固体放射性废物处置的辐射防护建议》第 81 号出版物等文件，对高放废物地质处置的安全目标和安全评价方法学提供了重要依据[6，8-10]。

第四节 放射性废物管理的重要环节

实现放射性废物安全管理，应重视以下环节：

（1）安全分析和环境影响评价。应根据法规和标准的要求，对新的废物管理设施和实践或现有设施和实践的重大改变，编写深度和广度满足要求的安全分析报告和环境影响评价报告。评价报告应当分析和论证正常运行时的安全，评价事件和事故的可能影响。对于正常运行的评价，应当分析和论证放射性废物管理过程各个阶段对工作人员、公众和环境的辐射安全和非辐射安全。这些评价应以设施设计和运行过程为基础。评价还应当对放射性废物设施给人类生态、环境（土壤、水、空气和非人类物种）和自然资源的潜在的非放射学影响作出描述和分析；应当评定内部和外部事件（这种事件可能导致事故）可能的后果，并且评价其对工作人员、公众和环境的影响。这种评价应该利用适当的模式和实验数据。

评价处置设施的长期安全性能，应考虑被包容的放射性核素的活度和废物的物理和化学特性，以及处置系统所提供的屏障的有效性。天然屏障的有效性应通过现场调查来确定。这种评价利用预测数学模型来进行，这些数学模型应是建立在实验数据基础上的。

（2）安全文化。核安全文化是IAEA总结三哩岛事故和切尔诺贝利事故基础上发展起来的一种确保核电厂安全运行的完整的管理概念，现已推广到整个核领域，包括废物管理活动，成为一项基本管理原则，用以防止和减少人因错误，提高核设施的安全性。

安全文化是单位和个人对安全的认识和态度的总和。因为每个人的认识和行为都可能影响安全，所以安全文化必须植根于每个人的思想和行动，这对领导阶层尤为重要。负责放射性废物管理的领导和组织应建立和执行促进安全文化提高的制度和程序；制订和执行有关安全政策和审查程序；制订和执行强调安全重要性和个人行为要求的员工培训大纲。安全意识淡化是滋生安全隐患的重要原因之一，坚持安全文化培养和安全文化检查，使"安全第一，质量第一"深入人心，安全绩效不断提高。

（3）质量保证。废物管理质量保证为保护人类健康和环境提供保证。质保部门应有充分的独立性，应明确规定有关人员和组织的责任和权限。质量保证管理适用于所有的放射性废物管理活动，尤其是对安全有重要影响的环节，例如，质量保证大纲应当确保处置废物的接收要求，应保证焚烧炉、玻璃固化、沥青固化等按工艺程序进行，确保安全运行等。质量保证大纲应得到审管部门的认可，在执行中应受到监督和检查。

（4）研究和开发。《中华人民共和国放射性污染防治法》第四条指出："国家鼓励、支持放射性污染防治的科学研究和技术开发利用，推广先进的放射性污染防治技术。国家支持开展放射性污染防治的国际交流与合作"。放射性废物管理要按科学发展观精神，破除因循守旧思想，提倡创新和重视培养创新型人才。放射性废物管理要加强开发研究，学习国外先进经验，不断优化工艺设备，节约资源，减少污染，实现废物最小化。建设研究开发平台对促进开发研究有重要意义。

（5）文件化和数据库。放射性废物管理关系到公众和环境，可能影响到许多代人的健康，放射性废物管理必须文件化，要长期妥善保存，方便查阅。

数据库对提高设计、运行和管理的效率日益显得重要。放射性废物数据库、废源数据库、处置场数据库、退役数据库，已在国际上纷纷建立，发挥着重要作用，要开发和建立方便利用的软件和人机接口。

（6）人员培训和资格认定。《中华人民共和国放射性污染防治法》指出："核设施营运单位、核技术利用单位、铀（钍）矿和伴生放射性矿开发利用单位，应当对其工作人员进行放射性安全教育、培训，采取有效的防护安全措施"；"国家对从事放射性污染防治的专业人员实行资格管理制度；对从事放射性监测的机构实行资质管理制度"。应制订适当的人员培训计划，确保放射性废物的管理工作人员有必要的知识和技能，确保废物安全、经济和高效的处理与处置。培训包括上岗前的培训和再培训，培训还应包括相关者（承包商和设备供应商）的要求。资格认定还包括对某些重要放射性废物处理、处置设备制造商的资格认定。

（7）应急计划。放射性废物管理中，如果存在对人类健康和环境有重大潜在危害因素的活动，如高放废液倒罐、高放废液玻璃固化、沥青固化含硝酸钠的废液、大型焚烧炉运行，以及处理、贮存和运输含较高浓度易裂变物质的废物等，需要作应急预案和做好对付事故的应急准备。

（8）有组织的控制。放射性废物处置，应尽可能不依赖于安排长期有组织的控制。然而，处置库关闭后，需要有适当时间的有组织的控制，近地表处置库尤其如此。废物处置库的控制可以是主动的（例如，连续监测、定期检查、维护、控制人们的接近等），或者是非主动的（例如，设立永久性标志、限制土地使用等）。有组织的控制的期限，必须由审管部门确定。

第五节　放射性废物管理的辐射防护与安全

国际放射防护委员会（ICRP）第 60 号出版物[7] 提出，为了某种有益目的，增加（产生或伴随）照射的人类活动，称为“实践”（practice）；减少业已存在的照射的人类活动，称为“干预”（intervention）。放射性废物的处理与处置，可能增加受照剂量或受照人数，可能改变照射途径，按 ICRP 第 60 号出版物的规定，则应该属于“实践”活动。核设施退役与环境整治，在不同情况下可能分别属于“实践”或“干预”活动[2]。

放射性废物是一个重要的电离辐射源与环境污染源。放射性废物的处理与处置和核设施的退役，涉及职业照射、公众照射、潜在照射、应急照射和持续照射。从事放射性管理的工作人员，受到职业照射容易理解，不必细述。放射性废物的贮存和运输、气载和液体流出物的环境排放、处置的固体放射性废物的核素向环境迁移和释放，可能会产生公众照射。贮存的放射性废液和固体放射性废物具有潜在的照射风险。放射性废物处理和处置活动如果发生事故，会带来应急照射。放射性废物中的长寿命核素，特别是高放废物和α 废物，存在着持续照射风险。

对于放射性废物管理，单从放射性废物来看，好像是没有“利”的，但从整个开发利用核能实践来看，放射性废物管理则是不可能缺少的部分，它的必要性是充分的。因此，对放射性废物管理不需要单独进行正当性判断。核设施退役与放射性污染场址的整治和恢复，通过最优化努力，花费最少的人力、物力和财力，工作人员受到最少的照射，场址整治之后，人们不再受到辐照的危害，消除了公众的疑虑，土地得到再利用，换来的利益很大，这就是有效的干预活动。

放射性废物管理的安全和防护，是相互依存和相互促进的。放射性废物管理设施的设计、建造和运行，放射性废物处理与处置工艺的选择，是通过辐射防护措施来实现安全目标的。

放射性废物管理的辐射防护与安全，应贯彻《电离辐射防护和辐射源安全的基本标准》[11] 所提出的要求：

（1）实践的正当性。因为只有在考虑了社会、经济和其他有关因素之后，其对受照个人或社会所带来的利益，足以弥补其可能引起的辐照危害时，该实践才是正当的，所以不具有正当性的实践不予批准。只有根据对健康保护和社会、经济等因素的综合考虑，预计干预的利大于弊时，干预才是正当的。在干预情况下，为减少或避免照射，只要采取防护行动或补救行动是正当的，则应采取这类行动。

进行伴有辐射照射的任何实践之前，都必须作正当性的判断。实践的正当性，要求：

$$效益 \geqslant 代价 + 风险$$

这就是说只有效益大于或等于代价＋风险，这样的实践才是正当的。ICRP 在 1977 年第 26 号出版物指出："若引进的某种实践不能带来超过代价的纯利益，则不应采取此种实践"。不仅引入新实践需要作正当性判断，对已经存在的实践，当其效能与后果有了新的变化时也应审查其正当性。在分析一项实践的正当性时，对该项实践的范围大小应有合理的选择。必须指出，个人或人群组与社会获得的净利益可能在程度上是不一致的[12]。

（2）防护与安全最优化。在考虑了经济与社会因素之后，实践中个人受照剂量的大小、受照射的人数，以及受照射的可能性，均保持在可合理达到的尽量低的水平（As Low As Reasonably Achievable，ALARA 原则）。这种最优化应以该源所致个人剂量和潜在照射危险分别低于剂量约束和潜在照射危险约束为前提条件。

ICRP 第 60 号出版物给出了最优化定义，最优化应该是废物管理活动的重要指导思想，应贯彻于选址、设计、建造、运行和退役全过程，设计过程是实现最优化的关键阶段。最优化要对可供选择的方案作定性、定量比较，选出最优的方案，最后在全面考虑所有因素（经济的、政治的或社会的因素）之后作出最终决策，去付诸实施。最优化水平不是一成不变的，最优化不是一个固定的目标，而是不断提高的过程。审管部门和营运单位各级人员都对实现最优化负有责任[7，13，14]。

（3）个人剂量与危险限值。应对实践时个人受到的正常照射加以限制，由来自各项获准实践的综合照射所致的个人总有效剂量和有关器官或组织的总当量剂量，不超过所规定的相应剂量限值（表 1-1），对个人所受的潜在照射危险加以限制，使潜在照射所致的个人危险与正常照射剂量限值所相应的健康危险，处于同一数量级水平。干预情况下，职业人员所受的照射应按审管部门的要求，由注册者、许可证持有者、用人单位或有关干预组织，承担各项防护责任。干预情况下的公众照射，按政府根据实施有效干预所确定的各种组织安排和职能分工，由国家、地方有关干预组织以及导致干预的实践或源的注册者或许可证持有者，承担各项公众保护责任。

表 1-1　职业工作人员和公众的剂量限值

职业照射（任何工作人员）	公众照射（公众中关键人群组的成员）
连续 5 年的年平均有效剂量（但不可作任何追溯性平均），20 mSv 任何一年不得超过 50 mSv	年有效剂量限值，1 mSv 特殊情况下，如果 5 个连续年的年平均剂量不超过 1 mSv，则某一单一年份的有效剂量可提高到 5 mSv
眼晶体的年当量剂量，150 mSv	眼晶体的年当量剂量，15 mSv
四肢（手和足）或皮肤的年当量剂量，500 mSv	皮肤的年当量剂量，50 mSv

（4）干预的正当性和干预措施最优化。只要干预是正当的，就应当通过干预减少非实践部分的辐射源的辐射照射，并且干预措施应当是最优化的。

在干预计划中，应规定最优化的干预水平和行动水平。“干预”的形式、规模及持续时间应当谋求最优化，使得降低剂量而获得的净利益，即降低辐射危害而得到的利益扣除干预本身危害后尽可能大。

ICRP 第 60 号出版物指出：“把剂量限值视作安全与危险的分界线”“把达到限值视作保持低照射与迫使其改进的最简单而有效的办法”“把限值大小作为防护严格程度的唯一量度”，都是错误的。万一超过限值，首要的是对设施的设计和运行进行彻底的检查，找出问题，以防再犯。

我国核工业从 20 世纪 50 年代中期起步，1964 年成功爆炸了第一颗原子弹，两年零八个月后，又成功爆炸了第一颗氢弹，进入了核大国行列，我国建成了完整的核工业体系。由于我国重视环境保护和废物治理，重视贯彻辐射防护三原则，核工业 30 年环境影响评价表明，核设施对环境的影响可以忽略不计，核设施对关键居民组年有效剂量低于国家限值，93.6%核工业单位的剂量低于 1 mSv（天然辐射的年均剂量约 3 mSv），核工业年均集体剂量为 23 人·Sv，只是天然本底辐射年集体剂量的千分之一[15]。大亚湾、秦山核电厂运行统计数据表明，由于重视放射性废物管理，放射性废物量不断减少，气载和液体流出物使环境增加的辐射剂量不足该地区天然本底的 1%。

参考文献

[1] 第十届全国人民代表大会常务委员会．中华人民共和国放射性污染防治法．北京：中国法制出版社，2003.

[2] 陈式，等．放射性废物安全通论[M]．北京：原子能出版社，2006.

[3] 放射环境管理办法（1990 年 6 月 22 日国家环保局令第 3 号发布）.

[4] IAEA. The Principles of Radioactive Waste Management[M]. IAEA Safety Series No.111-F，1995.

[5] ICRP．国际放射防护委员会第 26 号出版物．李树德，译．北京：原子能出版社，1978.

[6] ICRP. Radiation Principles for the Disposal of Solid Radioactive Waste. ICRP Publication 46，1965.

[7] ICRP．国际放射防护委员会 1990 年建议书，第 60 号出版物．李树德，译．北京：原子能出版社，1993.

[8] ICRP．潜在照射的防护：概念框架，ICRP 第 64 号出版物（1993）．陈竹舟，译．北京：原子能出版社，1997.

[9] ICRP．放射性废物处置的辐射防护政策，ICRP 第 77 号出版物（1997）．赵亚民，译．北京：原子能出版社，1999.

[10] ICRP．用于长寿命固体放射性废物处置的辐射防护建议，ICRP 第 81 号出版物（1997）．赵亚民，译．辐射防护，2001（20）（增刊）：1-18.

[11] 电离辐射防护与辐射源安全基本标准．GB 18871—2002.

[12] 潘自强．国际放射防护委员会（ICRP）1990 年建议书对辐射防护工作可能影响的一些问题的讨论[J]．辐射防护，1991，11（6）.

[13] 李德平．辐射防护的全部内容和实践的防护体系——对 ICRP 新建议书目中有关问题的讨论[J]．辐射防护，1991，11（5）：321-329.

[14] 王恒德．辐射防护最优化的程序和方法[J]．辐射防护，1995，15（2）：148-156.

[15] 潘自强，等．中国核工业三十年辐射环境质量评价[M]．北京：原子能出版社，1990.

第二章　放射性废物的分类

为了实现放射性废物的安全、经济、科学的管理，必须对放射性废物进行合理分类。放射性废物的正确分类是实现放射性废物科学管理的前提条件。

放射性废物的分类对废物的产生、处理、整备、贮存、运输和处置的各步骤，以及核设施退役，都有重要影响，它有利于：① 制定废物管理策略；② 规划和设计废物管理设施；③ 确定放射性废物的整备技术和处置方案；④ 确定操作程序和组织有关活动；⑤ 掌握各类放射性废物的潜在危害；⑥ 便利文档管理；⑦ 方便国际交流、合作和贸易等。

一个理想的废物分类体系应该符合：① 满足安全管理放射性废物的要求，保护当代和后代人健康，保护环境；② 符合国家法律和法规要求；③ 不给废物产生者和国家增加不适当的负担；④ 具有现实可行的技术基础；⑤ 适合有关部门的实施，具有可操作性；⑥ 为公众所接受；⑦ 与国际放射性废物分类体系相接轨。

第一节　放射性废物的分类方法

放射性废物的许多性质，都可以作为分类的依据，例如：

（1）按废物的物理、化学形态分类：① 气载废物，如：通风排气、工艺废气等。② 液体废物，如：放射性废水、含氚废水、有机废液等。③ 固体废物，如：可燃性废物、不可燃性废物，可压缩废物、不可压缩废物，干固体废物、湿固体废物等。

（2）按放射性水平分类：① 低放废物。② 中放废物。③ 高放废物等。

（3）按放射性废物来源分类：① 核燃料循环废物。② 核技术利用废物。③ 退役废物。④ 铀（钍）伴生矿废物等。

（4）按半衰期分类：① 长寿命废物。② 短寿命废物等。

（5）按辐射类型分类：① β/γ 放射性废物。② α 废物等。

（6）按处置方式分类：① 免管废物。② 可清洁解控废物。③ 近地表处置废物。④ 地质处置废物等。

（7）按毒性分类：① 低毒组废物（如天然铀、^{3}H 等）。② 中毒组废物（如 ^{137}Cs、^{14}C、^{131}I 等）。③ 高毒组废物（如 ^{90}Sr、^{60}Co 等）。④ 极毒组废物（如 ^{210}Po、^{226}Ra、^{239}Pu 等）。

（8）按释热性分类：① 高发热废物。② 低发热废物。③ 微发热废物等。

此外，还有按剂量率、同位素组分分类等。目前世界各国放射性分类标准很不一致，但也存在一些共同特点，例如：

（1）先按物理状态分为气、液、固，然后进一步分成若干等级。

（2）多数国家气态、液态废物分类简单，固体废物分类复杂。

（3）废液一般按放射性浓度分成若干等级，但各国分级水平差别很大（表 2-1）。

（4）固体废物分类法多种多样。废物分类考虑因素越多，体系越复杂，实施越困难。

表 2-1 一些国家放射性废液分类标准

单位：3.7×10^{7} Bq/L

国 家	低 放	中 放	高 放
波 兰	$10^{-7}\sim10^{-4}$	$10^{-4}\sim10^{-2}$	$10^{-2}\sim10^{11}$
印 度	$10^{-7}\sim10^{-4}$	$10^{-4}\sim10^{1}$	$10^{1}\sim10^{11}$
捷 克	$10^{-7}\sim10^{-4}$	$10^{-4}\sim10^{3}$	$10^{3}\sim10^{11}$
瑞 典	$10^{-7}\sim10^{-3}$	$10^{-3}\sim10^{2}$	$10^{2}\sim10^{11}$
挪 威	$10^{-7}\sim10^{-2}$	$10^{-2}\sim10^{0}$	$10^{0}\sim10^{11}$
英 国	$10^{-7}\sim10^{-2}$	$10^{-2}\sim10^{3}$	$10^{3}\sim10^{11}$
比利时	$10^{-7}\sim10^{-1}$	$10^{-1}\sim10^{1}$	$10^{1}\sim10^{11}$
前苏联	$10^{-7}\sim10^{-1}$	$10^{-1}\sim10^{4}$	$10^{4}\sim10^{11}$
法 国	$10^{-7}\sim10^{-1}$	$10^{-1}\sim10^{1}$	$10^{1}\sim10^{11}$
日 本	$10^{-6}\sim10^{-3}$	$10^{-3}\sim10^{0}$	$10^{0}\sim10^{2}$
—	（$10^{-7}\sim10^{-6}$ 极低）	—	（$10^{2}\sim10^{11}$ 极高）
德 国	$10^{-8}\sim10^{-3}$	$10^{-3}\sim10^{-1}$	$10^{-1}\sim10^{11}$

近年来，由于反恐需要和国际社会的废源丢失、被盗事故屡屡出现，提出了对废放射源的分类方法。IAEA 按放射源导致人体危害的潜在风险对放射源分级，把放射源分为 5 类[1]。我国《放射性同位素射线装置安全保护条例》（国务院令第 449 号）规定[2]，根据放射源对人体健康和环境的潜在的危害程度，从高到低将放射源分为Ⅰ类、Ⅱ类、Ⅲ类、Ⅳ类和Ⅴ类。

Ⅰ类源　极度危险源　例如：放射性同位素热电发生器、辐射装置等；

Ⅱ类源　高度危险源　例如：工业γ照相源等；

Ⅲ类源　危险源　例如：固定工业测量仪源（如料液测量、挖泥测量）等；

Ⅳ类源　低危险源　例如：骨密度仪、静电消除器源等；

Ⅴ类源　极低危险源　例如：植入人体源、医疗诊断用 ^{99m}Tc、治疗用 ^{131}I 等。

建立一个科学、先进、可接受和易实施的放射性废物分类系统，是一件十分艰巨的任务。目前，国际上所实施的放射性废物分类还仅从放射性角度所作的分类，根据废物的来源和废物的物理状态建立的分类体系，实际上是一种初级的、定性的分类体系。理想的放射性废物分类系统应该是一个定量分类体系，其分类级别有数值范围限定，这种分类限值符合国家法规和标准，并与国际接轨。

第二节　国际原子能机构推荐的放射性分类体系

国际原子能机构（IAEA）在 1970 年提出了一个分类系统（表 2-2）[3]。这个分类系统基于辐射防护要求，其特点是：① 先根据废物物理状态分为气、液、固三大类；② 根据废物的放射性水平将气体和液体放射性废物分为若干等级；③ 根据表面辐射剂量率把固体废物分为若干等级。

这种分类的优点是比较简单，容易实行，但是存在以下缺点：① 对几种辐射体同时存在的混合固体废物分类有困难；② 没有考虑核素的半衰期、毒性和危害程度；③ 不能为处置方法提供明确依据。

表 2-2　国际原子能机构 1970 年推荐的分类标准

废物种类	类别	放射性浓度	说　明	
液体废物		Ci/L		
	1	≤10^{-9}	一般可不处理，可直接排入环境	
	2	10^{-9}～10^{-6}	处理设备不用屏蔽	用一般的蒸发、离子交换或化学方法处理
	3	10^{-6}～10^{-4}	部分处理设备需加屏蔽	
	4	10^{-4}～10^{1}	处理设备必须屏蔽	
	5	＞10^{1}	必须在冷却下贮存	
气体废物		Ci/m^3		
	1	≤10^{-10}	一般可不处理	
	2	10^{-10}～10^{-6}	一般要用过滤方法处理	
	3	＞10^{-6}	一般要用综合方法处理	
固体废物		表面照射量率，R/h		
	1	≤0.2	不必采用特殊防护	主要为β /γ 辐射体，α 放射性可忽略不计
	2	0.2～2	运输需薄层混凝土或铅屏蔽防护	
	3	＞2	运输需特殊的防护装置	
	4	α 放射性固体废物	主要为α 辐射体，要防止超临界问题	

[注] 1Ci=3.7 × 10^{10}Bq；1R=2.58 × 10^{-4}C·kg^{-1}。

1994 年 IAEA 推荐了第二个废物分类体系[4]，这是基于放射性废物处置目的，适用于放射性固体废物的分类体系。它将放射性固体废物分为三级：免管废物、低中放废物（再细分为短寿命低中放废物和长寿命低中放废物）和高放废物。这三类废物有不同的处置要求（表 2-3，图 2-1）。

表 2-3　国际原子能机构 1994 年推荐的固体废物分类标准

废 物 级 别	典　型　特　性	处 置 方 案
免管废物（EW）	对公众成员年剂量低于 0.01 mSv	无辐射防护限制
低中放废物（LILW）	对公众成员年剂量高于 0.01 mSv，释热率低于 2 kW/m^3	
1．短寿命低中放废物（LILW-SL）	限制长寿命核素的比活度，长寿命放射性核素在单个货包中不超过 4 000 Bq/g，平均每个货包不超过 400 Bq/g	近地表处置或地质处置
2．长寿命低中放废物（LILW-LL）	长寿命放射性核素比活度高于短寿命低中放废物的限值	地质处理
高放废物（HLW）	释热高于 2 kW/m^3，且长寿命放射性核素的比活度高于短寿命低中放废物的限值	地质处置

由表 2-3 看出：IAEA 推荐的这个废物分类标准是：① 针对固体废物的处置方式；② 高放废物与低中放废物的界限是发热率水平（2 kW/m^3）；③ 低中放废物与免管废物的界限

是公众成员的年剂量水平（0.01 mSv）；④ 短寿命低中放废物和长寿命低中放废物的区分是依据长寿命放射性核素的比活度（单个货包不超过 4 000 Bq/g，平均每个货包不超过 400 Bq/g）。

正确区分放射性废物和免管废物在放射性废物管理实践中意义十分重大，它既可防止对公众和环境的危害，又可减少放射性废物的体积，节省不必要的花费。区分放射性废物和免管废物的判定过程如图 2-1 所示。

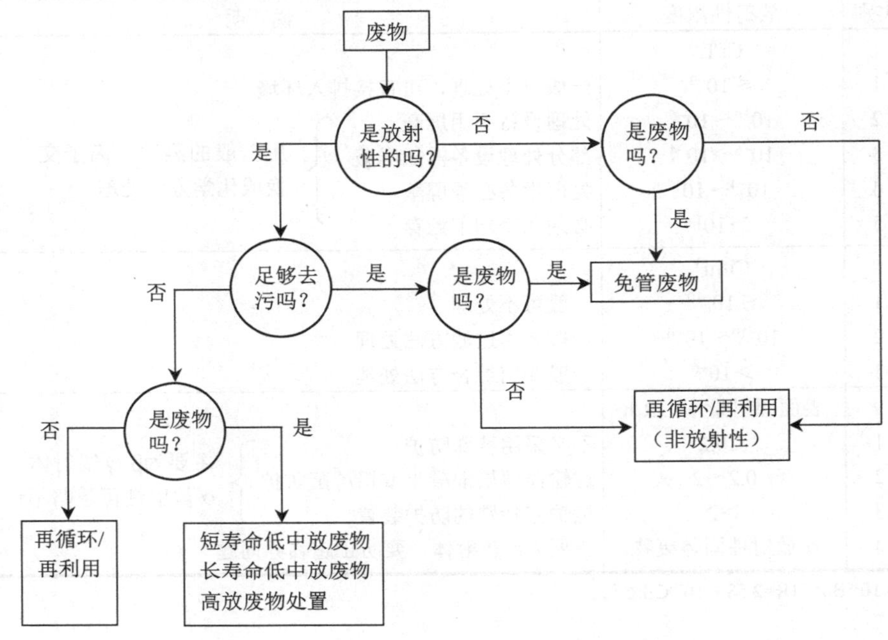

图 2-1　放射性废物和免管废物判定图

区分短寿命和长寿命低中放废物相当重要，短寿命核素经过几年到几百年衰变，放射性危害已显著减少，因为经过 10 个半衰期，放射性降低到约为原来的千分之一；经过 20 个半衰期，放射性已降低到约为原来的百万分之一。短寿命低中放废物和长寿命低中放废物，需要有不同的安全隔离时间。

短寿命低中放废物（LILW-SL）含有低比活度的长寿命放射性核素，其存在的可能危害通常能通过贮存和处置后有组织控制而大大地减弱。这类废物原来即使含有较高比活度的短寿命放射性核素，但是，在有组织控制期内，放射性核素发生了显著的衰变。处置方法可选近地表工程设施处置。

长寿命低中放废物（LILW-LL）含有较多的长寿命放射性核素，需要与生物圈较长时间隔离。典型的处置方法是将废物处置在几百米深的地质层中。

含有天然长寿命放射性核素（如铀、钍、镭等天然放射性核素）的伴生矿废物，虽然也含有长寿命核素，但它们的比活度一般都很低，它们或能豁免，或要考虑用类似短寿命废物的方法进行处置，这取决于安全分析和环境影响评价的结果和国家的法规、标准。

高放废物含有很多长寿命放射性核素（还可能含有很多短寿命核素），并释放大量的衰变热，这种释热通常要持续好几百年，要求与生物圈长时期隔离，需要用地质处置来确保安全。以释热率 2 kW/m^3 作为区分高放废物与其他放射性废物的界限。高放废物不需要再划分级别，高放废物必须进行长期安全隔离，实行深地质处置。

现在，IAEA 正在起草一个新的放射性废物分类标准。这个标准也是针对固体废物，侧重废物处置问题，但考虑了放射性废源和铀（钍）伴生矿放射性废物。IAEA 正在编制的分类标准拟将放射性废物分为免管废物、极短寿命废物、极低放废物、低放废物、中放废物和高放废物六类。这个标准草案已经进入向成员国征求意见阶段[5]。

第三节　我国的放射性废物分类

我国在 1995 年发布实施的放射性废物分类标准[6]，先把放射性废物按物理状态分为气载、液体和固体三类废物。气载放射性废物根据放射性浓度分为低放、中放两级，液体放射性废物根据放射性浓度分为低放、中放和高放三级。固体放射性废物分为低放、中放、高放和α废物。低放、中放和高放废物按照半衰期差别有不同分级限值（表 2-4）。

表 2-4　我国放射性废物分类

<table>
<tr><td>类别</td><td>级别</td><td>名称</td><td colspan="5">放射性浓度 A_v，Bq/m^3</td></tr>
<tr><td rowspan="2">气载废物</td><td>Ⅰ</td><td>低放</td><td colspan="5">排放限值＜A_v≤4×10^7</td></tr>
<tr><td>Ⅱ</td><td>中放</td><td colspan="5">A_v＞4×10^7</td></tr>
<tr><td colspan="8">放射性浓度 A_v，Bq/L</td></tr>
<tr><td rowspan="3">液体废物</td><td>Ⅰ</td><td>低放</td><td colspan="5">排放限值＜A_v≤4×10^6</td></tr>
<tr><td>Ⅱ</td><td>中放</td><td colspan="5">4×10^6＜A_v≤4×10^{10}</td></tr>
<tr><td>Ⅲ</td><td>高放</td><td colspan="5">A_v＞4×10^{10}</td></tr>
<tr><td colspan="8">放射性比活度 A_m，Bq/kg</td></tr>
<tr><td rowspan="4">固体废物</td><td colspan="2"></td><td>$T_{1/2}$≤60d (1)</td><td>60d＜$T_{1/2}$≤5a (2)</td><td>5a＜$T_{1/2}$≤30a (3)</td><td>$T_{1/2}$＞30a</td><td>α废物</td></tr>
<tr><td>Ⅰ</td><td>低放</td><td>清洁解控水平＜A_m≤4×10^6 Bq/kg</td><td>清洁解控水平＜A_m≤4×10^6 Bq/kg</td><td>清洁解控水平＜A_m≤4×10^6 Bq/kg</td><td>清洁解控水平＜A_m≤4×10^6 Bq/kg</td><td rowspan="3">单个货包中长寿命α辐射放射性核素的 A_m＞4×10^6 Bq/kg，平均每个货包的 A_m 大于 4×10^5 Bq/kg</td></tr>
<tr><td>Ⅱ</td><td>中放</td><td>A_m＞4×10^6 Bq/kg</td><td>A_m＞4×10^6 Bq/kg</td><td>4×10^6 Bq/kg＜A_m≤4×10^{11} Bq/kg (4)</td><td>A_m＞4×10^6 Bq/kg (4)</td></tr>
<tr><td>Ⅲ</td><td>高放</td><td>—</td><td>—</td><td>A_m＞4×10^{11} Bq/kg (5)</td><td>A_m＞4×10^{10} Bq/kg (5)</td></tr>
<tr><td colspan="3">免管废物（EW）</td><td colspan="5">对公众成员年剂量低于 0.01 mSv，对公众的年集体剂量不超过 1 人·Sv 的含极少放射性核素的废物</td></tr>
</table>

[注]（1）包括放射性核素 ^{125}I（$T_{1/2}$=60.12d）；（2）包括放射性核素 ^{60}Co（$T_{1/2}$=5.271a）；（3）包括放射性核素 ^{137}Cs（$T_{1/2}$=30.17a）；（4）且释热率小于或等于 2 kW/m^3；（5）或释热率大于 2 kW/m^3。

第四节 介绍几个国家的废物分类体系

一、美国放射性废物分类

美国把放射性废物分为：高放废物、低放废物、超铀废物、混合废物、铀矿冶废物和其他废物六类。在美国，没有中放废物这一级。

（1）高放废物（HLW）。乏燃料后处理产生的高放废液及其固化体，采取一次通过式直接处置的乏燃料和含有高活度裂变产物核素，核管会要求永久隔离的其他放射性废物。

（2）超铀废物。每克废物中含有超过 100nCi（3.7×10^3 Bq）半衰期大于 20 a 的超铀α放射性核素的放射性废物。

（3）混合废物。既含有放射性物质又含有化学危险物质的废物。

（4）低放废物。除高放废物、超铀废物、混合废物外的放射性废物。低放废物又分为A、B、C 三类。A 类和 B 类主要含短寿命核素，可用近地表处置。C 类和高于 C 类废物含有较多或很多长寿命核素，必须作地质处置。

（5）铀矿冶废物。铀矿开采水冶产生的废物。

（6）其他废物。

天然存在的或加速器产生的废物，它们不受核管会管辖，而由州政府管辖。在处置时这类废物归为低放废物。

二、法国固体放射性废物分类

法国把固体放射性废物分为 A、B、C、FA 和 TFA 五类废物（表 2-5）[7]。

表 2-5 法国放射性废物分类

类别	特征和产生	处置方式
A 类	短寿命低放废物（$T_{1/2}$<30a），α<3.7 GBq/t，主要为核电厂运行产生的废物	近地表处置
B 类	低放或中放废物（30a≤$T_{1/2}$<300a），低发热率，α>3.7 GBq/t，主要为换料操作、乏燃料后处理及一些维护工作中产生的废物	短寿命——近地表处置 长寿命——中间贮存，待地质处置
C 类	长寿命高放废物，发热率高，后处理产生的高放废物及直接处置的乏燃料	深地质处置
FA 类	低放废物，含有极少量的长寿命核素，如铀矿开采所产生的废物	近地表处置
TFA 类	极低放废物，放射性极低（<100 Bq/g），如退役产生的废物	近地表处置

三、其他一些国家的废物分类法

俄国、英国、加拿大、日本和意大利的固体放射性废物分类法列于表 2-6。

表 2-6 一些国家的放射性固体废物的分类法

俄罗斯	英国	加拿大	日本	意大利
第一组（低放） $7.4\times10^4\sim3.7\times10^6$Bq/kg	低放废物 α 核素＜4GBq/t, β/γ 核素＜12GBq/t	1 类，低放废物 ＜200 mR/h，核技术应用和反应堆运行废物	低放废物 除了高放废物之外的废物	I 类，低放废物 最多经过几年即可衰变到以下水平： 对于很高放射性毒性≤0.37 Bq/g； 高放射性毒性≤3.7 Bq/g； 中等放射性毒性≤37 Bq/g； 低放射性毒性≤370 Bq/g 主要产生于医疗及研究活动
第 2 组（中放） $3.7\times10^6\sim3.7\times10^9$ Bq/kg	中放废物 高于低放废物，但释热不需考虑	2 类，铀矿冶尾矿废物， 200 mR/h ～ 50 R/h		II 类，中放废物 经过几十年到几百年时间才衰变到几百 Bq/g，主要产生于核电厂运行和工业及研究活动
第 3 组（高放） ＞3.7×10^9 Bq/kg	高放废物 释热废物	3 类，高放废物（乏燃料）， ＞50R/h	高放废物 乏燃料后处理产生的高放废液及其玻璃固化体	III 类，高放废物 经过几千年或更长时间才衰变到几百 Bq/g,主要产生于后处理设施和含有α与中子发射体的废物

有些废物既含有放射性核素，又含有化学毒物（美国把这类废物称为混合废物）。化学毒物如极毒重金属元素或极毒有机化合物等，它们的化学毒性可能比放射性毒性还高，进入人类环境，能持久存在。美国核武器生产基地残存的混合废物，实际就存在这种麻烦问题。此外，核燃料循环前段产生的废物，往往化学危害性大于辐射危害性。

过去，人们对放射性废物只重视放射性毒性，忽视其兼有的化学毒性。国外早就有人提出一种分类方法，这种分类同时考虑放射性物质和化学毒物的所有毒性，用废物分类指数 *WCI*（Waste Classification Index）来衡量和决定处置方案[8]。

$$WCI = \log HI = \log\sum_{n=1}^{k} HI_n$$

式中，HI——危害指数；

k——废物中有害物质类的总数；

HI_n——废物中第 n 种放射性物质或化学毒性物质的危害指数。

$$HI = HI_R + HI_C$$

式中，HI_R——放射性物质危害指数；

HI_C——化学毒物危害指数。

$$HI_R = HI_{RG} + HI_{RH} + HI_{RE}$$

$$HI_C = HI_{CG} + HI_{CH} + HI_{CE}$$

式中，G——食入途径；

H——吸入途径；

E——照射或皮肤侵入途径。所以，

$$WCI = \log\sum_{n=1}^{i}(HI_{RGn} + HI_{RHn} + HI_{REn}) + \log\sum_{n=1}^{j}(HI_{CGn} + HI_{CHn} + HI_{CEn})$$

式中，i——放射性物质总数；

j——化学毒物总数。

由于这样分类体系过于复杂，实际操作困难，现在尚没有推广应用。

第五节 豁免、清洁解控和极低放废物

一、排除、豁免和解控

我国国家标准《电离辐射防护与辐射源安全基本标准》[9]对排除、豁免和解控作了明确的界定和规定了原则。

排除是指有些辐射是不必受控制的，如人体内的 ^{40}K，到达地球表面的宇宙射线所引起的照射，排除在审管控制之外。

豁免是指将确认符合规定的豁免准则或豁免水平的辐射实践活动和（或）其一个涉及的辐射源，经审管部门同意后免予遵循辐射防护和辐射源安全标准及规章。

《电离辐射防护与辐射源安全基本标准》所规定的豁免原则是有些实践或源对人造成的辐射的危害足够低，不必要对其加以控制，它所引起的群体辐射危害足够低，对其进行审管控制是不值得的，这样的实践可予以豁免。现在国际一致同意的豁免准则是：

（1）对公众成员有效剂量低于 10 μSv/a；

（2）所引起的年集体有效剂量不超过 1 人·Sv。

根据这个豁免准则，《电离辐射防护与辐射源安全基本标准》规定了放射性物质使用或处置时豁免活度浓度或豁免活度[6]。

解控是指经过去污、清污、熔炼等措施，低于或达到审管机构所规定的活度浓度限值之后，从核审管控制中解脱出来（解除审管控制）。

二、极低放废物

有些国家把低放废物和豁免废物之间划分出一类废物，称为极低放废物（very low radioactive waste）。这个废物分级图示如图 2-2 所示。

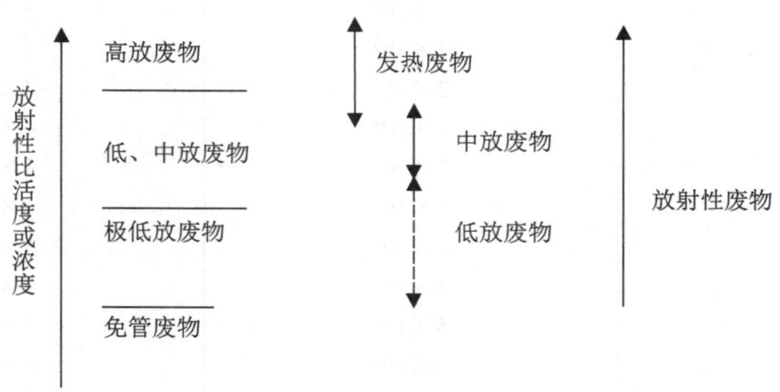

图 2-2　废物分级图

极低放废物是放射性水平比豁免（免管）水平略高的低放废物，其放射性污染水平虽然超过审管机构规定的清洁解控水平，但因为放射性水平很低，不需要用低放废物那种标准去处置，可以放宽要求，采用简易包装和简易填埋，可以处置在浅土地填埋场中，覆土压实之后，监控比较短的时间（一般认为 30 年），场址就可以开放使用。

有些核技术利用废物、铀（钍）伴生矿废物（Naturally Occurring Radioactive Material，NORM；Technically Enhanced Naturally Occurring Radioactive Material，TENORM），以及退役产生的废物（如污染的混凝土、建材和土石等），若所含或污染的人造放射性核素或天然放射性核素量很少，它们可属于极低放废物。

对于极低放废物比活度（活度浓度）的限值，目前国际上尚没有统一标准，现在被国际上比较普遍接受的是高出免管废物 1～2 数量级。例如：法国规定极低放废物活度浓度为 1～100 Bq/g，经过几年到几十年之后可衰变到几个 Bq/g。英国规定可和普通垃圾一起处置的废物含β/γ核素活度浓度小于 4 000 kBq/m^3，单批废物的活度小于 400 kBq/m^3。

极低放废物产生于核燃料循环活动、核技术利用、伴生放射性矿的开发利用，尤其多产生于核设施的退役（如退役产生的废混凝土、废钢铁等）和环境整治过程（如场址清污产生的污土等）。核设施退役会产生大量的极低放废物，按国际统计的数据，极低放废物量可占退役废物总量的 50%～75%，因此分出极低放废物对于减轻处置负担和减少处置费用，有重大经济意义和现实意义。

清洁解控水平国际上尚无统一规定，法国 Gruetat 等人根据 ICRP 60 的 10 μSv/a 标准，提出了核燃料循环设施物料无条件清洁解控水平，包括活度浓度和表面污染水平限值（表 2-7）。IAEA 官员 Linsley 总结了国际豁免值和清洁解控水平值（表 2-8）。

表 2-7　无条件清洁解控限值研究结果总结[10]

核　素	Bq/g	Bq/cm^2
^{3}H	1×10^{4}	1×10^{4}
^{14}C	1×10^{3}	1×10^{3}
^{22}Na	3×10^{0}	1×10^{1}
^{24}Na	2×10^{0}	1×10^{1}

核　素	Bq/g	Bq/cm^2
^{32}P	1×10^{4}	3×10^{2}
^{35}S	2×10^{5}	1×10^{3}
^{36}Cl	2×10^{4}	4×10^{2}
^{45}Ca	7×10^{4}	6×10^{2}
^{51}Cr	2×10^{2}	1×10^{3}
^{54}Mn	7×10^{0}	4×10^{1}
^{55}Fe	2×10^{5}	1×10^{4}
^{59}Fe	5×10^{0}	4×10^{1}
^{57}Co	5×10^{1}	3×10^{2}
^{58}Co	6×10^{0}	5×10^{1}
^{60}Co	2×10^{0}	1×10^{1}
^{63}Ni	1×10^{5}	2×10^{4}
^{65}Zn	1×10^{1}	7×10^{1}
^{89}Sr	1×10^{4}	4×10^{2}
^{90}Sr	2×10^{3}	1×10^{2}
^{90}Y	7×10^{3}	4×10^{2}
^{94}Nb	4×10^{0}	2×10^{1}
^{99m}Tc	8×10^{1}	5×10^{2}
^{99}Tc	6×10^{4}	6×10^{2}
^{106}Ru	3×10^{1}	1×10^{2}
^{110m}Ag	2×10^{0}	1×10^{1}
^{109}Cd	9×10^{2}	4×10^{2}
^{111}In	2×10^{1}	1×10^{2}
^{123}I	5×10^{1}	3×10^{2}
^{125}I	5×10^{1}	5×10^{2}
^{129}I	8×10^{2}	7×10^{1}
^{131}I	2×10^{1}	1×10^{2}
^{124}Sb	3×10^{0}	2×10^{1}
^{134}Cs	4×10^{0}	2×10^{1}
^{137}Cs	1×10^{1}	4×10^{1}
^{144}Cs	1×10^{2}	2×10^{2}
^{147}Pm	1×10^{4}	7×10^{2}
^{152}Eu	5×10^{0}	2×10^{1}
^{192}Ir	8×10^{0}	5×10^{1}
^{198}Au	2×10^{1}	1×10^{2}
^{201}Tl	8×10^{1}	4×10^{2}
^{210}Pb	3×10^{1}	4×10^{0}
^{210}Po	5×10^{1}	9×10^{0}
^{228}Th	1×10^{0}	3×10^{-1}
^{230}Th	1×10^{0}	2×10^{-1}
^{232}Th	3×10^{-1}	5×10^{-2}
^{226}Ra	6×10^{0}	1×10^{1}
^{228}Ra	7×10^{0}	2×10^{1}
^{234}U	3×10^{0}	6×10^{-1}
^{235}U	3×10^{0}	6×10^{-1}

核　素	Bq/g	Bq/cm^2
^{238}U	4×10^{0}	7×10^{-1}
^{237}Np	1×10^{0}	2×10^{-1}
^{239}Pu	1×10^{0}	1×10^{-1}
^{240}Pu	1×10^{0}	1×10^{-1}
^{241}Pu	4×10^{1}	7×10^{0}
^{241}Am	1×10^{0}	1×10^{-1}
^{244}Cm	2×10^{0}	3×10^{-1}

表 2-8　豁免和清洁解控水平[11]

放射性核素	根据 BSS 提出豁免水平[12, 13]		IAEA 提出无条件清洁解控水平[14]（草案）	欧盟提出清洁解控水平[15]（草案）		
				废金属再循环		直接再利用
	Bq	Bq/g	Bq/g，Bq/cm^2	Bq/g	Bq/cm^2	Bq/cm^2
^{3}H	1×10^{9}	1×10^{6}	10^{3}，10^{4}	10^{3}	10^{5}	10^{4}
^{14}C	1×10^{7}	1×10^{4}	10^{2}，10^{3}	10^{2}	10^{3}	10^{3}
^{24}Na	1×10^{5}	1×10^{1}	10^{-1}，10^{1}			
^{35}S	1×10^{8}	1×10^{5}	10^{3}，10^{4}			
^{36}Cl	1×10^{6}	1×10^{4}	10^{2}，10^{3}			
^{45}Ca	1×10^{7}	1×10^{4}	10^{3}，10^{4}			
^{51}Cr	1×10^{7}	1×10^{3}	10^{1}，10^{2}			
^{54}Mn	1×10^{6}	1×10^{1}	10^{-1}，10^{0}	10^{0}	10^{1}	10^{1}
^{55}Fe	1×10^{6}	1×10^{4}	10^{2}，10^{3}	10^{4}	10^{4}	10^{3}
^{60}Co	1×10^{5}	1×10^{1}	10^{-1}，10^{0}	10^{0}	10^{1}	10^{0}
^{63}Ni	1×10^{8}	1×10^{5}	10^{3}，10^{4}	10^{4}	10^{3}	10^{3}
^{65}Zn	1×10^{6}	1×10^{1}	10^{-1}，10^{0}	10^{0}	10^{2}	10^{1}
^{90}Sr	1×10^{4}	1×10^{2}	10^{0}，10^{1}	10^{1}	10^{0}	10^{1}
^{94}Nb	1×10^{6}	1×10^{1}	10^{-1}，10^{0}	10^{0}	10^{1}	10^{0}
^{99}Tc	1×10^{7}	1×10^{4}	10^{2}，10^{3}	10^{2}	10^{3}	10^{3}
^{106}Ru	1×10^{5}	1×10^{2}	10^{0}，10^{1}	10^{0}	10^{1}	10^{1}
^{110m}Ag	1×10^{6}	1×10^{1}	10^{-1}，10^{0}	10^{0}	10^{1}	10^{0}
^{125}I	1×10^{6}	1×10^{3}	10^{1}，10^{2}			
^{129}I	1×10^{5}	1×10^{2}	10^{1}，10^{2}			
^{137}Cs	1×10^{4}	1×10^{1}	10^{-1}，10^{0}	10^{0}	10^{2}	10^{1}
^{144}Ce	1×10^{5}	1×10^{2}	10^{1}，10^{2}			
^{147}Pm	1×10^{7}	1×10^{4}	10^{3}，10^{4}	10^{3}	10^{3}	10^{3}
^{192}Ir	1×10^{4}	1×10^{1}	10^{0}，10^{1}			
^{198}Au	1×10^{6}	1×10^{2}	10^{0}，10^{1}			
^{210}Pb	1×10^{4}	1×10^{1}	10^{-1}，10^{0}			
^{232}Th	1×10^{3}	1×10^{0}	10^{-1}，10^{0}			
^{226}Ra	1×10^{4}	1×10^{1}	10^{-1}，10^{0}			
^{238}U	1×10^{4}	1×10^{1}	10^{-1}，10^{0}	10^{0}	10^{-1}	10^{-1}
^{237}Np	1×10^{3}	1×10^{0}	10^{-1}，10^{0}	10^{0}	10^{-1}	10^{-1}
^{239}Pu	1×10^{4}	1×10^{0}	10^{-1}，10^{0}	10^{0}	10^{-1}	10^{-1}
^{241}Am	1×10^{4}	1×10^{0}	10^{-1}，10^{0}	10^{0}	10^{-1}	10^{-1}
^{244}Cm	1×10^{4}	1×10^{1}	10^{-1}，10^{0}	10^{0}	10^{-1}	10^{-1}

由表 2-7 和表 2-8 看出，不同核素的清洁解控限值，不同国家或国际组织差别是很大的，如 ^{90}Sr 为 1×10^3～2×10^3 Bq/g，相差 3 个量级。

IAEA 按下面公式导出了固体废物中 56 个核素的清洁解控水平。

$$最低值为：\left\{\frac{1}{E_\gamma+0.1E_\beta}\cdot\frac{ALI_{吸入}}{1\,000},\ \frac{ALI_{食入}}{100\,000}\right\}$$

式中，E_γ—— γ有效辐射能量（MeV）；

E_β——β有效辐射能量（MeV）；

$ALI_{吸入}$——年吸入最大限值（Bq）；

$ALI_{食入}$——年食入最大限值（Bq）。

目前，有些国家根据表面污染水平和比活度两个限值来确定无限制释放的限值（表 2-9）。

表 2-9 有些国家固体废物无限制释放的限值

国家	表面污染限值/（Bq/cm^2）	比活度限值/（Bq/g）
瑞典	4（β，γ）	0.5
芬兰	0.4（β，γ）	1
比利时	0.4（β，γ），0.04（α）	1

我国制订了《辐射源和实践的豁免管理原则》[16]《核设施的钢铁和铝再循环再利用的清洁解控水平》[17]，尚没有适用于各种物料解控的限值。《电离辐射防护与辐射源安全基本标准》规定的放射性核素的豁免活度浓度与豁免活度，为我国制订极低放废物标准和订出清洁解控水平打下了基础。

参考文献

[1] IAEA. Categorization of Radioactive Sources. IAEA-TECDOC-1344 Vienna，2003.

[2] 放射性同位素与射线装置安全和防护条例（国务院令第 449 号），2005 年 12 月 1 日起施行.

[3] IAEA. Standardization of Radioactive Waste Categories. Technical Reports，Series，No.101，1970.

[4] IAEA. Classification of Radioactive Waste. Safety Series，1994：SS.111-G1.

[5] IAEA. Categorization of Radioactive Waste. IAEA，DS390，2006.

[6] 放射性废物分类标准．GB 9133—1996.

[7] Delattre. Radioactive Waste Classification Exemption of Waste from Regulatory Control. Management of Radioactive Waste from Nuclear Power Plant，Paris-Saclay，Sep.9 - Oct.4，1996.

[8] 罗上庚．放射性废物分类的探讨[J]．原子能科学技术，1986（5）：561.

[9] 电离辐射防护与辐射源安全基本标准．GB 18871—2002.

[10] IAEA. Clearance Levels for Radionuclide in Solid Materials. Application of Exemption Principles，IAEA TECDOC-855，Jan. 1996.

[11] Linsley G，Janssens A. Exemption，Clearance and Remediation，Requirements for the Safe Management of Radioactive Waste. IAEA TECDOC-853，Dec，1995：261.

[12] IAEA. International Basic Standards for Protection Against Ionizing Radiation and for the Safety of Radiation Sources. Jointly sponsored by FAO，IAEA，ILO，OECD/NEA，PAHO，WHO，Safety Series，IAEA，Vienna，1994：115-1.

[13] Commission of the European Communities. Amended Proposal for a Council Directive laying down the Basic Safety Standards for the Health Protection of the General Public and Work against the Dangers of Ionizing Radiation. Brussels：1993.

[14] IAEA. Clearance Levels for Radionuclides in Solid Materials：Application of Exemption Principles. Vienna：IAEA Safety Series No.111-G-1.5.

[15] European Commission. Recommended Radiological Protection Criteria for the Recycling of Metals from the Dismantling of Nuclear Installations. Draft Proposal，Nov. 1994.

[16] 辐射源和实践的豁免管理原则．GB 13367—92.

[17] 核设施的钢铁和铝再循环再利用的清洁解控水平．GB 17567—98.

第三章　放射性废物的产生和废物最小化

所有操作、生产和使用放射性物质的活动，都可能产生放射性废物，这些活动包括：①核燃料循环过程；②反应堆运行、装料和检修过程；③放射性同位素的生产、使用及核技术利用过程；④核设施/设备退役过程；⑤核研究和开发活动；⑥核武器研制、试验和生产活动（本书对这部分内容不作讨论）。

此外，伴生放射性矿物资源（如稀土矿、磷肥矿、某些油气田、煤矿、有色金属、黑色金属矿等）的开发利用，也存在放射性水平超标，产生伴生放射性废物。

绝大多数放射性废物产生于核燃料循环过程。从数量来说，放射性废物主要产生于铀采冶场址。从放射性活度来说，主要集中在乏燃料后处理厂。在核燃料循环中，99%以上放射性物质包容在乏燃料元件的包壳中，如果乏燃料进行后处理的话，95%以上放射性核素进入后处理所产生的高放废液中。

第一节　核燃料循环前段废物

核燃料循环是指核燃料的生产、使用、贮存、后处理提取铀和钚、再制造核燃料、直接处置乏燃料、放射性废物处理与处置等一系列工艺过程。核燃料中易裂变核素，在反应堆内实现受控链式裂变反应，释放出能量供发电等利用。目前实际可用的易裂变核素有 ^{235}U、^{239}Pu 和 ^{233}U。^{239}Pu 和 ^{233}U 在自然界中几乎不存在，但可由 ^{238}U（铀矿主要成分）和 ^{232}Th（钍矿主要成分）为原料，在反应堆通过如下的俘获中子核反应来制备：

$$^{238}_{92}U + ^{1}_{0}n \rightarrow ^{239}_{92}U \xrightarrow[23.5\ min]{\beta^-} ^{239}_{93}Np \xrightarrow[2.3d]{\beta^-} ^{239}_{94}Pu$$

$$^{232}_{90}Th + ^{1}_{0}n \rightarrow ^{233}_{90}Th \xrightarrow[22.3\ min]{\beta^-} ^{233}_{91}Pa \xrightarrow[27.4d]{\beta^-} ^{233}_{92}U$$

关于核燃料循环，主要有两个体系：一是铀-钚燃料循环；二是钍-铀燃料循环。前者已在不少国家实现工业规模运行；后者只在极少国家中开发研究，如印度的钍燃料循环分为三步：第一步，用天然铀重水堆积累钚；第二步，用钚作燃料，贫化铀和钍作增殖层，积累 ^{233}U；第三步，用 ^{233}U 作快堆燃料。

核燃料循环分为“前段”（front end）和“后段”（back end）。“前段”包括铀矿开采、水冶、精制、转换、富集和燃料元件制造。CANDU 型重水堆用低浓铀作燃料，铀不需要富集。核燃料循环前段若不涉及混合氧化物（MOX）燃料制造，产生的废物放射性水平低，废物中所含的主要核素为天然放射性核素，如：^{238}U、^{230}Th、^{226}Ra、^{222}Rn、^{210}Po 和 ^{210}Pb 等，它们的半衰期和辐射类型如表 3-1 所示，典型的核燃料循环流程如图 3-1 所示。

表 3-1　核燃料循环前段重要放射性核素

核　素	辐射类型	半 衰 期
^{238}U	α	4.5×10^{9} a
^{230}Th	α	5×10^{10} a
^{226}Ra	α	1602 a
^{222}Rn	α	3.8 d
^{210}Po	α	138.4 d
^{210}Pb	α	22.3 a

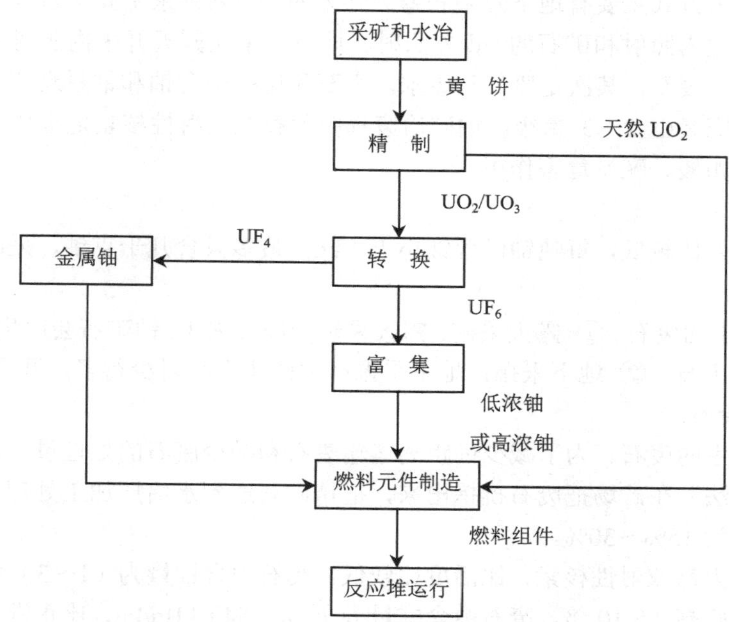

图 3-1　核燃料循环前段流程图

一、传统铀矿开采

铀是最基本的核燃料。铀在地壳中平均含量约为 2.7×10^{-4} %，总量约 45 亿 t，铀的存在相当分散，被称为“分散元素”。据已探测资料，世界铀产量最多的国家是澳大利亚、加拿大和哈萨克斯坦，三国拥有的铀资源约占世界已探明的铀储量的 60%。海水中也含有铀，其浓度随海水中盐的总浓度和海水深度而增加，平均浓度为 3.3 μg/L，海水提铀尚在开发研究阶段。

铀是化学性质活泼的元素，铀的氧化态有+3、+4、+5 和+6 共 4 种，在自然界中比较稳定的氧化态是+4 和+6。铀在自然界里不以单质和硫化物形式存在，而以氧化物、磷酸盐、钒酸盐、硅酸盐和碳酸盐等矿物存在。已知的铀矿物有 200 多种，有工业开采价值的有 20 多种[1]。随着核能的开发利用，富铀矿资源不断减少。目前四等和五等矿石也都进行开采，铀矿石分类如表 3-2 所示。我国开采的铀矿床一般都规模不大，品位不高，矿体小而分散。

表 3-2 铀矿石分级

铀矿石级别	铀含量	提取方法
一等（极富）	＞1%	浓酸浸取（加氧化剂）
二等（富）	0.5%～1%	稀酸浸取，*浓酸浸取（加氧化剂）
三等（中富）	0.25%～0.5%	稀酸浸取（加氧化剂）
四等（一般）	0.09%～0.25%	*碱法浸取，稀酸浸取
五等（贫）	最低工业品位约为 0.05%	碱法浸取，稀酸浸取

[注] * 该法使用不普遍。

铀矿传统开采方式主要有地下开采和露天开采两种。其开采主要辐射危害来自氡及其子体内照射、铀尘内照射和矿石的γ/β 外照射。地下开采比露天开采内照射大。铀矿开采产生的废物主要是废石，其次是废气和废水。废石和尾矿中含铀和铀系衰变子体，放射性核素的含量比本底高出 2～3 量级。铀矿冶废物中除存在放射性核素危害作用外，还经常存在非放射性（如酸、碱）危害作用。

1．废石

铀矿品位大多比较低，每吨铀矿含铀小于 1 kg，最多只含几千克铀，采矿和选矿会产生很多的废石[2]。

（1）采矿产生的废石。① 露天采矿：露天采矿一般开采 1 t 铀矿石会产生 4～6 t 废石，有时高达 6～8 t 废石。② 地下采掘：地下采掘产生的废石相对少得多，开采 1 t 铀矿石，产出 0.5～1.2 t 废石。

（2）选矿产生的废石。为了减少远距离运输废石和减少废石的处理量，常用放射性选矿法（简称放选法）在矿场把废石挑拣出来，把精矿石送到水冶厂加工处理。一般，放选法选出的废石率为 15%～30%。

废石中含有天然放射性核素，比活度比较低。废石中含铀量为（1～3）$\times 10^{-4}$ g/g，比正常土壤天然本底高 4～10 倍。废石中含镭量为（1.8～54）kBq/kg，比正常土壤天然本底高 1.5～25 倍。废石表面γ辐照剂量率为（77～200）$\times 10^{-8}$ Gy/h，比正常地面天然本底高 3～15 倍。废石表面氡析出率为（7～200）$\times 10^{-2}$ Bq/（$m^2 \cdot s$），比正常地面平均氡析出率高 5～70 倍[2]。废石会不断释出氡气，经过风化侵蚀作用，一些废石会形成放射性粉尘，雨水浸渍和淋洗会污染水体，可能使土壤、水体、空气受到污染。所以要建安全稳固的废石场，防止塌坝、垮坝和滑坡、防止废石流失，造成对地表农田土壤的污染。覆土植被有很好降氡效果，降低废石释放氡气对环境的污染。试验在废石上覆盖 35 cm 厚黄土，并植上草被，降低辐射 68.5%，降低氡析出率 96.5%。废石的另一个治理措施是回填井下采空区，充填井下洞室和废弃巷道，此法可以返回 60%～80%的废石。

2．废气

铀是天然放射系母体核素，它在衰变过程中不断释放出α、β、γ粒子，形成一系列子体核素，所以铀矿石开采凿岩、爆破、装卸、运输等活动，除释放出一般矿井所含有的有毒有害物质如矿尘、SiO_2、CO、H_2S、SO_2、NO_2 外，还释放危害性很大的氡及氡子体以及放射性气溶胶和铀尘。废气治理主要措施是除尘降氡。

（1）铀矿尘来源：① 铀矿开采过程凿岩、爆破产生的矿尘；② 矿石装卸和运输扬起的矿尘；③ 沉落在岩壁、巷道内的矿尘，由于爆破、通风等原因再次飞扬的二次矿尘。

（2）氡及其子体来源：镭子体氡是一种放射性气体，从生产巷道、采空区的岩体和矿体析出的氡占30%～80%，从崩落岩石堆释放氡占10%～40%，从矿井水中析出氡占10%～30%。氡衰变形成一系列子体，99%以气溶胶形式存在[2]。

建立良好通风系统、加强通风设计和管理，以及采取湿式作业，对除尘降氡有十分重要的意义。可采用的措施很多，如：选用合理风量和换气次数，分区通风，消除通风死角，避免入风污染和污风循环，喷涂防氡保护层，以密闭氡源，排除矿坑水等。

3．废水

铀矿山在开采过程产生大量废水，主要有地下开采的坑道水、露天开采的采场流出水、预选厂废水、矿仓下水和运矿车辆冲洗水等。铀矿山废水中含有某些量的铀、镭及其子体，酸性水质中会含有较多的铀、镭放射性物质，经露天水源稀释后，可能还超过饮用水标准。

（1）露天开采废水。铀矿露天开采过程的废水，主要来源于矿体渗流水、凿岩作业水、雨淋水等。这些废水受气象和水文条件影响很大，废水量一般为0.01～4 m^3/h。

（2）地下采矿废水。铀矿地下采掘过程的废水，主要来源于矿体的涌水、矿脉裂隙水、地表渗透水、凿岩作业水、洗壁水、除尘降温水等。每处理1 t铀矿石要产生4～10 t废水。一般铀矿井排出废水量约150～500 t/d。

（3）铀矿石堆废水及冲洗车辆水。露天堆放的铀矿石受雨淋和喷雾洒水形成的废水；运矿车辆（汽车、火车）冲洗也产生废水，不同矿山这些废水量差别很大。

（4）废石场废水。废石场的废石受雨水和流水冲刷、浸渍所产生的废水，受气候影响很大，雨季废水多，干旱季节几乎不产生废水。

铀矿山废水量变化范围很大，开采1 t铀矿石大约产生0.5～5 t废水。废水中铀浓度0.2～5 mg/L，比正常天然本底高4～100倍；镭浓度0.15～3 Bq/L，比正常天然本底高1.2～24倍；废水中除含铀和镭外，还含有^{210}Pb、^{210}Po等核素。废水一般呈弱酸性（pH=3～5）或弱碱性（pH=8～10）。废水中含有矿泥和Ca^{2+}、Fe^{2+}、Mn^{2+}、Cu^{2+}、Pb^{2+}、Hg^{2+}、SO_4^{2-}、Cl^-、HCO_3^-等离子[2]。

废水处理方法有：① 石灰乳中和沉淀法除铀和其他杂质；② 离子交换法除铀；③ 软锰矿吸附法除镭；④ 重晶石吸附法除镭等。

二、地浸、堆浸和原地爆破浸出法

近年来，应用地浸、堆浸和井下原地爆破浸出法工艺把采矿和部分水冶工艺结合起来，在降低生产成本的同时，也减少废物量，但可能铀的提取率相对较低。

1．地浸

地浸又称原地浸出，也称“化学采矿”或“溶液采矿”。这是将配制好的溶浸液通过钻孔注入地下矿体内，将天然埋藏条件下的矿体中的铀浸出，由抽出孔把浸出液抽出，输送到水冶厂。这是集采、选、冶于一体的铀矿开采工艺。此法工艺简单，成本低，不会产生很多废石和尾矿，对地面环境影响小。但地浸要求满足以下条件：① 矿体要疏松、渗透性好，如砂岩铀矿；② 上下盘围岩隔水性能好；③ 地下水埋深和流量要符合地浸条件。

地浸向地下注入大量化学试剂，可能会污染地下水。因此必须严格设计和加强管理，如保持抽流平衡，采区结束后及时封闭和地下环境恢复等。

2. 堆浸

堆浸又称堆置浸出。这是在预先铺设好的底板上堆置破碎成一定粒度的铀矿石，间隙式喷淋配制好的溶浸液，溶浸液在矿堆内渗透时通过毛细作用和分子扩散作用浸出金属铀，收集溶浸液。堆浸法省去了几段矿石破碎、筛分等工艺，直接由矿石淋浸得溶浸液，送到水冶厂加工处理。堆浸法工序少、流程短、设备简单、基建投资少、生产成本低。但堆浸法铀的浸出率比常规水冶法低（一般仅浸出 80%），废物比地浸多但比传统的采矿法少。为了提高堆浸的效果和效率，铀矿石应破碎成适当的粒径。矿石粒度过大，浸出周期长，浸出率低；矿石粒度过小，破矿成本高，且易于泥化，对浸出液处理困难。堆浸必须做好设计和加强管理，防止污染水体和周围环境。

3. 原地爆破浸出

井下原地爆破浸出是用爆破法将矿体在原地破碎成一定粒度的矿块，然后注入配制好的溶浸液，将铀浸出来，输送到水冶厂处理。这种方法实际上集地浸和堆浸两者的工艺为一体，也不产生废石和尾矿。原地爆矿氡和氡子体析出量大，防护问题突出，为降低井下废水、废酸可能造成的环境污染，可先建造一个底盘，然后引爆破碎的矿石降落在底盘上，就像地下堆浸。

此外，还有生物（细菌）助浸法，这是利用铁硫或亚铁硫杆菌把硫化铁矿石中的硫转变成硫酸，将四价铀氧化成易溶的六价铀，使浸出比较容易，并且耗酸量少。此法尚未推广应用。

三、铀水冶

铀矿石加工处理提炼出铀化学浓缩物，通常用湿法加工处理铀矿石，所以称之为铀水冶。传统工艺是第一步将矿石破碎、研磨。第二步化学浸出。浸出法有两种：酸法和碱法。酸法浸取一般用硫酸，碱法浸取一般用碳酸钠和碳酸氢钠溶液。第三步是铀提取，采取离子交换或溶剂萃取法，进行铀与杂质的分离，使铀得到浓集。第四步沉淀出铀化学浓缩物，经洗涤、过滤和干燥，得到称为“黄饼”的产品。

因为铀矿石的品位很低，若从品位为 0.1%矿石中提取 1 t 铀，要处理 1 000 t 以上的矿石，需要庞大的设备和消耗大量化学物质，产生大量废液和尾矿砂（图 3-2）。

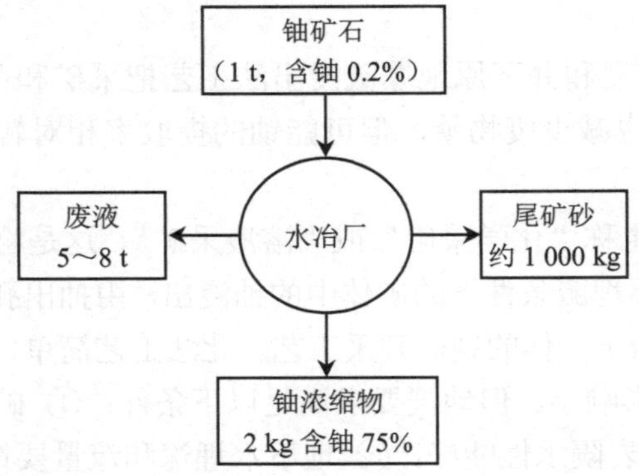

图 3-2 铀水冶示意图

铀水冶废物主要是尾矿砂，其次是废水和废气。要建造安全稳固的尾矿库，防渗漏、防垮坝和尾矿流失事故。要加强工艺废水的处理，提高废水的复用率，减少和控制废水对环境的污染。厂房内要加强通风，有效地除尘降氡。

1．尾矿砂

铀矿石经破碎和磨矿，用酸或碱浸取，大部分铀及与铀平衡的其他放射性核素进入浸取液，铀浸出率约为95%，5%的铀残留在尾砂中；95%的镭留在尾矿砂中。浸取铀产生的废液用石灰乳中和后注入尾矿库，石灰乳中和可把铀、铅、砷等元素沉淀下来。如果存在硫酸根，加入 $BaCl_2$，还可把镭共沉淀下来进入尾矿砂。尾矿砂含有大量粗砂、细泥等固体废物。处理 1 t 铀矿石产生 1.1～1.2 t 尾砂。铀水冶厂产生的尾砂，比活度低于低放固体废物比活度的下限值，按 GB 9133 分类标准，不属于放射性废物，但由于废矿砂会向大气中释放氡气，而且废矿砂数量巨大，因此必须作为一类特殊废物妥善治理，应建坝存放。

表 3-3 不同 pH 尾矿废液组成的变化

组 分	含量/（mg/L）			
	中和前	中和后的 pH		
		3.3	7.7	9.5
SO_4^{2-}	30 000.0	3 860.0	2 210.0	2 100.0
Fe	3 500.0	4.2	0.1	痕量
Al	1 500.0	—	痕量	痕量
Mn	5 500.0	110.0	6.0	4.0
Ca	400.0	530.0	815.0	820.0
Mg	450.0	535.0	142.0	120.0
As	165.0	0.2	0.01	—
U	<5.0	3.4	0.50	0.3
Ra（Bq/L）	2×10^2	—	2×10^1	3.7

尾矿库具有堆置尾矿、澄清废水与提供复用水的作用。澄清的液体通过设在坝上的抽水站返回生产流程使用。尾矿砂在库中沉淀下来，尾矿库是潜在污染源，坝内废水有可能渗透到地下水或附近的水源和农田。它除了含有铀、镭之外，还含有许多其他化学组分（表3-3），其化学危害作用可能高于放射性危害作用。要建造安全稳固的尾矿库，尾矿坝的底部和周边必须采取防渗漏措施，尾矿库要防垮坝和防尾矿流失等事故。尾矿库应重视安全管理，包括维护和监测。我国衡阳铀矿冶厂采用工程措施和人工植被相结合的治理方法保护了尾矿坝体。在尾矿坝基周围种植紫穗，在坝坡上种植狗牙根草，在马道上种植假俭草，在坝滩种植芦苇，对尾矿坝坝体和坝坡的稳定获得相当好的作用。尾矿库的氡析出率和γ放射性较高，覆土植被有较好的作用，可以减少氡的析出和扬尘。某水冶厂试验尾矿库覆土的防氡效果如表 3-4 所示。

表 3-4 覆土的防氡效果

覆盖黄土厚度/m	平均防氡效果/%	平均氡析出率/[Bq/（$m^2·s$）]
0	—	1.82
0.5	47.3	0.36
1.0	86.8	0.24
1.5	95.3	0.085
黄土本底	—	0.045

2．铀水冶废水

铀水冶废水主要来自工艺废水，如离子交换过程产生的贫铀溶液，萃取后的萃余水相，化学沉淀过程产生的沉淀母液、洗涤水、设备冲洗水等。废水数量取决于所用工艺流程和废水循环利用程度。一般来说，酸法浸取—逆流倾析—离子交换流程产生的废水量大，而酸法浸取—过滤—溶剂萃取流程产生的废水量较少。此外，废水的来源还有实验室废水、洗衣、淋浴水等。

铀水冶厂处理 1 t 铀矿石产生 5～8 t 废水。铀水冶厂废水量大，放射性浓度低，含有 ^{238}U、^{226}Ra、^{210}Pb 等天然放射性核素，此外还含有悬浮固体和化学有害物质，废水的化学危害作用可能超过放射性的危害作用，铀矿水冶废水处理除石灰乳中和法外，阴离子交换树脂除铀可达 90%～95%。吸附剂 Al_2O_3、Fe_2O_3、MnO_2、硅胶、磺化煤、活性炭、软锰矿和重晶石等除镭都有较好的效果。

3．铀水冶废气

铀水冶废气主要来源于铀矿石加工过程排放的废气和尾矿库释出来的气体。废气中含有铀尘、氡及其子体、气溶胶、氨、氮氧化物等有害杂质。其中以 ^{222}Rn 的影响最大。

铀水冶厂房内要加强通风、除尘和降氡措施，必须有良好的通风设施，合理组织风流量，严防污染空气倒流。采用局部通风和全面换气的通风方式有利于排出有害物质。

铀矿地质和矿冶产生的废物不容忽视，特别是废石和尾矿砂。现在废石基本上是露天堆放，尾矿砂大部贮存在尾矿库中，长久地释放氡及其子体。铀废石、尾矿中的放射性核素含量可比本底高 2～3 个数量级。尾矿库存在洪水漫顶、垮坝、基底渗漏、坝体渗漏等风险。废石场和尾矿库还存在边坡坍塌、粉尘飞扬等污染环境，造成辐射本底和公众剂量增加等不良因素。因此，加强废石和尾矿的管理十分重要，可采取的措施很多，如：① 把废石和尾矿回填入废旧巷道和采空区，减少地面的堆存量；② 将回填剩余的废石和尾矿集中堆放在废石场或尾矿库中；③ 对废石场和尾矿库采取必要的护坡和加固措施，进行稳定化处理，防止坍垮或废物流失事故；④ 采取必要的防护措施，如覆土植被使氡析出率和γ辐射率低于规定限值；⑤ 防止废石和尾矿中的放射性核素和非放射性有害物质渗入地下水或随地表水运移而污染水源和农田；⑥ 废石场和尾矿库周围设置监测井，对地下水和渗出水进行监测。

四、铀精制

铀水冶厂产生的粗产品“黄饼”或 U_3O_8，含有相当量杂质，其中很多是中子毒物，因此不能直接用于制作反应堆燃料，必须进一步纯化以达到要求的核纯度。这个过程，称为铀精制。精制要求的纯化系数 10^2～10^3（甚至高达 10^4），现在，萃取精制法已完全代替了早期所用的化学沉淀法。TBP 萃取法是典型的精制工艺（图 3-3），其第一步是把粗铀浓缩物溶解于硝酸中，第二步是用溶剂萃取法分离溶解液中的铀和其他金属杂质离子。精制产品有多种形式，可以是硝酸铀酰、重铀酸铵、三碳酸铀酰铵、八氧化三铀、二氧化铀、三氧化铀或四氟化铀。

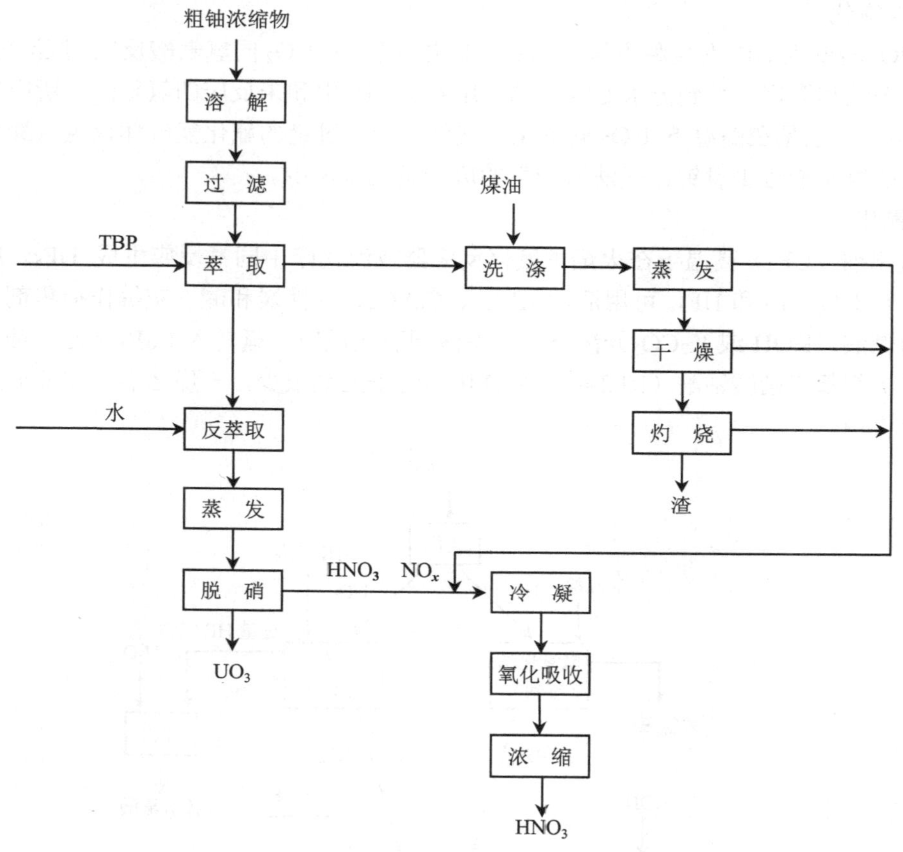

图 3-3 铀精制工艺流程图

在萃取过程中，用 TBP 作萃取剂，使用过的 TBP 用 5%Na_2CO_3 洗涤，除去降解产物磷酸二丁酯（DBP）和磷酸一丁酯（MBP）。蒸发脱硝过程产生的 HNO_3 和 NO_x 气体送到硝酸回收系统回收硝酸。铀精制过程产生的废物是含有天然放射性核素（主要是铀）低放废物，数量不大。

五、铀化合物转化

六氟化铀（UF_6）有高的热稳定性和挥发性，是实现铀富集的最好化合物形式。现在所有富集方法都基于六氟化铀。转化是把铀氧化物转变为 UF_6，为下一步作富集用。转化过程包括还原、氢氟化和氟化等步骤，包含的主要化学反应如下：

$$UO_3 + H_2 \longrightarrow UO_2 + H_2O \text{（还原）}$$

$$UO_2 + 4HF \longrightarrow UF_4 + 2H_2O \text{（氢氟化）}$$
$$UF_4 + F_2 \longrightarrow UF_6 \text{（氟化）}$$

1．还原

首先要把 UO_3 还原为 UO_2。通过同氢气或裂化氨（$3H_2$∶$1N_2$）于高温下在不同反应器中（如旋转床、流化床或回转炉）反应。

2．氢氟化

将 UO_2 转变为 UF_4 有两种方法：湿法和干法。湿法是 UO_2 同氢氟酸反应，沉淀出 UF_4，经过滤、干燥和煅烧，得到无水 UF_4 产品。用 $Ca(OH)_2$ 中和未反应的氢氟酸，所产生的废物为 CaF_2。干法是在高温下 UO_2 同氟化氢气体反应。过量的氟化氢气体以氢氟酸形式回收，回收的氢氟酸含少量铀，干法所产生的废物量比湿法少。

3．氟化

四氟化铀（UF_4）高温下在火焰炉氟化反应器或流化床中同氟反应生成 UF_6。所产生的尾气含有 UF_6、F_2 和 HF，可用活性 Al_2O_3、$CaSO_4$、活性炭和碱石灰等作捕集剂。尾气排放前用碱液（KOH 或 K_2CO_3）洗涤。废碱液同石灰反应，氟转入 CaF_2 沉淀，铀用硝酸溶解，用溶剂萃取硝酸铀酰（图 3-4）。废氟化钙污染的铀很少，干燥之后可作非放废物处置，也可再用。

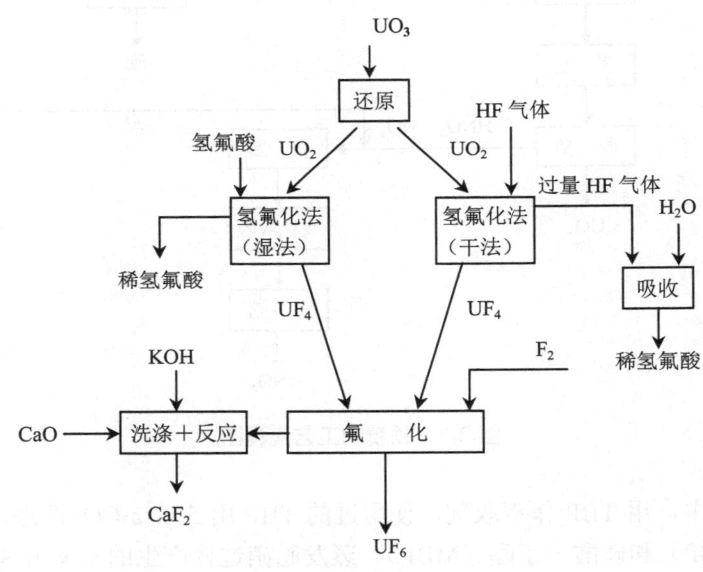

图 3-4 UO_3 转化为 UF_6 工艺流程图

铀转化所产生的废物主要是固体 CaF_2，此外还有含 CaF_2、$Ca(OH)_2$ 和少量铀的泥浆废物。CaF_2 含铀量很低，但体积较大，符合清洁解控者经审管部门批准可作一般工业废物处理。

六、铀的富集

天然铀中含 ^{238}U 99.28%，^{235}U 0.71%和 ^{234}U 0.006%，而轻水堆核电厂燃料元件需要

2%～5%富集度（丰度）的 ^{235}U，研究堆、试验堆要求用 10%以上甚至 90% ^{235}U 的高浓铀。铀富集就是把铀中 ^{235}U 的含量从 0.71%天然丰度提高到所需要的富集度（图 3-5）。工业规模富集的办法，目前主要为气体扩散法和离心分离法。

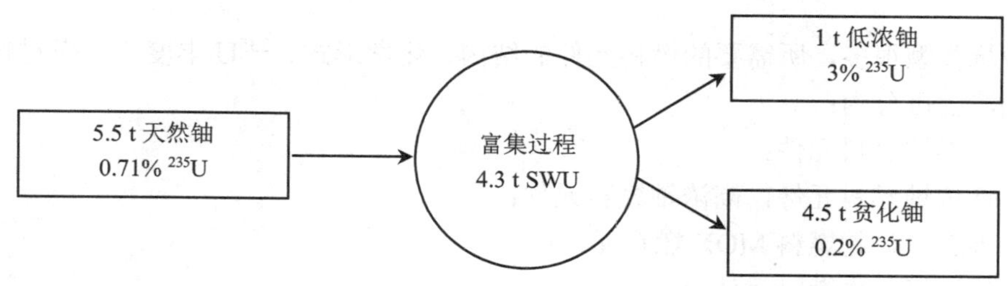

图 3-5　铀富集过程示意图

1．气体扩散法

气体扩散法基于 $^{235}UF_6$ 和 $^{238}UF_6$ 分子质量差别有不同扩散速率，$^{235}UF_6$ 气体扩散通过特制的微孔分离膜快于 $^{238}UF_6$。为达到富集要求，扩散分离需要通过很多级的扩散。此法耗电和耗水量大，约占成本的 70%。

2．离心分离法

离心分离法基于 $^{235}UF_6$ 和 $^{238}UF_6$ 不同的离心作用，在高速离心机中，重同位素 $^{238}UF_6$ 甩向筒壁，轻同位素 $^{235}UF_6$ 在轴附近得到富集，经过多级高速离心，达到分离要求。离心法富集效果比扩散法好，同样生产量的工厂，离心法工厂规模小，耗能少。

3．激光法

激光法有原子激光法和分子激光法，目前，原子激光法领先。原子激光法通常采用光电离法，如用氙离子激光器选择性激发天然铀中的 ^{235}U 原子，用氪离子激光器进一步使激发的 ^{235}U 原子发生电离，^{235}U 离子在电场作用下偏转，由负高压收集。激光分离法的优点是：分离系数大，生产成本低，耗能少，效率高，厂房占地面积小，可提高铀资源利用率，贫铀中 ^{235}U 浓度可降低到 0.1%以下。但是激光法的工艺设备和工艺条件要求较高，目前尚在开发验证阶段。

铀浓缩过程的工作物质是含有各种丰度的易裂变物质 ^{235}U。在丰度大于 1%的情况下，必须考虑核临界安全问题，尤其应该注意产品的收集、封装、贮存等环节。铀浓缩工厂空气监测，主要是铀气溶胶浓度和α 放射性活度。环境监测主要是监测铀和氟。

铀浓缩过程只产生少量废物，因为它们只处理一种物质（UF_6），并且是在高度密封的设备中运转，这类工艺是物理过程，没有化学操作。富集过程产生的二次废物主要是废过滤器和排风过滤系统产生的废物以及设备清洗检修过程产生的废物。铀富集过程产生大量的贫化铀（图 3-5），贫化铀不能算作废物，它还有许多用途。贫化铀密度大，是铅的两倍，与钨相当，可用于制造穿甲弹和装甲武器等。

为减少贫化的 UF_6 对环境的影响，法国开发了转化技术，把贫化 UF_6 转化为 U_3O_8[4]，然后用来制备 MOX（混合氧化物）燃料，基本反应如下：

$$UF_6 + 2H_2O \longrightarrow UO_2F_2 + 4HF$$

$$6UO_2F_2 + 6H_2O \longrightarrow 2U_3O_8 + 12HF + O_2$$

此工艺得到 U_3O_8 和 HF 两种产品，都可再循环使用。

七、燃料元件制造

反应堆类型很多，所需要的燃料元件的结构、化学形式、^{235}U 丰度、包壳材料多种多样。按铀浓度可分为：

（1）天然铀燃料元件；

（2）低浓铀燃料元件，高浓铀燃料元件；

（3）混合氧化物燃料 MOX 燃料元件；

（4）^{233}U 氧化物燃料元件等。

制备二氧化铀燃料元件时，先将天然铀或低浓铀制备成可烧结的 UO_2 粉末，有以下 3 种基本方法：

碳酸铀酰铵法（AUC，Ammonium Uranyl Carbonate Process）

重铀酸铵法 （ADU，Ammonium Diuranate Process）

全干法 （IDR，Integrated Dry route Process）

ADU 法主要用来生产天然铀的 UO_2，用于 CANDU 堆，原料为硝酸铀酰溶液，直接来自精制工厂或通过溶解 UO_3 或其他铀化合物。AUC 法可用于生产天然铀或富集铀的 UO_2，原料为铀浓缩物或硝酸铀酰溶液，或者 UF_6。IDR 法用来生产富集铀的 UO_2，原料为 UF_6（图 3-6）。

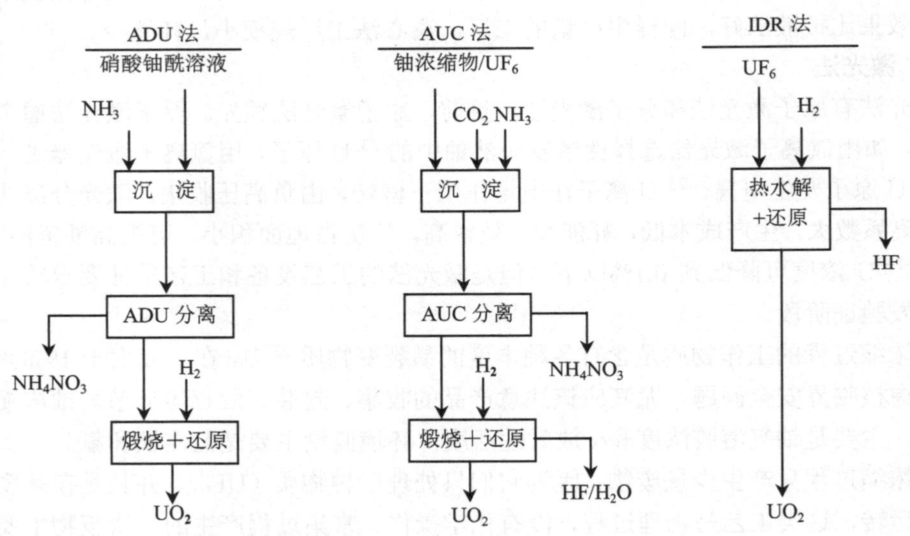

图 3-6 UO_2 生产工艺流程图

燃料元件形状有棒状、板状和球状等很多形式。大部分轻水堆燃料元件是将 UO_2 粉末掺和均匀（必要时加入某些添加剂），压成小圆柱体芯块，在高温中烧结，然后装进锆合金或不锈钢包壳管中，管中充氦气，封在燃料棒中，最后组装成组件。

燃料元件制造厂的工艺废气含有铀，可能还含有少量 NO_x、氨气，经淋洗、吸收、过滤和 HEPA 过滤器过滤后通过排风中心排出。废液中除含铀外，还可能含 F^- 和 NH_4^+。常用硅胶吸附等净化后槽式排放。固体废物主要是含铀固渣、污染设备部件、废树脂、硅胶等，数量不大，放射性水平较低，污染核素主要为铀。氟化钙渣量比较大，但含铀甚微（1 ppm 以下），常在灰渣场存放。

制造混合氧化物燃料（MOX 燃料，UO_2+PuO_2）元件在手套箱中进行，采用的 PuO_2 量为 5%（用于轻水堆）～40%（用于快堆），所产生的废物可能污染着较多量的钚，要作长寿命放射性废物处置。

综上所述，核燃料循环前段所产生的废物，主要为：采矿时产生的废矿石；水冶时产生的尾矿砂和选矿产生的矿泥；铀精炼和元件加工过程产生的氟化钙、废石墨、铀屑；铀富集过程产生含氟污染物等。这些废物中，采矿和水冶产生的废物量很大，其他阶段所产生的废物量少，它们的放射性水平均比较低，所含的放射性核素均为天然放射性核素（MOX 燃料元件制造过程例外）（表 3-5）。

表 3-5　铀转换、富集和元件制造工艺过程所产生的放射性废物
（以提供核电 1GW·a 计）

废　物　类　型	废物体积/（m^3/a）	基 本 特 性
转换过程 放射性残渣，泥浆，废过滤器，废防护衣物	10～15	低放废物
富集过程 废防护衣物，废过滤器，废油类，报废部件	5～10	低放废物
燃料元件制造过程 废过滤器，废防护衣物，废金属切屑	20～30	一般为短寿命低中放废物 （MOX 燃料制造产生长寿命低中放废物）

对核燃料循环前段来说，铀矿冶过程的废物管理是更重要的。美国核管会做过估计，铀矿山对环境的剂量贡献是水冶厂的 5 倍，是元件制造厂的 50 倍；联合国环境规划署做过估计，铀矿山对环境的剂量贡献是水冶厂的 3 倍，是元件制造厂的 30 倍。

《中国核工业辐射水平与效应》与《中国核工业 30 年辐射环境质量评价》中指出，我国铀矿冶职业照射集体剂量占核燃料循环系统的 63.6%，环境公众受照集体剂量占核燃料循环系统的 83.4%[3-4]。我国铀矿山尾矿等排出氡产生的年集体剂量达 2.5 人·Sv[5]，这比核电厂流出物产生的集体剂量大得多，所以，铀矿冶过程的废物的监管十分重要。

第二节　反应堆运行废物

反应堆运行是核燃料循环的中间环节，如图 3-7 所示。

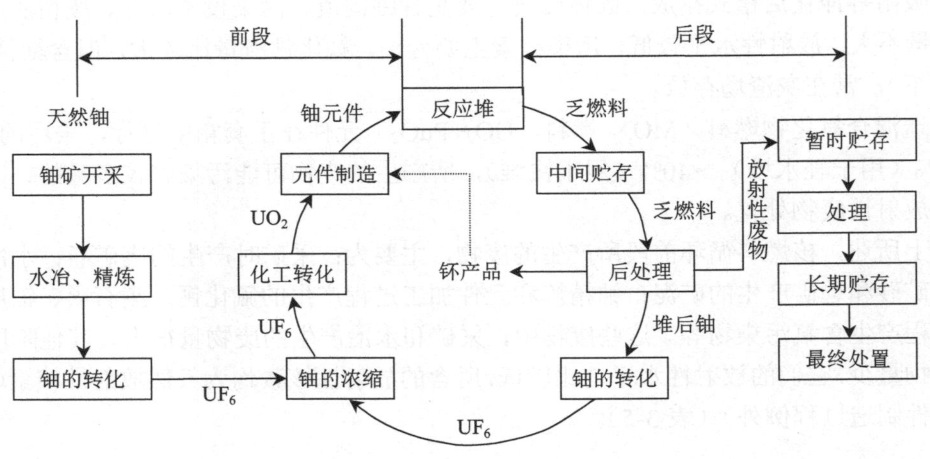

图 3-7 核燃料循环流程图

反应堆运行功能很多，主要有以下三大方面：

（1）获取核能，用以发电或作为潜艇、舰船和飞行器等的动力，或供热、海水淡化、制氢等。

（2）生产易裂变物质（如 ^{239}Pu 和 ^{233}U）和氚。

（3）做各种研究试验和应用，如材料试验、中子物理研究、中子衍射、中子掺杂、中子照相、中子活化分析、同位素生产等。

反应堆按用途分类可分为：动力堆、生产堆、研究堆和特殊用途堆。按所用慢化剂和冷却剂分类可分为：轻水堆（压水堆、沸水堆）、重水堆、石墨堆、钠冷快堆等。

核燃料的重要特点之一是能量密度高，1 kg ^{235}U 发出的能量相当于燃烧 2 700 t 标准煤放出的能量。反应堆运行主要产生短寿命低中放废物。反应堆运行废物的核素来源为：① 裂变过程。② 活化过程。^{3}H 既是活化产物又是裂变产物。反应堆加入硼酸（H_3BO_4）控制反应堆活性，加入 LiOH 调节 pH，Li 和 B 与中子反应都能产生 ^{3}H。此外，铀核三裂变产生 ^{3}H。

活化过程产生的放射性核素绝大多数为短寿命核素（^{63}Ni 和 ^{14}C 等除外），而裂变过程产生的放射性核素以长半衰期为特征，这些核素绝大多数包容在乏燃料元件包壳中。

裂变产物和活化产物构成反应堆冷却剂放射性主要来源，它们通过蒸汽发生器传热管和有关设备的泄漏，以及冷却剂的净化等过程造成对辅助系统和二回路系统的污染，产生各种各样的废物，包括气载废物、液体废物和固体废物。气载废物和液体废物经过净化处理，达到标准后排放，固体废物经过处理/整备后处置。核电站固体废物量不大，主要产生于换料大修和设备检修。所以，减少换料次数、周密计划和严格执行检修程序、缩短检修时间，对减少受照剂量和废物量有着十分重要的意义。

反应堆运行所产生的废物量取决于反应堆类型、功率、设计和运行情况，有显著差别。研究堆通常堆芯尺寸较小，用较高浓 ^{235}U 作燃料，但研究堆的功率和负荷因子一般比较小。和动力堆相比，研究堆废物量要少得多[6]。电功率 1 GW 压水堆电站年运行固体废物量如表 3-6 所示。应该指出，随着实施废物最小化，废物量正在不断减少。

表 3-6 1 GW·a 电功率压水堆核电站运行产生的固体废物量

废物类型	废物体积/（m^3/a）	基本特性
湿固体废物 放射性蒸发浓缩物，过滤泥浆/残渣，废树脂，废过滤器芯	40～100	低中放废物（一定量中放废物）
干固体废物 废防护衣物，废活性炭，废空气过滤器芯	20～40	主要是低放废物
金属废物 污染部件和设备，污染工具，堆芯部件	5～10	低中放废物（极少量高放废物）
废机油、溶剂	3～5	低放废物

核电站废物和乏燃料相比，体积份额很大，但放射性份额很小（图 3-8）。

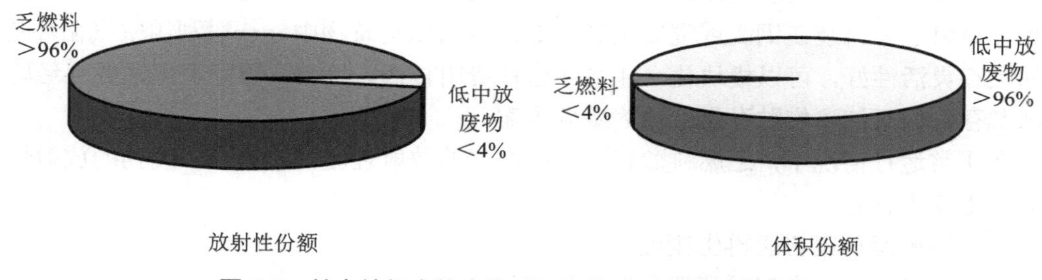

图 3-8 核电站低中放废物（LILW）和乏燃料的比较

第三节 核燃料循环后段废物

核燃料循环“后段”是指燃料元件经反应堆“燃烧”之后，对卸出的乏燃料以及放射性废物处理和处置。乏燃料从反应堆卸出之后，经过适当时间的冷却，进行后处理（reprocessing），分离和回收利用铀以及新产生的钚。铀和钚可单独利用，也可以制成混合氧化物燃料，送到反应堆中去再裂变，该过程称为闭路循环。有些反应堆的乏燃料不作后处理回收铀和钚，而进行直接处置，则称为一次通过（once through）开路循环。核燃料循环后段产生的废物以高放废物和长寿命低中放废物为重点。关注的主要核素为 ^{239}Pu、^{237}Np、^{241}Am、^{99}Tc、^{129}I、^{90}Sr 和 ^{137}Cs 等核素。

高放废物与α废物和超铀废物有联系也有区别。α废物是指含有半衰期大于 30 a 的α放射体，其放射性活度浓度在单个废物货包中大于 4×10^6 Bq/kg 的废物。在美国和其他一些国家常讲超铀废物，超铀废物是指含有原子序数大于 92，半衰期大于 20 a 的放射性核素，其比活度大于 4×10^6 Bq/kg 的废物。高放废物往往是α废物或超铀废物，但α废物或超铀废物不一定是高放废物。α废物、超铀废物与高放废物一样，它们的最终处置都需要深地质处置。

一、乏燃料贮存

核燃料元件在反应堆中“燃烧”一定时间，由于易裂变材料的消耗，裂变产物及超铀核素的生成，中子毒物增加，引起反应性改变，使链式反应不再能继续，必须卸出一部分“燃烧”过的燃料和补充一部分新燃料，被卸出的燃料称为“乏燃料”。乏燃料中含有裂变反应形成的裂变散片以及它们的衰变产物，共达两三百种核素。刚卸出的乏燃料中包含有很多短寿命核素，有强释热率和很高放射性，需要冷却贮存一定时间进行后处理。对于一次通过式，要求冷却 40～50 a，甚至更长时间，才能进行直接处置。

乏燃料的贮存方式有湿法和干法两种。按贮存设施来分，有反应堆现场水池贮存和远离反应堆的集中贮存，这两类设施都必须有抗震和防临界措施。

湿法贮存就是水池贮存，利用池水传导衰变热和冷却乏燃料元件。为了防止池水泄漏，混凝土结构水池有钢衬里，有监测泄漏措施。为了防止元件包壳的腐蚀，池水必须保持较低温度和优良水质，池水连续或定期用离子交换和过滤处理，并适时处理池底的淤泥。干法贮存是将乏燃料装在钢制或混凝土制的专门容器和构筑物中，一般利用空气循环传热。干法贮存灵活性好，可以模块化，建造和运行费用较低。目前，国际上湿法贮存经验多于干法贮存，但干法离堆贮存正在成为重要方案。

在正常运行情况下，乏燃料贮存过程所产生的放射性废物量很少，废物的放射性水平较低，主要废物有：

（1）废树脂和废树脂再生废液；

（2）废过滤器（空气过滤器和液体过滤器）。

据 IAEA 统计，到 2002 年底，全世界积存的乏燃料约 13 万 t，已进行后处理的乏燃料约 7 万 t [7]。现在，全世界卸出的乏燃料量约 10 500 t/a，具备的后处理能力不足乏燃料产出量的 1/2。

二、乏燃料后处理

核燃料在反应堆中“燃烧”，不仅没有耗尽原有的易裂变物质 ^{235}U，留下的 ^{235}U 近 1%，并且还由于中子俘获反应，新生了易裂变物质 ^{239}Pu（约占 1%）和次锕系元素 MA（约占 0.1%）。在 MA 中，镎约占 50%，镅约占 47%，锔约占 3%。乏燃料中含有约 3%裂变产物（也称裂片元素）。以轻水堆核燃料为例，新燃料与乏燃料比较如表 3-7 所示。

乏燃料后处理的作用主要有：① 回收利用残留的铀和新生成的钚，有效利用铀资源。从 1t 乏燃料回收的铀和钚相当于 22 000 t 石油能源。② 转变成公众可接受的易安全处置的形式。③ 可提取有用核素如 ^{137}Cs、^{90}Sr、^{99}Tc、^{147}Pm、贵金属（钌、铑、钯）和超铀元素。

表 3-7 轻水堆乏燃料与新燃料的主要核素和特性比较

燃 料	新 燃 料	乏 燃 料
^{238}U	95%～97%	94%～95%
^{235}U	3%～5%	0.8%～0.9%
^{239}Pu		0.9%～1.1%
^{237}Np		0.05%
其他次锕系核素		0.05%
裂片元素		3.0%～3.5%
放射性水平	很低	很高
释热	不释热	强释热

乏燃料后处理工艺有湿法（也称水法）和干法。湿法工艺有沉淀法、离子交换法和溶剂萃取法。干法工艺有氟化物挥发法、氯化物熔盐法、高温电解法等。现在普遍采用的后处理工艺是湿法普雷克斯（PUREX）流程（图 3-9），这是一种成熟、可靠的技术。当前世界上拥有较大乏燃料后处理能力的国家是英国、法国、俄罗斯和印度（表 3-8）。

PUREX 流程处理动力堆乏燃料用机械剪切—硝酸溶解浸取燃料芯体；生产堆燃料用氢氧化钠溶解铝包壳，再用硝酸溶解芯体。溶解液过滤澄清后，用磷酸三丁酯（TBP）萃取分离铀和钚，纯化制备出铀和钚产品，供再利用。现在 PUREX 流程的改进方向为：优化首端处理，简化流程，采用无盐试剂减少废物，提高分离效率，减小设备尺寸等。为了适应提高燃耗、充分利用铀资源、降低后处理成本和减少废物量等要求，正在积极开发干法后处理工艺，如美国阿贡实验室、布鲁克海纹实验室、欧盟 ISPRA 超铀元素研究所、法国 CEA、俄罗斯及日本等。

表 3-8 世界乏燃料后处理情况

国 家	设 施 名 称	经 营 者	处理能力/（t/a）	运行时间
法 国	拉阿格 UP2 拉阿格 UP3	COGEMA，高杰马核燃料总公司	800 800	1994— 1990—
英 国	塞拉菲尔德	BNFL，英国核燃料公司	1 500 Magnox 800 THORP	1965— 1994—
俄罗斯	车里雅宾斯克 RT2 克拉斯诺亚尔斯克 RT3	MINATOM，俄罗斯原子能部	600 1 500	1978— （计划）
日 本	东海后处理厂 六所村后处理厂	JNC，日本核燃料循环开发机构 JNFL，日本核燃料公司	90 800	1981— （热试中）
印 度	特朗贝 塔拉普尔 卡尔帕卡姆	BARC，巴巴原子能中心 印度原子能部 印度原子能部	30 150 250	1979— 1982— 1992—
中 国	兰州核燃料厂后处理中试厂	CNNC，中核集团公司	100 kg/d	（调试中）

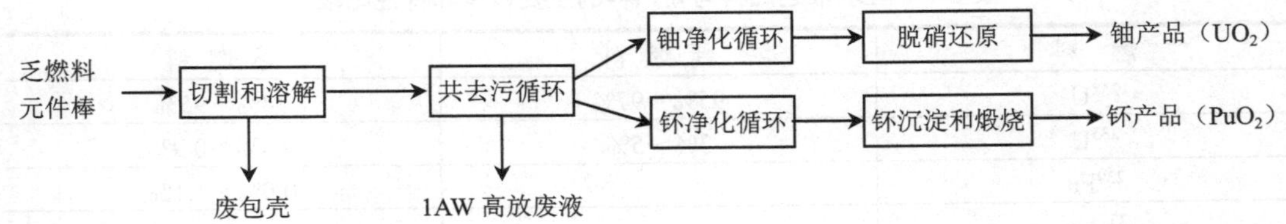

图 3-9 PUREX 后处理工艺流程简图

后处理厂废物种类多，数量比较大，除中低放废液和固体废物外，还有高放废物、α 废物和废有机溶剂（TBP/煤油萃取剂）等。后处理过程产生的中低放废物大部分（65%）属于短寿命低中放废物（图 3-10）。一般来说处理 1 t 动力堆乏燃料产生：

0.1 m^3 高放废物，它包含乏燃料中大于 95%放射性；

1 m^3 中放废物，它包含乏燃料中小于 3%放射性；

4 m^3 低放废物，它包含乏燃料中小于 1%放射性。

水法后处理产生的废溶剂为：0.01～0.10 m^3/t 燃料，含铀小于 10 mg/L，含钚小于 0.5 mg/L，总α 放射性小于 37 MBq/L，总β /γ 放射性小于 37 GBq/L [8]。

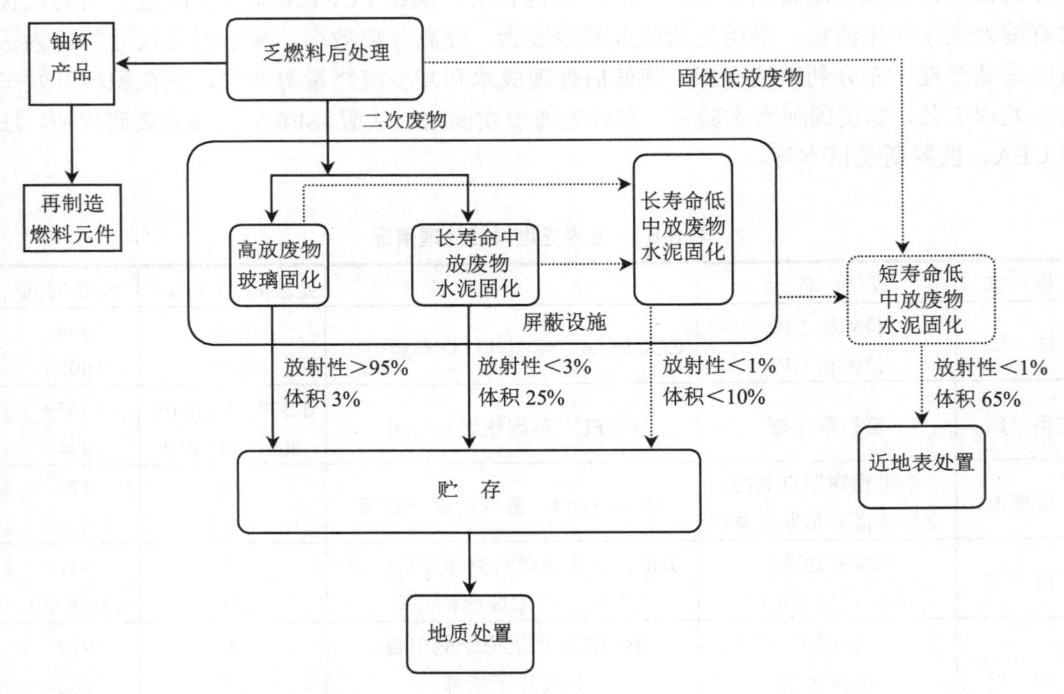

图 3-10 后处理产生的放射性废物

后处理厂气载流出物中的重要核素为 ^{3}H、^{14}C、^{85}Kr 和 ^{129}I；液态流出物中的重要核素为 ^{3}H、^{137}Cs、^{90}Sr 和钚。

三、乏燃料直接处置

由于经济、技术和政治等原因，有些国家对乏燃料不进行后处理，准备直接处置[9]。这种打算直接处置的乏燃料需要先作长期的可回取贮存，原因是：

（1）降低释热率和使短寿命核素充分衰变掉，有利于直接处置操作和处置后的安全性，有利于降低处置技术的要求和俭省费用；

（2）提供开发研究直接处置技术的时间。

乏燃料经过充分冷却后要作适当整备，才可以作地质处置。乏燃料处置前的整备应达到以下目的：① 使得可以安全操作，不会产生不可接受的辐照剂量；② 提供高度完整的包容，以满足安全处置的要求。

整备过程包括：

（1）把乏燃料从贮存设施运到整备设施；

（2）从燃料组件中卸出燃料棒；

（3）固定和（或）切割燃料棒；

（4）测定放射性和衰变热；

（5）装进处置容器中；

（6）浇注基体材料；

（7）密封处置容器。

乏燃料直接处置是尚未经验证的方案，尚有许多技术需要开发研究。乏燃料中包容着全部裂变产物、未裂变的铀以及俘获中子所产生的超铀核素。所以需要考虑：

（1）存在气体产物；

（2）钚未分离出来，毒性更大，核扩散和核恐怖风险大；

（3）临界安全问题；

（4）中子屏蔽问题。

乏燃料直接处置技术还只在开发研究阶段。瑞典提出的概念设计方案如图 3-11 所示。

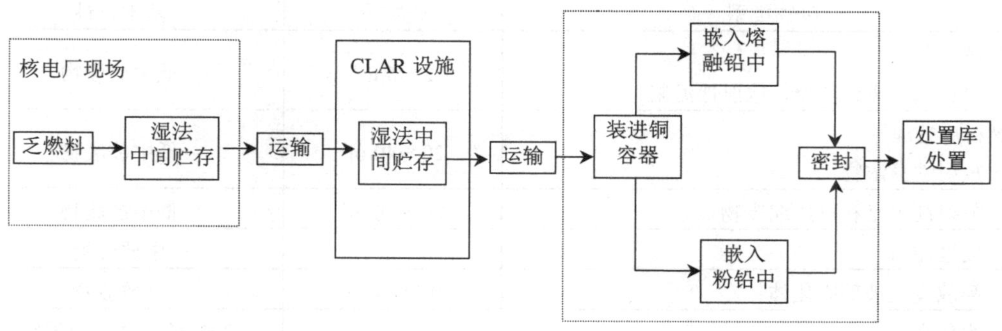

图 3-11　瑞典直接处置乏燃料方案

德国核服务公司（GNS）提出以下两种设计[10]：一种是铯榴石容器（Pollux Cask）兼作运输、贮存和处置用。该容器高 5.5 m，直径ϕ1.5 m，重 65 t，可装 18 个整备好了的压水堆组件。装进乏燃料之后密封，外面再加屏蔽外包装，表面剂量率小于 0.2 mSv/h；另一种是乏燃料元件棒切割之后装进铯榴石容器，高度与高放玻璃罐相同，ϕ0.43 m，装 0.25 t 乏燃料元件（重金属）。如图 3-12 所示。

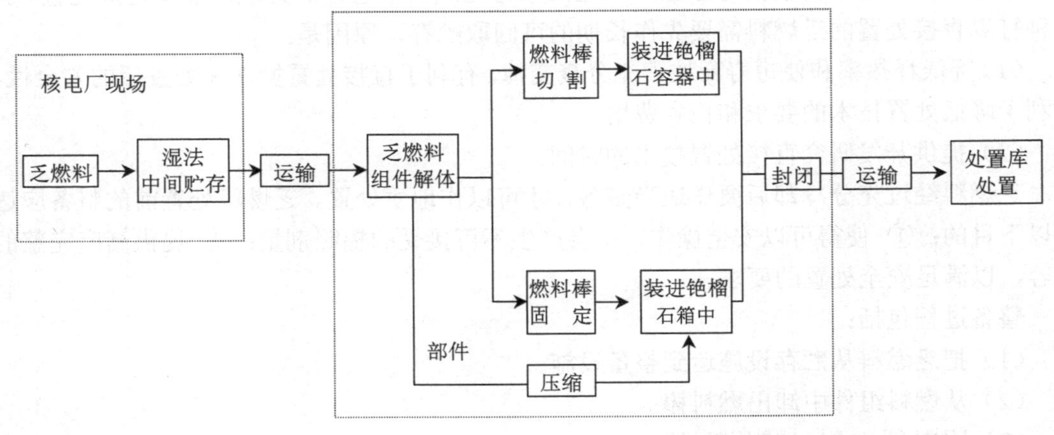

图 3-12 德国直接处置乏燃料方案

乏燃料直接处置整备阶段所产生的废物主要有：

（1）乏燃料原来的包装（这是最主要的废物，如果考虑不再使用的话）；

（2）操作过程和维修、检测过程产生的废物，包括防护用品等。

和核燃料循环前段废物相比，核燃料循环后段废物比活度高、毒性大、含长寿命核素多，因此其处理和处置任务比较艰巨。核燃料循环后段产生的放射性废物列于表 3-9 中。

必须指出，不同管理水平，废物产生量是有差别的。随着废物最小化，废物产生量呈下降趋势。

表 3-9 核燃料循环后段产生的放射性废物（1GW·a）

废物类型	废物量	基本特性
乏燃料贮存 废树脂，废过滤器，放射性泥浆	2～5 m^3	低中放废物
乏燃料后处理 放射性蒸浓物	20～40 m^3	低中放废物
放射性可燃和可压缩废物	20～30 m^3	低中放废物
废过滤器	5 m^3	中放废物
高放废液玻璃固化体	0.5～3 m^3	高放废物
废包壳	2～10 m^3	高放/长寿命低中放废物
乏燃料直接处置	25～35 t	高放废物

典型核燃料循环过程和所产生的废物[11, 12]如表 3-10 所示。

表 3-10　核燃料循环放射性废物产生量（1 GW·a）

核燃料循环环节	废物类别	产生量/（m^3/a）		
		最低	参考	最高
采矿和水冶	低放废物	20 000	40 000	60 000
转换和富集	低放废物	20	20	20
元件制造	低放废物	20	30	30
反应堆运行	低放废物	100	130	200
	中放废物	50	80	100
后处理	低放废物	470	580	690
	中放废物	50	75	100
	高放*	20	22	25
	高放**	3.5	4	4
乏燃料（一次通过）	高放	25	30	35

[注] 假定：PWR 寿命 30 年；负荷因子 70%；
* 包壳废物；** 高放玻璃固化体。

核燃料循环活动的主要放射性废物、废物中主要核素和废物主要特性的比较列于表 3-11 中。

表 3-11　核燃料循环活动的放射性废物比较

核燃料循环活动		采矿水冶	精炼转化	富集浓缩	元件制造	反应堆运行	后处理
主要废物		废石 尾矿砂	废过滤器芯、滤渣、氟化钙、铀屑，废萃取剂、废机油、贫化铀等			蒸发浓缩物、废树脂、废过滤器芯等	高放废液及固化体，少量 α 废物。中放蒸发浓缩物、废萃取剂等
主要核素	气	氡及其子体	铀			惰性气体、碘、氚等	^{129}I，^{85}Kr，^{14}C，氚等
	液、固	铀（钍）镭及其子体	铀			^{60}Co，^{137}Cs，^{90}Sr，^{3}H 等	^{239}Pu，^{241}Am，^{90}Sr，^{137}Cs，氚等
主要特性		体积大，集体剂量贡献大	—	存在临界安全问题		大部分废气和废液经处理达标可向环境排放。小体积固体废物近地表处置	高放废物（α 废物）需要地质处置，要重视临界安全问题

第四节　核设施退役废物

退役是核设施使用期满或因其他原因停止服役后，为了工作人员和公众的安全以及环境保护而采取的活动。退役核设施经过去污和完成设备与厂房的拆除，使设施场址可无限制开放和利用或有限制开放和利用。

在退役工作中，去污是不可少的重要环节。去污是为了降低放射性水平和减少放射性废物的体积，但去污过程中会产生二次废物。切割解体是退役工作的重点任务之一。拆下的设备、管道及构筑物形成大量不同水平的废物，其中很多是低放废物，大部分是一般工业废物。需要分类收集，区别处理。不同核设施退役废物量差别很大[13]，如表 3-12 所示。

退役废物有固态、液态和气载放射性废物。固体废物中，主要为低污染的金属和混凝土碎块等固体废物，放射性污染程度差别很大，如表 3-13 所示。

一座电功率 1 300 MW 压水堆退役产生废物约 15 000～18 000 m^3，它和其 40 年运行（包括维修）产生的废物量大致相当。这些退役废物所含放射性量约为 2×10^{17} Bq，显著高于运行所产生的废物，然而其 99%放射性是集中在反应堆堆芯部件中。

表 3-12 核设施退役的废物量

设 施	废物量/m^3
大型沸水堆	
活化废物	230
其他污染物或放射性废物	18 700
大型压水堆	
活化废物	1 200
其他污染物或放射性废物	17 000
后处理厂	3 100
混合氧化物燃料厂	270
UF_6生产厂	570
铀燃料元件制造厂	110
水冶厂	10 400

表 3-13 反应堆退役废物组成

比活度/（Bq/g）	沸水堆		压水堆	
	金属/%	混凝土/%	金属/%	混凝土/%
＞37	0.5	0.1	0.3	0.2
3.7～37	0.6	0.1	1.9	0
＜3.7	5.7	93	6.1	91.5

第五节 放射性同位素和核技术利用废物与伴生放射性矿废物

放射性同位素生产及核技术利用产生的放射性废物，废物量小，污染的核素的半衰期短、毒性低，多数废物经过贮存衰变，就可达到清洁解控水平，可作为一般废物处置。同位素废物来源分散，分类差，给管理带来诸多不便。

核技术利用废物中，废放射源是最受重视的废物形式，如 ^{226}Ra 源、^{60}Co 源和 ^{137}Cs 源，特别是废镭源的安全处理与处置是一个尚没有圆满解决的问题。

同位素废物的另一个特征是往往夹带生物废物，如试验动物尸体、生物排泄物和生物试样等，它们的生物危害作用可能大于放射性危害作用。

伴生放射性矿是指含有较高水平天然放射性核素浓度的非铀矿。它的开发利用不以生产核燃料或提取放射性核素和利用其辐射为目的。例如：稀土矿、磷酸盐矿、氟石、陶土、天然石材和一些有色金属、黑色金属、石煤、油气田等伴存着较多放射性核素（NORM）。这些伴生放射性矿物资源在开采、选矿、冶炼、加工，以及利用过程产生的矿石、废渣、淤泥或垢物中可能放射性超标，构成放射性废物（TENORM），但被乱堆、乱放，露天堆置，造成周围水源和环境不同程度的放射性污染，给工作人员和公众带来较大受照剂量。

长期以来，世界各国对伴生放射性矿废物控制和管理不严。现在，人为活动引起天然辐射的防护问题受到联合国原子辐射效应科学委员会（UNSCEAR）和国际原子能机构的高度关注。我国在放射性污染防治法的第五章中，对伴生放射性矿开发利用的放射性污染防治作了法律规定，包括：开采和关闭要编制环境影响报告书，申批许可证、实施主体工程与污染防治设施同时设计、同时施工、同时投入使用的“三同时”制度，以及伴生放射性矿开发利用过程中产生的尾矿应当建造尾矿库进行贮存、处置，等等[14]。

对伴生放射性矿物资源利用项目产生的废渣及副产品的使用，必须遵守国家标准《建筑材料放射性核素限量》（GB 6566—2001）的规定。目前，滥用伴生放射性矿物废渣和副产品的情况国内外都比较突出。

第六节　废物最小化

废物最小化（waste minimization）是指废物量（体积和重量）和活度（废物中放射性核素含量）合理可达到的最小。废物最小化是放射性废物管理基本原则之一。为了保护人类健康和生态环境，不给后代带来不适当的负担，促进核工业的可持续发展，应该尽可能节省资源，实行再利用和再循环，使废物最小化。废物最小化的意义是明显的，至少有以下三个方面好处：

（1）保护人体健康和环境，有重要的环境效益和社会效益，有利于核事业持续发展。

（2）减少企业处理和处置废物的负担，有重要的经济效益。

（3）促进企业文明生产和管理水平的提高。

传统的废物管理是对已产生的废物进行处理和处置。通过实践，人们认识到废物管理应该从源头抓起，控制和减少废物的产生，使废物尽可能少，使废物带来的危害降到最低程度。

废物最小化是整个废物管理水平提高和安全文化素养提高的结果，它始于核设施的设计和建造，终于核设施的退役。涉及设计、采购、建造、调试、试运行、运行、关闭和退役的生命周期全过程。废物最小化不仅是废物产生者的责任，也是利益相关方（如设计者、合同承包商、中介机构等）的共同责任。废物最小化是一个系统的、连续的、反复的过程。废物最小化的实现受制于很多因素，如：

（1）社会、政治因素（国家政策、法律和法规）；

（2）资源因素（经费、熟练工作人员和材料的获得）；

（3）技术因素（新技术开发和运用）；

（4）安全因素（环境、公众和工作人员的安全）。

实现废物最小化的方法归纳起来可分为优化管理、减少源项、再循环和再利用与减容处理四大方面。前两项措施重在减少废物的产生；后两项措施重在对已产生的废物进行减容。废物最小化应在设计时就作考虑和采取措施。废物最小化是选择退役政策和技术方案时必须掌握的原则。

一、优化管理

优化管理是实现废物最小化的最重要措施，主要有下面几点：

（1）制订和执行法律、法规和标准。

（2）严格废物分类，分出免管废物，对经过处理后达到清洁解控水平的废物解除控制。

（3）建立质量保证和质量控制体系。

（4）周密计划和严格管理设备检修与反应堆换料等活动。

（5）制订应急预案和准备应急措施。

（6）培训工作人员，使他们熟悉工艺过程，提高安全文化素养，自觉重视减少废物。

（7）建立废物处理、处置文档和数据库。

（8）建立废物管理顾问委员会或顾问组，指导与定期审查和评价废物管理活动。

（9）建立废物处理中心或集中处理站，把分散的处理和整备变为集中的处理和整备。

（10）采用流动废物处理装置，减少废物处理整备设施的布点。

二、减少源项

减少源项是实现废物最小化重要和有效的做法，从源头抓起，减少放射性废物的产生，可采取的措施很多，例如：

（1）选择先进工艺或改进工艺流程，这不仅可以减少废物产生量而且可以改变废物的组成和放射性水平。如采用无盐试剂，用羟胺、肼作还原剂，用电解法代替加入化学试剂，用碳酸肼代替碳酸钠洗涤有机溶剂。

（2）优化设计和选用高耐蚀的材料和设备，如：反应堆构件用低钴、低镍合金；设备表面作预处理或加涂层；贮槽设钢衬里；接头和阀门采用优质密封材料等。

（3）降低泄漏率，减少跑、冒、滴、漏。

（4）延长使用寿命，减少维修次数。

（5）严格按规章制度操作，避免事故发生。

（6）严格分区制度，气流、物流、人流合理走向。减少污染区数目和范围，严格控制进入污染区的人员、工具和材料，尽量减少现场工作人员。

（7）严格废物分类收集与分类存放和处理，防止交叉污染。

（8）减少去污等操作所产生的二次废物，等等。

三、再循环和再利用

再循环/再利用不仅可以减少废物量，还可以节省资源，适应可持续发展要求，是重要的方向。我国很多地方缺水或严重缺水，废水的再循环和再利用有着重要的意义。

再循环和再利用的差别在于前者返回到原来的使用目标，后者则进入新的使用目标。再利用/再循环的途径很多，例如：

（1）核工厂用水很多，经过蒸发、离子交换、电渗析、反渗透、超滤等处理措施，返回到工艺使用可能性是很大的，特别是冷却水的循环使用。

（2）废酸、废碱净化处理后可返回工艺过程再利用。如：核燃料循环前段工艺过程回收的硫酸、碱以及氢氟酸；后处理厂回收的硝酸和有机溶剂等。

（3）核电站一回路含硼废液处理后返回工艺过程再使用。

（4）铀富集厂产生的贫化铀的再利用。

（5）把后处理回收的铀和钚制成 MOX 燃料，可以大大提高铀资源的利用率。

（6）核设施退役产生大量混凝土废物和废金属（钢铁、铜、铝、铅等），废混凝土磨碎后分选再利用，废金属适当去污熔炼之后再利用。

（7）运输容器和工具多次使用。

（8）防护衣具和脚手架去污后多次使用，等等。

废物再循环/再利用常常要先作净化去污处理，经过监测，必须符合国家标准和（或）经过审管部门批准后才能进行再循环/再利用。再循环/再利用分有限制（有条件）的再循环/再利用和无限制（无条件）的再循环/再利用。对于有限制的核工业内部再循环/再利用，要求可适当放宽。再利用/再循环受很多因素的影响，如：

（1）清洁解控标准、国家废物政策；

（2）成本考虑，经济合理性；

（3）技术可行性；

（4）公众和社会的接受性。

四、减容处理

减容处理的方法很多，最重要的有以下 7 种：

（1）焚烧。焚烧可获得很大减容（20～100 倍）和减重（10～80 倍）。

（2）压实。压实容易获得适当的减容（2～10 倍）。使用超级压实机可压实阀门、管道、箱体等废金属和混凝土类废物。

（3）废金属熔炼处理。通过适当的熔炼，所污染的放射性核素大部分进入炉渣，污染的金属可能再利用或可作一般废物处置。

（4）去污。去污可使废物的放射性水平降低等级或者作为非放射性废物处理，这是常用的方法。

（5）分拣。不同污染水平的废物往往混杂在一起，分拣出可解控的废物可减少放射性废物的体积。

（6）破碎切割。像薄壁金属管等大件废物，经过破碎切割，也可显著减少废物的体积。

（7）先进固化法处理。现在常用的固化工艺因为加入固化基材，往往是增容的，但采用先进的固化工艺也有减容作用。

废物最小化的四大方法的代价和效果是不相同的，其比较可从图 3-13 中清楚看出。

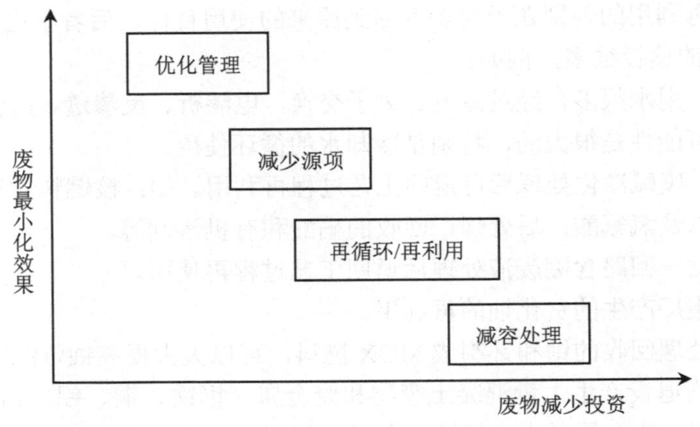

图 3-13 废物最小化方法的代价—利益比较

α 废物最小化可减轻长期贮存和地质处置的负担，带来重大经济效益和环境效益。α 废物最小化最重要途径是控制α 废物的产生，有许多措施，包括：防止α 气溶胶的污染扩散；通过去污降低α 污染水平和通过检测分出α 废物等。α 废物准确检测困难比较大，但已有桶装α 废物检测仪、超铀废物货包检测仪、超铀废物箱/包检测仪、退役现场钚积存量检测仪等商售仪器设备。

放射性废物最小化已受到国际社会的普遍重视，IAEA 已发布了许多技术文件，包括核燃料循环前段废物最小化[15]，核电厂运行和核燃料循环后段废物最小化[16]，核设施去污和退役的废物的最小化[17]，废物的再循环和再利用[8]。许多国家总结了废物最小化的经验和教训[18-22]。特别是一些核发达国家，已采取了许多措施，取得了明显的效果，并且还在继续努力，绩效不断提高。下面以法国和美国为例作一些介绍。

1. 法国

法国核工业高度重视废物最小化。在前处理方面，开发贫化铀的再利用，采取以下两项措施：

（1）用激光技术处理贫化铀，富集成 4%低浓铀供制造燃料元件；

（2）将贫化铀同较高浓度的铀混合，制造核燃料，或者把贫化的 UF_6 转变成 U_3O_8，同 PuO_2 一起制造混合氧化物燃料。

在后处理方面，采取了许多有效措施。如法国拉阿格后处理厂采取的废物最小化措施有：

（1）提高铀、钚回收率，达到 99.88%。减少放射性物质的排出；

（2）停止中放浓缩物的沥青固化法处理；

（3）将水泥固化废包壳和端头部件改为超高压压实处理；

（4）用超滤代替蒸发处理废液，超滤产生的残渣同蒸发浓缩液一起玻璃固化；

（5）扩大焚烧应用；

（6）实行废金属熔融处理；

（7）包装容器标准化，将高放废物的 4 种包装容器统一为 1 种包装容器。

这些措施减少废物的效果显著，表现为：

（1）玻璃固化体量从 3 m^3/t 重金属燃料降到 0.5 m^3/t 重金属燃料。处理 1 t 乏燃料元件现在只产生 2 罐高放废物（1 罐玻璃固化体，1 罐压实的包壳和端头部件）。

（2）排放到海中的β/γ放射性减少 20 倍，α放射性减少 7 倍。

（3）人均有效剂量降到 0.20 mSv/a，不到天然本底剂量的 10%，只是剂量限值的 1%。

法国核电站低放固体废物减容的成绩也很显著，1985 年为 375m^3/（堆·a），2001 年降到 99.8 m^3/（堆·a）。

2. 美国

美国在 20 世纪 40～50 年代对放射性废物管理缺乏认识和重视，废物处理系统的设计和建造没有专门考虑。废物运到联邦低放废物处置场处置，当时处置费用每立方米只有几十美元。核电厂没有要求减少废物量，没有投资研究减容技术。美国核管会成立之后情况有了很大改变，对废物提出越来越多的规定，重视废物处理系统的设计和分类要求，直接、间接影响到废物的产生率。到了 20 世纪 70 年代末，废物运输和处置费用不断上升，废物处置不容易找到场址，核电厂低放废物的处置成为核电厂包袱。许多核电厂纷纷采用先进减容技术，减少需要临时贮存和处置的废物的体积，管理要求日趋严格。80 年代美国国会发布低放废物政策法，废物处置要求严格化，废物处置费用大大上涨，每立方米低放废物的处置费用超过万美元，迫使核电厂积极实施废物最小化。1993 年美国又一个低放废物处置场关闭，另外两个处置场实行有限制接收废物，迫使美国核电厂更加重视废物管理，加强减容、再循环/再利用和清洁解控，这些措施的效果十分显著。1980—1998 年，美国核电站待处置废物平均减少 15 倍。

参考文献

[1] 潘英杰．铀（钍）矿的开发和利用中的安全性．香山科学会议第 277 次会议，2006：24-37.

[2] 国家环境保护局．铀矿冶污染治理[M]．北京：原子能出版社，1996.

[3] 潘自强．中国核工业辐射水平与效应[M]．北京：原子能出版社，1996.

[4] 潘自强．中国核工业三十年辐射环境质量评价[M]．北京：原子能出版社，1990.

[5] 潘自强．我国放射性废物管理中一些值得重视问题的讨论．21 世纪初辐射防护论坛第四次会议，2005：3.

[6] Avezon F，Vottero X. Optimizing the fuel cycle[J]. Radioactive Waste Management，1998，8.

[7] IAEA. An Overview of International Status and Trends in Radioactive Waste Management. IAEA/WMDB/ST/3，2003：69.

[8] IAEA. Recycle and Reuse of Materials and Components from Waste Streams of Nuclear Fuel Cycle Facilities. IAEA TECDOC-1130，January 2000.

[9] Masson H，et al. Waste Management Issues；Reprocessing or Direct Disposal. The 4th Inter. Conf. on Nuclear Fuel Reprocessing and Waste Management，RECOD'94（Proc. Conf. London，1994），British Nuclear Industry Forum，London，1994，3：1.

[10] Helfrid Lahr W H，Willax H O. Spent Fuel Conditioning in Germany. SPECTRUM '94，Proc. Nuclear and Hazardous Waste Management，International Topic Meeting，Aug 14-18，1994，3：1988-1993.

[11] IAEA. Radioactive Waste Management. An IAEA Source Book，Vienna：1992.

[12] IAEA. Radioactive Waste Arising in Various Nuclear Fuel Cycles，IAEA-TECDOC，1999.

[13] Laraia M. Nuclear Facility Decommissioning：An International Perspective. Inter. Cong. On Decommissioning of Nuclear Facilities（Proc. Conf. London，1993），IBC Technical Services，Ltd.，London：1993.

[14] 中华人民共和国放射性污染防治法. 2003 年 10 月 1 日起施行.

[15] IAEA. Minimization of Waste from Uranium Purification，Enrichment and Fuel Fabrication. IAEA-TECDOC-1115，Oct. 1999.

[16] IAEA. Minimization of Radioactive Waste from Nuclear Power Plants and the Back End of the Nuclear Fuel Cycle. Technical Reports Series No.377，IAEA，Vienna：1995.

[17] IAEA，Minimization of Radioactive Waste from Decontamination and Decommissioning of Nuclear Facilities，ST1/DOC/10/401，IAEA，Vienna：2001.

[18] Schwinkendorf W E，Dassing W P. Waste Minimization Technology Development in the DOE Complex. Waste Management（Proc. Symp. Tucson，1992），Arizona Board of Regents，Tucson，1992，2：1371.

[19] Robbins R A，Holmes R G. Waste minimization：The BNFL Experience，Nuclear and Hazardous Waste Management.（Proc. Int. Meg. Seattle，1996），American Nuclear Society，Inc.，Seattle：1996，1：169.

[20] Devgun J S，Thuot J R，Vrtis J. Lessons in Waste Minimization from Nuclear Industry Experience. American Nuclear Society. Inc.，Seattle：1996：637.

[21] Beck W B，Hollod G J. Implementing Waste Minimization Program in Industry，Hazardous Waste Minimization（Ed. H. Freeman），Mc-Graw-Hill，1990.

[22] Hugelman D，Lexandre D L. Waste Minimization in Reprocessing Plants：the La Hague Experience. SECTRUM'96，1996，1：73.

第四章　气载和液体低中放废物的处理

核燃料循环设施与反应堆的运行和退役、同位素生产与应用以及放射化学实验过程都可能产生气载、液体和固体放射性废物。气载废物和液体废物体积大，必须做浓缩和净化处理，让废气和废水的大部分体积净化达到安全排放标准后排放到大气和水体中去，而只需把浓缩起来的小体积废物做固化处理，实现安全处置。

第一节　气载低中放废物的特点

放射性气载废物中可能含有活化和裂变产生的人工放射性核素和天然放射性核素。所含核素的种类、数量和形态差别很大，并且还经常伴随有各种常量有害物质，如：粉尘、NO_x、SO_x、HF、CO_2、CO 等，它们通常以气体、气溶胶和悬浮物等形式存在。

放射性气溶胶是固体或液体放射性微粒悬浮在空气或气体介质中形成的分散体系。放射性气溶胶的粒径为 10^{-3}～10^3 μm。小于 0.1 μm 的微粒在气体中做布朗运动，不因重力作用而沉降，1～10 μm 的微粒沉降缓慢，能长久悬浮在空气中。放射性气溶胶是造成人体内照射的主要因素。

气载放射性废物中存在的核素种类很多，最受重视的为碘、氪、氙、氡、氚、碳、铯和钌等一些放射性同位素。

碘是元素周期表中ⅦA 族卤族元素，价电子结构为 $5S^2 5P^5$，主要氧化数为−1，0，+1，+3，+5，+7。常温下呈固态，有升华性质。碘有 30 多种同位素，重要的有 ^{125}I（$T_{1/2}$=60.2 d）、^{131}I（$T_{1/2}$=8.04 d）和 ^{129}I（$T_{1/2}$=1.6×10^7a）。放射性碘主要来自裂变产物，还有一部分为人工用加速器、反应堆制备。在核电厂运行和乏燃料后处理过程，废气中碘量较大。碘是重要的生理微量元素之一，易聚集在甲状腺中。放射性碘对人体的危害较大，因此废气的除碘工作很重要。碘可用碘吸附器衰变贮存和湿法洗涤等许多方法除去。

氙是惰性气体，有 30 多种同位素，其中 ^{133}Xe 最受重视。^{133}Xe 的裂变产额较高，在裂变气体产物中占有较大的份额，但 ^{133}Xe 半衰期较短（5.27d），易用衰变贮存降到安全水平。

氪也是惰性气体，有 20 多种同位素，以 ^{85}Kr 为最重要。^{85}Kr 半衰期为 10.7a，裂变产额较高，是核电站和后处理厂气体放射性废物中重要核素之一。^{85}Kr 不易分离，若不作回收利用，一般均通过高烟囱排入大气。

氡有 17 种同位素，最重要的三种天然同位素是：镭射气（^{222}Rn，半衰期 3.82d），钍射气（^{220}Rn，半衰期 55.6 s），锕射气（^{219}Rn，半衰期 3.96 s）。以 ^{222}Rn 为最重要，其次 ^{220}Rn。^{222}Rn 是放射性惰性气体，是 ^{226}Ra 的衰变产物。^{220}Rn 是 ^{228}Ra 衰变产物。^{222}Rn 和 ^{220}Rn 都是α 辐射体。除铀（钍）矿冶外，许多矿物资源含有 ^{226}Ra 和 ^{228}Ra，都会有氡析出。不仅

铀（钍）矿井，地下建筑物及居室内都可能从建筑材料、生活用水、燃煤、燃气中释出氡。氡容易被吸附于活性炭、硅胶、橡胶等物质上，加热后可解吸出来。

氚是氢的同位素，半衰期为 12.3a，为低能纯β^-发射体。氚的毒性不高，但氚易参与生物、水体、大气的循环，极易污染环境和被人体吸收。氚有天然形成和人类核活动产生两个来源，天然生成的氚是宇宙射线作用的产物，通过以下核反应生成：

$$^{14}N + {}^{1}n \longrightarrow {}^{12}C + {}^{3}H$$

人类核活动中，氚产生途径为核爆炸和反应堆核裂变。反应堆中氚的产生由：① 铀或钚三裂变；② 冷却剂中氘核活化，D（n，r）T；③ 控制棒及冷却剂中硼、锂的中子俘获，^{10}B（n，2α）T，^{6}Li（n，α）T，^{7}Li（n，αn）T。氚与氢的化学性质极为相似，氚在环境中主要以氚化水（HTO）形式存在，其性质几乎与水相同。氚在生物圈中有极高迁移性。氚的分离除去非常困难。氚易挥发、易扩散、易渗透，甚至可以渗透进金属，容易造成污染。

^{14}C 是一种长寿命核素，半衰期为 5 730a。自然界中的 ^{14}C 是宇宙射线作用的产物。人工放射性 ^{14}C 主要为活化产物，由 ^{17}O（n，α），^{14}N（n，p）和 ^{13}C（n，γ）核反应产生。^{17}O、^{14}N 和 ^{13}C 以杂质或组分存在于核燃料、冷却剂、慢化剂和包壳等材料中。对于重水反应堆，以 ^{17}O（n，α）核反应产生的 ^{14}C 贡献最大；对于压水堆，以 ^{14}N（n，p）核反应产生的 ^{14}C 贡献最大。我国秦山三期的 ^{14}C 产出率为 18.6 TBq/a，80%以 CO_2 形态出现。在 pH＝10.2～10.8 时，^{14}C 主要以碳酸盐形式存在，可用强碱性阴离子交换树脂去除。我国田湾核电站的 ^{14}C 产生率预计为 3.0×10^2 GBq/a，40% 以 CO_2 形式出现。

此外，铯和钌等一些易挥发或半挥发性核素也容易进入尾气系统。

第二节　气载放射性废物的处理

在铀矿开采、选矿及水冶、精炼和转化、铀同位素分离、核燃料元件制备、核反应堆运行、核燃料后处理、铀钚加工、放射性废物处理、同位素生产与应用，及其他放射性物质操作过程中，均可能产生含放射性微尘、放射性气溶胶和放射性气体的气载放射性废物。气载放射性废物净化处理的主要目的是去除或降低放射性污染物，保护工作人员、公众和环境。

一、通风法

通风实际上是一种稀释法。用通风降尘除氡是铀（钍）矿井废气治理主要方法。科学设计通风系统，优选风机和风量，加强通风管理是矿井废气治理最重要和最有效的措施。例如：在矿井、厂房内设机械送风、排风系统，保证提供新鲜空气和将有害气体排除。气流组织由低污染区流向高污染区，通过逆止阀防止发生逆流和窜流。厂房内的绿区、橙区、红区等控制区保持不同的换气次数和负压，监督区白区房间保持常压，送风大于排风等。橙区、红区的排风必须经高效过滤器净化，监测合格后才允许排入大气中。

二、衰变贮存

放射性废气中含很多短寿命活化产物和裂变产物核素，如核电站工艺废气中，除 ^{14}C、^{85}Kr 和 ^{3}H 外，其他核素的半衰期都很短，短寿命的惰性气体可采用衰变贮存来消除。核电站工艺废气的衰变贮存有两种方式。

1．加压贮存

加压贮存是通过加压使废气在贮罐中滞留足够长的时间，从而降低放射性水平。

许多压水堆电站把一回路冷却剂的溶解气体、系统内容器的覆盖气体和设备运行的呼排气收集起来，用压缩机加压（约 0.8 MPa）贮存 60 d 左右。经过 60 d 的贮存，^{133}Xe 可衰变掉 99.9%以上，工艺废气内其他短半衰期的放射性核素大部分已衰减到可排除的水平。

加压贮存的优点是工艺成熟，系统简单，但设备庞大，高压系统容易出现泄漏。

2．吸附床滞留

吸附床滞留是废气在除湿后通过吸附滞留床（又称延迟床），使其中的裂变气体氪和氙在连续的吸附、解吸过程中，得到足够的滞留时间，从而降低放射性水平。

有些核电站采用活性炭滞留床，滞留衰变处理工艺废气。为了保证活性炭滞留床有效工作，秦山三期重水堆滞留系统由干燥器、气水分离器、活性炭滞留床、压缩机和冷凝器组成。干燥器含分子筛，去除和收集废气中的重水后，送到重水净化系统，净化后返回应用，大约 95%的重水可回收利用，使空气中的氚浓度降低至少 20 倍。气水分离器使废气中的水蒸气冷凝，在冷凝器中，冷凝水与气流分开，减少气体夹带水分，水分去除达 95%。

活性炭迟留的优点是在常温、常压下运行，无转动部件，废气泄漏量小，操作简单，可靠性高。

三、低温回收 ^{85}Kr

有些有用核素可用低温回收方法来提取和去除。^{85}Kr 是惰性气体中重要核素，可作探伤测厚和示踪剂等之用，是一个有实用价值的同位素。^{85}Kr 的回收提取有以下两种方法：一是活性炭吸附法。乏燃料元件溶解产生的尾气，经洗涤、干燥、预冷后送入活性炭床，用液氮将其液化。液态氪、氙均被活性炭吸附，将活性炭加热，温度升高至 100℃时，氪被解吸下来，送到冷阱贮存或加压装入高压钢瓶中。此法得到的是氪的多种同位素的混合气体，^{85}Kr 约占 5%。二是低温精馏法。将乏燃料元件溶解尾气经初步净化后加压冷冻到 −32℃，利用氟利昂作溶剂吸收 Kr 和 Xe，然后减压升温进入精馏柱，去除氧和氮，最后利用氪和氙的沸点差将它们分离开。

四、干法除尘

干法除尘是采用多孔介质或纤维物质作滤材，使气体通过时把不同粒径的尘粒和气溶胶截留在滤材上，达到净化要求。被过滤微粒的粒径、密度、气流速度、滤材性质、滤材设置都可能影响过滤净化效率。过滤器的设计应该力求外形尺寸小、过滤面积大、气流通过阻力小、密封性好、易于拆卸和更换。干式除尘的方法很多，下面介绍几种主要的干法除尘器。

1. 旋风除尘器

依靠机械力使气流在旋风筒内做高速旋转运动，含颗粒气体沿切线方向进入筒内，受惯性离心力作用，颗粒撞击到器壁上或相互撞击，失去动能后沉降下来，落入灰斗。

旋风除尘器结构简单，操作管理方便，费用低廉，适用除去大于 5 μm 的尘粒，宜用做过滤装置的前置除尘器。

2. 袋式过滤器

采用天然纤维或合成纤维、玻璃纤维做成滤袋。气体通过滤袋时，因筛滤、碰撞、截留、扩散、静电等作用而被阻留和捕集，把尘粒分离出来。

袋式除尘器的形式多种多样，优点是结构简单，费用低，能处理 1 μm 以下含尘气体，除尘效率可达 98%以上。缺点是不适于处理温度高、湿度大的含尘气体。滤袋经过一定时间使用，需要自动振打或人工振打抖落积尘，也可用空气反吹去除积尘，每隔一定时间反吹一次。通常，通过滤袋前后的压差来决定是否需要反吹。滤袋容易着火，工作温度不能太高，控制在 260℃以下。滤袋容易破损，需要适时更换。袋式过滤器在核工业中常用于焚烧或熔炼时废气的净化处理。

3. 电除尘器

电除尘基本原理是利用高压直流电场使含尘气体中尘粒荷电并在电场中捕集荷电颗粒而实现尘粒与气流分离。电除尘器形式多样：板式与管式；水平流式与垂直流式；干式与湿式等。电除尘优点是气流阻力小，能处理高温、高湿气体，除尘效率为 99%～99.9%，适于处理含尘浓度低，尘粒直径为 0.05～50 μm 的气体。缺点是投资高，维修费用大，设备占地面积较大，易出现电火化和发生短路，不宜用来处理高负荷的尾气。电除尘法在核工业中用得不多。

4. 硅胶柱吸附器

硅酸钠（水玻璃）经酸处理、老化、水洗、干燥，制成硅酸凝胶（堆密度 600～700 g/L，孔隙率 50%～65%）可做吸附剂装柱，用来去除废气中的水蒸气和 NO_x。硅胶粒可用加热获得再生，但再生温度不能超过 200℃。

5. 高温陶瓷过滤器

高温陶瓷过滤器装着许多根微孔碳化硅陶瓷管（呈烛状，如长 1 m，外径 60 mm）元件。使用温度可达到 1 100℃。对粒径大于 5 μm 的粒子的过滤效率达 99%。烟炱和焦油阻留在陶瓷过滤管的外表上慢慢地被烧掉。不仅有很高的过滤效率，而且还起到后燃烧的作用，消除烟炱、焦油的影响。这种过滤器的缺点是设备体积大，陶瓷过滤管寿命短（在 900 ℃工作时间约为 1 000 h），维修更换工作量大。

6. 烧结金属过滤器

烧结金属过滤器使用的材质有：不锈钢、镍、因科镍合金等，可根据烟气成分选用。其工作温度低于微孔陶瓷过滤器，不能起后燃烧室的作用。过滤效率随过滤器孔径大小而异，如孔径为 5～10 μm 的过滤器，对 3 μm 粒径的粒子过滤效率大于 99.9%。烧结金属过滤器的使用寿命较长，但价格贵，使用不太多。

五、湿法除尘

湿法除尘又称湿法洗涤。放射性废气中的颗粒或放射性物质与水或其他液体相接触，由于重力沉降、惯性碰撞、截留、扩散沉积与溶解等作用而去除废气中的颗粒和有害气体。湿式除尘的效率一般大于90%，高者可达到99.5%，甚至更好。湿法除尘除了去除尘粒之外，还有降温、加湿、去除酸性或碱性气体组分等作用。湿法除尘适宜于净化高温、易燃、易爆的含尘气体。缺点是：耗能较大，产生废液和泥浆等二次废物多，管道设备容易受腐蚀。

湿法除尘的方法很多，下面介绍几种主要的湿法除尘器。

1．筛板塔

塔体内装有多层塔板，板上有许多小孔，气液两相上下穿行进行传热和传质。处理能力大，压阻力降小，造价低，但负荷范围比较窄，加工安装和操作控制要求高。

2．泡罩塔

泡罩塔属板式塔，板上有供气体通过的若干短管，短管上覆盖着下缘有槽孔的泡罩，并另装有溢流管，操作时液体自上部连续进入，由下部出去。其优点是操作稳定，适用于多种介质；缺点是结构复杂，阻力降大，造价较高。

3．填充床洗涤器

填充床洗涤器又称填料塔，内装填充物（填料），以增加气液两相的接触面积。结构形式多样，有立式、卧式；有并流、逆流和错流；有单层填料和多层填料等。填料塔可以是固定床、移动床或流化床。填料塔广泛用于气体除尘和气体吸收。含尘气体由下而上通过填料层，尘粒被俘获而去除。填料有拉西环或丝网类物质，对于＞3 μm 粒径的颗粒，去除率约 90%。填料易于被堵塞，但可以清洗排除。若使用塑料填料，受温度限制；若使用金属填料，有腐蚀问题。

4．喷淋洗涤器

喷淋洗涤器又称喷淋塔，利用尘粒和液滴之间的惯性碰撞、截留及凝聚等作用，较大的粒子被液滴所捕集，使尘粒得到分离。喷淋洗涤器有重力喷淋洗涤器和中心喷淋洗涤器等多种形式。重力喷淋洗涤器夹带尘粒的液滴由于重力作用而沉降到塔底。中心喷淋洗涤器的塔中心设喷淋多孔管。重力喷淋洗涤器结构简单，压力损失小，操作稳定。

喷淋塔喷淋的碱洗液如 NaOH、KOH 或 Na_2CO_3，可以吸收酸性气体如 NO_x，SO_x，HF，HCl 等。喷淋过程会产生较多的二次废液，但可通过回流，减少二次废液。

5．文丘里洗涤器

文丘里洗涤器由文丘里管、凝聚器和除雾器组成。除尘包括雾化、凝聚和除雾 3 个阶段。文丘里管包括收缩段、喉管和扩散段。含尘气体进入收缩段后，流速增大，进入喉管时达到最大值。洗涤液在喉管进入，尘粒与液滴或尘粒之间发生激烈碰撞和凝聚，在扩散段凝聚成较大颗粒的含尘液滴，在除雾器内被捕集。文丘里洗涤器有多种结构。

文丘里洗涤器是去除气体中较多尘粒和吸收气态污染物有效设备之一。对于粒径 0.1～100 μm 的尘粒，去除率为 80%～99%。文丘里洗涤器对高温烟气有良好的除尘和降温效果。

六、常用吸附过滤器

1. 碘吸附器

碘吸附器又称碘过滤器。挥发性碘可能以无机碘、有机碘化物等多种形式存在（如I、I^-、I_2、I_3^-、HI、HOI、CH_3I、C_2H_5I、C_3H_7I等）。无机碘容易去除，而有机碘较难去除。核工业中多用固体吸附法，碘吸附剂如银八面沸石、银丝光沸石、浸渍硝酸银硅胶、活性氧化铝、活性炭和浸渍银的有机聚合物等。椰子壳活性炭对元素碘吸附效果很好，对分子碘的去除率不低于99.9%，对有机碘的去除率不低于99%。采用浸渍活性炭，吸附效果大大提高。浸渍活性炭是活性炭浸渍KI或PbI_2、CuI_2、$AgNO_3$或三乙撑二胺（TEDA）等物质。采用浸渍活性炭不仅有活性炭的吸附作用，还发生同位素交换去除碘，若用KI、CuI_2、PbI_2浸渍活性炭，还发生化学反应去除碘。如用$AgNO_3$浸渍活性炭发生以下反应：

$$2I^- + 2AgNO_3 \longrightarrow 2AgI\downarrow + 2NO_2\uparrow + O_2\uparrow$$

如果把活性炭、掺银分子筛、银沸石、氧化铝-金属铋的混合物作为吸附过滤材料，碘去污因子可达10^4～10^5。

碘吸附器的净化效率可用甲基碘法测定。

气体中的碘盐也可用NaOH洗涤去除，对除元素碘来说，去污因子可以达到10^2～10^4，但对除有机碘无效；碘也可用浓硝酸洗涤（Iodoxprocess）。

2. 预过滤器

预过滤器对微米级及大于微米级的灰尘颗粒具有很高的捕集效率，而对于亚微米级的较小尘粒，捕集效率很低。预过滤器的滤材一般采用细孔泡沫塑料、玻璃纤维或无纺布等，通常为格栅形结构。

安装在高效微粒空气过滤器前面的排风预过滤器，过滤效率至少为85%，用来保护高效微粒空气过滤器不受灰尘或其他不良环境条件的损害。用于进风过滤的预过滤器，过滤效率至少85%。

3. 高效微粒空气过滤器

高效微粒空气过滤器（HEPA过滤器），又称绝对过滤器，是一种用来过滤亚微米级微粒的干式过滤装置，过滤介质为合成纤维、玻璃纤维。其过滤机理是通过碰撞、扩散、惯性、重力和静电等多种效应实现捕集微粒，达到净化目的。高效微粒空气过滤器在核工业厂矿使用很多，对空气清洁度要求较高的场合也广泛被采用。

HEPA过滤器通常使用框架式、折叠式（带分离隔板或无分离隔板）等类型。框架式将纤维介质安装在刚性框架内，中间有铝材或其他材料制造的波纹隔板作支持。图4-1为常用的HEPA过滤器。

HEPA过滤器两端设置压差计，用来检测过滤器是否失效，通过这样的措施，可及时发现排风系统的问题，及时更换过滤器。例如，过滤器发生阻塞，压差会升到高于500 Pa；过滤器发生蚀穿，压差会降到低于10 Pa。所以，当压差低于10 Pa或高于500 Pa时，必须更换过滤器芯。在过滤器旁设固定式γ仪表，监测过滤器外表面γ辐照剂量率。当固定式γ仪表监测到过滤器外表面的剂量率超过规定值时，也需要更换过滤器芯。

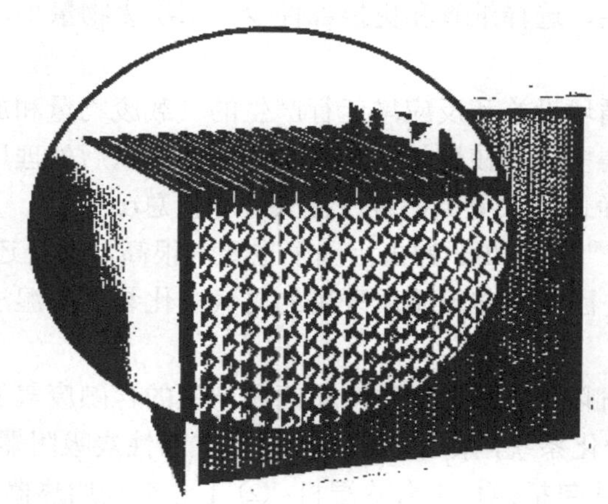

图 4-1　常用的 HEPA 过滤器

HEPA 过滤器对于粒经为 0.3 μm 以上的微粒的过滤效率不低于 99.97%。改进 HEPA 过滤器产品，过滤效率可达 99.99%，甚至更高。

为了延长 HEPA 过滤器的使用寿命，常在它的前面设置预过滤器、除雾器。为了防止排出气体中水汽形成水雾，把过滤介质浸湿降低过滤效果并增加阻力，进入 HEPA 之前，应将进气加热升温到露点以上。

操作钚和超钚元素的场合，常把多个高效微粒空气过滤器串联起来使用，以保证满足净化要求。但多个 HEPA 串联使用，会增加阻力和投资。

我国核工业郑州五院生产的高效微粒空气过滤器有通用型、耐温型、耐湿型和无分离隔板型等多种产品。

HEPA 过滤器的过滤效率的检测方法有油雾法、钠盐法、单分散相邻苯二甲酸二正辛酯法（DOP）、荧光素钠法等。这些检测方法的共同特点都有 3 个基本操作：制备试验用气溶胶；在过滤器上游取样；在过滤器下游取样。这些检测方法的区别在于试验气溶胶的制备和检测的方法不同。油雾法是利用分散的油雾作为人工尘，其平均直径为 0.28～0.34 μm。钠盐法是利用分散的 NaCl 颗粒作为人工尘，中值直径约为 0.4 μm，粒径分布范围为 0.02～2 μm。油雾法和钠盐法只能得到总过滤效率，一般无法得到过滤效率与气溶胶粒子粒径之间的关系。DOP 蒸汽冷凝粒子具有较好的单分散性，粒径可调范围为 0.05～0.5 μm，粒子浓度高而稳定，因此国际上广泛采用 DOP 气溶胶来检测高效微粒空气过滤器的过滤效率。中国辐射防护研究院对过滤机理、过滤效率和过滤器性能作过较多研究。

七、气载废物处理方法的比较

与湿法净化相比，干法净化允许进气的温度高，二次废物量相对较少；湿法净化可同时除尘、降温和去除 NO_x、SO_x 和 HCl 等非放射性有害气体，但二次废物量较多，腐蚀作用大，在 HEPA 过滤器前一般要增设气体预热器。

综上所述，除尘器的种类很多。除尘器的选用要根据废气的流量、温度、湿度、尘粒粒度、尘粒浓度、分散度、磨损性、黏附性、比电阻等因素综合考虑和评价之后来选定。

除尘要以安全、可靠为主，选择维修和更换部件少，二次废物量少，工作人员受照剂量少的工艺和设备。

一般来说，核燃料循环设施和反应堆运行产生的气载废物量和放射性水平，比核技术利用及核研究中心要高得多。在核燃料循环活动中，尤其以后处理厂、玻璃固化和焚烧炉运行产生的气载废物的净化要求更高，难度更大，不仅总α、总β、总γ的去污因子要求很高，单个核素如 ^{137}Cs、^{90}Sr、^{239}Pu 的去污因子也要求很高，并且还要求有效地除去 NO_x 和 SO_x 等有毒有害气体。因此这些设施所采用的尾气净化装置是湿法加干法的综合处理系统。

中国原子能科学研究院为控制 ^{131}I 生产车间所产生的含碘废气的超标排放，建立了除碘工号。其含碘废气的净化系统，采用串联的波纹网式活性炭吸附器，设有两条处理线（其中一条备用）。每条处理线包括：① 1 台除湿机；② 1 台空气加热器；③ 1 套碘吸附器（由并联的 2 组碘吸附器组成，每组吸附器由 1 台活性炭预吸附器和 1 台浸渍活性炭吸附器串联而成）；④ 1 台除尘器（中效粒子过滤器）；⑤ 2 台互为备用的风机；⑥ 气体取样系统。来自放射性碘生产车间的含碘废气，经过本废气处理线净化后送入通风中心的排风系统，再经高效过滤器过滤后由 60 m 高烟囱排入大气。烟囱上设有在线监测系统和空气取样系统，监测 ^{131}I 和 ^{125}I 的排放量。含碘废气治理设施运行稳定，放射性碘的总去除效率高于 99.3%，排放到大气的放射性碘量远低于排放限值 [1]。

第三节 低中放废液的净化处理

核燃料循环过程、反应堆运行、核技术应用和核研究活动产生的放射性废液多种多样，所含核素的种类、数量、形态，常量盐分和酸碱度差别很大，要优选适当的工艺进行处理。放射性废液处理目的：

（1）去除放射性核素，达到可以排放或再利用；

（2）浓缩减容；

（3）改变性状，以便于安全贮存和后续的处理及整备。

废液一般贮存在碳钢或不锈钢槽罐中。按照法规要求，废液不允许无限制长期贮存，应及时固化处理。

废液经过净化处理，大部分体积变成达到排放标准的液体，可以安全排放到环境的水体中去或者可以复用，放射性核素被富集在小体积浓缩液或蒸发残渣和泥浆中，待固化处理。对于高放废液，浓缩后贮存在不锈钢大罐中等待作玻璃固化。对于有机废液，不能和废水混合存放，也不能用处理废水的方法处理。通常，分出水相后可选择焚烧或其他适当方法处理。低中放废液的净化处理工艺很多，下面介绍 6 种废液净化处理方法和固液相分离技术。

一、沉淀法

沉淀法是目前处理低中放废液常用方法之一。

1. 沉淀法去污机理

放射性核素多以离子或胶体形式存在于溶液中，可通过沉淀、共沉淀或吸附作用将它们去除。离子态核素可以通过加入另外一种离子或化合物使它们转变成不溶性或难溶性化合物沉淀来达到分离，如：

$$2MSO_4 + K_4Fe(CN)_6 \longrightarrow M_2Fe(CN)_6 \downarrow + 2K_2SO_4$$

$$3M^{n-} + nPO_4^{3-} \longrightarrow M_3(PO_4)_n \downarrow$$

$$M^{n+} + nOH^- \longrightarrow M(OH)_n \downarrow$$

式中，M——离子态核素。

溶液中离子浓度的乘积大于溶度积，才有沉淀生成。当废液中放射性核素的离子浓度很低时，可加入载体，使体系中形成其他难溶化合物。通过吸附、载带作用将放射性核素一起沉淀下来，这就是所谓共沉淀。载体可以是放射性核素的稳定同位素，也可以用有类似化学性质的常量物质。例如：铀水冶过程中，先往料液中加入适量钡盐，再加入硫酸，生成 $BaSO_4$ 沉淀：

$$Ba^{2+} + SO_4^{2-} \longrightarrow BaSO_4 \downarrow$$

虽然 Ra^{2+} 离子和 SO_4^{2-} 离子浓度的乘积还达不到 $RaSO_4$ 的溶度积，不能独自产生 $RaSO_4$ 沉淀，但由于 Ra 和 Ba 化学性质相似，离子半径相近，镭离子可以代替钡离子进入硫酸钡沉淀的晶格中，发生共沉淀载带，使镭得到净化。此法的去镭效率可达 93%～99%，清液中镭含量可降到 0.11 Bq/L 以下。

有些核素虽不能与常量物质形成沉淀或共沉淀物，但却能被吸附在别的沉淀物或晶体的表面，被常量物质的晶体或沉淀物载带沉淀下来，这种现象称为吸附共沉淀，例如许多放射性核素被难溶的氢氧化物吸附共沉淀载带下来。废水中的微量铀常用铁、铝、钙、镁的氢氧化物沉淀载带。最合适的载体是氢氧化钙（石灰乳），它既可用作铀的沉淀剂，又可作为少量溶解铀的沉淀载体。在常温下，pH=7.0～7.5 的废液与少量含 CaO（100 g/L，pH=10.0～10.5）工业石灰乳混合搅拌，大部分溶解铀转入氢氧化钙沉淀中，铀在氢氧化钙颗粒上的吸附速度相当快，废液与石灰乳接触 10 min 即可完成。氢氧化钙在载带铀的同时，还载带镭和钋。

废水中除镭多用沉淀/吸附、沉淀/共沉淀去污机理，例如：

（1）软锰矿法。适于处理碱性废水。酸性下浸出的尾矿水经石灰处理后也可以用软锰矿法处理。

（2）重晶石法。重晶石含有 60%～90% $BaSO_4$，适于处理含镭的碱性废水。

（3）硫酸钡-石灰沉淀法。在含有足够浓度 SO_4^{2-} 的放射性废水中加 $BaCl_2$ 或 $BaCO_3$，在形成硫酸钡沉淀过程，硫酸镭和硫酸钡形成 Ba(Ra)SO_4 沉淀/共沉淀物，沉淀/共沉淀在 pH=9～11 情况下，除镭率可达 44%～49%。本法除了可以去除镭外，还可去除重金属元素。

软锰矿法、重晶石法和硫酸钡-镭共沉淀法是常用的方法，材料易得，价格便宜，操作比较简单。

对于以胶体形态存在于废液中的放射性核素，可通过加入絮凝剂，利用其吸附凝聚作用去除。絮凝剂水解和缩聚反应生成的线性结构聚合物与胶粒或微小悬浮物吸附桥联，或者因胶体粒子的双电层受压缩和电中和而凝聚。

除硫酸铝-氯化铁、石灰-苏打、磷酸盐、硫化钠等为主的无机絮凝剂外，还有许多有机絮凝剂，分为阳离子型、阴离子型和非离子型。

阳离子型如聚乙烯胺、聚乙烯基胺，含氯水合物等；

阴离子型如聚乙烯、聚苯乙烯、磺酸盐或羟酸等；

非离子型如聚丙烯酰胺等。

影响沉淀、共沉淀和絮凝吸附效果的因素很多，如加入试剂的种类、浓度、用量、加入的速度和方式、搅拌情况，废水的离子浓度、温度和 pH 等。沉淀法处理放射性废液的去污因子一般较低（＜10），但是优选工艺条件，对某些放射性核素也可获得较高去污因子，如表 4-1 所示的沉淀剂和沉淀条件。

表 4-1 一些沉淀剂去污因子

去除的放射性核素	沉 淀 剂	沉淀条件	去污因子 DF
α 放射体	Fe（II）氢氧化物	碱性介质	≥1 000
^{226}Ra，^{90}Sr	$BaSO_4$	pH=5～10	≥100
$^{134,137}Cs$	Ni，Co，Cu 等的亚铁氰化物，四苯基硼酸钠	pH=8～9	≥100
^{90}Sr	Fe，Ca 磷酸盐，$CaCO_3$，$BaSO_4$，MnO_2	pH＞10	≥100
^{60}Co，^{59}Fe，^{51}Cr	Fe（II）或 Fe（III）氢氧化物	碱性介质	～100
^{95}Zr，^{95}Nb，$^{141,144}Ce$	Fe（III）氢氧化物	pH＞10	直到 1 000
$^{103,106}Ru$，$^{124,125}Sb$	Cu、Ti 或 Fe（II）氢氧化物，硫化钴	pH=5～8.5	5～100

废液中常含有多种放射性核素，需要同时去除，往往同时加入多种沉淀剂，表 4-2 是一种“多效”沉淀剂的举例。

表 4-2 一种“多效”沉淀剂

沉淀剂组成	浓度/（g/m^3）	沉淀剂组成	浓度/（g/m^3）
抗泡剂	—	KI	10
H_3PO_4	35	$AgNO_3$	30
$K_4Fe(CN)_6·3H_2O$	150	$FeCl_3$	250
$NiSO_4·6H_2O$	250	$Ca(OH)_2$	250
$NaHSO_4·7H_2O$	50	—	—

[注] 在 1 m^3 废液中加入 1 L 各含 0.5%Sr、Ru、Ce、Zr 氯化物载体溶液，用 NaOH 调节 pH 到 10.5 后使用。

由于废液的组成复杂，有许多干扰因素，实际上常常达不到表 4-1 的去污因子，这些干扰因子如：

（1）络合剂（如 EDTA，草酸，柠檬酸等）的存在与放射性核素形成配合物，阻碍沉淀物的生成；

（2）洗涤剂物质（如烷基苯磺酸钠）的存在，干扰沉淀的生成；

（3）油、油脂或溶剂的存在，使沉淀分离变得困难。

为了提高去污效果，应在沉淀前去除或破坏干扰沉淀的物质。有机化合物可用强氧化剂如硝酸或臭氧破坏。采用硝酸破坏会产生氮氧化物，后续工作要进行尾气处理，采用臭氧破坏可以避免这样的问题，但试剂费用较大。

2．沉淀法工艺流程与特性

采用沉淀法处理的废液要先作分析和特性鉴定，需要：

（1）测定废液的酸碱度，调节到适宜沉淀的 pH 范围；

（2）了解是否有卤素离子如 F^-、Cl^-的存在，这些离子不仅有腐蚀作用，还对沉淀有干扰影响；

（3）了解 Ca^{2+}、Fe^{3+}、Al^{3+}等离子的浓度，它们的存在有利于生成沉淀物，会起共沉淀作用，但会增加泥浆废物体积；

（4）了解是否存在有碍沉淀的络合剂、洗涤剂和油类物；

（5）测定单个核素浓度和总α、总β、总γ，以便计算去污因子。

沉淀法工艺流程如图 4-2 所示。

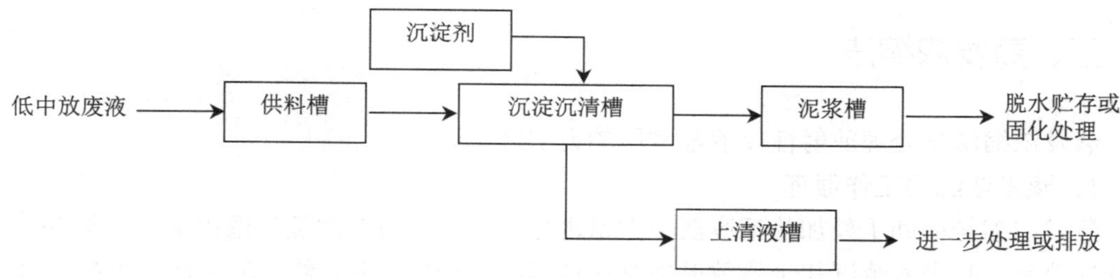

图 4-2　沉淀法工艺流程简图

沉淀法操作过程通常包括：

（1）调节溶液的 pH；

（2）加入沉淀剂，迅速混合，充分分散沉淀剂；

（3）停留短时间让开始凝结；

（4）加入聚电解质，中和 Z 电位（如果需要的话）；

（5）慢慢和轻轻地搅拌，让液体缓慢运动，使絮凝粒子成长，形成大颗粒；

（6）沉淀出厚沉淀物，过滤分出悬浮颗粒和上清液；

沉淀法分出的上清液，如果已达到排放要求，可进行排放；如果不满足排放要求，还需要作进一步处理，如用蒸发或离子交换、电渗析、反渗透等法处理。

沉淀法希望生成大颗粒沉淀物，夹带较多的放射性核素，并且容易分离。沉淀工艺选择什么样的沉淀剂和工艺设备，主要依据：

（1）所处理的废液量；

（2）所含核素种类和浓度；

（3）需要达到的净化程度；

（4）所产生的沉淀泥浆将作何种处理与处置。

3．沉淀法评价

获得很好的沉淀物是沉淀法的关键。沉清槽的结构有重要影响，pH、温度、澄清时间对沉淀也有很大的影响。沉积时间长，沉降得好，但处理效率低。

沉淀法形成的泥浆物往往含有很多水分（达 95%～98%），而且泥浆通常是胶状物，分离出泥浆物常常比较麻烦。

为了使泥浆物体积最小，可加入助滤剂（聚电解质），采用冻融过滤、离心过滤、真空过滤等方法分离。分出的泥浆物贮存起来，待作固化处理。

沉淀法的优点：

（1）工艺流程和设备简单，操作比较方便，建造投资和运行费用较低；

（2）可处理含悬浮颗粒、胶体、有机物和较多常量盐分的废液；

（3）适合于处理低放废液和废液产生量小的单位使用。

沉淀法的缺点：

（1）去污因子较低，减容倍数较小；

（2）难以实现连续运行和自动化操作；

（3）由于加入沉淀剂，二次废水往往有较高的盐分，二次废物量较大。

二、蒸发浓缩法

蒸发浓缩法是处理放射性废液最常用的方法之一。

1. 蒸发浓缩的工作原理

蒸发浓缩是借助于外加热把废液中大量水分汽化，变成二次蒸汽逸出溶液，除少量易挥发性核素一起进入蒸汽和少量放射性核素被雾沫夹带出去外，绝大部分放射性核素被保留在蒸发浓缩物（简称蒸残液）中。为了使二次蒸汽带出的放射性核素尽可能的少，常采用旋风分离器、泡罩塔或不锈钢丝网填充塔等设备分离二次蒸汽中的夹带物，然后进行冷凝，获得大体积净化了的冷凝液，达到可以复用或排放。如果冷凝液的放射性水平仍然超过规定的排放或复用标准，则要进行二次蒸发处理，或使用离子交换、膜技术等方法处理。蒸残液中浓集了放射性核素，要作固化处理。

蒸发法有较高的去污因子，如果废液中存在易挥发核素（如氚、碘、钌等），去污因子会降低。下面一些情况也会影响蒸发器的去污效果：

（1）蒸发器选型不当；

（2）蒸发速率太快；

（3）分离器入口、出口堵塞或损坏；

（4）压力波动过大；

（5）存在容易发泡的液体等。

蒸发器的浓缩倍数要适当控制，浓缩液含盐量过高，遇冷析出结晶会造成输送管道的堵塞；另外，浓缩倍数大，蒸残液辐射场强升高，需增加生物屏蔽。

2. 蒸发器的选型

处理各类废液有许多类蒸发器可供选择。蒸发器选择需要考虑的主要因素为：

（1）废液的物理-化学性质。废液的物化性质，如废液的溶解盐分、pH、密度、黏度、表面张力等，决定要选用的蒸发器的大小和运行方式（连续运行还是间隙运行）。

（2）要求的去污因子和浓缩倍数。这影响设备的规模、蒸发面积、需要的生物屏蔽和二次蒸汽净化系统等。

（3）维修要求。这影响建设投资、运行成本、设备服役时间和工作人员受照剂量等。

（4）希望达到的处理能力。这决定于废液的产生量和要求完成的蒸发处理时间等。

放射性溶液蒸发处理常用的蒸发器有三类：① 釜式蒸发器；② 自然循环蒸发器（又分为中央循环管式和外加热循环两种）；③ 强制循环蒸发器。它们的性能比较如表 4-3 所示。

表 4-3　常用的三类蒸发器性能比较

项　目	蒸发器类型		
	釜式蒸发器	自然循环蒸发器	强制循环蒸发器
优　点	简单 可用蒸汽加热或电加热 投资成本较低	传热效率较高 传热面积大 滞留量少 占地小	热交换效率高 抗盐析和结垢 传热面积大 滞留量少 占地面积小处理量大
缺　点	滞留量高和传热效率差 传热面积小 占地较大 处理能力小	投资较高	投资高 循环泵消耗能量多 二次蒸汽净化要求高
适用对象	小装置 批量处理	较干净液体 易发泡溶液 腐蚀性溶液 大蒸发量	易结晶产品 腐蚀性溶液 黏滞性液体 大蒸发量
常遇到的问题	结垢和发泡控制	操作条件改变升膜单元灵敏性 降膜单元进料分配差	管入口被盐沉积物堵塞 循环比预期差 盐析，腐蚀、冲蚀大

现在常用的蒸发器是外加热自然循环蒸发器。这类蒸发器设计简单，活动部件少，运行可靠。强制循环蒸发器用机械能改善热转输，特别适合于处理易结垢的液体。强制循环使液体在管子中流速快，不易生成垢物，强制循环蒸发器的另一个优点是处理量比较大，核电厂放射性废液的处理多用强制循环蒸发器。

除了上面三类蒸发器外，还有刮膜蒸发器、节能压缩蒸发器、急骤（闪蒸）蒸发器、红外蒸发器等。刮膜蒸发器属于强制循环蒸发器类，其优点是：① 能够处理絮凝沉淀和泥浆物等黏度较高的物料；② 滞留量小，滞留时间短；③ 传热效率高；④ 适用性大；⑤ 容易去污。其缺点是建造投资高。我国 821 厂沥青固化采用刮膜蒸发器，对浓缩物脱水和制备均匀混合的沥青固化产品。

3．蒸发法的问题和应对措施

蒸发浓缩过程中蒸发器的结垢、腐蚀和发泡是三个主要困扰因素，影响去污因子、处理成本和蒸发器的寿命，是必须重视的问题。

（1）水锈和结垢。蒸发器内壁会产生沉积垢物影响传热，这种垢物可分为两类：① 硬垢物。主要为硫酸钙、硫酸镁、硅酸钙和硅酸镁。② 软垢物。主要为碳酸钙、氢氧化钙和氢氧化镁。

水锈和结垢会降低传热效率和增加能耗。去除水锈和结垢的方法很多，例如：① 加入小晶种（5～50 μm），加入的晶种应为非垢物成分；② 采用强制循环，强制循环剧烈搅动溶液能减少在加热表面上的沉积；③ 加入如 EDTA 等易络合钙镁的有机物或除垢效果好的螯合剂；④ 用含阻滞剂的盐酸溶解垢物，溶解之后用 1%～2%碳酸盐溶液或 NH_4OH 作中和处理。对于 $CaSO_4$ 垢物，不能用盐酸洗掉，要用 Na_2CO_3（或用 HF + 阻蚀剂）。Na_2CO_3 与 $CaSO_4$ 反应形成 $CaCO_3$，再用盐酸洗去。为了防止氯离子对不锈钢的点蚀作用，可用硝酸代替盐酸。

蒸发器要定期清洗除垢，以保持良好传热效率。采用除垢-钝化混合清洗液，可使除垢和钝化一次完成。

（2）腐蚀。蒸发器容易被腐蚀，因为蒸发器在高温、高流速和高浓度条件下工作，还可能存在着固体颗粒物和强腐蚀性化学物质的作用。Cl^-，SO_4^{2-}，PO_4^{3-}，浓 NaOH 和强酸液对金属均有腐蚀作用，蒸发器要根据处理对象进行选材。处理一般低中放废液，腐蚀问题不会严重。蒸发酸性废液应先作中和处理。

（3）发泡。蒸发室中的液体处于沸腾状态，大量气泡会造成二次蒸汽雾沫夹带较多放射性核素，降低蒸发器的净化效率。由于以下原因废液蒸发的发泡会加甚：① 存在表面活性剂（如洗涤剂）；② 高 pH；③ 存在悬浮物；④ 盐分被浓缩；⑤ 温度梯度造成黏度和表面张力的改变。

消除或降低发泡作用的方法很多，例如：① 做好废液分类和分流，不让含表面活性剂废液进入蒸发器。② 加入消泡剂，这是普遍使用的办法，成效最佳。消泡剂可以是醇类、脂肪酸类、酯类、酰胺类和硅酮油类物质，其中硅酮油类消泡的效果最好。消泡剂要少量连续加入。③ 控制 pH，pH = 6.5～7.5 有利减少泡沫，pH 增大，起泡现象严重。④ 液面控制，降低蒸发器液面。⑤ 蒸发器液面上装置挡板或旋转设备打击破泡，或使泡沫撞在上面时破裂；在液面之上的蒸发器内壁上安装喷射器，喷射蒸汽或水破坏泡沫，也可以在喷射剂中加入抗泡剂。⑥ 在二次蒸汽出口设置旋风分离器、泡罩塔或不锈钢丝网填料塔等二次蒸汽净化设备。

对核设施中的蒸发器来说，由于原始水质较好，加上蒸发器大部分使用不锈钢做结构材料，一般来说结垢和水锈问题不突出。蒸发器的材料选择和设计加工是很重要的问题，尤其是加工中的焊接和热处理，防止应力集中和应力腐蚀。

蒸发法可用于处理不同含盐量（甚至高达 200～300 g/L）的各种废液，处理能力大，可获得很高的去污因子，一般为 10^3～10^6，并且有较大减容倍数（几十倍至几百倍）。蒸发浓缩多数用一级蒸发，必要时采用两级蒸发。蒸发器的规模根据需要而定，一般处理能力为 0.5～6 t/h。蒸发法的不足之处是：耗能多、投资和运行费用高、系统复杂、运行和维修要求高。

三、太阳能蒸发

太阳能蒸发（solar evaporation）有天然蒸发池和太阳能蒸发设施两种。天然蒸发池受当地地质、降水和沉降物的影响大，容易积蓄淤泥、渗漏和生物闯入，负面作用大，现已被逐步淘汰弃之不用。太阳能蒸发设施可以实现有控制的大气排放。在韩国已经取得了成功经验。

由于受法规的限制，韩国原子力研究所（KAERI）经过处理的废水不能通过江河排放，在 1989 年建成了强制排风的太阳能蒸发设施[2]。其设计处理能力为 5 000 t/a。经过废物最小化各种努力，现在实际每年通过大气排放的废液量小于 3 000 t。该设计将处理过的废液喷淋在悬挂于大厅的 1 040 块布条上，每块布条宽 1 m，长 5.4 m，设施的蒸发总面积为 11 250 m^2。依靠太阳能蒸发水分，用 10 台风机（20 马力/台）鼓风排入大气。喷洒在布条上的液体用循环泵（15 马力，120 m^3/h）喷淋，蒸发处理工艺流程和设施布置见图 4-3A 和图 4-3B。蒸发速度受温度、相对湿度、空气流速、蒸发液体泵送量和液体温度等影响。设计有效操作条件为大气温度高于 5℃，相对湿度低于 80%。在韩国 KAERI 所处的地理、纬度条件，每年 3～10 月均适于太阳能蒸发设施运行。蒸发处理 3 000 t 净化处理过的废水产生约 20 m^3 浓缩液（收集挂布滴下来的水）。挂布经过一定时间使用之后，要更换（部分更换方式），更换下来的挂布可以焚烧或压缩处理。挂布滴下来的废水收集后返回废水处理车间（RWTF）处理。

韩国对太阳能蒸发处理废水的环境影响评价表明，这种方法产生的集体剂量是可以接受的。现在汉城 KAERI 旧址上的两个研究堆正在退役，他们建了一座小规模太阳能蒸发设施，处理退役过程产生的低放废水和工作人员淋浴水。中国原子能科学研究院，现在也正在建太阳能蒸发处理设施。

太阳能蒸发处理受地区自然环境条件（温度、湿度、空气流通情况等）影响很大，必须使蒸发出的水分不凝聚沉降于周围或局部地区内，而能达到远距离均匀扩散。

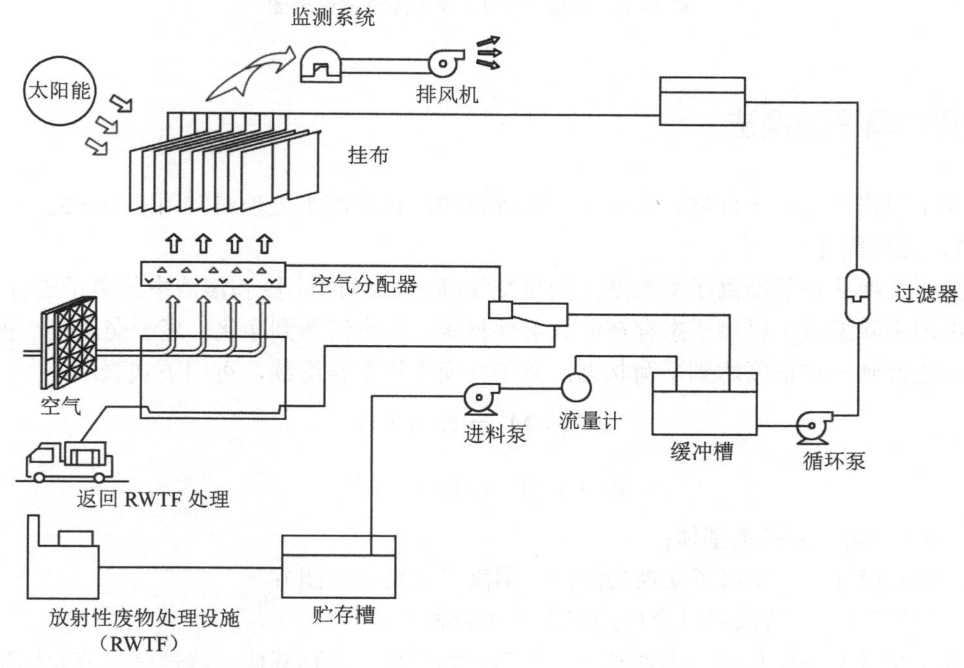

图 4-3A 韩国 KAERI 太阳能蒸发设施处理流程图

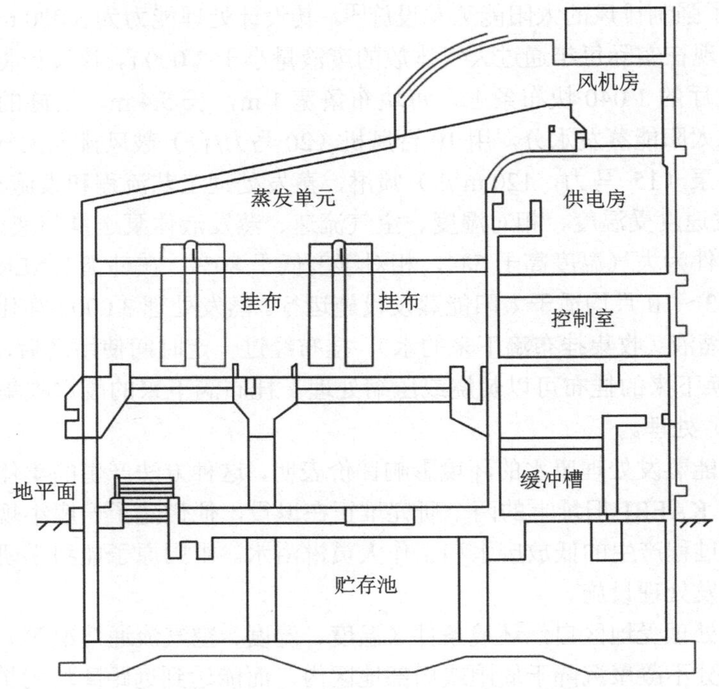

图 4-3B 韩国 KAERI 太阳能蒸发设施图

四、离子交换法

离子交换广泛用于分离、纯化、制备等目的，也是废水处理最常用的方法之一。

1. 工作原理

离子交换法是借助离子交换剂上的可交换离子（活性基团）和溶液中的离子进行交换，选择性地去除溶液中以离子态存在的放射性核素，使废液得到净化。离子交换是一种可逆过程，进行到一定程度达到平衡状态，离子交换作用不再继续，可用下式表示：

$$R\text{-}H + M^{+} \Rightarrow R\text{-}M + H^{+}$$

$$R\text{-}OH + N^{-} \Rightarrow R\text{-}N + OH^{-}$$

式中，R——离子交换剂基体；

$H^{+}(OH^{-})$ ——阳离子交换功能团（阴离子交换功能团）；

$M^{+}(N^{-})$ ——溶液中可交换的阳离子（阴离子）。

离子交换剂的结构可分为两部分：一部分为骨架，或称基体，这是有机或无机高分子聚合物；另一部分为连接在骨架上的离子交换功能团。按功能团的类型，可分为：阳离子交换剂、阴离子交换剂、螯合型离子交换剂等。

离子交换剂基体可分为有机离子交换剂和无机离子交换剂两大类：

（1）无机离子交换剂　有天然产品和人工合成产品；

（2）有机离子交换剂　为人工合成的离子交换树脂，有强酸型、中强酸型和弱酸型，强碱型和弱碱型，两性型和螯合型等多种。放射性废液的处理多用强酸型和强碱型离子交换树脂。

天然无机交换剂（如黏土、沸石、蛭石）耐热和耐辐照，价格便宜，但它们的化学性质和物理性质不稳定，交换容量小，一般需要加工处理之后才能再用。现在人工合成了许多无机离子交换剂，如铝硅酸凝胶，磷酸锆、磷钼酸铵、水合二氧化钛、亚铁氰化物等，对分离锶、铯和超铀元素有特效。

有机离子交换剂为人工合成的离子交换树脂，现在用得较多。有机离子交换树脂的骨架，目前最常用的是苯乙烯-二烯苯的共聚物。它是通过苯乙烯和二乙烯苯的单体经共聚反应合成（图 4-4）。再经化学反应将功能团引入到树脂的骨架上。

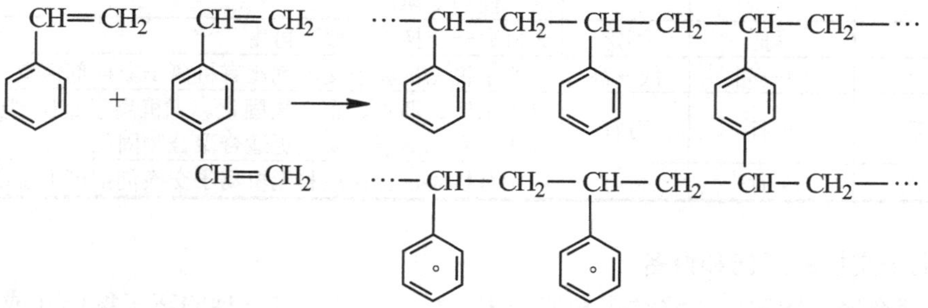

图 4-4　离子交换树脂聚合反应

二乙烯苯的加入使长链的聚苯乙烯构成立体网状结构。所以，二乙烯苯称为交联剂，它在树脂内的百分含量称为交联度。树脂交联度的大小直接影响基体网状结构的紧密程度和孔径大小，与树脂的物理化学性质有密切关系。在合成过程中加入一定量致孔剂（如汽油、苯），聚合完毕后将其从共聚物中分离出来，可形成高强度多孔性树脂，也称大孔树脂。大亚湾核电站采用大孔树脂除 ^{110m}Ag 有很好的效果。

离子交换树脂的主要品质因素为交换容量、溶胀性、交联度、粒度、均匀度、离子交换反应动力学、物理稳定性、化学稳定性和辐照稳定性等。目前离子交换树脂正朝着高稳定性、高交换容量、高选择性和易再生性等方向发展。有机离子交换剂和无机离子交换剂的比较如表 4-4 和表 4-5 所示。

表 4-4　离子交换剂特性

特性	离子交换剂		
	有机离子交换剂		无机离子交换剂
形状	小球状	粉末状	粒状
颗粒大小/mm	0.6～1.8	<0.3	0.5～3（0.3-沸石）
密度/（kg/L）	0.6～1.0	1.1～1.2	0.5～1.4（1.8-沸石）
脱水后含水量/%	40～60	50～80（甚至>80）	—
交换离子类型	阴离子、阳离子	混合阴阳离子	一般为阳离子
处理对象	硼酸盐，氯化物，碳酸盐，腐蚀产物，活化产物，裂变产物，超铀元素	腐蚀产物，氯化物，活化产物，裂变产物，超铀元素	碳酸盐，铀离子，裂变产物（Cs），超铀元素

表 4-5 有机离子交换剂和无机离子交换剂功能比较

特 性	有机离子交换剂	无机离子交换剂	备 注
热稳定性	中→差	好	无机离子交换剂可承受较差的贮存和处置条件
化学稳定性	好→中	差→好	可得任何 pH 范围使用的有机离子交换剂和无机离子交换剂
辐照稳定性	中→差	好	无机离子交换剂耐辐照，有机离子交换剂在高温和存在氧情况下耐辐照性差
机械强度	好	变化	有机离子交换剂可做成耐压抗磨的小球丸
交换能力	高	低→高	有些无机离子交换剂如水合氧化钛、磷酸锆、铯沸石等也有很强的交换能力
选择性	高	可以	有机离子交换剂选择性强，无机离子交换剂也可以制备出强选择性的交换剂
再生	好	不定	无机离子交换剂一般不再生
成本	中→高	低→高	一般来说无机离子交换剂比有机离子交换剂便宜
固化处理	可行	可行	可用水泥、沥青、聚合物固化。无机离子交换剂更适合水泥固化，有机离子交换剂更适合聚合物固化
可使用性	可行	可行	粒状有机离子交换剂和无机离子交换剂都可上柱或槽式使用

2. 离子交换的工艺和设备

离子交换器分固定床、移动床和流动床三种。床内只有一种阳离子树脂（或阴离子树脂）称为单床，同时装有阴、阳两种离子树脂者称为混床。单床、混床可以单独使用，也可串联使用。离子交换分静态运行和动态运行。

离子交换剂在使用过程由于以下原因会逐渐丧失作用：① 达到饱和交换容量；② 受辐照作用被破坏（辐射降解，简称辐解）；③ 受较高温度影响而被破坏（热解作用）；④ 机械磨损；⑤ 化学中毒；⑥ 结垢等。因此离子交换剂需要再生或更换。

理论上，离子交换过程是可逆的，可通过强酸（HNO_3）和强碱（NaOH）将交换到离子交换剂上的核素洗脱下来，树脂可再利用，称为再生。离子交换剂的再生分顺流再生和逆流再生，近年来发展了电再生和热再生。

再生或更换交换剂，需根据交换剂达到饱和交换容量或依据阻力降、辐射水平、流出液电导值等来判断。再生会产生含盐量和放射性水平高的二次废液，所以许多场合不做再生，一次使用后即作废物处理。无机离子交换剂一般不做再生。压水堆核电站中一回路水通常选用交换容量高和机械强度好的树脂，一次性使用后不做再生。

废离子交换剂贮存在不锈钢贮槽中，作为放射性废物等待处理。树脂的运输多用水力输送。废树脂可用焚烧或固化处理，再生液多用蒸发处理。离子交换床富集放射性核素，辐射水平高，离子交换剂的更换和输送要遥控或在屏蔽下操作。

离子交换有的以固定床批式操作，有的以柱式移动床连续运行。粉末状离子交换树脂多用作过滤介质的预涂层，做成预涂层过滤器。用离子交换处理的废液一般要满足以下条件：① 悬浮固体物浓度小于 4 mg/L，否则要先作过滤预处理。② 含盐量小于 1 g/L，否则离子交换容量会迅速达到饱和。③ 要去除的放射性核素必须以离子态存在，粉末状树脂做成的预涂层过滤器可用来去除胶体。④ 处理的液体温度不能太高，不含油类和油脂物质。

离子交换树脂的去污因子受下列因素的影响：① 树脂类型和交换容量。② 离子交换系统的设计（单床或混床，单级或串联使用）。③ 废液中放射性核素浓度、离子半径和价态。④ pH 和温度。⑤ 非放射性组分和含量。⑥ 流速及离子交换柱的高度和直径比。⑦ 树脂的转型、再生方法和程度。⑧ 胶体和有机物的存在。

3．离子交换的应用和发展

离子交换的应用十分广泛，在反应堆运行过程、核燃料循环前段的铀水冶厂和精炼厂、后段乏燃料元件池水的纯化、后处理厂铀和钚的纯化、同位素的生产和应用以及核研究中心，离子交换都用得很多。有时，退役和事故/事件处理也应用离子交换法，美国三里岛核电站事故中用离子交换法处理了大量废液。

离子交换法有以下优点：① 工艺成熟；② 去污因子较高（10～100）；③ 操作简便，可适于连续运行和自动化操作。其不足之处是：① 不适于非离子型液体；② 盐含量和悬浮物的含量有限制；③ 存在胶体会带来麻烦；④ 有机离子交换剂的耐辐照和耐热性差；⑤ 再生时会产生较多的二次废物。

五、电渗析

电渗析（electro-dialysis）是在直流电场作用下利用离子交换膜的选择透过性，让阳离子透过阳膜，阴离子透过阴膜，使溶液中的离子发生定向迁移，达到净化和浓缩液体的目的。电渗析工作原理如图 4-5（a）所示。

电渗析在海水和咸水淡化、民用工业水处理中已得到广泛应用，在核工业中也有用电渗析作为离子交换前料液脱盐的预处理，以提高离子交换剂的工作效率和使用寿命。

电渗析使用的离子交换膜种类很多：有无机材料膜和有机材料膜；有异相膜、均相膜和半均相膜。按活性基团可分为阳膜、阴膜和特种膜。如复合膜、两性膜、夹心膜常用长方形多层长流程隔板组装电渗析器，在两个电极间组装几百对甚至上千对膜。为了避免浓差极化，电渗析必须控制在极限电流密度之下运行。选择最佳电流密度和最佳流速，定期倒换电极或加脉冲电流和定期酸洗清除垢物是必要的措施。

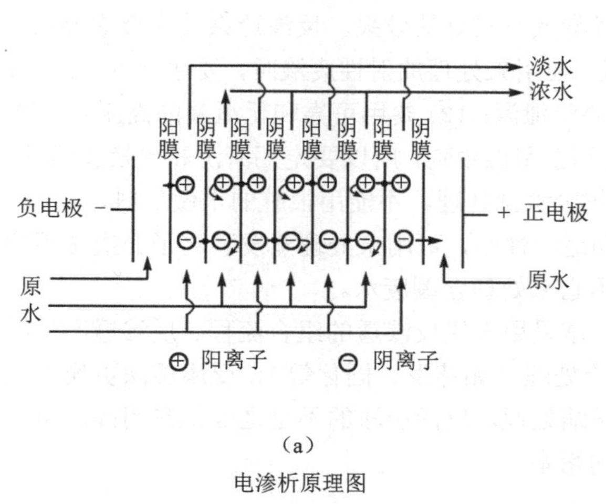

（a）

电渗析原理图

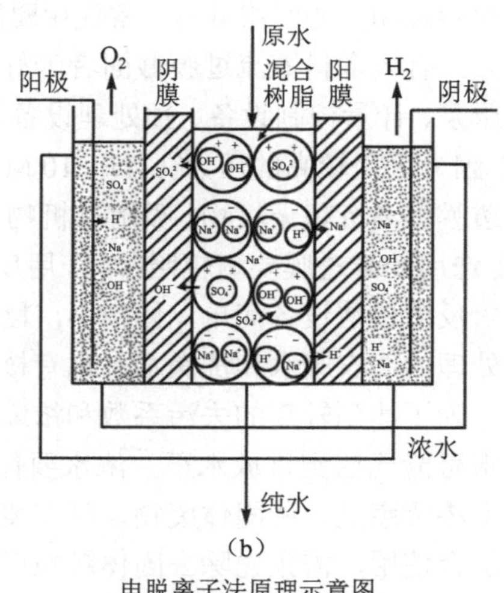

（b）

电脱离子法原理示意图

图 4-5　电渗析分离原理图

为了提高浓缩倍数，电渗析器常串联多级使用。人们把离子交换与电渗析结合起来，成为电脱离子装置，如图 4-5（b）所示，也称填充床电渗析器，这是在淡室内填装阳、阴混合离子交换剂，使离子交换剂的交换和再生在电渗析工作过程中连续进行。从淡室出来的水可达到蒸馏水纯度。

六、反渗透

大家熟悉的自然过程是稀溶液中的溶剂（水）透过膜向浓溶液边流动。反渗透（reverse osmosis）是在浓溶液侧施加压力（$P>\pi$），让浓溶液中的溶剂通过半透膜进入稀溶液中（图 4-6），使浓溶液变得更浓，起到浓缩作用。选择适当的半透膜可达到浓集分离的目的。反渗透适用于处理含盐量较低（0.5～40 g/L，pH=3～12，温度不高于 45℃）的低中放废液，去污因子达 10～100，浓缩液体积占料液的 10%左右。

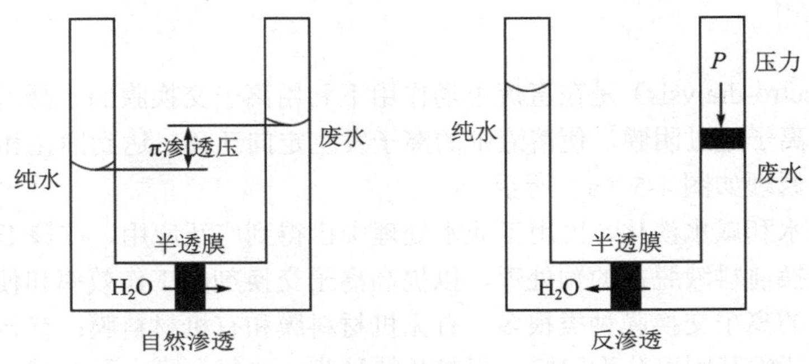

图 4-6 反渗透原理图

反渗透已在海水与咸水淡化和民用水处理中得到广泛使用。常用设备有板框式、管式、螺旋卷式和空心纤维式等。常使用醋酸纤维素膜或芳香聚酰胺空心纤维膜，以膜面积/体积比大，有较多料液流过膜截面者为好，螺旋卷式有较好的效果。反渗透系统由反渗透器、高压泵、计量控制设备、预处理设备等组成。在用来处理放射性废液时，要注意以下问题：① 因为采用较高的压力（1.5～10 MPa），要防泄漏；② 要用可靠和无泄漏的高压泵；③ 半透膜容易沉积无机物、吸附有机物、黏着和繁殖微生物，所以要定期清洗和更换膜组件；④ 选用的半透膜要耐辐照；⑤ 用反渗透作废水预处理，不能用很脏的水做供料。

反渗透法设备简单，体积小，耗能少和适应性强，可用来处理蒸发和离子交换法不适宜处理的洗衣废水和洗澡水。也有核电站用它来处理含硼废水。

为了达到较高的去污系数和浓缩倍数，常采用多级反渗透的组合流程。反渗透产生的清水可能已达到排放水平，浓水要作进一步处理（如蒸发、固化等）。反渗透法更换下来的半渗透膜是一种固体废物，可作焚烧或压缩处理。反渗透法的不足之处是需用高压泵多元组合使用，需预先除去固体颗粒以防膜的堵塞。

七、超滤

超滤（ultra-filtration）也称超过滤，是借助于压力和选择透过性薄膜，使分子量小的物质（如水、溶剂和电解质）通过，分离出大分子（分子量大于 500）悬浮颗粒和胶体，达到浓缩、分离和提纯等作用，超滤的工作压力较低，0.1～1.4 MPa。超滤所用的膜的种类很多，一般为高分子有机膜，如醋酸纤维素、聚丙烯腈、聚砜、芳香族聚合物等。膜形态可分为平膜、管膜和中空纤维膜等。超滤膜对温度和有机物不像反渗透膜那样灵敏。

超滤的效果和效率受溶质颗粒大小、形状、柔软性和操作条件等影响。超滤过程容易发生浓差极化，通常靠提高进料速度和温度来减缓，定期清洗是必要的。超滤工作原理如图 4-7 所示。超滤用于处理放射性废液有许多优点：① 产水量大、能耗低、操作简单；② 浓缩倍数高、可达 10^4、二次废物少；③ 去污因子较高（10～100）。有的情况对α放射性核素的去污因子可达 1 000，对β/γ放射性核素可达 100；④ 胶体、发泡剂、悬浮固体物的存在影响较小，超滤可用于泥浆脱水。

日本开发的一种超细过滤器用聚酯多孔纤维做成，每根纤维长 2 m，内径 0.4 mm，外径 0.8 mm，一端开口一端封闭。每 300 根这种纤维捆扎成一束，安装在过滤器中。进水悬浮物被阻挡在纤维之外，清水进入纤维之中，开口端收集到纯洁水（图 4-7）。这种过滤器有大过滤表面积，长工作寿命，耐照射，只需要压空反洗。

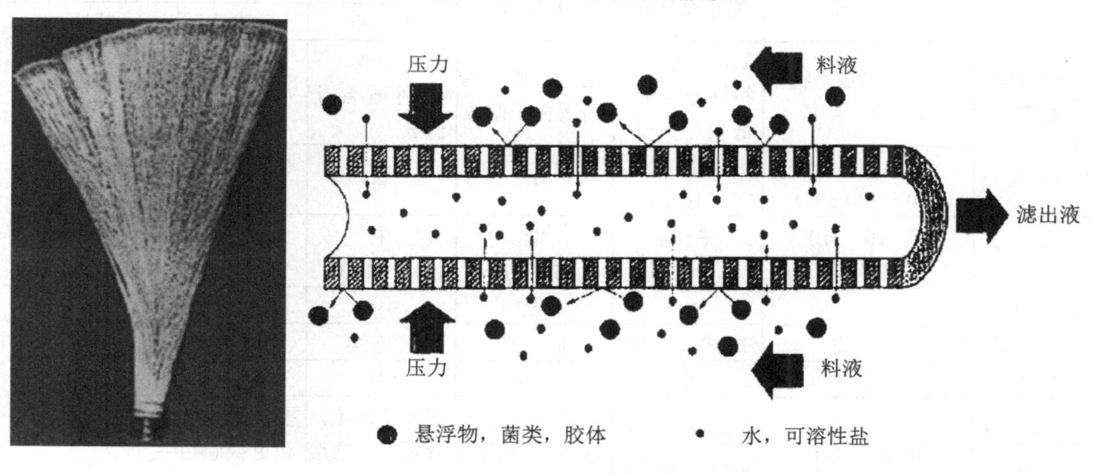

图 4-7 超滤工作原理图

八、固液相分离

固液相分离的目的是为去除废液中悬浮物、不溶性固体颗粒物、树脂颗粒或碎片，以及胶体物。一般的固液相分离没有太大的去污效果，但是，在絮凝沉降和离子交换的前后及蒸发之前设置固液相分离设备，常常是非常必要的，它为后续步骤有效的工作创造条件。

固液相分离的方法很多，常用的过滤器有砂过滤器、预涂层过滤器、筒式过滤器、水力旋流器等。过滤器的选择除考虑过滤对象和性质外，还应考虑耐腐蚀、耐辐照、二次废物量少、寿命长、易更换等要求。

砂滤器有重力砂过滤器和加压砂过滤器。预涂层过滤器是在过滤介质上涂上粉末树脂或硅藻土类助滤剂的过滤器，沸水堆核电站用得较多。

筒式过滤器的过滤筒可重复使用，只需更换里面的过滤芯。滤芯的过滤介质有多孔烧结体、非纺织纤维等，压水堆核电站用得较多。对 0.1 μm 到几百微米的颗粒有很高的过滤效率。

水力旋流器可用来去除地面冲洗水中的悬浮物和沉淀泥浆废物，过滤效率为 80%～90%，设备简单，价廉，需常维修的活动部件少。冻融过滤则对泥浆废物的固液相分离有较好的作用。

第四节　先进净化处理工艺

废液处理工艺的主要指标是去污因子和浓缩倍数。前面介绍了废液处理六种方法，各有优缺点，其比较列于表 4-6。

表 4-6　废液处理方法效能比较

项目	蒸发法	离子交换法	沉淀法	膜技术		
				电渗析	反渗透	超滤
适于处理的废液	低、中、高放，特别适合中、高放	低、中放，特别适合于低放	低、中放，特别适合于低放	低、中放，特别适合于低放	低放	低放
允许含盐量	高（200～300 g/L）	低（<1g/L）	中	高	中（0.5～40g/L）	中
去污因子	高，10^3～10^6 一般为 10^4	中-高 10～10^3	低 5～10	中 10～100	中-高 10～1 000	中-高 100～1 000
减容倍数	高	中	低	中	中	高
运行方式	连　续	批式，连续	批　式	可连续	可连续	可连续
耗能	多	少	少	中	少	少
运行中主要问题	腐蚀、泡沫	树脂失效，废树脂处理较难	泥浆废物含水量大，分离困难	膜清洗困难，除垢，二次废液较多	要定期清洗和更换膜组件	浓差极化，半透膜要定期清洗
设备投资	高	中	低	低-中	低-中	低-中
运行费用	高	低	低	低-中	中	低-中
处置费用	低	中-高	中	低-中	低-中	低-中

为了实现废物最小化，降低能耗，提高工效，延长设备使用寿命，减少维修和工作人员受照剂量等多方面目的，人们不断改革净化处理工艺和开发先进净化技术，例如：

1．高选择性离子交换剂

近年来，开发了不少新离子交换剂，如特效活性基团交换剂、磁性交换剂、两性交换剂、液体交换剂、分子筛交换剂、热再生交换剂和离子交换纤维等。

一种复合磁性无机离子交换剂，把无机离子交换剂与铁磁性物质 Fe_3O_4 结合在一起，它对 ^{137}Cs 和 ^{90}Sr 有高去污能力，在外磁场作用下，容易实现固液相分离[3]。

芬兰开发了对 ^{137}Cs、^{90}Sr、^{60}Co 高选择性无机离子交换剂、有高去污因子和宽适用范围[4, 5, 6]，如表 4-7 所示。

表 4-7　几种高效无机离子交换剂

放射性物质	基　体	去污因子，DF	适用 pH 范围	适用温度/℃	应　用
^{137}Cs	亚铁氰化物	1 000～5 000	1～13	＜80	球状-装柱， 粉状-预涂层过滤器
^{90}Sr	氧化钛	500～2 000	＞10	＜300	球状-装柱， 粉状-预涂层过滤器
^{60}Co	氧化铁	200～1 000	4～8 （最佳 5～7）	＜300	球状-装柱， 粉状-预涂层过滤器

2．过滤/离子交换模块结构代替蒸发处理

美国在一些核电站将过滤床模块和离子交换床模块结合起来，采用超细纤维、核孔膜、纳米材料膜等新型过滤材料与超滤分离代替蒸发处理，净化过的废水可直接排放或再用，获得更大减容[7]。

芬兰用过滤和离子交换技术处理含硼废液。首先调节 pH，使 90%硼成为晶体形式，用加压过滤硼，回收的硼进一步纯化后在核电站再用。滤液经过离子交换处理可达到排放限值，体积减容因子达到 10^4。废过滤器芯包装后直接处置，也可焚烧或超级压实。废离子交换树脂装进高整体性容器中，高整体性容器兼有脱水干燥的功能，干燥后可直接处置，这样免去了蒸发处理，获得更大减容。

3．臭氧/活性炭/反渗透处理洗衣废水

洗衣废水含有许多洗涤剂物质，易发泡，不宜用蒸发法处理，用反渗透较适宜。反渗透处理洗衣废水时，洗涤剂物质会在膜表面结垢，降低处理能力。如果在反渗透前增加臭氧/活性炭预处理，效果很好。臭氧可破坏近 75%洗涤剂物质，通过活性炭时把残余的洗涤剂都去除，然后再通过反渗透设备。若后面再加一级阳离子交换，几乎可达到“近零污染排放”。

第五节　流出物的排放

从核设施或放射性实验室通过以气体或液体形式排入环境的放射性物质流称为放射性流出物。流出物通常分为气载流出物和液体流出物。气载流出物包含放射性惰性气体、蒸汽、挥发性气体以及气溶胶，排入大气环境；液体流出物包含溶剂（通常指水）、溶质以及悬浮物，排入受纳水体环境。

《中华人民共和国放射性污染防治法》[8] 规定，“向环境排放放射性废气、废液，必须符合国家的放射性污染防治标准。”“产生放射性废气、废液的单位向环境排放符合国家放射性污染防治标准的放射性废气、废液，应当向审批环境影响评价文件的环境保护行政主管部门申请放射性核素排放量，并定期报告排放计量结果。”“向环境排放符合国家放射性污染防治标准的放射性废液必须采用符合国务院环境保护行政主管部门规定的排放方法。禁止利用渗水、渗坑、天然裂隙、溶洞或者国家禁止的其他方式排放放射性废液。”

流出物的排放构成环境影响的基本源项。不同核设施和实验室流出物中的核素种类、含量、物理和化学性质，都有很大差别，受纳的大气或水体环境的容量和稀释、弥散条件也可能很不相同。对放射性流出物的管理要因地制宜，但共同特点是控制排放总量。

流出物的排放分为常规排放和非常规排放。核设施处于正常运行和受控情况下的排放称为常规排放。排放又可分为有组织排放和无组织排放两种。有组织排放对排放物的种类和数量比较清楚，并且是按一定计划和受到控制情况下进行的排放。无组织排放对流出物的排放难于做到了解和控制。

一、流出物排放的控制

废气和废液经过净化处理，达到国家标准之后，可以向大气或水体排放（也可以复用）。《电离辐射防护与辐射安全基本标准》（GB 18871—2002）[9]规定，实施流出物的排放之前，需要完成下列工作，并将结果书面报告审管部门：

（1）确定拟排放物的特点与活度及可能排放位置和方法；

（2）通过环境调查和适当的运行前试验或数学模拟，确定所排放的放射性核素可能引起公众照射的所有重要照射途径；

（3）估计计划排放可能引起关键人群组的受照剂量。

排放放射性流出物时要符合下列条件，获得审管部门批准：

（1）排放不超过审管部门认可的排放限值，包括排放总量限值和浓度限值；

（2）有适当的流量和浓度监控设备，排放是受控制的；

（3）含放射性物质的废液采用槽式排放；

（4）排放所致的公众照射符合规定的剂量限值要求；

（5）使排放的控制最优化。

放射性废液不得排入普通下水道。对于医疗、教育等仅使用少量短寿命放射性核素的单位，通过适当衰变贮存，经审管部门确认满足下列条件的低放废液，方可直接排入流量大于 10 倍排放流量的普通下水道，并应对排放做好记录：

（1）每月排放的总活度不超过 10 ALImin（ALI 为食入和吸入放射性核素的年摄入量限值）；

（2）每一次排放的活度不超过 1 ALImin，并且每次排放后用不少于 3 倍排放量的水进行冲洗。

为了有效控制流出物的排放，大型核设施往往设置如下几个等级的限值：

（1）排放限值——国家环境保护行政主管部门根据相关法规要求，结合核设施具体情况批准的流出物中放射性成分的数量限值。由运营部门申请，经国家审管部门批准；

（2）运行限值——由运营单位自行制定的流出物中放射性成分的数量限值。运行限值低于排放限值；

（3）行动水平——运营部门根据排放限值而制订的流出物的阈值浓度，当流出物的浓度达到该阈值时需要采取某种行动。这类行动包括发出警报、关闭隔离阀等。

我国《放射性废物管理规定》[10] 提出废水应采用槽式排放。槽式排放必须设置两个或两个以上的废液接收槽，当一个槽接收满净化处理过的废液后，要搅拌混合均匀，然后取样分析，分析合格者可以进行排放，若分析不合格要返回处理。在此期间用另一个槽进行接收废液。

二、流出物排放的监测

《中华人民共和国放射性污染防治法》明确规定："核设施营运单位应当对核设施周围环境中所含有的放射性核素的种类、浓度及核设施流出物中的放射性核素总量实施监测，并定期向国务院环境保护行政主管部门和所在地省、自治区、直辖市人民政府环境保护行政主管部门报告监测结果。"还规定"国务院环境保护行政主管部门负责对核动力厂等重要设施实施监督性监测，并根据需要对其他核设施的流出物实施监测。"

《电离辐射防护与辐射安全基本标准》（GB 18871—2002）对流出物监测要求作了明确的规定：

（1）制定并实施详细的监测大纲，以保证有关照射源所致公众照射的各项要求得以满足，并可能对这类照射进行评价；

（2）制定并实施详细的监测大纲，以保证有关放射性物质向环境排放的各项要求和审管部门所制定的各项要求得以满足，使审管部门能够确认推导排放管理限值的假设条件继续有效，并能依据监测结果估算关键人群组的受照剂量；

（3）按规定保存好监测记录；

（4）按规定期限向审管部门提交监测结果的摘要报告；

（5）及时向审管部门报告辐射水平或污染显著增加的情况，若这种增加可能是由其所负责源的辐射或放射性流出物所造成的，则应迅速报告；

（6）建立和保持实施应急的监测能力，以备事故或其他异常事件引起环境辐射水平或放射性污染水平意外增加时启用；

（7）验证对排放的放射性后果进行预评价时所做假设的正确性。

流出物监测和环境监测两者应该相互补充，流出物监测提供源项数据，环境监测提供污染后果数据，这些数据对安全评价都有十分重要的意义。

流出物监测的意义和作用是十分明显的，例如：

（1）验证设施运行期间周围公众和环境得到足够的保护；

（2）验证满足国家和地方有关的标准和法规；

（3）及时发现计划外排放和启动警报系统；设置的警报系统既能够防止虚假报警（误报警），也能够防止漏报警；

（4）使公众相信放射性释放得到控制。

流出物可能会影响周围环境，需要对周围环境进行监测。监测对象包括：空气、沉降灰、雨水、地表水、地下水、土壤、动植物、海水、海藻和海洋生物等。监测的核素包括总α、总β、^{90}Sr、^{137}Cs、^{239}Pu、氚等。有的要求连续监测，有的定期取样监测（表 4-8～表 4-11）。

表 4-8 铀矿山及水冶系统流出物监测

监测对象	监测点	监测频次	分析测量项目
气溶胶	作业场所排气口	定期	U、^{226}Ra、^{210}Pb、^{210}Po
废 气	作业场所排气口	定期	氡及其子体
废 水	排放口	定期	总α、总β、U、^{226}Ra、^{210}Pb、^{210}Po
固体废物	尾矿库；废石场	定期	γ空气吸收剂量率、氡及其子体、氡析出率、U、Th、^{226}Ra、^{210}Pb、^{210}Po

表 4-9 压水堆核电厂气载流出物监测

监测项目	取样方式	测量方式
惰性气体	连续	连续
^{131}I *	累积	定期
气溶胶 *	累积	定期
氚 *	累积	定期
^{14}C *	累积	定期

[注] * 实际上多数核电厂已实现连续取样和在线、带报警功能的实时监测。

表 4-10 压水堆核电厂液态流出物监测

监测对象	采样方式	监测项目
贮存罐	排放前采样	^{3}H、γ核素分析、β活化产物
排放口	定期采样（或等比采样）	^{3}H、γ核素分析、β活化产物

表 4-11 后处理设施的排放监测

监测点	主要监测项目
气载流出物排放口	^{3}H、^{85}Kr、^{14}C、^{90}Sr、^{129}I、^{137}Cs
液态流出物排放口	^{3}H、^{90}Sr、^{99}Tc、^{129}I、^{137}Cs、^{239}Pu、^{241}Am

流出物监测必须按质量保证大纲进行：

（1）选择适当的监测点，保证监测的及时性和代表性；

（2）确定合理监测项目、监测核素和监测频度；

（3）计量器具的准确性十分重要，监测仪器要校正，有适当量程和有专人管理与操作；

（4）取样、处理，检测和误差分析符合操作规程；

（5）有比对验证和监督性检测；

（6）有合格的分析实验室和分析人员，保证检测质量；

（7）作好数据记录、数据保存和剂量评估；

（8）按规定向审管部门报告检测结果。

目前，实际监测中经常遇到流出物的放射性水平低于测量仪器检测限的问题，应该促进采用先进的测量仪器和技术，提高测量灵敏度，以获得准确、可靠的数据。此外，需要发展流出物中氚和 ^{14}C 的检测技术和改进烟囱排放系统的取样技术等。

第六节 有机废液的处理

有机废液通常具有易燃、易挥发以及易辐射分解、热分解、生物降价等特性。这使有机废液的贮存、处理和整备需要作特殊考虑。

有机废液包括废萃取剂 TBP/煤油、废机油、润滑油、测量低能β^-射线 ^3H 和 ^{14}C 的有机闪烁液，以及其他萃取剂（如 TOPO、TTA）等。除后处理厂产生的废有机萃取剂量大、放射性水平高外，其他有机废液量一般都较小，放射性水平较低。

有机废液必须与一般废液分开存放、分别处理。有机废液不能排入水体，需要特殊管理。有机废液可以焚烧，但含磷、硫、氯多的有机废液，焚烧时对焚烧设备的腐蚀作用大，要采用专门的焚烧炉处理。为少量有机废液专门建一台焚烧炉是不经济的，此时，塑料固化可能是上选方案，如用聚乙烯、聚苯乙烯固化 TBP，包容量可达 50%，固化体一般能满足处置要求，方法简便。此外，也可以让有机废液吸收在多孔物质（如含水云母）中，然后再进行水泥固化，这可能是经济、简便的做法。下面介绍几种有机废液的处理方法。

一、TBP/煤油焚烧处理

后处理厂产生的 TBP/煤油废溶剂数量大，放射性水平高，成分复杂，热解焚烧炉可用来专门处理 TBP/煤油废溶剂。有些焚烧炉可能有多功能用途，可同时烧固体废物和有机废液。例如德国卡尔斯鲁厄研究中心的焚烧炉具备 25～40 kg/h 的处理能力烧有机废液[含油 40%，溶剂 34%，闪烁液 10%，水 16%（体积百分数）]；法国卡特拉奇核中心的焚烧炉可烧 TBP、含氯溶剂、机油、闪烁液，处理能力为 30 L/h。

热解焚烧 TBP 有机溶剂，将 TBP/煤油和一定比例的氢氧化钙、水和乳化剂搅拌均匀，制成适当黏度的乳状液注入热解炉，TBP 在 N_2 气氛中，在 350～450℃发生热解，生成 P_2O_5 和 C_4H_{10}、C_4H_9OH。

TBP 热解生成的 P_2O_5 与 $Ca(OH)_2$ 反应生成焦磷酸钙，沉降在反应器底部，定期排出，经水泥固化后处置。蒸发出来的煤油和丁烷与丁醇等经高温过滤器进入后燃烧室，在后燃烧室被烧掉，工艺流程简图示于图 4-8。热解焚烧 TBP/煤油避免了生成磷酸的腐蚀和尾气处理困难问题。

中国辐射防护研究院和中国原子能科学研究院先后开发了热解炉，可用于焚烧 TBP/煤油废溶剂。

二、TBP 回收再利用

TBP 回收再利用可以通过两种方法：

（1）真空蒸馏 先用 5% N_2CO_3 碱洗去除降解产物，接着用稀硝酸洗涤、脱水、除气、真空精馏（9 毫巴，90℃），冷凝液可获得 90% TBP/煤油，可再循环使用。

（2）用 5%的 Na_2CO_3 溶液水洗，加浓磷酸，分离 TBP 和煤油。煤油用 SiO_2 纯化，TBP-

磷酸用水稀释分开。获得煤油和 TBP 可再用，也可固化后处置。

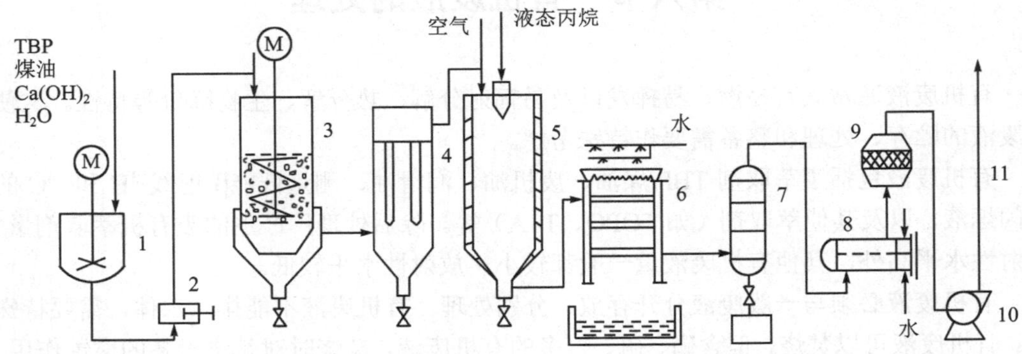

1—料槽；2—计量泵；3—热解炉；4—高温过滤器；5—后燃烧室；6—喷淋冷却器；7—洗涤塔；8—热交换器；9—HEPA 过滤器；10—鼓风机；11—进入烟囱

图 4-8 焚烧 TBP/煤油热解炉流程示意图

三、吸收剂吸收处理

无实用价值的低放废有机溶剂可以用吸收剂吸收后送焚烧、固化（固定）、装入高整体性容器贮存或直接包装处置。一些有机废液的吸收剂如表 4-12 所示。

表 4-12 一些有机废液的吸收剂

吸收剂	有机废液/吸附剂（体积比）	包容量/%	体积增加/%
天然纤维（锯末、棉花）	0.90	47	111
人造纤维（聚丙烯）	0.80	44	125
黏土	0.60	33	167
硅藻土	0.65	44	154
蛭石	0.35	26	286
吸油小球（烷基苯乙烯）	4.00	80	25

四、水泥固化

水泥固化不能直接固化有机废液，但水泥可以固化乳化的有机废液，也可以固化吸收有机废液的吸收剂。乳化-水泥固化的工艺简单，但废物包容量低（小于 8%），适于少量有机废液产生者使用（图 4-9），关键是要选好配方。

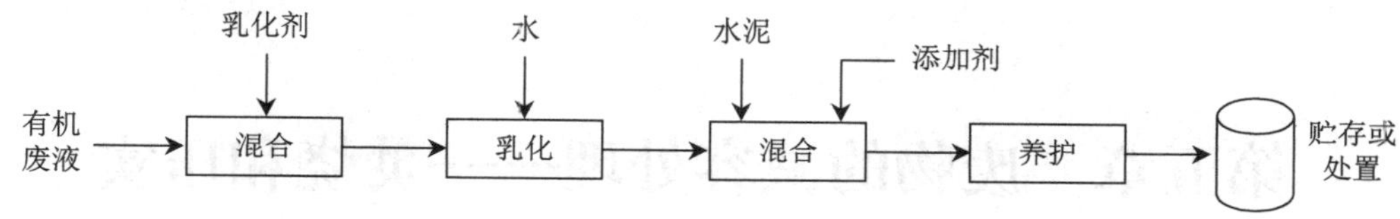

图 4-9 有机废液水泥固化示意图

中国原子能科学研究院和中国辐射防护研究院[11, 12]研究过锯末、粉煤灰、蛭石、沸石、膨润土、硅藻土、活性炭等多种吸收剂吸收有机废液后水泥固化，发现用活性炭吸收 TBP/煤油，然后用 425#矿渣水泥固化，包容量可达 14%（质量百分数），固化体抗压强度可达 10～22 MPa，比乳化-水泥固化法效果好。由于没有进行工程验证，这些方法目前没有在工程上应用。

低中放废物的处理国内外都已经有了一套满足要求的技术，但为了实现废物最小化和辐射防护最优化，正进行着许多革新和改进，如发展高效、耐久的离子交换技术和膜技术，开发先进的分离技术等，使净化效果更好，效率更高，更安全和经济。值得指出的是，我国目前较多沿用传统工艺流程，还存在开发研究投入力度不够大，研究成果工程应用转化不够等问题。

参考文献

[1] 于承泽．含碘废气治理设施工艺设计与运行效果研究[J]．原子能科学技术，1998（52）：32.

[2] Lee B J, et al. Determination of the Operating Condition in Solar Evaporation Facility[C], Proc. 1991 Joint International Waste Management Conference，Seoul，Korea，Oct. 21-23，1991.1：271.

[3] 铁磁性无机离子吸附剂．专利号 011090154.

[4] Harjula R et al. Cs Treat-A Highly Efficient Ion Exchange Media for the Treatment of Cesium-Bearing Waste Waters[C]. EPRI International Low Level Waste Conference'97 Providence RI USA，July 21-23，1997.

[5] Lehto J et al. Sr Treat-A Highly Effective Ion Exchanger for the Removal of Radioactive Strontium from Nuclear Waste Solutions[C]，The 6th International Conference on Radioactive Waste Management and Environmental Remediation，Singapore，October 12-16，1997.

[6] Harjula R et al. Co Treat-A New Selective Ion Exchange Media for Radioactive Cobalt and Other Corrosion Product Nuclides[C]，EPRI International Low Level Waste Conference，Orlando，FL，July 15-17，1998.

[7] IAEA. An Overview of International Status and Trends in Radioactive Waste Management，IAEA/WMDB/ST/2，2002：62.

[8] 中华人民共和国放射性污染防治法，2003 年 10 月 1 日起执行.

[9] 电离辐射防护与辐射安全基本标准，GB 18871—2002.

[10] 放射性废物管理规定，GB 14500—2002.

[11] 陈竹英．30%TBP-煤油有机废液水泥固化配方研究[D]．第二届放射性废物管理讨论会论文集，November 20-25，1990.

[12] 陈竹英，黄卫岚．水泥固化 30%TBP-OK 有机废液的研究[J]．辐射防护，1991（7）.

第五章 废物的减容处理——焚烧和压实

随着核电和核技术的发展，低中放固体废物量日益增加，废物的减容越来越受到人们的重视。低放固体废物中40%～80%是可燃和可压缩的，焚烧和压实是放射性废物减容的重要措施。

放射性废物焚烧是将可燃性废物氧化处理成灰烬或残渣。可燃性废物包括纤维性物质（织物、纸、木材）、塑料、橡胶、活性炭、石墨、动物尸体、废树脂、废有机溶剂、废机油、废有机闪烁液等，种类繁多。对于低放射性可燃性废物，焚烧是理想的高效减容技术，焚烧处理有以下优点：

（1）可获得高度的减容和减重（减容20～100倍，减重10～80倍），减少贮存和处置所占场地以及运输、贮存和处置的费用；

（2）实现废物无机化转变，免除热分解、辐射分解、腐烂、发酵和着火可能性，提高废物贮存、运输和处置的安全性；

（3）可回收 ^{239}Pu 和 ^{235}U 等贵重易裂变物质。

压实减容是借助机械力使废物密实化，提高废物的整体密度。可压实的废物种类很多，除棉、纸、布、橡胶、塑料等软质废物外，污染的木材、玻璃、金属制造阀门、器皿、工具、电缆、废过滤器、风管，以及保温材料、混凝土散块等采用高压或超高压实可使其达到或接近理论密度，也可获得减容。

压实减容的优点是：

（1）建造投资和运行费用低，对场址要求不高；

（2）设备简单，运行方便，维护保养容易，易实现自动化；

（3）二次废物极少。

放射性废物焚烧减容和压实减容的比较列于表5-1。

表5-1 放射性废物焚烧减容和压实减容的比较

项 目	焚 烧	压 实
处理对象	低、中放可燃废物	低、中放可燃/可压缩废物，高压、超高压实也可压实不可燃/不可压缩废物
减容倍数	20～100	2～10
减重倍数	10～80	几乎不减重
产物稳定性	无机化、惰性化转变	不改变可燃性，不适用于易热解和易腐烂物质
设备投资	较高	较低
处理费用	较高	较低
二次废物	有二次废物	很少
适 用 性	适用于可燃性废物	适用于可压缩性废物，容易设置，适用范围广，应用较普遍
主要不足	建造和运行费用高，废气释放环保要求严，应用不够普遍	减容不减重，减容倍数较小

第一节 焚烧工艺过程和设备

焚烧是大家都非常熟悉的一种现象，但焚烧是一个复杂的化学过程，涉及化学、传热、传质、流体力学、化学热力学、化学动力学等许多过程。焚烧工艺的步骤如图 5-1 所示。

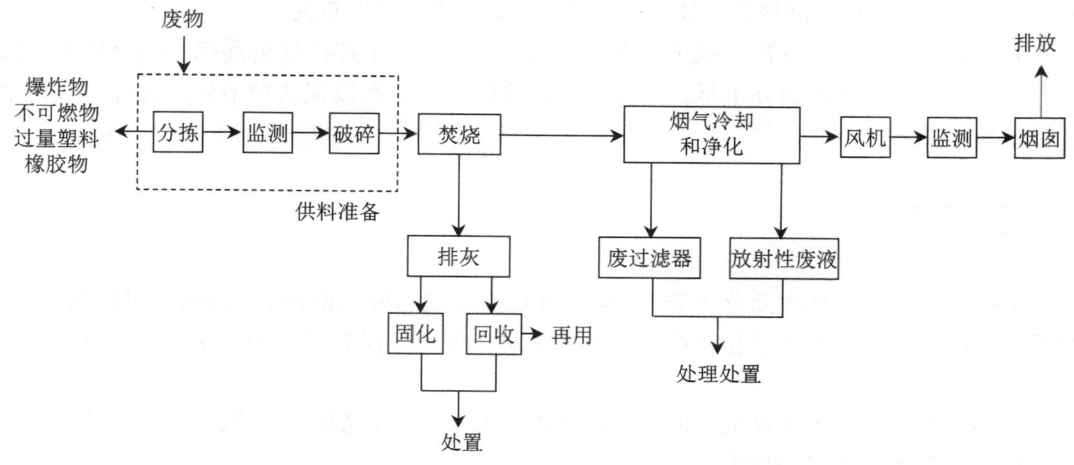

图 5-1 焚烧工艺流程示意图

焚烧炉的安全、有效运行，取决于精心设计、可靠工艺设备和正确操作。所获得的减容和减重效果受制于原始废物的组成和燃烧的完全程度。

理想的焚烧炉应具备以下品质：

（1）燃烧完全，减容和减重效果好；

（2）尾气净化满足排放要求；

（3）不易出现腐蚀泄漏、管道堵塞等问题，设备寿命长，维修少；

（4）运行安全可靠，操作、维修和更换过滤器简便；

（5）对工作人员受照剂量低，对环境影响小；

（6）基建投资和运行费用低。

衡量焚烧处理系统，有两个重要性能指标，即去污因子和减容比。废物的高效焚烧要求有足够高燃烧温度、足够量空气、足够长停留时间（反应时间）和适当的气流扰动。炉温高，对完全燃烧有利，但对炉体破坏作用大。焚烧设施的真实减容和减重效果，应计入焚烧灰和烟气冷却系统所产生的二次废物。焚烧的减容比为废物的初始体积与焚烧灰和二次废物总体积之比，去污因子为废物原始放射性活度与排入环境烟气放射性活度之比。按照废物污染核素的种类和污染水平以及环境的排放限值，对焚烧设施的去污因子有不同要求。

焚烧工艺可分为：分拣、破碎、进料、焚烧、排灰、烟气冷却、烟气净化等过程。

一、分拣

分拣是挑出对焚烧炉设备和焚烧过程有害的物质（如爆炸性物质、不可燃物质等）和使物料具有尽可能均匀的组成和相近的热值。可燃废物的热值差别很大（5～40 MJ/kg），如果炉子燃烧废物的组成变化很大，会影响炉子寿命和正常运行。多数焚烧炉不允许把不可燃物质送进炉内，不能烧多量的塑料和橡胶物，所以废物送进焚烧炉之前进行分拣是十分必要的。分拣对控制焚烧过程、减少炉温波动、延长炉子寿命都有重要意义。

分拣的方法有手工分拣、磁选、重力分选、风选等。手拣往往会漏拣小的金属物，如果加设空气分级器就可弥补不足。分拣时应做放射性监测和设置防护措施，分拣一般在手套箱中操作。

二、破碎

破碎为了方便进料和充分燃烧，焚烧前往往要求先将废物破碎。废物破碎可用切割机、锤磨机等，此操作一般在手套箱中进行。为了防止着火，需要在保护气氛（如氮气）下进行。

破碎机希望具备多种功能，能同时破碎纸、布、木头、塑料、橡胶等多种物料，破碎时尘量少，有防止卡料的措施。

三、进料

焚烧炉进料方式有批式，也有连续进料。批式进料如把废物装在纸袋、聚乙烯袋或纸板盒中，借重力作用投入炉内，或用推杆推入炉中。连续加料采用螺旋输送器或风力吹送将切碎的废物连续送进炉中。

为了防止燃烧室与炉外操作区直接串通，造成炉中气体逸出和出现回火，通常采用双重门联锁装置，投料时先开启上面的第一道门，关闭下面的第二道门。投完料后，上面的门关闭，下面的门开启，废物包掉进炉床中燃烧。为了降低进料通道的温度，设置水冷装置。为了防止进料通道因投入物料架桥而造成堵塞，设置机械或气流清扫装置。为了防止着火事故，设置 CO_2 灭火装置。

为焚烧废油、废溶剂，可设液体喷料口，向炉中喷料。为保证良好喷料，采用双套结构，由内管往炉子里喷料，外管通压缩空气，使料液雾化并冷却内管。废油喷雾雾化是实现完全燃烧的关键。油的黏度影响雾化质量，黏度越高，雾化质量越差。升温可以降低油的黏度，但存在失火和爆炸的风险，有推荐添加煤油来降低黏度，实现良好雾化[1]。

四、焚烧

焚烧炉主体是燃烧室，燃烧室有立式、卧式之分。焚烧炉有单燃烧室、双燃烧室、多燃烧室等多种形式。炉体一般为钢体外壳，内衬绝热和耐火陶瓷材料。通常以空气和氧气作为焚烧助燃气体。为了使焚烧炉启动和维持适当温度，设置空气加热器和助燃器。助燃器燃料可用丙烷、天然气、煤气、煤油、柴油等，也有用电加热。

焚烧炉需要保持一定负压。由于焚烧废物的热值不同和供料速度的改变，炉内压力容易发生波动，保持一定的压力，可以保护焚烧炉的安全运行。

完全燃烧是焚烧炉设计的基本要求。燃烧是化学反应过程，温度、时间、供氧和充分接触对燃烧反应的热力学和动力学过程都有很大影响。因为大部分废物有相当高的碳氢比和热值相差较大，有的废物可能还含有水分，较难达到完全燃烧，容易出现以下问题：

（1）产生较多的烟炱和焦油，堵塞炉排或尾气净化系统，并可能引起着火；

（2）熔融的塑料、橡胶物滴落下来堵塞炉排和管线；

（3）燃烧不完全，产生较多含碳量高的灰渣，降低减容效果和灰渣的化学稳定性。

五、排灰

废物焚烧之后70%～90%放射性物质进入灰中。一般炉底设卸灰炉排，这种炉排有固定式、翻板式或旋转式等多种。装灰桶法兰连接到卸灰口上。也有用真空抽吸、设空气枪或喷脉冲气流使灰层松动便于排灰。如有不可燃物混在加料中进入炉内，或者由于塑料、橡胶物的不完全燃烧，其熔块或焦油可能造成炉排堵塞。

卸灰时要防止气溶胶逸出，故除灰装置一般设在手套箱中。工作人员要戴面具和穿防护服操作。从焚烧炉卸出的灰先收集在装灰桶内，此时关闭装灰桶底下阀门，待其中灰渣充分冷却后，关上装灰桶进口阀，打开出口阀，把灰渣卸到接收桶中。

焚烧α废物的炉子，必须严密设置包容系统，并定期清理，以防易裂变物质（^{235}U和^{239}Pu）的积累达到临界质量，焚烧灰的贮存也要考虑临界安全问题。

焚烧灰除来自焚烧炉燃烧室和后燃烧室外，还来自沉降器、旋风分离器、高温过滤器等烟气除尘设备，它们所产灰粒度差别较大，前端设备的灰粒较大，后端设备的灰粒较小。焚烧灰是弥散性物质，不允许直接处置，必须作固化或固定处理。如果炉灰中含有较多量的钚和铀，应考虑回收利用，要控制和监测含钚量。

焚烧灰多数用水泥固化，也有用高频熔融、微波熔融、玻璃固化和水热压实，也还有采用超级压实机处理[2]。德国卡尔斯鲁厄研究中心早先采用的方法是先把焚烧灰装入120 L金属桶内，再把它放入200 L钢桶中，在内外桶之间灌入水泥浆。现在他们把焚烧灰先装入180 L薄壁铁桶中，再用1 500 t超级压实机压成饼块，然后再装入200 L钢桶中。最后，14个这样的钢桶放进一个7.2 m^{3}长方形钢箱中，周围的空隙灌入水泥浆。

六、烟气冷却

焚烧产生的烟气需要净化，达到允许限值之后才能向大气排放。烟气净化除高温过滤外，必须冷却到一定温度后才允许进入烟气净化系统，因此烟气需要先冷却。烟气冷却方法有冷空气稀释、喷水急冷（绝热冷却）和热交换等。

1. 冷空气稀释法

冷空气稀释是通过特殊的混合喷嘴，喷进冷空气来实现。此法设备和操作简单，但因为烟气中增加了冷空气，提高了烟气流量，使后续的烟气净化负担增大。

2. 喷水急冷法

喷水急冷降温的效果显著，设备和操作也比较简单。此法烟气流量改变不大，但烟气含湿量大大增加，其露点也相应提高。此法多用于湿式烟气净化流程。干式烟气净化流程也可使用喷水急冷降温，但必须根据所要求冷却的温度严格控制喷水量。

3. 热交换法

通常采用管壳式换热器，冷却流体多数用空气。因为气-气传热系数小，要求传热面积大。由于冷热液体温差过大，必须采取特殊方式作热补偿。该法的优点是不增加烟气流量和含湿量，但设备庞大，维修工作量大。

综上所述，三种方法各有优缺点。实际上，常常这些方法结合使用。

七、烟气净化

放射性废物焚烧产生的烟气组分复杂，含有二氧化碳、水蒸气、烟灰、焦油、酸气、放射性尘粒和气溶胶等。烟气净化要求去除放射性、尘粒、酸性气体和二噁英等。焚烧炉的尾气净化系统通常采用多种设备，串联使用，包括热交换器、冷凝器、除雾器、再加热器、排风机和烟囱等。

烟气中放射性核素的存在有多种方式：① 气态存在（如 ^{3}H、^{14}C 和碘的气态化合物），可用吸收或吸附来去除；② 气溶胶形式存在，可用过滤去除；③ 载带在粉尘（飞灰）上，可用除尘来去除；④ 高温挥发物，如铯、锌、钌等，可冷却之后凝结下来。

焚烧塑料和橡胶制品，有较多的烟炱、焦油生成。焚烧聚氯乙烯和氯丁橡胶，烟气中会含有 HCl 和 Cl_2 等酸性气体及可能有金属氯化物沉积问题。焚烧橡胶手套和纸制品，烟气中会含有 SO_2 和 NO_x 等酸性气体；焚烧废油和废溶剂，烟气中会含有 NO_x 和 P_2O_5 等酸性气体；焚烧含氟塑料，烟气中会含有 HF 和 F_2 等酸性气体。这些酸性气体有强腐蚀性，会腐蚀烟气净化系统的设备。二噁英是环保严格控制的有毒组分，要受到有效控制。

烟气净化有干式、湿式和混合式。干式净化设备有：① 旋风分离器；② 静电除尘器；③ 袋式过滤器；④ 高温陶瓷过滤器；⑤ 烧结金属过滤器等。湿式净化设备有：① 喷淋塔；② 填料塔；③ 文丘里洗涤器等。

对于烟气中含有酸性气体的情况应该优先考虑采用湿式净化除尘设备，它可以同时完成除尘和吸收酸性气体。湿式净化除尘设备必须用耐腐蚀材料制作，如衬橡胶或玻璃钢等。吸收液须用碱液。吸收设备之后应有高效除雾器，除雾后的饱和烟气在加热或与热空气混合之后才能进入高效微粒空气过滤器（HEPA）。焚烧炉最后都设一级或多级 HEPA 过滤器。HEPA 过滤器对于亚微米级粒子有很高的净化效率，通过 HEPA 过滤器净化后就可排放。

八、监测控制仪表和设备

焚烧炉安全事故主要为异常排放、火灾和爆炸。焚烧炉的监测参数和控制仪表很多，如温度指示器、压力指示器、空气流量计、尾气流量计、火焰监测器、氧量分析器、喷淋水流量计、循环水流量计、液位控制器、放射性活度和辐射监测仪、火灾报警和自动灭火装置、自动气体取样和分析器、防爆装置，等等。许多已实现计算机管理和自动控制工艺过程。操作的阀门和设备有远距离自动控制开关和状态指示器。采用自动控制的设备，故障期间可用手动控制，系统中还设置必要的联锁装置。

焚烧炉装备事故电源，当断电时，事故电源立即供电。因为断电后炉子内压升高，炉内压力的增加会导致放射性物质向外泄漏，操作区和环境受到污染，发生放射性污染报警。当可燃碳氢化合物与空气构成燃爆混合物时，会发出火灾和爆炸报警。系统主要操作位置与主控室间建立良好通讯联系。

由于废物组成和热值变化，燃烧情况容易发生波动。为了使焚烧炉平稳运行，废物进料量和助燃剂经常根据炉温作相应调整，这种调整用自动化仪表完成。

放射性废物焚烧炉对烟气净化要求很高，处理后的烟气必须经过监测合格，达到排放标准后才允许向大气排放。

第二节 焚烧炉的类型

焚烧炉类型很多，目前采用最多的是过量空气焚烧炉和控制空气焚烧炉。

一、过量空气焚烧炉

过量空气焚烧炉（excess air incinerator）是较早使用也是目前应用最多的炉型，通常只有一个燃烧室。炉体分立式和卧式。一般控制过量空气 30%～100%，炉温 800～1 100℃。这种炉的优点是结构和操作简单。缺点是燃烧不完全，烟气中焦油、烟炱多，烟气净化难。为解决这一问题，发展了高温过滤技术，德国卡尔斯鲁厄研究中心（FZK）的焚烧炉属这种炉型（图 5-2）。

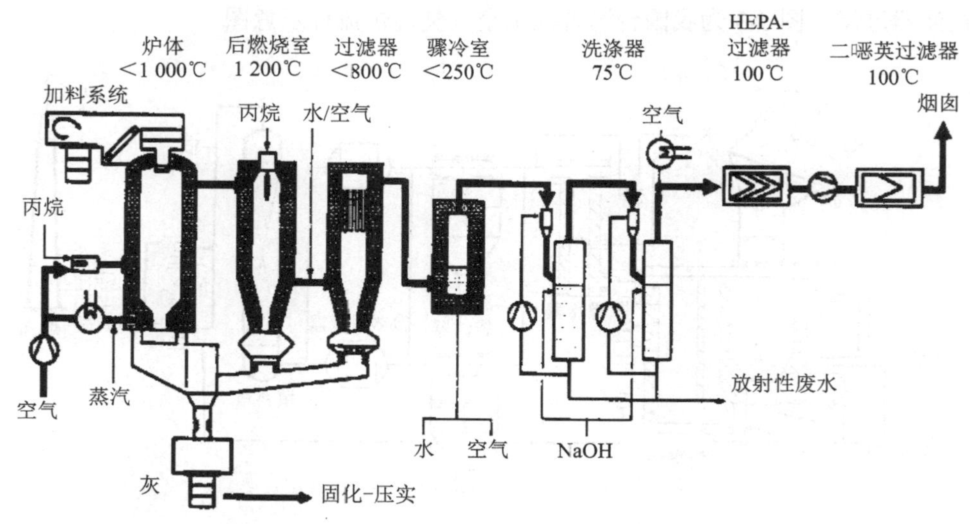

图 5-2 德国卡尔斯鲁厄研究中心过量空气焚烧炉流程示意图

FZK的立式过量空气焚烧炉炉体高6 m，衬有0.5 m厚耐火砖。炉子的内径上部为1 m，底部为0.4 m。过量助燃空气从三处送入炉中，炉温可保持在1 000℃左右。后燃烧室供丙烷，使温度保持在900℃。烟气净化有多级高温陶瓷过滤器，然后用冷空气降温到250℃，进入高效过滤器。净化后的烟气在排风机后与车间的通风排气相混合，然后通过70 m高烟囱排入大气中。

焚烧炉处理能力50～60 kg/h，废物组成为：

布、纸、木　50%～70%

塑　　料　30%～50%

其中：聚氯乙烯＜5%，聚四氯乙烯＜0.05%。废物比活度$\beta/\gamma<1\times10^{11}$ Bq/m^3，$\alpha<5\times10^7$ Bq/m^3，系统去污因子＞1×10^5。

过量空气焚烧炉炉型成熟，应用广泛。日本、奥地利、瑞士和我国台湾省都建有这种类型的炉子。据统计，日本的核设施就有几十台过量空气焚烧炉。

二、控制空气焚烧炉

控制空气焚烧炉（controlled air incinerator）是为了克服过量空气焚烧炉燃烧不完全，焦油、烟炱含量高等缺点而采用两个或多个燃烧室。这种炉的结构有立式和卧式两种。燃烧的两个阶段有分开在两个炉子中进行，也有合在一个炉体的两部分进行，结构比过量空气焚烧炉复杂，但可烧含较多塑料和橡胶成分的废物。

美国洛斯阿拉莫斯实验室的控制空气焚烧炉有上、下两个水平的燃烧室，废物用水平推杆送入下室。一次风量低于或近于理论空气量，使下室温度保持在650～870℃。热解产物进入上室，上室供过量空气，保持温度870～1 100℃。烟气净化用湿法除尘。经文丘里洗涤器、填料塔和除雾器，去除放射性微尘和酸气，然后接串联的四级HEPA过滤器。处理能力45 kg/h，此装置原为处理超铀废物目的而建造。控制空气焚烧炉在美国爱达荷、萨凡那河各建一台，处理能力都为180 kg/h，用于焚烧β-γ废物，烟气净化用干式滤袋加高效空气过滤器过滤。图5-3为我国台湾省控制空气焚烧炉流程示意图

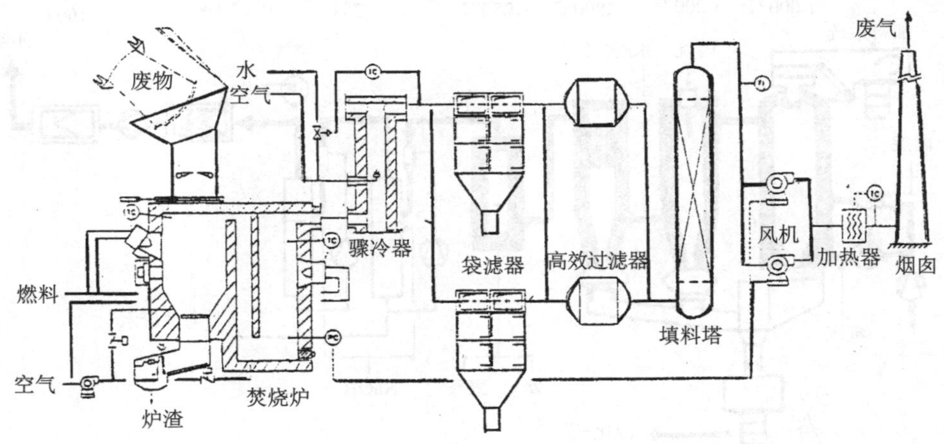

图5-3　我国台湾省控制空气焚烧炉流程示意图

三、热解焚烧炉

热解炉（pyrolysis incinerator）是控制空气焚烧炉的一种。焚烧先在不足氧（理论量之下）和不太高温度（600～800℃）的第一燃烧室发生热解，生成含甲烷、乙烷、丙烷、一氧化碳和二氧化碳等混合气体，这些产物进入第二燃烧室，在过量空气和高温（1 000～1 500℃）条件下得到完全燃烧，抑制焦油、烟炱的生成。热解焚烧是先在中温和不足氧气氛中将可燃物裂解成低碳链物质，然后在第二燃烧室转化为气态成分而充分燃烧。第二燃烧室有过量氧和高温度，因此燃烧完全。热解炉燃烧塑料、橡胶物含量高的废物，优点更为明显。热解焚烧的另一个优点是燃烧过程的释热速度不随废物热值的不同而有较大的波动，易于控制。此外，由于一次空气流量小，气流的扰动影响低，所以带出的飞灰量低，烟气净化负担减少。

热解焚烧炉的应用已在第四章 TBP/煤油焚烧处理一节中作了介绍，这里不再阐述。

中国辐射防护研究院开发的可焚烧塑料、橡胶制品的热解炉[3]见图 5-4，正在我国逐步推广应用。

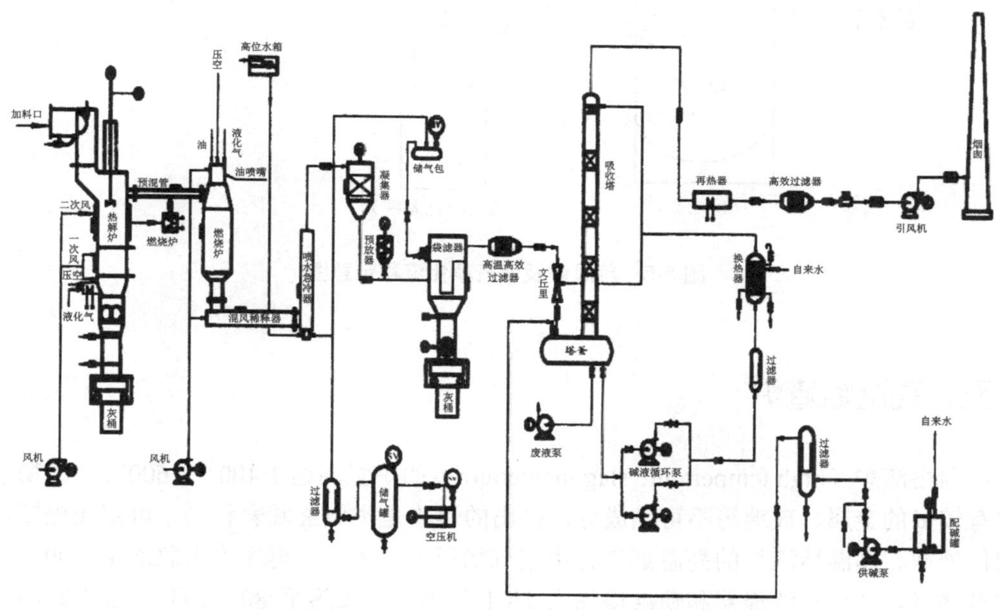

图 5-4　中国辐射防护研究院开发的热解炉工艺流程图

四、旋风炉

旋风炉不是一般的层燃方式，而是悬浮燃烧。废物必须经过分拣、破碎，先拣出金属件，然后通过两级破碎机，破碎成 3 cm 大的碎块。在搅拌情况下，用高速气流载带碎块，切向送入炉内。废物碎块在高速旋转的气流中燃烧，故称为旋风焚烧。利用高速旋转气流的强烈湍动能力，强化传质和传热过程，使燃烧在较短时间和较小空间内完成，燃烧温度900～1 000℃。为了使燃烧完全，在燃烧炉上方设后燃烧室，燃烧温度为 1 000℃。烟气净化用干式，先用冷风稀释冷却到 600℃，然后经列管换热器冷却到 180～200℃，再经旋风除尘器、袋式过滤器，最后通过 HEPA 过滤器过滤后排入烟囱。美国蒙特实验室的旋风炉焚烧超铀废物和β/γ放射性废物。烟气除尘系统由喷淋罐、文丘里洗涤器、旋风除尘器和 HEPA 过滤器组成。这种炉优点是炉体结构简单，操作方便，适用性强，允许烧含较多塑料和橡胶的废物。

荷兰 KEMA 公司为 Dodeward 核电厂设计制造的旋风炉处理能力为 25 kg/h（图 5-5），旋风炉直径 570 mm，高 870 mm，后燃烧室直径 390 mm，高 650 mm。炉体分别为碳钢和不锈钢，都有耐火衬里。烟气除尘用旋风除尘器、袋滤器、最后通过 HEPA 和由烟囱排出。

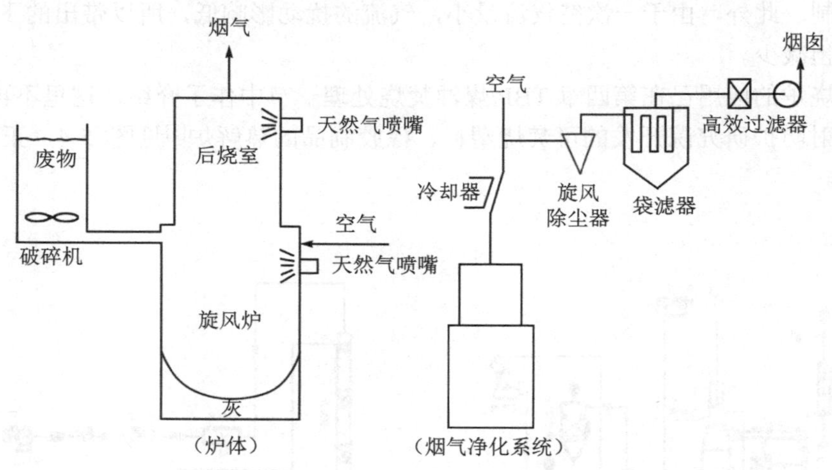

图 5-5 旋风炉及烟气净化流程示意图

五、高温熔渣炉

高温熔渣炉（high temperature slag incinerator）的炉温高达 1 400～1 600℃，废物中允许含有较多的金属、玻璃等不可燃成分，排出的熔渣是类似玄武岩状物，可直接处置，不需固化处理。高温熔渣炉的高温烟气先用空气稀释到 800℃，再经喷水急冷至 200℃，经滤袋过滤器、文丘里洗涤器和喷淋塔除去 HCl 和 SO_x，加热至 80～90℃，进串联的三级 HEPA 过滤器后通过高烟囱排出。

比利时莫尔（Mol）核中心最早建造了高温熔渣炉，处理能力 40 kg/h。高温熔渣炉运行温度很高，对耐火材料要求很高，使用寿期较短，建造和运行费用较高。

俄罗斯莫斯科 RADON 建的高温熔渣炉用等离子体加热，熔融区温度超过 1 600℃。允许不可燃废物一起送入炉中焚烧，可燃废物与不可燃废物之比为 3:2。焚烧生成的炉渣可直接处置，铯浸出率约为 10^{-5} g/(cm^2·d)。炉高 8 m，炉体平均直径为 2.3 m，处理能力 200～250 kg/h。炉体底部装有 2 个等离子体发生器，在炉体中部还装有一个等离子体发生器（单根等离子体发生器功率小于 180 kW，等离子体发生器效率为 0.6），使更好地传热和传质，为分解有毒烟气组分，设置了旋风后燃烧室，其工艺流程如图 5-6 所示。

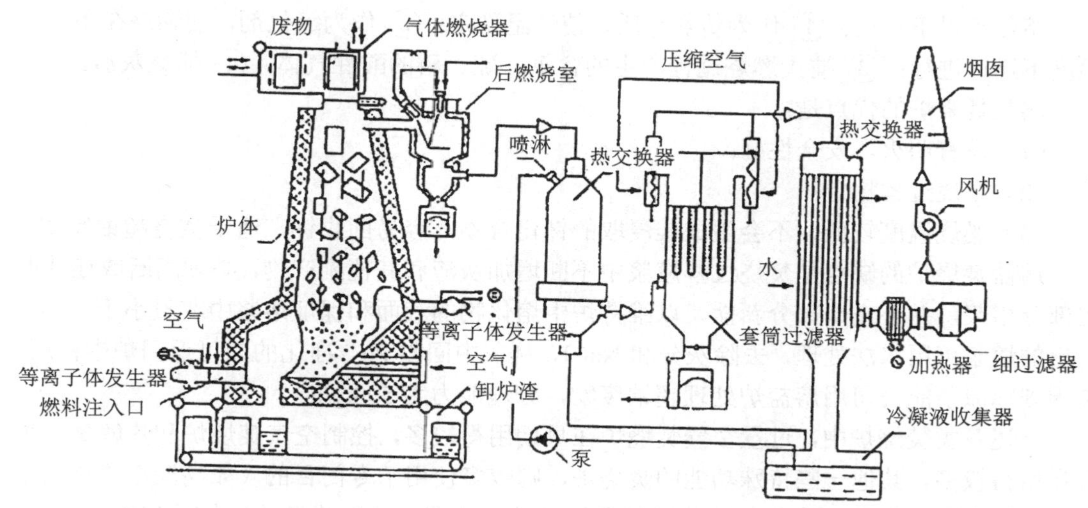

图 5-6 俄罗斯莫斯科 RADON 高温熔渣炉流程示意图

六、流化床炉

流化床炉（fluidized bed incinerator）是废物经分拣、破碎后送进惰性介质（如碳酸钠颗粒）流化床中。流化炉中惰性介质剧烈搅动呈流态化，改进混合和燃烧的效果。焚烧产物是灰、催化剂微粒、碳酸钠和氯化钠等组成的干粉。这些产物通过旋风分离器和烧结金属过滤器过滤，最后通过多级高效微粒空气过滤器净化之后排出。流化床炉就地中和焚烧产生的酸性气体，催化后燃烧，在较低温度下（约 500℃）能完全燃烧，系统无火焰。

流化床炉焚烧优点为：

（1）干法烟气净化，不用湿洗涤，因此腐蚀少，减少维修工作量和二次废物量，延长设备寿命；

（2）焚烧温度较低，有利于钚的回收，所以特别适用于超铀废物的焚烧。

流化炉焚烧缺点是需要经常更换床料。

美国洛基弗拉茨（Rocky Flats）一座流化床焚烧炉用 Na_2CO_3 作热解流化床，Al_2O_3 载 Cr_2O_3 作燃烧介质。烟气冷却用热交换器和水冷，净化用旋风除尘器、烧结金属过滤器和四级 HEPA 过滤器。处理超铀废物及β/γ 放射性废物，处理能力 82 kg/h。

七、熔盐炉

熔盐炉（molten salt incinerator）是利用熔融的盐焚烧可燃性废物，将破碎的废物引入约 800℃碳酸钠为主（$90\%Na_2CO_3 + 10\%Na_2SO_4$）的熔盐面之下，有机物在这里迅速和完全地燃烧，生成二氧化碳和水蒸气，灰分（不可燃物质的氧化物）捕集在熔浆中。生成的酸性废气（CO_2除外）与碱性Na_2CO_3反应，也滞留在熔浆中。

熔盐有以下作用：① 作为传热介质，使炉温稳定；② 作为氧化剂，使燃烧在不太高温度下迅速进行；③ 捕集燃烧过程产生的含氯、硫、磷的酸性气体；④ 捕集灰渣。

熔盐焚烧炉的优点是：

（1）没有明火，安全性好；

（2）燃烧过程稳定；

（3）燃烧温度较低，不会生成难浸取的钚化合物，容易回收钚，适于焚烧超铀废物。

熔盐焚烧炉的缺点是焚烧过程熔浆中不断增加灰渣和其他副产物，必须间断或连续取出部分熔浆，并补充一部分新盐，以维持炉中熔化物的液面和保证熔浆中灰量小于 20%。取出的熔浆可用水法处理，去除灰分和 NaCl，从灰中回收 Pu，净化的盐可返回炉中再用。美国国际原子能公司用熔盐炉处理超铀废物，处理能力为 50 kg/h。

上述各类焚烧炉中，过量空气焚烧炉在早期用得较多，控制空气焚烧炉和热解焚烧炉现在用得较多。其他一些特殊功能的焚烧炉，则较多使用于专门目的（如高温熔渣炉用来焚烧含较多不可燃物的废物，流化床炉和熔盐炉主要用于要回收钚的废物的焚烧）。近年来还在发展等离子体焚烧炉等。

一些欧盟国家建的放射性废物焚烧炉列于表 5-2，由表 5-2 看出，焚烧炉多建于放射性固体废物产生量多的核研究中心或后处理厂。在日本，多堆核电站场址建焚烧炉已不在少数。

表 5-2 欧共体国家的一些放射性废物焚烧炉

国家和部门		焚烧的废物	设计处理能力/（kg/h）
比利时	莫尔核研究中心	低放β/γ固体废物+少量液体废物	80
	莫尔核研究中心	低放β/γ固体废物+少量液体废物+有限量低放α废物	80
法 国	马库尔	混杂废物	80
	封特耐欧罗兹研究中心	动物尸体	50
	皮埃尔拉特	油和溶剂	70
	卡特拉奇核研究中心	废溶剂	30
	卡特拉奇核研究中心	钚污染固体	30
	格雷诺勃尔核研究中心	有机废物	15
德 国	卡尔斯鲁厄研究中心	α固体废物	50～60
	卡尔斯鲁厄研究中心	杂固体废物（β/γ）	50
	卡尔斯鲁厄研究中心	液体废物	50
	于利希研究中心	低放液体废物	20
	于利希研究中心	低放固体废物	50
西班牙	卡勃利尔	低中放废物，有机和生物废物	50
英 国	哈威尔研究中心	低放固体废物	136
	唐瑞	主要为固体废物	3 000 m^3/a

我国已建过几台焚烧装置，上海市放射性三废实验处理站建的放射性废物实验焚烧炉4年运行处理了2 t低放废物，退役后又建了一台焚烧炉，但利用率不高。中国原子能科学研究院用有机废液焚烧实验炉焚烧了废机油和废溶剂，并且研究开发了热解焚烧炉。中国辐射防护研究院开发的热解焚烧炉，已正在国内推广应用。

第三节 湿法氧化

湿法氧化又称湿燃烧法（wet oxidation，wet combustion），也是一种焚烧法。这是利用热浓硝酸和硫酸、浓硫酸和过氧化氢或用过氧化氢催化氧化分解有机物。已经开发的湿法氧化有酸煮解和过氧化氢催化氧化。

一、酸煮解

酸煮解（acid digestion）又称酸消化，是用热浓硫酸和硝酸（250℃）浸煮可燃固体废物，将有机物分解成简单的气体组分，把大部分无机物转变为硫酸盐和氧化物[4]。有机物的化学分解包括有机物碳化和碳化物进一步氧化两个步骤，其化学化应是很复杂的，主要反应方程为：

$$C_mH_n+n/2H_2SO_4 \longrightarrow nH_2O+n/2SO_2+mC \qquad (1)$$

$$C+2H_2SO_4 \longrightarrow 2H_2O+2SO_2+CO_2 \qquad (2)$$

$$3C+4HNO_3 \longrightarrow 4NO+2H_2O+3CO_2 \qquad (3)$$

$$2C+2HNO_3 \longrightarrow N_2O+H_2O+2CO_2 \qquad (4)$$

$$5C+4HNO_3 \longrightarrow 2N_2+2H_2O+5CO_2 \qquad (5)$$

$$3SO_2+2H_2O+2HNO_3 \longrightarrow 3H_2SO_4+2NO \qquad (6)$$

$$5SO_2+4H_2O+2HNO_3 \longrightarrow 5H_2SO_4+N_2 \qquad (7)$$

硫酸的主要作用有两个：一是把有机物碳化（1）；二是为硝酸的氧化提供高温介质。硫酸虽然也能把碳氧化（2），但反应速度较慢，因此需要加入硝酸。碳化物的氧化主要是靠硝酸来完成的（3～5）。硝酸还把硫酸分解有机物形成的SO_2氧化成SO_3（6～7）。破坏分解聚氯乙烯、聚乙烯、有机玻璃、橡胶等物质，需要较高的温度，但温度超过270℃，会产生大量的SO_2气溶胶，使尾气处理变得困难，并使聚四氟乙烯密封填圈发生软化，导致漏气，因此反应温度控制在250℃为宜。

酸煮解工艺由四部分组成：

（1）预处理（包括废物的监测、分类和切割），这是类同干法氧化焚烧的进料准备。

（2）酸浸煮：浸煮器的作用类似于焚烧炉的燃烧室。要求废物同酸密切接触，迅速而完全氧化。

（3）尾气处理：尾气主要组成是CO_2、SO_2、SO_3、NO_x、N_2、HCl、Cl_2、NOCl、CO和水蒸气。尾气净化主要设备为：

雾沫分离器——回收硫酸；

碱洗涤塔——氧化和吸收SO_2、NO_x和HCl；

HEPA 过滤器。

（4）残渣处理：用蒸馏法去除 H_2SO_4，残渣可回收 Pu。回收方法是用稀硝酸浸渍出 Pu，然后用 TBP/正十二烷或用三乙基甲基胺萃取。分离出来的残渣需要固化处理后才能处置。

酸浸煮法有以下优点：

（1）减容比大，对含氯量 30%（质量分数）废物约 80，对废离子交换树脂约 70。一个每天生产 100 kg 混合氧化物燃料工厂，一年产生大约 1 200 桶（200 L/桶）固体可燃性α废物，用本法处理后只有 24 桶残渣。

（2）能处理聚氯乙烯、聚乙烯、橡胶、纤维、树脂、木材等多种废物，尤其可处理高氯废物；

（3）大于 95%钚能被回收，适于处理含钚量高的废物；

（4）大于 95%H_2SO_4、70%～80%HNO_3 能回收再用，二次废液少；

（5）操作温度和压力低，容易控制和调节，易启动和停车。不产生焦油、烟炱和尘埃。

其缺点是：

（1）对α废物必须重视临界安全，浸煮器中需加中子毒物，受临界限制，处理量小。但处理β/γ废物，不存在临界问题，浸煮器体积和形状可自由选择，处理量可大大提高；

（2）腐蚀性大，对设备材料要求高。

酸煮解处理α固体废物是美国、西德、日本、英国在 20 世纪 70 年代和 80 年代初开发研究的技术，在比利时已用它处理过前欧化公司积存的α废物。

二、过氧化氢催化氧化

过氧化氢催化氧化（H_2O_2-catalyst oxidation）是 20 世纪 80 年代开发研究的技术，主要为了处理废离子交换树脂。离子交换树脂的过氧化氢催化氧化反应的特点是自由基链式反应：

$$Fe^{2+} + H_2O_2 \longrightarrow Fe^{3+} + OH^- + HO\cdot \quad (1)$$

$$HO\cdot + H_2O_2 \longrightarrow H_2O + HOO\cdot \quad (2)$$

$$HOO\cdot + H_2O_2 \longrightarrow O_2 + H_2O + HO\cdot \quad (3)$$

$$HO\cdot + Fe^{2+} \longrightarrow Fe^{3+} + OH^- \quad (4)$$

$$Fe^{3+} + H_2O_2 \longrightarrow H^+ + Fe^{2+} + HOO\cdot \quad (5)$$

$$Fe^{3+} + HOO\cdot \longrightarrow Fe^{2+} + O_2 + H^+ \quad (6)$$

自由基 HO·具有极强的氧化性。它对有机物的氧化作用可表示为：

$$RH + HO\cdot \longrightarrow H_2O + R \quad (7)$$

$$R\text{-}C{=}C^- + HO\cdot \longrightarrow R\text{-}C\text{-}C + OH^- \quad (8)$$

$$R\cdot + O_2 \longrightarrow ROO \quad (9)$$

$$ROO\cdot + C \longrightarrow RO\cdot + CO \quad (10)$$

$$2R\cdot \longrightarrow R\text{-}R \quad (11)$$

自由基 R·可被高价离子如 Fe^{3+}和 Cu^{2+}所氧化

$$R\cdot + Fe^{3+} \longrightarrow R^+ + Fe^{2+} \quad (12)$$

$$R\cdot + Cu^{2+} \longrightarrow R^+ + Cu^+ \quad (13)$$

由于存在如下反应，Cu^+的产生可提高Fe^{2+}的催化效率：

$$Cu^+ + Fe^{3+} \longrightarrow Cu^{2+} + Fe^{2+} \quad (14)$$

高聚物离子交换树脂被HO·自由基逐渐分解：

$$\text{离子交换树脂}+HO\cdot \longrightarrow \text{线性可溶苯乙烯聚合物}+CO_2+SO_4^{2-}/NH_4^++H_2O \quad (15)$$

$$\text{线性可溶苯乙烯聚合物}+HO\cdot \longrightarrow \text{小分子有机物}+CO_2+H_2O \quad (16)$$

理想的树脂的分解反应可表示为：

$$C_8H_8SO_3 + 20H_2O_2 \longrightarrow 8CO_2 + 23H_2O + H_2SO_4 \quad (17)$$

$$C_{12}H_{19}NO + 31H_2O_2 \longrightarrow 12CO_2 + NH_4OH + 38H_2O \quad (18)$$

$$C_{10}H_{10} + 25H_2O_2 \longrightarrow 10CO_2 + 30H_2O \quad (19)$$

$$C_8H_8 + 20H_2O_2 \longrightarrow 8CO_2 + 24H_2O \quad (20)$$

（17）、（18）为树脂结构中带有交换功能团部分的氧化分解反应；（19）、（20）为不带官能团基体的分解反应。

我国清华大学所作的过氧化氢催化氧化废离子交换树脂研究指出[5]：阴、阳、混合树脂均可被$H_2O_2 + Fe^{2+}/Cu^{2+}$、$H_2O_2 + Ni^{2+}/Cu^{2+}$、$H_2O_2 + Mn^{2+}/Cu^{2+}$或$H_2O_2 + Cu^{2+}$催化氧化分解。Fe^{2+}是阳树脂分解的有效催化剂，Cu^{2+}是阴树脂分解的有效催化剂，对于混合树脂，以用$H_2O_2 + Fe^{2+}/Cu^{2+}$，分解效果最好。

日本原研、东电、日挥联合开发的H_2O_2（Fe^{2+}）湿法氧化工艺，采用35%H_2O_2，催化剂为500 ppm的Fe^{2+}。反应介质为水，反应时间2～5 h，总有机物分解率95%，反应温度100℃，常压下进行，放射性物质进入尾气系统少，反应器材料为钛，冷凝器材料为不锈钢。废树脂分解成二氧化碳、水和少量无机残液。无机残液经浓缩后可水泥固化。图5-7为过氧化氢湿法氧化废树脂的工艺流程图。

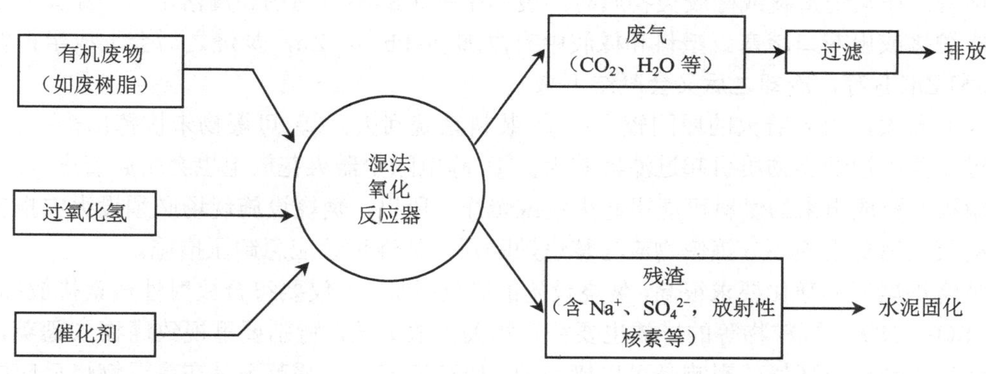

图5-7 过氧化氢湿法氧化废树脂的工艺流程图

几种湿法氧化法中，酸煮解主要用来处理α废物（超铀废物），已用它完成比利时欧化公司的处理任务。日本日挥公司（JGC）和中国清华大学开发的过氧化氢催化氧化法，主要为处理放射性废树脂。JGC开发的湿法氧化技术早已完成了工程验证。几种湿法氧化处理废树脂方法比较如表5-3所示。由表5-3可以看出，过氧化氢催化氧化具有更多的优点。

表 5-3 废树脂几种湿法氧化法比较

氧化介质	温度/℃	树脂分解率/%	废气重要成分	设备材质
H_2O_2-Fe^{2+}	100	～95	CO_2，H_2O	钛钢
H_2SO_4-H_2O_2	230	～90	SO_x	钽
H_2SO_4-HNO_3	230～250	～80	NO_x，SO_x	钽

第四节 焚烧处理的安全问题

放射性废物焚烧所遇到的问题有一般废物焚烧存在的安全问题和放射性废物焚烧的特殊安全问题，例如：

（1）腐蚀，不论是低温还是高温，干法氧化还是湿法氧化，焚烧设备和烟气冷却与净化系统总存在腐蚀问题，特别是焚烧含卤素、硫、磷多的废物（如聚氯乙烯、氯丁橡胶、聚四氟乙烯、四氯乙烯、三氯乙烷、磷酸三丁酯等）会产生酸气，腐蚀问题更为突出。为了抗腐蚀，设备选材必须重视。高温部分可选用高镍或高铬合金钢、钛、钽、玻璃钢等材料，较低温度设备可用衬玻璃钢材料。焚烧炉在高温和强腐蚀/侵蚀作用下运行，选材除考虑耐蚀外，还应考虑膨胀收缩、应力疲劳、磨损侵蚀等因素。焚烧炉的耐火衬里容易被烧坏，耐火材料裂塌、炉体钢壳翘曲、焊接裂缝、连接管泄漏等也易发生。

（2）由于不同物料的燃烧热值和燃烧行为有很大差别，导致燃烧不平稳、温度起落幅度大、局部过热等问题。焚烧热值高的废物，需要调整配料比。焚烧热值低的废物，需要增加助燃剂。

（3）燃烧不完全，发烟量大，产生较多的焦油和烟炱，容易造成烟气净化系统和排灰口的堵塞。在焚烧塑料或橡胶类物质时，废物中夹带的不可燃物和滴落下来熔结塑料块，会造成炉排或出灰口堵塞。塑料和橡胶中有添加剂 Pb 和 Zn，焚烧之后会形成半挥发物 $PbCl_2$ 和 $ZnCl_2$ 等，冷却之后又会凝结下来。

（4）着火，引起着火的原因较多：① 装料系统回火；② 可爆物未挑拣出来；③ 沉积在过滤器中油烟类物质引起过滤器着火；④ 静电除尘器火花放电也会引起着火；⑤ 燃烧器熄灭，释放出来的燃料可能引起火灾或爆炸。所以，焚烧设施现场必须设火灾报警器和自动灭火消防设施，分拣废物应与焚烧炉隔开，焚烧炉设应急卸压措施。

焚烧炉尾气的净化要求很高，焚烧设施的废气排放，不仅要符合放射性核素排放标准，HCl、SO_2、NO_x、颗粒物等的排放也要符合相关排放标准，特别要重视致癌物二噁英，必须确保烟气释放对环境的影响是可以接受的。研究表明，二噁英不是在高温燃烧反应中生成的，而是在 250～350℃与飞灰发生异相催化反应生成的。采用急冷烟气温度，瞬间降到 200℃，可大大减少二噁英的生成。此外，活性炭吸附床对降低二噁英的排放也有重要作用。

一般焚烧炉对塑料、橡胶制品的焚烧是有限制的（如不超过废物总重量的 30%），有机废液和动物尸体通常要用专门设计的炉子进行焚烧。为提高设备的利用率，正在积极开发研究和建造多用途炉子，以实现一炉多用。

除了以上焚烧废物的共性问题外，焚烧放射性废物还需重视以下特性问题：

（1）辐射防护问题。一般的放射性废物焚烧炉允许烧不大于 100 mSv/h 的低放废物，焚烧中放废物要设屏蔽和采用远距离操作。放射性废物焚烧设施必须防止放射性物质的外泄，分拣、加料和卸灰都要通过专设手套箱进行操作。利用压差控制器保持操作区手套箱、设备室处于规定负压水平。焚烧设施应设立独立的通风换气系统。对于焚烧β、γ放射性废物的焚烧炉要重视外照射，要有足够的屏蔽，特别是卸灰系统和装料系统。焚烧α废物，要十分重视气密性，防止α放射性的泄漏。焚烧含氚的废物要重视氚随氢和水汽走向，以及氚易扩散、易挥发和易渗透等问题。包容、隔离、屏蔽和远距离操作都是重要的辐射防护措施，在这里，包容和隔离是更为重要的措施。

（2）临界安全问题。焚烧含 ^{239}Pu 和 ^{235}U 废物的焚烧设施，要有严格的临界控制措施，如规定极限装料量，进行物料衡算，定期清理设备（要考虑可能进入耐火衬里或集聚在某些部位），焚烧灰要装在适当几何形状的容器中。一般情况，放射性废物焚烧约有 70%核素进入焚烧炉灰中。

（3）环境影响评价。放射性废物焚烧设施的建造和运行要作安全分析和环境影响评价，要申请许可证。要经冷试车验证工艺和设备的安全性、可靠性之后才能进入放射性运行。

（4）要努力减少二次废物的体积，包括焚烧灰、冷凝液、吸收液和废过滤器等。

（5）应建立质量保证大纲和应急预案。

第五节　废物的压实减容

压实是低、中放固体废物一种容易实现、安全可靠的减容办法。压实减容是提高废物的整体密度。废物压实减容的效果与废物材质、压实机压头吨位和回弹作用等许多因素有关。

一、减容因子

废物的减容因子（*VRF*）为废物压缩前后体积之比：

$$VRF=\frac{V_A}{V_F}$$

式中，V_A——废物压缩前体积，m^3；

V_F——废物压缩后体积，m^3。

废物的极限压缩因子是达到理论密度时的 *VRF*。从图 5-8 看出，废纸和废布只需施加较低的压力 P_1 就可达到较大减容因子，玻璃和钢铁则需要施加较大压力（P_2，P_3）才能达到较大的减容因子。

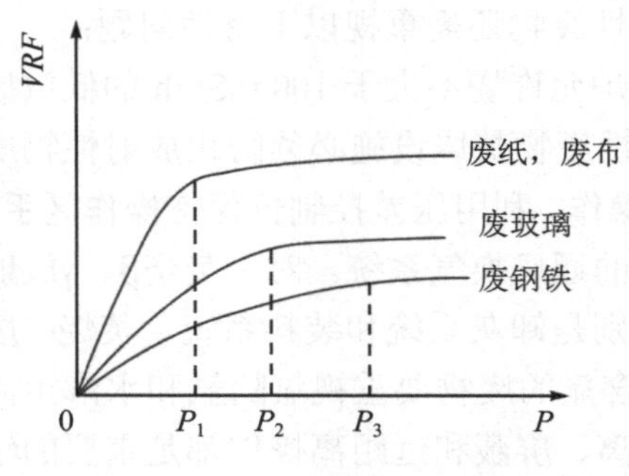

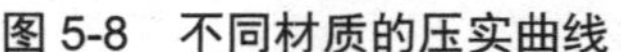

图 5-8 不同材质的压实曲线

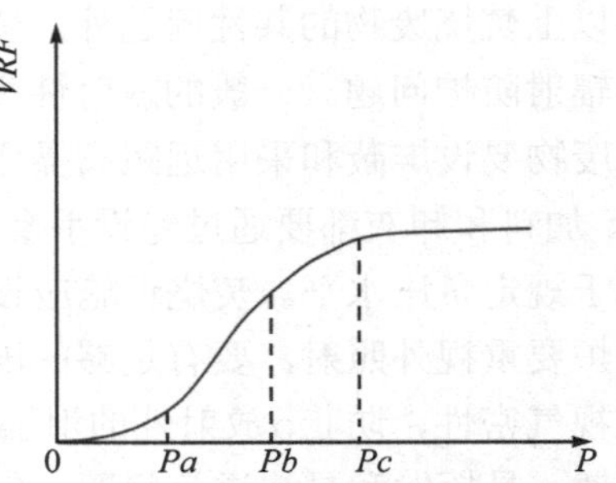

图 5-9 压力与减容因子关系曲线

废物减容因子与压力存在如图 5-9 所示的关系。由图看出，压实曲线可分成四段：

第 1 段 0～*Pa* 段，起始段，减容效果差。对桶装废物和硬废物，边界压力 *Pa* 较高，对纸袋装散纸和棉纱类废物，边界压力 *Pa* 很小，可能接近于零。

第 2 段 *Pa*～*Pb* 段，显著减容段，压力增大，减容效果迅速增大。

第 3 段 *Pb*～*Pc* 段，持续减容段，压力增大继续减容，但减容效果缓慢增加。

第 4 段 *Pc*～*P* 段，饱和段，压力增加，几乎不再减容，废物接近或达到理论密度。

压缩过程首先是减少物体中的空隙，第二步减少物质内部的间隙和致密化，达到或接近理论密度后，再增加压力，不可能产生明显的减容效果。

软物料在低压力段就明显减容（如图 5-8 中的废纸、废布），硬物料在高压段才有明显的减容。因此，选择压实机要考虑所处理的废物的组成情况。如果所处理的废物绝大部分是软物料，选用低压力压实机就可以。如果要压实金属物件、混凝土碎块，则应选用高压力的压实机。

二、压实过程的回弹问题

废物压实过程中，撤除压力后，均有回弹现象。回弹现象是影响压实减容的重要障碍。在桶内压缩时，压头直径与桶直径相差较大时，这种回弹现象更为明显。对于弹性大的物料，如塑料、橡胶，这种回弹作用更大。不同物料的回弹率如表 5-4 所示。

表 5-4 不同物料的回弹率

单位：%

纸、棉纱	塑料、橡胶	木	钢铁、玻璃
10～20	20～40	3～6	1～3

由表 5-4 可见，不同物料有不同回弹率，塑料、橡胶最大，钢铁、玻璃最小。回弹率还与施加的压力和施力持续时间有关，回弹率随着施加压力增加而增加；施力时间长，回弹率小，施力时间短，回弹率大。回弹不仅影响减容系数，而且可能使包装桶鼓胀或破裂，可能使压实饼块出现裂口。所以，桶内压实不宜处理回弹作用大的物料。对废物进行连桶压实，由于桶被一起压实可以有效地限制物料的回弹作用，压实饼块基本上能保持刚取出的形状。

按适当比例配制混合废物料，或加入一些钢纤维物质，可有利于减少回弹作用。

压实机的类型很多。从操作方式来分，有在桶内压实和连桶压实两种，连桶压实后再装桶或装箱。从结构来分，有单向压实、双向压实、三向压实。压实机有卧式、立式；有固定式、整体车载移动式或拆卸后移动式。从驱动的动力来分，有水压、油压或气动。从压头加力来分，有低压（几百～1 000 kN）压实机、中压（1 000～5 000 kN）压实机、高压（5 000～10 000 kN）压实机和超高压（>10 000 kN）压实机。

桶内压实法主要用于被污染的工作服、口罩、手套和纸张等“软”废物的减容，也可用于被放射性污染的玻璃器皿以及保温材料等硬废物的减容。桶内压实操作比较简单，废物放入桶内，压实机的压头沿桶内壁，垂直方向加压将废物压实。分几次加入废物，几次压实，直到桶内废物近满后封盖。桶内压实的废物减容比可以达到 2～6。废物在 200 L 钢桶内压实，压头的压力不能太大，一般为 20～30 t。桶内压实的设备和操作简单，在中小型核设施得到普遍采用。加拿大安大略水力公司的一台桶内压实装置（图 5-10）采用废物包（塑料袋或纸袋装）手工放进压缩室，压入 200 L 桶中，分多次压实。压实机压力 4.5 kg/cm^2，由水压驱动，压实机安装在一个排风过滤系统中，这个排风系统包括一个排风扇，一个预过滤器和一个高效微粒空气过滤器。处理能力 4 000 m^3/a（压缩前体积），减容倍数为 4.5。德国卡尔斯鲁厄研究中心有一台 3 000 kN 的压实机，也是立式桶内压实，但进桶、压缩和出桶在三个不同位置，互成 120°（图 5-11），处理能力 300 m^3/a（压缩前体积），减容倍数为 4。

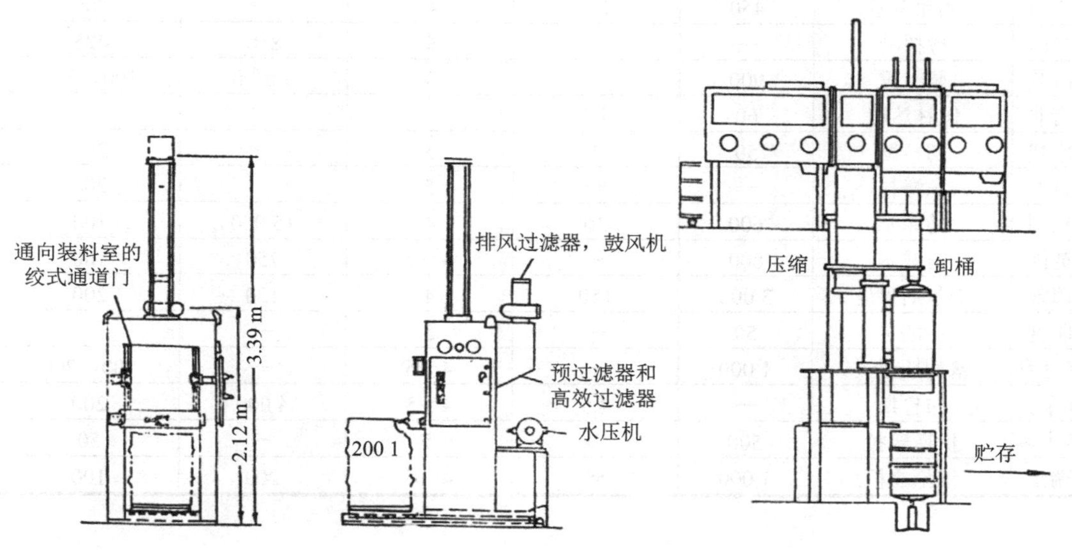

图 5-10　加拿大安大略公司桶内压实装置

图 5-11　德国卡尔斯鲁厄研究中心桶内压实装置

高压和超级压实机都为桶外压实，压实后装桶。法国新技术公司（SGN）开发的卧式三向压实机，压实后产品呈长方体。中国原子能科学研究院开发了 1 000 kN 的三向压实机，上海市放射性三废实验处理站建造了三向压实机。

法国芒什处置场用一台 4 000 kN 的压实机，将 100 L 或 200 L 装有可压缩废物的桶放在铸模中连桶压实。压扁之后装入预制混凝土容器中，灌注水泥砂浆固定（图 5-12）。这台装置处理能力 20 m^3/d（压缩前体积）。

低中压力压实机使用已经非常普遍，一些国家采用的部分低中压力压实机列举在表 5-5。

图 5-12 压实后的废物装入混凝土容器中

表 5-5 一些国家采用的部分低中压力压实机举例

国 家	地 点	压力/kN	压强/（kg/cm^2）	减容因子	处理能力/（m^3/a）	桶容积/L
美国	利弗莫尔	450	20	4	—	200
美国	橡树岭	—	—	9	850	425
荷兰	佩 腾	900	56	3	5 m^3/h	100，200
南非	佩林达巴	60	4.5	—	—	—
挪威	切 勒	50	2	5	—	200
日本	东海村	—	—	5	—	200
法国	马库尔	600	30	4	15 000	100
英国	哈威尔	800	—	3～7	750	100
德国	卡尔斯鲁厄	3 000	150	4	120	200
印度	特朗贝	50	—	5	—	—
奥地利	塞勃斯道夫	1 000	—	4～6	—	100，200
加拿大	布鲁斯	—	4.5	4～5	4 000	200
意大利	伊斯普拉	500	71	5	—	50
瑞士	维伦立根	1 000	55	4～6	200	100

第六节 超级压实机减容

超级压实机减容[6]的压头压力一般大于 10 000 kN。核设施检修，特别是核设施退役，产生大量被放射性污染的阀门、管道、箱体、电器设备和混凝土散块，这些废物用超级压实机压实，也可获得较好的减容。由于废物处置场的难觅和处置费用的上涨，人们努力实施最大减容，采用超级压实机对 200 L 桶装废物、切割后的金属管道部件，破碎的混凝土块，废机电设备进行压缩减容。压成的“饼块”再放入另外一个稍大的容器中，然后用水泥砂浆固定。

利用超级压实机对放射性废物进行减容只有 20 多年历史。自第一台超级压实机于 1978 年投入运行以来，目前在比利时、法国、荷兰、德国、意大利、日本、英国、美国，以及中国的用户越来越多。荷兰佩腾（Petten）压力 15 000 kN 连桶压缩的装置（图 5-13）可将装有废物的 200 L 桶自动送进压缩机，压扁的桶块装进 200 L 桶中（图 5-14），整个操作由计算机控制，平均减容倍数为 10，处理能力 15 m^3/d。

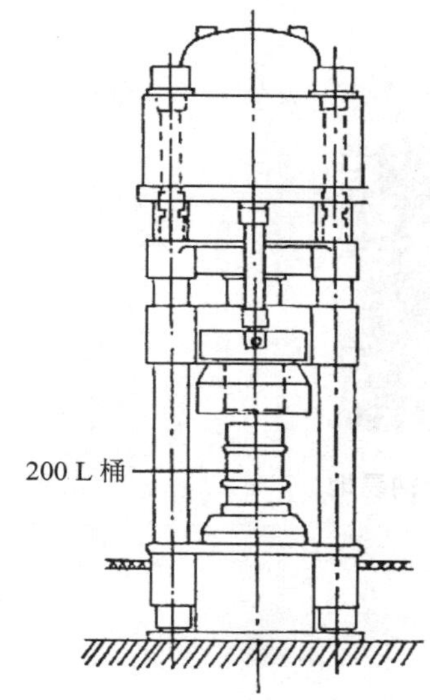

图 5-13　荷兰佩腾超级压实装置

图 5-14　200 L 桶压实后的饼块再装入桶中

超级压实机对不同材质桶装废物的减容倍数和压实后的废物密度差别很大（表 5-6）。

表 5-6　超级压实机对桶装废物的减容倍数和压块密度

废物	对桶装废物减容倍数	压块密度/（kg/m^3）
轻废物混合物	2.5～3.5*	800～1 280
塑料制品	2～3*	800～1 120
重废物混合物	3.5～5	1 600～2 400
金属制品	4～5	3 200～4 000

[注] * 已经过预压处理（用桶内压实机压实过）。

超级压实机的压实作业一般按下面顺序进行：待压缩的废物桶进入供料辊道；在废物桶两底面上打孔；废物桶压实；压实后的“饼块”送到辊道上；自动抓具抓起“饼块”进行称重和测厚；选配合适厚度的“饼”块装桶；封盖。

超级压实机的构成包括以下部分：① 主机；② 供料和出料输送、封装系统；③ 液压系统；④ 控制和电气设备；⑤ 废气和废液收集处理系统。

超级压实机是一种重型机械设备，主机重达 40 t，设备投资较高，固定式超级压实机相对比较便宜，用得较多。可移动式或可搬运式超级压实机设置在不锈钢密封罩内。密封罩内表面光滑，易于去污。密封罩内保持一定负压和换气次数。由于布置紧凑，空间小，检修困难。但可搬运式或可移动式压实机使用率高，可有效利用物力、人力和财力。

德国 HPA 车载式流动压实机，压力为 20 000 kN，装在大卡车上，高 4 m，宽 2.5 m，长 11 m 可方便地开到需要的地方去服务（图 5-15）。德国 NUKEM 公司可移动式超级压实机内部构造如图 5-16 所示。荷兰 Fontijine 公司生产的可移动式超级压实机压力为 20 000 kN，每小时可压实 20 桶。

图 5-15 德国 HPA 20 000kN 超级压实机运输易地

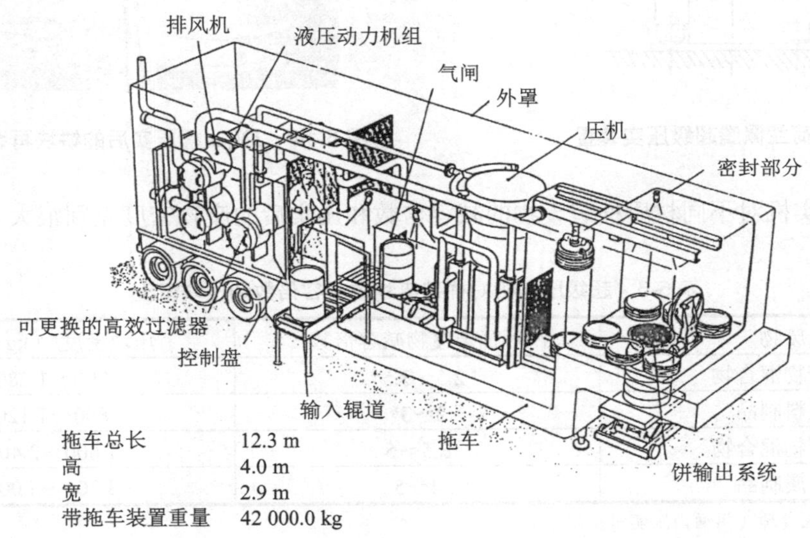

图 5-16 德国 NUKEM 公司可移动式超级压实机内部构造示意图

压缩打包是一项成熟技术，工业上应用非常广泛，但用它处理放射性废物需要重视以下问题：

（1）在压实过程中要控制释放出的废气和废液。压实过程使废物密实化，必然要挤出空隙中的气体。进行压实作业应限制气溶胶的扩散，应设计成保证压实区域维持一定负压，产生的排气要经过高效微粒空气过滤器过滤后送到排风系统，排气要进行放射性监测。废物可能吸收或吸附着水分，压实过程会挤压出空隙和结构中存在的水分，应在压实机的下方收集压实过程的排出液，设置收集管线和收集槽。对收集的废液应进行监测和做适当处理。

（2）压实处理中放废物应设置足够的辐射屏蔽措施，最好采用自动化操作和远距离控制，减少操作人员的受照。压实α 废物应在α 在气密室内进行。

（3）设置安全门或隔离罩及相关的联锁装置，在发生机械故障时能自动停止压实作业。

（4）为了减少压实机噪声的影响，在操作人员和液压系统、排风系统之间设置隔音墙、噪声吸收层等。

（5）要考虑压实机对废物物体硬度的限制，以免损坏压实机刚性模具的内模。

（6）自燃或爆炸性物质必须在预处理步骤时分拣出来，压实机房要配备消防器具。

（7）主压机和油缸之间的密封座应尽可能减少更换次数。液压系统设在低辐射专门室内，以方便维修。

（8）对于超级压实机需要配置进料系统和压实饼块的处理系统，配有适当的量具、抓具和吊具，以方便测量、暂存和封装。

（9）可移动式压实机要适合道路的运输要求（限高、限重），要考虑需要特殊拖车、装卸和调整工作的复杂性。

由于压实是经济有效、容易实现的减容措施，法国奥布处置场、美国汉福特、英国塞拉菲尔德等核设施和一些多堆电站都设有超级压实机，对待处置的废物作进一步减容处理。在我国正在推广应用一般压实机和超级压实机。

从欧盟一些国家的超级压实机（表 5-7）看出，超级压实机多数为 15 000 kN 或 20 000 kN，固定式压实机建在研究中心或废物处置场，流动式压实机可以为许多用户服务。

表 5-7 欧盟一些国家的超级压实机

部 门	形 式	最大压力/kN	废 物	典型减容倍数
法国				
l'Aube 处置场	固定	10 000	混杂低放	2～5
阿格 AD2	固定	15 000	混杂低放	2～16
德国				
Brunsbuttel 核电站	流动	20 000	混杂低放（180 L 桶）	3～4
Karlstein 和 Karlsruhe	固定	15 000	混杂低放（180 L 桶）	3～10
埃森核服务公司	流动	15 000	混杂低放（180 L 桶）	3～10
意大利				
卡萨西亚研究中心	固定	15 000	混杂低放	3～6
NUCLECO	流动	20 000	混杂低放（220 L 桶）	3～6
荷兰				
Petten，佩腾	固定	15 000	混杂低放（100 L 桶）	5～10
西班牙	流动	12 000	混杂低放	3～6
英国				
特里格，唐瑞	流动	20 000	混杂低放	5～10

参考文献

[1] 王培义．放射性废油焚烧处理的可行性研究[J]．辐射防护，2001，21（4）：246.

[2] Husain A，Krasznai J P. Compaction of Radioactive Incinerator Ash：gas generation effects[J]. Waste Managemet，1994（6）：521-530.

[3] 王培义．多用途放射性废物焚烧系统工程试验装置的设计及建立[J]．辐射防护，2002，22（6）：326.

[4] 罗上庚．放射性废物概论[M]．北京：原子能出版社，2003.

[5] 蹇兴起，云桂春．放射性废物离子交换树脂的过氧化氢湿法催化氧化技术研究[J]．辐射防护，1993（3）：203.

[6] IAEA. An Overview of International Status and Trends in Radioactive Waste Management[J]，IAEA/WMDB/ST/2，2002，IAEA/WMDB/ST/3，2003.

第六章　低中放废物固化技术

气载和液体放射性废物经过净化处理之后，大部分体积已达到允许排放的水平，可排入大气、水体，或可以重复使用；留下小部分体积的浓缩物，包括蒸发残渣、蒸浓液、化学泥浆、废离子交换剂和焚烧炉灰烬等，需要经过固化处理。废物固化处理目的是要把放射性核素牢固结合到稳定的、惰性的基材中，满足安全处置的要求。为达到这个目的，固化处理过程必须考虑：

（1）废物中核素种类很多，有的放射性水平很高，还有非放射性物质混在一起；

（2）有的成分是易挥发的；

（3）核素衰变、辐射分解作用和热分解作用可能会使固化体结构发生改变，水辐射分解会产生自由基、氧化剂 H_2O_2 和还原剂 H_2 等。

（4）包装容器的金属腐蚀会产生 H_2 等。

第一节　水泥固化

一、水泥固化低中放射性废物

水泥固化是最早开发和现在仍被广泛使用的固化低中放废物的方法。水泥是大家熟悉的建筑材料，用它来固化低中放射性废物，是利用其物理包容和吸附作用来固结放射性核素。人们喜欢用水泥做固化基材，是因为其有较强的抗压强度和自屏蔽能力，耐辐射和耐热性能比较好。

水泥的品种很多（表 6-1），常用来固化放射性废物的水泥是波特兰水泥（普通硅酸盐水泥）和高炉水泥。火山灰水泥和高铝水泥也越来越多地被应用，高炉水泥较多地用在操作时间长的固化工艺。

表 6-1　水泥固化废物常用的水泥品种

水泥种类	特　点
波特兰Ⅰ型	最常用
波特兰Ⅱ型	放热少，生热速率慢，凝固快，抗硫酸盐作用好
波特兰Ⅲ型	凝固快，生热速率快，放热多
波特兰Ⅳ型	凝固慢，生热速率慢，放热少
波特兰Ⅴ型	抗硫酸盐作用好，抗海水作用好
火山灰水泥	渗透率低，强度好，凝固快，抗裂纹，耐海水作用，水化过程激烈，放热量大，价格高
高铝水泥	强度好，抗浸出性能好，耐硫酸盐和酸作用，凝固快
沸石水泥	强度好，抗浸出性能好
高炉水泥	凝固慢，渗透率低，抗硫酸盐作用好，养护温度低

波特兰水泥主要化学组分是硅石（SiO_2）、石灰（CaO）和矾土（Al_2O_3），还含有少量氧化镁、氧化铁和氧化硫。波特兰水泥不是这些氧化物的简单混合物，而是它们的复合氧化物，其主要矿物组成为：

硅酸三钙（$3CaO·SiO_2$），（C_3S）；

硅酸二钙（$2CaO·SiO_2$），（C_2S）；

铝酸三钙（$3CaO·Al_2O_3$），（C_3A）；

四钙铝铁盐（$4CaO·Al_2O_3·Fe_2O_3$），（C_4AF）

由上面 4 种组分的不同配比，构成波特兰 I 型、II 型、III型、IV型和 V 型水泥。

为了改善水泥固化体的抗浸出性、机械强度、包容量、水化热和凝固特性，水泥固化时人们常常加入各种添加剂，常用的添加剂及它们的作用如表 6-2 所示。

表 6-2 水泥固化常用的添加剂及其作用

添加剂	作 用	添加剂	作 用
蛭石	降低铯浸出，吸过量水，含硫酸盐废物忌用	锰铁矿	降低铯浸出
		消石灰	消除硼干扰
沸石	降低铯浸出，增加强度，促进水化作用	页岩石	防止发生裂纹，降低锶浸出
		粉煤灰	降低水化热
膨润土	降低铯浸出	陶土	降低锶浸出
硅酸钡	降低锶浸出	飞灰	降低锶浸出，控制水化热
水玻璃	消除硼干扰，改进流动性，提高抗压强度	石膏	减少泌水
		有机衍生物	改进流动性和不透水性

二、水泥固化特性

水泥固化要选用最佳配方，获得最佳固化效果（包括高包容量和优量的固化体品质），控制水灰比和盐灰比是两个关键要素。

（1）水灰比（water cement ratio）。水灰比是掺入的放射性废水与水泥质量之比。水泥固化的水灰比，对硅酸盐水泥而言，以 0.4～0.5 为佳。水灰比大，包容废水量多，但凝固时间变长，抗压强度降低，还可能有残留水未被完全凝固，出现游离水。

（2）盐灰比（salt cement ratio）。盐灰比是指废物干盐分与水泥质量之比。盐灰比最高可达 0.5，然而一般为 0.1～0.3。盐灰比大，废物包容量大，但是固化产品的机降强度降低。

水泥固化控制在 pH 为 8～13 为宜。

（3）流动度（fluidity）。流动度是表示砂浆、水泥浆或混凝土混合料流动性的一种指标。为了能使水泥和废液有充足的时间实现均匀搅拌、顺利泵送和浇注装桶，要求有一定的流动度。一般认为，满足工艺浇注的流动度应该为 100～300 mm。

（4）凝结时间（setting time）。凝结时间是水泥从和水开始到失去流动性，即从可塑状态发展到较致密的固体状态所需的时间。分初凝时间和终凝时间。水泥固化要求有适量的初凝时间，一般认为大于 1.5 h 能满足工艺要求。为了不使凝固过慢，影响处理效率，要求有适当终凝时间，一般认为小于 48 h 满足工艺要求。含硼化合物有缓凝作用，偏铝酸钠有促凝作用。

（5）泌水性（bleeding）。从水泥浆中泌出部分的拌和水的性能叫泌水性，又称析水性。水泥浆的泌水性越小越好，过多的泌水量是不允许的，因为：① 过多的泌水留在固化体的表面，会增加对容器的腐蚀作用，会导致污染环境和影响安全；② 不便封盖、吊运和贮存操作；③ 固化体表面会出现盐析，导致核素浸出率增大。通常，对水泥固化体的游离水允许量小于 1%（体积百分数）。

（6）水化热（heat of hydration）。水泥和水混合后凝固过程发生水合反应，这是一个放热反应，释放出较多的热量，称为水化热。水化热释放程度随配方和时间而异，有很大不同，图 6-1 为三种不同配方的水化热曲线。在养护期间，有的会出现温升达到 160℃。温升超过 100℃，水分强烈蒸发，导致固化体出现气孔和裂缝、破坏固化体结构、固化体表面产生盐析，这是必须重视的问题，尤其是浇注大体积水泥固化体。解决的办法有：① 改进配方，包括重新选择水泥品种；② 加入添加剂；③ 改进浇注工艺等。

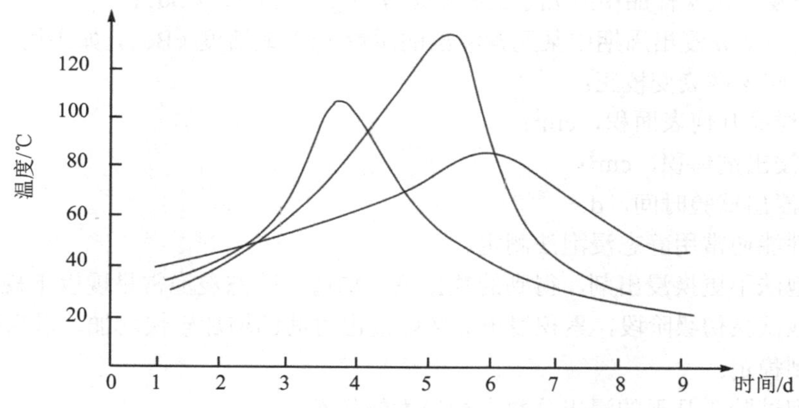

图 6-1 水泥固化三种不同配方的水化热曲线示例图

三、水泥固化体性能要求

水泥固化体要求一定的养护时间，使其完全硬化。为了防止或减少放射性核素的释出，有的还要求在上面浇注一层干净的水泥砂浆后封盖。水泥固化体的最重要品质特性为抗浸出性和抗压强度，其次为耐辐照性和耐热性。水泥水化过程会形成很多毛细孔，导致固化体的实际表面积比几何面积大几千倍，使水泥固化体的浸出率提高，所以通过提高水泥固化体的致密度，降低核素的浸出率。水泥固化体主要性能如下：

1. 抗浸出性（leach resistance）

抗浸出性是水泥固化体最受重视的特性。抗浸出性常用浸出率来表示，浸出率越低，抗浸出性越好。抗浸出性有许多计算和表示方法[如 cm/d、g/(cm^2 · d)、%等]。与玻璃固化、沥青固化、塑料固化相比，水泥固化体的核素浸出率较高，如 Cs^+达 10^{-1} cm/d；Sr^{2+}

达 10^{-2} cm/d。因为水泥固化体属多孔性物质，孔隙大小和分布有重要影响。表征抗浸出性的腐蚀速率、浸出率、累积浸出分数可由（1）、（2）和（3）求出。

$$\text{腐蚀速率} \quad R_n = \frac{A_n / A_0}{F / V \cdot t_n} \ (\text{cm/d}) \tag{1}$$

$$\text{浸出率} \quad (NR)_n = \frac{A_0 - A_n}{F \cdot t_n} \ [\text{g/(cm}^2 \cdot \text{d)}] \tag{2}$$

$$\text{累积浸出分数} \quad K_i = \frac{\Sigma A_i}{A_0} \ (\%) \tag{3}$$

式中，R_n——在第 n 浸出周期的腐蚀速率，cm/d；

$(NR)_n$——在第 n 浸出周期元素浸出率，$g/(cm^2 \cdot d)$；

K_i——元素 i 的累积浸出分数；

A_0——浸出试验样品中某元素的初始质量（g）或活度（Bq）；

A_n——在第 n 浸出周期中某元素浸出的质量（g）或活度（Bq），如果用活度作计算，应该做衰变校正；

F——样品几何表面积，cm^2；

V——浸出剂体积，cm^3；

t_n——浸出试验时间，d。

抗浸出性能通常用静态浸泡法测定。

静态浸泡法不更换浸出剂，得到的数据系平均值。静态浸泡常呈现以下规律：

（1）浸泡试验初级阶段，累积浸出分数随浸出时间的增加较快增加，以后逐渐趋于平衡，最后达到稳定；

（2）浸泡试验头几天的浸出分数占相当大的份额；

（3）浸出率受温度影响大，温度升高，扩散和溶解速度加快。并且随温度升高水化产物溶解加快。

浸出液通常用原子吸收（AAS）、电感耦合等离子体质谱（ICP/MS）或电感耦合等离子体发射光谱（ICP/AES）等分析测定。

实验室的浸泡试验通常用几立方厘米到几十立方厘米大小的模拟样品做浸泡试验，但这不能代替扩大试验和真实样品的验证试验。水泥固化体的浸出率大小与放射性核素种类有关，通常有如下关系：

$$^{3}H > {}^{137}Cs > {}^{90}Sr > {}^{60}Co > {}^{239}Pu$$

2．机械强度（抗压强度）（compressive strength）

水泥固化体通常有较高的抗压强度，一般为 10～20 MPa，抗压强度大于 7 MPa 才满足运输、贮存和处置要求。

3．耐辐照性（radiation resistance）

水泥固化体有强自屏蔽作用，有较好抗辐照性，能承受达 10^8 Gy 的剂量。低中放废物水泥固化体的累积剂量不会对固化体性能产生明显影响。水泥固化体不适于固化强放废液，不仅因为核素浸出率高，还因为强放废液的强辐照作用，会使水泥固化体的结合水发生辐解，破坏固化体结构，产生辐解气体氢和氧，造成气孔、裂纹和对容器产生压力。

4．热稳定性（thermal resistance）

水泥固化体不可燃，有较好的热稳定性。在低于 100℃温度下较长时间加热，性能无明显变化。低中放废物水泥固化体的释热率一般较低，释热不会对水泥固化体有明显影响。

四、水泥固化工艺

水泥固化工艺很多，有桶内混合、桶外混合、冷压水泥固化、热压水泥固化、聚合物浸渍混凝土固化等。

1．桶内混合

桶内混合（in-drum mixing）工艺为批式生产，操作方法是将废物、水泥和添加剂分别加入到桶内，放入搅拌桨，进行搅拌，直到充分混匀，提出搅拌桨（也有将搅拌桨丢弃在桶内的，称为弃桨式），盖上桶盖，对桶外表用擦拭法作污染检查。如有必要，要作去污，然后送去养护。

有一种桶内混合法是在桶中加水泥之后，放入一个能起捣动作用的重物，装上废物和添加剂，加盖封严，然后在振动台上翻滚或转动（图 6-2），达到均匀混合目的。此法设备简单，操作容易，适于少量废物单位的使用。印度尼西亚核研究中心废物处理站就采取这种转桶装置非常方便地水泥固化焚烧炉灰。

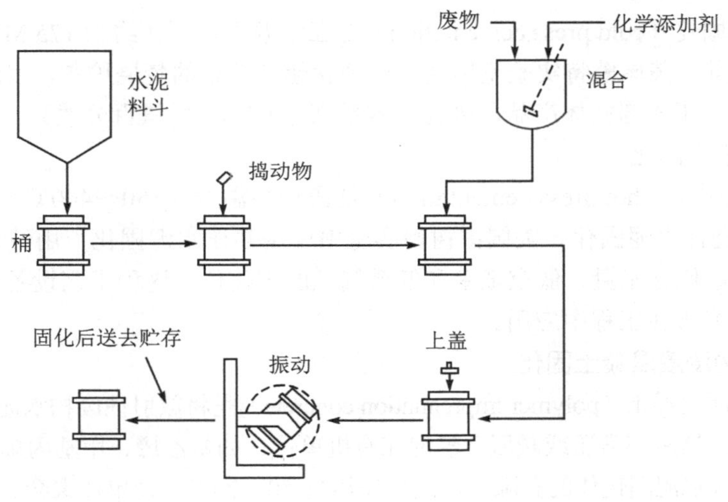

图 6-2　桶内自捣动水泥固化

过去，桶内搅拌常用平板式搅拌桨，由于出现飞溅问题，桶内装料只能达到装填系数近 70%，并且底部和四壁可能有不能搅拌到的“死角”。一种自洁净的行星式双螺旋搅拌浆，搅拌桨绕着桶中心既有自转又有公转，还可上下移动（图 6-3）。废物装填量可以达到 90%以上，底部和周壁都能得到均匀混合。搅拌完成之后提起桨，桨上残留的水泥物较少，容易清洗干净。现在国内不少核电站和研究院已采用这种设备。

2．桶外混合

桶外混合（out-drum mixing）是将废物、水泥和添加剂以一定的比例混合均匀后注入贮桶中。此法处理能力大，可以批式操作，也可以连续运行，并且适于灌装进不同形状的容器（图 6-4）。

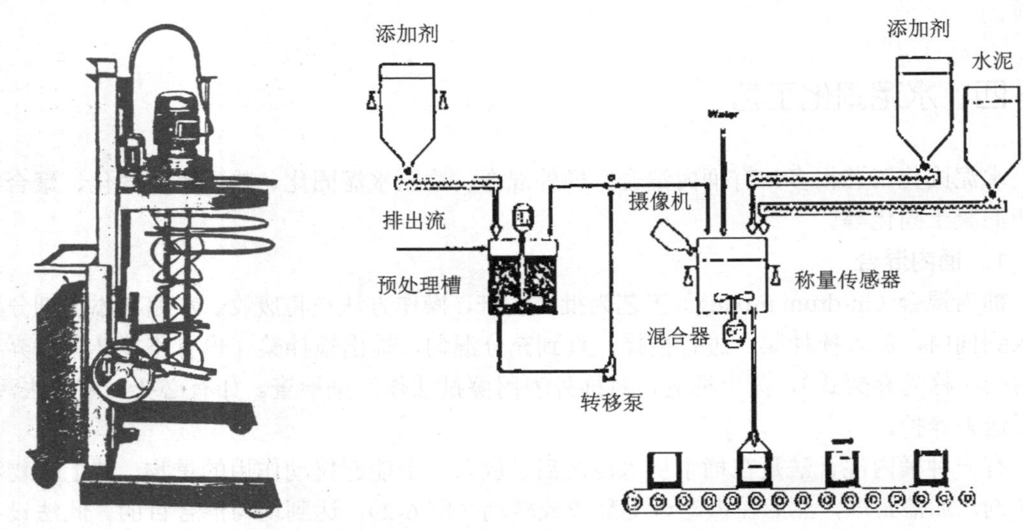

图 6-3 水泥固化行星式双螺旋搅拌桨　　图 6-4 水泥固化桶外混合工艺流程图

3．冷压水泥固化

冷压水泥固化（cold press cementation）是在常温下加压（约为 175 MPa）制成密度较高的水泥固化体。美国蒙特实验室用此法处理含超铀核素的焚烧炉灰，用波特兰 I 型水泥或高铝水泥冷压压成圆柱体产品，废物包容量高达 65%（质量百分数）。

4．热压水泥固化

热压水泥固化（hot press cementation）是在较高温度（150～400℃）和压力（175～700 MPa）下进行水泥固化。美国橡树岭实验室采用热压水泥固化，用波特兰水泥压成高密度、高强度、低含水量、低空隙率和低透气性的固化体。这种工艺设备条件要求高，过程复杂，至今尚未在工程中应用。

5．聚合物浸渍混凝土固化

聚合物浸渍混凝土（polymer impregnation concrete）是将放射性废物水泥固化体加热，获得多孔固化体，然后在常压或减压下浸泡在有机单体（如苯乙烯、甲基丙烯酸甲酯等）中，使有机单体进入水泥固化体的孔隙中，然后加热至 50～70℃，使单体聚合。经过这样处理，固化体的核素浸出率大大降低。例如，浸出率从原来 10^{-1} g/（cm^2·d）降到 10^{-4} g/（cm^2·d），机械强度提高上千倍，抗辐射和抗化学作用也有改善，其缺点是工艺复杂。

6．废物固定

废物固定（waste fixing）是在容器中装进污染的固体物后，灌注水泥砂浆，通过振动或捣动，使水泥砂浆充满空隙，形成整体水泥块，污染的废物被包容在其中（图 6-5）。

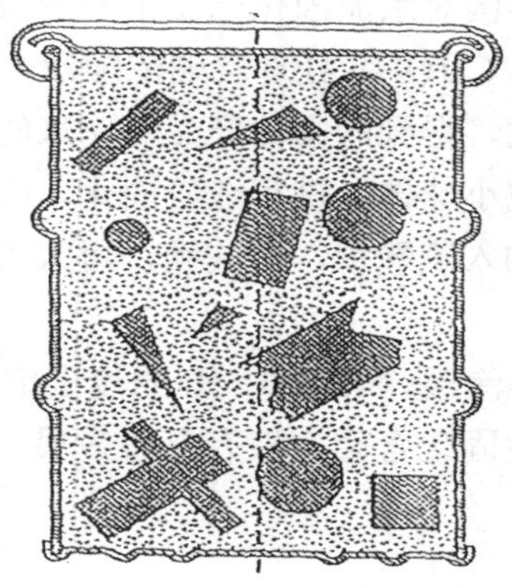

图 6-5 废物固定示意图

五、水泥固化的应用

水泥固化可固化的废物种类很多，如表 6-3 所示。

表 6-3 水泥固化的可使用性

废物类型	适 应 性	废物类型	适 应 性
过滤泥浆	好	含偏铝酸钠废物	差
磷酸盐废物	好	含洗涤剂废物	差
碳酸盐废物	好	含络合剂废物	差
硝酸盐废物	好	有机废液	差
焚烧炉灰	好	酸性废液(4)	差—好
硫酸盐废物(1)	还可以	碱性废液	好
含硼废物(2)	差—还可以	废过滤器芯	好（固定）
废树脂(3)	差—还可以	大件物体(5)	好（固定）

[注]（1）沸水堆废液含有较多硫酸钠，固化后会生成“水泥杆菌”导致固化体膨胀破裂。克服办法：采用抗硫酸盐水泥，养护温度较高，加入细骨料减少总膨胀量等；

（2）压水堆废液含硼，硼有缓凝作用。克服办法：用苛性钠中和使硼酸变为硼酸钠，加入熟石灰，使用高铝水泥，加入水玻璃、偏铝酸钠等；

（3）废树脂有溶胀作用会使水泥固化体龟裂，要控制包容量；

（4）酸性废液要作碱化处理；

（5）大件物体切割解体后水泥砂浆固定和填充空隙。

我国对水泥固化技术开发研究已经很多，中国原子能科学研究院和中国辐射防护研究院开发了各种废物的水泥固化配方，包括固化硝酸钠废液、废泥浆、有机废液、焚烧灰和废树脂等。近年，清华大学研究了用改进水泥固化处理废树脂。现在秦山核电站、大亚湾核电站、岭澳核电站、田湾核电站和许多核设施与核研究单位都采用水泥固化处理低、中放射性废液。

水泥固化有不少优点，如设备简单，工艺成熟，操作方便，安全可靠，耗能少，设备投资和运行费用低，使用范围广。但是，水泥固化有着两个明显的缺点：一是核素浸出率高，比沥青固化、塑料固化高出1～3个量级，比玻璃固化高2～5个量级；二是有较大增容。为了克服以上两个缺点，各国对水泥固化已做了不少改进，例如：

（1）对废液作预处理，如用$Ca(OH)_2$处理含硼浓缩液，用离心机分离产生的沙粒状硼酸钙沉淀物，然后对其水泥固化，得到的固化产品是原来的1/5～1/7；采取脱水干燥成干盐粉，进行盐粉固化；或者制成小球体，进行造粒固化，固化产品是原来的1/4～1/8。

（2）加入特种添加剂，如加入碘酸钡、碳酸钡，可大大降低水泥固化体的^{129}I和^{14}C的浸出率。

（3）表面覆加沥青、SiF_4等涂层，可降低^{3}H 的浸出率2个量级。

我国台湾省开发的改进水泥固化含硼废液有显著效果。把$Ca(OH)_2$加入到硼酸溶液中连续搅拌，发生以下反应：

$$Na_2BO_4 + Ca(OH)_2 \longrightarrow CaBO_4 + 2NaOH$$

生成的糊状物构成水泥与水反应的障壁，阻碍水的扩散作用和阻挡胶粒穿过界面，形成高强度水泥固化体（抗压强度达13.5 MPa）。通常，处理$1m^3$含12% H_3BO_3废液会产生2 m^3固化体。改进的固化法只产生0.25 m^3固化体，减容到1/8。

第二节 沥青固化

沥青是脂肪烃和芳香烃高分子化合物的混合物，来源于石油和煤焦油提炼过程。沥青是热塑性、黏滞性液体或弹性固体物质，取决于温度状况。

沥青可分为：直馏沥青、氧化沥青、裂化沥青、乳化沥青等。沥青组分复杂，杂质很多，不同牌号或不同批次的沥青，性能可能会有很大差别。

一、沥青固化中低放废物的特点

沥青固化（bituminization，asphalt solidification）是将熔融沥青或乳化沥青同废物均匀混合，同时蒸发除去水分，最后装桶，冷却获得固化产品。利用乳化沥青可以在室温下实现固化，这样可以避免严格控制操作温度，但仍要蒸发除去乳化剂的水分。

沥青固化体的废物包容量为40%～60%（质量分数）。由于温度高于60℃沥青会软化，所包容的盐会发生分离和沉降，所以沥青固化体的贮存温度不得超出60℃。

沥青固化产品包容的放射性总活度受限制，沥青不能用于固化高放废液，因为：

（1）沥青的熔化温度低，包容的裂变产物的衰变热量不能过大；

（2）辐射作用会使沥青固化体中的水分和碳氢有机物分解，产生氢气和甲烷等燃爆性气体。研究发现，直馏沥青受10^4～10^5 Gy剂量，没有明显变化；但受10^6 Gy剂量，辐解气体会使固化体的体积增大；受10^7 Gy剂量，体积增大达60%～70%。

沥青包容高浓度的硝酸盐会加速沥青的氧化。包容的重金属会对沥青的氧化起催化作用。泥浆和焚烧灰都是惰性物质，原则上适于沥青固化，但因为沥青导热性差，泥浆要尽可能预先去除水分，然后作为供料。焚烧灰因为比重轻，难以同沥青有效混合，如果使用乳化沥青，方便均匀混合。

二、沥青固化工艺

实用的沥青固化工艺流程有以下四种：

1. 锅式法

锅式法（pot process）把废物和熔融的沥青分别注入一个大罐中，一边加热，一边搅拌，蒸发去除水分和易挥发的组分，最后得到均匀混合的熔融产品进行浇注，这好像在一个大锅中煮稀饭一样，所以称为锅式法。比利时莫尔核研究中心采用的锅式混合蒸发器用电加热（60 kW），机械搅拌，沥青加热到 200～230℃，废物包容量 45%，处理能力 60～80 L/h，批式生产，产品密度为 1.3 g/cm^3，浸出率 10^{-5}～10^{-4} g/（cm^2·d）（浸泡 90 d 的浸出率）。

2. 薄膜蒸发法

薄膜蒸发法（thin film evaporation process）采用薄膜蒸发器（又称刮膜蒸发器）。顶部加入熔融的沥青和料液，刮板高速旋转，把沥青和料液涂布在蒸发器的筒壁上，一方面得到均匀混合，另一方面不断蒸发出水分和易挥发组分，最后得到的产品由下端出口注入沥青产品桶（图 6-6），这是一种连续生产工艺。

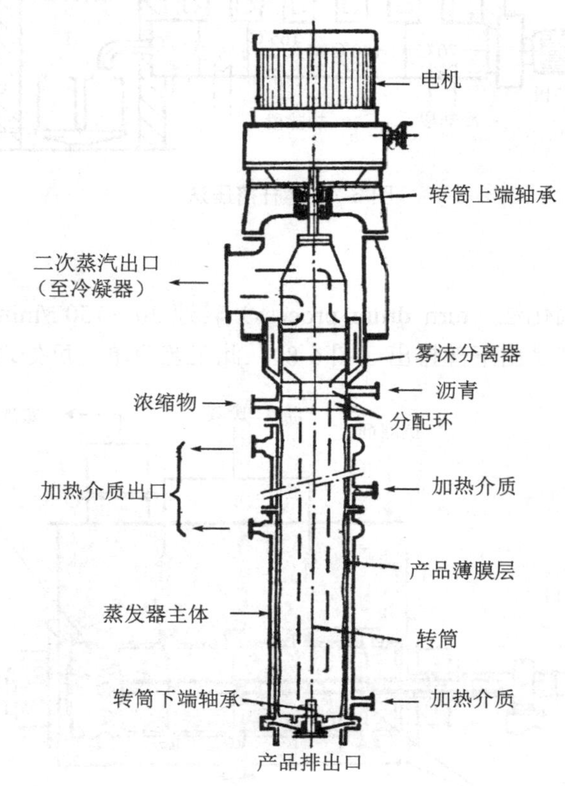

图 6-6 薄膜蒸发器

3．螺杆挤压法

螺杆挤压机（screw extruder）是塑料工业中常用的设备，有双螺杆和四螺杆挤压机，螺纹彼此啮合，一端接收浓缩物和沥青，轴向推进，在挤压机里沥青和浓缩物获得均匀混合。挤压机有四个独立加热区，去除浓缩物的水分，二次蒸汽通过带冷凝器的排气筒排出（图 6-7），经冷凝和由油过滤器除油。产品出口设在装桶间，装桶间用铅砖屏蔽，通过铅玻璃窗可观察室内运作过程。装桶间有一个转盘，放有 6～8 个产品桶，依次在主机出口管下面通过时接收混合均匀的沥青固化产品。每一桶灌注 6～10 次。装满后，冷却 24 h 运出，送到中间储存库贮存。

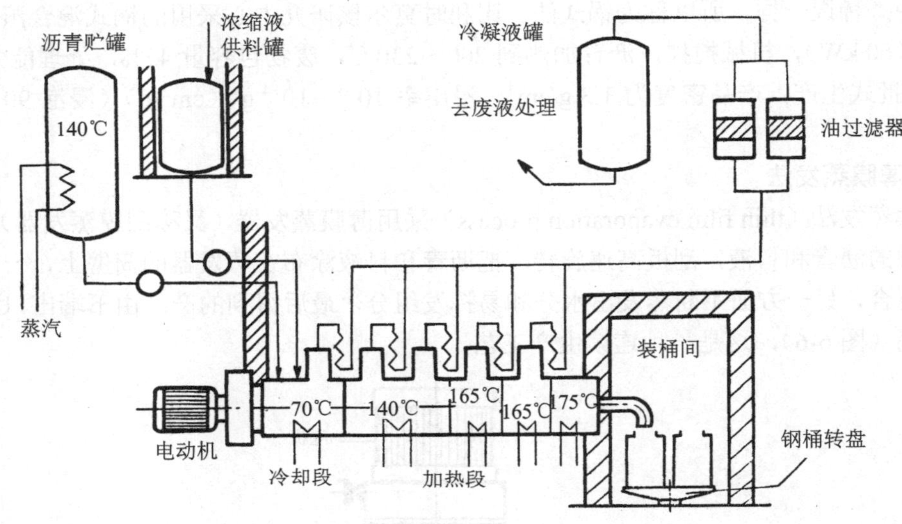

图 6-7 螺杆挤压法

4．转鼓固化法

日本开发的转鼓固化法（turn drum process）转速 30～150 r/min，加热介质为热油，混合均匀的沥青固化产品由下部排出（图 6-8）。此工艺简单，可处理多种废物。

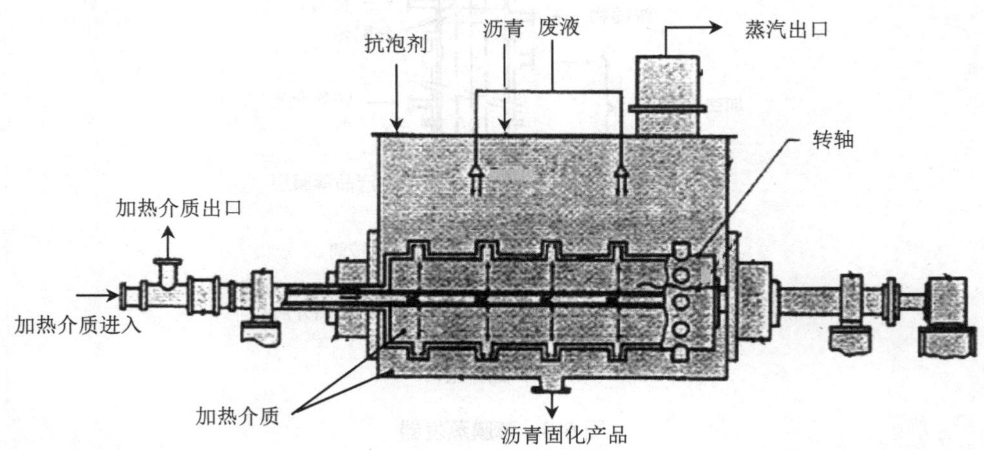

图 6-8 转鼓固化法

4 种沥青固化工艺的比较如表 6-4 所示。

表 6-4 4 种沥青固化工艺的比较

固化工艺	应用的沥青	运行方式	工艺设备	处理能力
锅式法	直馏沥青，氧化沥青	批式	简单	较小
螺杆挤压法	氧化沥青，裂化沥青	连续	较复杂	较大
薄膜蒸发法	直馏沥青，氧化沥青，乳化沥青	连续	较复杂	较大
转鼓法	直馏沥青，氧化沥青	批式	简单	较小

三、沥青固化产品性能

1．抗浸出性

沥青固化产品有较好的抗浸出性，浸出率为 10^{-5}～10^{-3} g/(cm^2·d)。如果先作预处理，例如用 $BaSO_4$ 沉淀 Sr，亚铁氰化物沉淀 Cs，氢氧化铁吸附沉淀超铀元素，可获得更低的浸出率。

2．机械性质

沥青是热塑性物质，在室温受撞击不会碎裂形成小颗粒物。

3．耐辐照性

沥青受辐照释出氢，当受照剂量约为 10^6 Gy，氢产生量 0.3～1.0 ml/g。自辐照剂量不大于 10^6 Gy，沥青固化体没有明显变坏。增加辐照剂量，固化体发生膨胀，闪点降低。氧化沥青比其他类型沥青有较好的抗辐照性。沥青能固化中、低放废液，不能用来固化高放废液。

4．热稳定性

沥青固化必须高度关注固化工艺过程和以后固化产品的贮存、运输和处置过程的着火风险。沥青固化惰性物质，固化产品的闪点提高，着火风险降低。但是固化氧化性物质如硝酸盐，软化点和闪点都降低，增加着火的风险。

四、沥青固化的应用状况

沥青固化可用于固化多种废物，如表 6-5 所示。

表 6-5 沥青固化适用性比较

废物类型	适用性	废物类型	适用性
泥浆废物	好	焚烧灰	好—可以
含硼废物	好	废油	差—可以
碳酸盐废物	好	有机废液	差—可以
磷酸盐废物	好	离子交换树脂	差—可以
硫酸盐废物	可以	硝酸盐废物	差
酸性废物	可以	废过滤器芯	作固定用
碱性废物	可以	固体部件散块	作固定用

沥青固化放射性废物始于 1962 年，在比利时莫尔核研究中心建成了一个沥青固化中间工厂。1967 年法国在马库尔建立了工业规模的沥青固化车间。美国橡树岭在 20 世纪 60 年代实行沥青固化硝酸盐废物。

1972 年德国卡尔斯鲁厄核研究中心建沥青固化车间，采用螺杆挤压机工艺，处理浓缩物的能力为 170 kg/h。固化比重 1.2 g/cm^3、含盐量 25%、pH 等于 8～10 的浓缩物。螺杆机功率 60 kW，转速 300 r/min，操作温度限制在 180℃。运行过程曾经发生的主要问题为：① 加料小室发生过两次着火；② 因为材料磨损螺杆机堵塞。

此外，俄罗斯、英国、加拿大、芬兰、瑞典、瑞士、日本、印度、西班牙、巴基斯坦等许多国家都先后开展了沥青固化低、中放废物。

中国原子能科学研究院在 20 世纪 70 年代中期开展沥青固化基础研究，包括热稳定性研究，并建造了 3 m 长双螺杆挤压机沥青固化车间，1985 年进行了热试验。我国开发的薄膜蒸发器沥青固化工艺，在 20 世纪 90 年代初投入工业应用。我国 821 厂的沥青固化工艺采用刮膜蒸发器，操作温度控制沥青进料 130℃，废液进料 90～95℃，产品出口 165～170℃。蒸发器加热面积 2.5 m^2，刮板轴转速约为 400 r/min，刮板和桶壁良好配合，获得均匀产品。固化产品废物包容量约为40%（质量百分数），含水量小于 1%，浸出率为 10^{-4} $g/(cm^2·d)$（Na^+），抗辐照到 $5×10^4$ Gy，软化点高于 65℃，处理能力 30 桶/d（每桶为 200 L）[1]。不幸该装置在 2006 年发生了着火事故。

日本东海村原动燃团沥青固化示范工厂（BDF），1976 年设计，1979 年建造，1983 年投入热运行。BDF 采用螺杆挤压工艺，处理东海村后处理厂产生的中放蒸发浓缩液、低放蒸发浓缩液和化学泥浆，每天生产 10～11 桶固化产品，出料口温度 160℃，螺杆机中最高温度为 180℃。不幸在 1997 年 3 月 11 日发生着火/爆炸事件。BDF 着火爆炸事件的辐照剂量和环境影响不大，但整治工作花费大量人力和财力，特别是所产生的社会、政治影响很大，甚至一度影响了日本的核能发展计划。分析这次着火爆炸事件的原因[2]，主要有以下原因：

（1）废液加料速率降低；

（2）搅拌取样后没有充分沉淀就泵送，增加沉淀物进入螺杆机；

（3）催化剂加强了硝酸钠/亚硝酸钠与沥青的氧化还原反应，以及过氧化氢、过氧化物的生成/分解反应，促进了温度的升高；

（4）不充分喷淋灭火，可燃性气体继续释放，积聚在通风过滤器堵塞的有限空间内。

BDF 已经成功地运行了十几年，生产了 3 万桶沥青固化产品，但发生了这次影响很大的着火爆炸事件，这次事件的教训告诫人们：

（1）沥青固化硝酸钠类含氧化剂的废物，存在着燃烧、喷射乃至爆炸的风险，对此类废物，必须高度重视安全问题，要有专门的安全措施。着火后依靠隔绝空气不能完全灭火，应该同时采用降温措施；

（2）一定要严格控制操作温度，加热设备应具有可靠的防止过热的措施，警惕运行过程中发生的不正常升温；

（3）严格按规定的操作程序和规章制度进行操作；

（4）重视取样分析，控制料液和原料的成分；

（5）加强消防和通风措施，特别是灌装间的消防和通风（国际上发生过的沥青固化着火事故，多数发生在灌装间）保证加料间必要的风量和换气次数。电气设备要防爆，安装烟雾和瓦斯探测器，探测器要与自动灭火装置相连；

（6）高度重视可能混入的催化剂的作用；

（7）强化应急准备和应急响应能力。

五、沥青固化技术的优缺点

沥青固化技术固化低、中放废物有明显的优点和缺点。

沥青固化的优点：

（1）工艺设备和固化材料容易获得；

（2）可处理多种废物；

（3）废物包容量高（40%～60%质量百分数）；

（4）固化产品浸出率低。

沥青固化法的不足或缺点：

（1）必须严格控制温度，工艺温度控制＜180℃，特别是固化硝酸盐或亚硝酸盐这些能放出大量氧化性物质的废物，更要重视控制温度和控制催化剂物质的存在；

（2）固化产品受热会软化和引起相分离，沥青固化体贮存温度控制在不高于 60℃；

（3）沥青固化体基质容易老化；

（4）易受微生物的侵蚀，生物降解会生成 CO、CO_2、和低碳烃类产物；

（5）沥青固化体受辐照易发生辐射分解，产生氢等辐射分解气体；

（6）遇水易溶胀。

着火是沥青固化主要潜在危险，为防止沥青固化发生着火爆炸事故，应采取以下措施：

（1）严格控制操作温度；

（2）防止局部过热，宜选用蒸汽做加热介质；

（3）装料间保持良好通风状态（优选风量和换气次数）。装料间是着火事故多发区，应采用多次浇注法装桶，注满后冷却 24 h 以上才送去贮存；

（4）排气筒要常去除垢物（可用蒸汽喷枪）；

（5）设置报警和消防措施（采用二氧化碳及轻泡沫灭火剂灭火）；

（6）严格进行进料分析，碱度不能过高。在高碱度下废液中的有机物会分解成易燃的挥发组分，易发生爆炸事故；

（7）螺杆挤压机在投料前和停止投料后用纯沥青运转 15 min。螺杆容易磨损，废物含盐量越高，磨蚀越严重。

由于沥青的可燃性以及沥青固化产品受热和辐照的影响较大，特别是沥青固化氧化性硝酸盐废物，燃爆风险大。国内外多次发生过着火爆炸事故/事件。近年来，沥青固化工艺没有新发展，不少国家已废弃不用，目前在一些核电站还用来固化含硼废物。

第三节 塑料固化

塑料固化又称聚合物固化（plastic solidification，polymerization）。塑料固化有热塑性塑料固化和热固性塑料固化两大类。热塑性塑料固化的工艺类似沥青固化，热固性塑料固化的工艺类似水泥固化。聚酯固化、环氧树脂固化属热固性固化；聚乙烯固化、聚氯乙烯固化属热塑性固化。热固性固化成型后具有网状体型结构，受热不再软化，高温则分解破坏，不能反复塑制。热塑性固化成型后是线型高分子结构，在特定温度范围内受热软化（或熔化），可反复塑制。塑料固化包容废物的机理属于物理包容。对废物中的含水量有限制，通常需要作脱水处理，或加入乳化剂乳化。

塑料固化通过选择适当的引发剂、催化剂、硬化剂和促进剂，选择适当的配料比、搅拌速度和温度条件，使聚合反应不致太猛烈，放热不致太强，聚合速度不过快或过慢。聚合反应过快，不仅影响固化产品的质量，还可能导致燃爆事故。聚合速度过慢，不仅影响固化产品的产量，也会影响固化产品的质量。

一、塑料固化工艺

已经开发的塑料固化工艺比较多，主要有以下几种：

1. 聚酯固化

不饱和聚酯中加入过氧化苯甲酰和二甲基苯胺（或过氧化甲基乙基酮和环烷酸钴）可以在室温条件下固化废树脂。

法国格雷诺布尔核中心研究成功用溶解在苯乙烯中的不饱和聚酯同预先脱水的放射性废物均匀混合，在引发剂、加速剂作用下，发生聚合反应，生成一种体型结构高聚物，把放射性废物固结在其中。日本改进了这种方法，发展了干盐粉固化新工艺，固化产品可获得更高的减容比。美国道乌化学公司采用乙烯基酯-苯乙烯作固化剂，加入催化剂搅拌 1 min，然后以恒定速度慢慢加入预先脱水的废物，边加边猛烈搅拌，形成乳状液。加入促进剂，再搅拌 1 min，15 min 后发生胶凝，放置过夜硬化。此法已在美国和日本一些核电站使用，并建成车载式流动固化装置。

2. 环氧树脂固化

将放射性废物引入湍动的惰性载体硅酮中，急速蒸发脱水，脱水废物被环氧树脂包覆，再将包覆废物的环氧树脂和载体分离开来。然后加入催化剂，使环氧树脂聚合，3 h 内硬化。载体硅酮可以循环使用，固化产品品质优良，但成本较高。

法国原子能委员会所属的卡特拉奇核中心开发环氧树脂-水泥复合固化含α废物的焚烧炉灰，采用配方为：焚烧炉灰∶环氧树脂∶水泥 ＝40∶30∶30（质量百分比）。这种固化产品的性能比单纯水泥固化体（20%包容量）和单纯环氧树脂固化体（40%包容量）好得多。法国开发的环氧树脂固化，一天处理 1～2 m^3 废树脂，固化产品 10～20 桶（200 L/桶），聚合温度不大于 100℃，产生二次废物很少，工艺简单。

一种改进的环氧树脂固化，采用沙子代替一半量的环氧树脂，这有两大好处：① 节省环氧树脂的用量，降低成本；② 降低聚合时最高发热温度。

3. 聚苯乙烯固化

聚苯乙烯固化常以对二乙烯苯作为交联剂，偶氮双异丁腈或过氧化苯甲酰作为引发剂，工艺过程十分简单。苯乙烯固化可包容高达 70%（质量分数）TBP 废溶剂或 65%的废树脂，工艺简单，设备投资和运行费用低，产品质量好，满足处置要求。

4. 聚乙烯固化

聚乙烯固化类似沥青固化，采用螺杆挤压机或薄膜蒸发器、釜式反应器将放射性废物同聚乙烯一起熔融和均匀混合，然后浇注进桶。

日本用聚乙烯固化包容 50%（质量分数）废树脂。废物加进 160℃下熔融的聚乙烯中，以 30 r/min 速度搅拌 1 h 后浇注，冷却获得固化产品。美国橡树岭实验室用它包容 40%（质量分数）蒸发浓缩物或 20%～50%（质量分数）TBP 废溶剂。

5. 聚氯乙烯固化

聚氯乙烯也是热塑性塑料，同聚乙烯固化一样，可采用螺杆挤压机或薄膜蒸发器设备熔制。德国卡尔斯鲁厄研究中心曾用它包容 40%～50%（质量分数）TBP 废溶剂。

6. 脲醛固化

脲醛固化工艺简单，开发最早，20 世纪 70 年代脲醛固化曾盛行一时。由尿素和甲醛化学结合形成一种线性含水乳胶，缩聚成网络结构时包容废物中放射性核素，最后硬化成固体。常以硫酸氢钠或磷酸作催化剂，在 pH=1.5±0.5，室温下 30 min 内固结，几小时内完全硬化。

脲醛固化由于固化过程和以后存放期间会泄出酸性水分，对容器有腐蚀作用，固化体浸出率高，抗压强度低，现在已淘汰不用。美国和意大利的一些脲醛固化产品不能进行处置，需要重作固化处理。

二、塑料固化的发展前景

塑料固化具有废物包容量高，核素浸出率低优点。废物包容量可达 40%～60%（质量百分数）。100 m^3 沸水堆含硫酸钠废液（含盐量 10 g/L），蒸发浓缩后产生 4 m^3 蒸残液（含盐量 250 g/L），若实行水泥固化，产生 40 桶（每桶 200 L）固化产品，总重量约 22 t。若用聚酯固化，仅有 7 桶产品，总重量才 2 t。塑料固化体抗浸出性比水泥固化体高 1～3 个量级。

此外，塑料固化还有一个重要优点，这就是对有机废物相容性好。例如废离子交换树脂、TBP 废溶剂、废机油等很适于塑料固化。许多国家开发应用塑料固化废树脂和废溶剂（表 6-6）。中国原子能科学研究院开展了苯乙烯固化废树脂研究，并在 IAEA 支援下建立了冷试装置。中国辐射防护研究院研究了环氧树脂固化等塑料固化技术。

塑料固化体耐辐照可达 5×10^7 Gy，辐解气体包括 H_2、CO_2、CH_4、和含 C_2、C_3、C_4 的碳氢化合物。塑料固化的不足之处是：

（1）不适于固化高放射性物质，不能承受高辐照和高释热作用（会辐解和热解）；

（2）塑料固化需要对废物作脱水处理，需要加入引发剂、催化剂、促进剂等添加剂；

（3）塑料固化费用比较高。

表 6-6 塑料固化废树脂和废溶剂应用举例

国家	固化剂	固化对象	固化方式
美国	聚酯固化、聚乙烯固化	废树脂	固定式、车载流动式
法国	聚酯固化、环氧树脂固化、苯乙烯固化	废树脂和其他废物	固定式、车载流动式
德国	苯乙烯固化	废树脂、废溶剂	固定式、车载流动式
日本	苯乙烯固化、聚酯固化	废树脂	固定式
印度	聚酯固化	废树脂	固定式
中国	苯乙烯固化、聚酯固化	废树脂、废溶剂	固定式（冷试装置）

第四节 改进的低中放废物固化处理技术

水泥固化、沥青固化和塑料固化的适用性、安全性和经济性各有优缺点，这三种固化方法的性能比较如表 6-7 所示。

表 6-7 三种固化方法性能比较

		项 目	水泥固化	沥青固化	塑料固化
适用性	低中放废物	压水堆硼酸钠废物	差或还可以	好	好或可以
		沸水堆硫酸钠废物	还可以	可以	好或可以
		硝酸钠蒸残液	好	差	可以
		离子交换树脂	差或还可以	差或还可以	好
		焚烧炉灰烬	可以	还可以—好	可以
		过滤泥浆	好	还可以—好	可以
		有机废液	不可以	可以	好
		高放废液	一般不可以	不可以	不可以
安全性	产品质量	浸出率/[g/（cm²·d）]	10^{-3}～10^{-1}	10^{-5}～10^{-3}	10^{-6}～10^{-4}
		可受最大受照剂量/Gy	10^{8}	10^{6}	10^{7}
		辐射分解气体	H_2，O_2（水辐照产生）	H_2，CH_4，CO，CO_2，低碳氢化合物	H_2，CH_4，CO，CO_2，低碳氢化合物
		抗压强度/MPa	好（10～20）	塑性	塑性或好（10～100）
	运行情况	操作温度/℃	室温	130～180	室温或稍高温度（热塑性塑料）
		运行主要问题	停车后要清洗设备	防止着火爆炸	防火，常需要脱水干燥预处理
		贮存或处置过程主要问题	浸出率高，增容大	防火，水泡溶胀	防火
经济性		包容废物量/%（质量百分数）	20～40	40～60	30～70
		设备要求	简单	较复杂	简单或较复杂
		固化成本	低	中等	较高
		包装运输 + 贮存 + 处置费用	较高	较低	较低

除了以上三种处理低中放废物固化技术外，近几年国外不断开发出一些新的处理技术，在此做一些介绍。

一、可移动处理装置

一座 1 000 MW 压水堆电站每年产生的废离子交换树脂只有十几立方米，蒸发浓缩物也只有上百立方米到几百立方米，每一核电机组建立一套固化装置，往往设备利用率不高，因此可移动式处理装置获得了重视和发展。可移动式处理装置把废物处理设备紧密布置安装在一台大型卡车上，可以安全、方便地开往许多废物产生单位服务。

法国 Technicatom 公司设计制造的环氧树脂可移动装置 SETH-200（3 m×3.6 m×2 m）装在大卡车上，巡回到法国三个核潜艇基地去处理他们的废树脂。法国 EDF 采用名叫 MERCURE 的聚酯固化流动装置开到核电站去为它们固化废树脂，每两年上门服务一次。处理完 2 年所产生的废树脂。

荷兰和德国一些核电站用苯乙烯固化流动装置处理核电站废物。设备安装在 8 m×2 m×3.5 m 大型卡车上，只要 2～3 个月时间就可以把一个核电站所产生的废树脂处理完。

美国废物服务公司利用流动固化装置承担核电站废物处理业务。德国制造的 DEWA、MOWA 水泥固化流动装置处理贡德雷明根和比布利斯核电站废物。埃森核服务公司（GNS）的废物服务部几十个工作人员，用可移动式处理设备（表 6-8）承担德国 9 座核电站、法国 3 座核电站、瑞士 2 座核电站、比利时 2 座核电站和荷兰 1 座核电站，共计 17 座核电站的废物处理任务，有很高经济效益。

表 6-8 西德 GNS 公司可移动处理装置

项　目	FAMA	FAKIF	FAFNIR	FAVORIT
	苯乙烯固化废树脂	高压压缩	水泥固化	桶内干燥含硼废液
尺寸/m	8×2.2×3.1	10×2.4×2.8	9×2.5×3.2	6×5.2×3.5
重量/t	22	50～60	20	20
占地/m^2	11×5	6.5×13	11×5	9×6
供电/kW	7.5	7.5	7.5	100～120
处理能力	10 桶/d	30 桶/h	15 桶/d	100L/h

二、玻璃固化低中放废物

与水泥固化、沥青固化和塑料固化相比，玻璃固化体有更多的优点，是处理高放废液最常用的方法。冷坩埚高频感应加热可使熔融温度高达 1 600℃，可适于处理核电站含硼废物，不需要加许多添加剂，并且能获得高性能的固化产品。

四种固化体性能比较如表 6-9 所示。

表 6-9 四种固化体性能比较

抗浸出性	抗辐照性	机械稳定性	耐火性	减容因子	成本
G>P=B>C	G>C>B=P	C>G>P>B	G>C>P>B	G>B=P>C	G>B=P>C

[注] G—玻璃固化体；C—水泥固化体；B—沥青固化体；P—聚合物固化体。

通常，玻璃固化用于处理高放废液，但为了实现废物最小化和获得优质的固化产品，玻璃固化现在也打算用于固化低中放废物。俄罗斯、法国和美国已利用陶瓷熔炉玻璃固化处理低中放废液。法、韩合作正在建冷坩埚玻璃固化处理核电站废物工厂。核电站废物中含有较多的硼和钠，硼硅酸盐玻璃需要硼和钠，核电站含硼废物进行玻璃固化，可以少加入基础玻璃，提高废物的包容量，并且获得高性能的固化体，称作最少添加剂稳定化工艺（Minimum Additive Waste Stabilization Process，MAWS）[3]。韩国准备用一套冷坩埚玻璃熔炉和等离子体熔炉固化装置处理 6 座核电站产生的硼浓缩液、废树脂和焚烧炉灰等低中放废物，可减容 20 倍以上。

三、压实固化

废物的压实固化处理技术采用压实来实现固化，已用来处理焚烧灰，先将焚烧灰用 NaOH 或硅酸钠泡湿（1 g 灰加 2 ml、8 mol/L 的 NaOH 或 1 g 灰加 1 g 硅酸钠），加入黏结剂。浸湿过的灰在 35 MPa 压力下压缩 0.5 h，得到满足要求的固化体。

还有一种热压固化是在水热条件下，把焚烧灰、TBP 热解产物焦磷酸钙、$NaNO_3$ 干粉、活性炭、沸石类物质和固化剂/添加剂（如硅酸盐）均匀混合，加入到圆柱状容器中，加热（约 300℃）和加压（约 30 MPa），保持一定时间（20～30 min）（图 6-9），冷却之后转变成稳定固化体，可直接处置。该工艺在密闭系统中进行热压，不需尾气处理系统，二次废物量少，固化产品抗压强度和抗浸出性好。

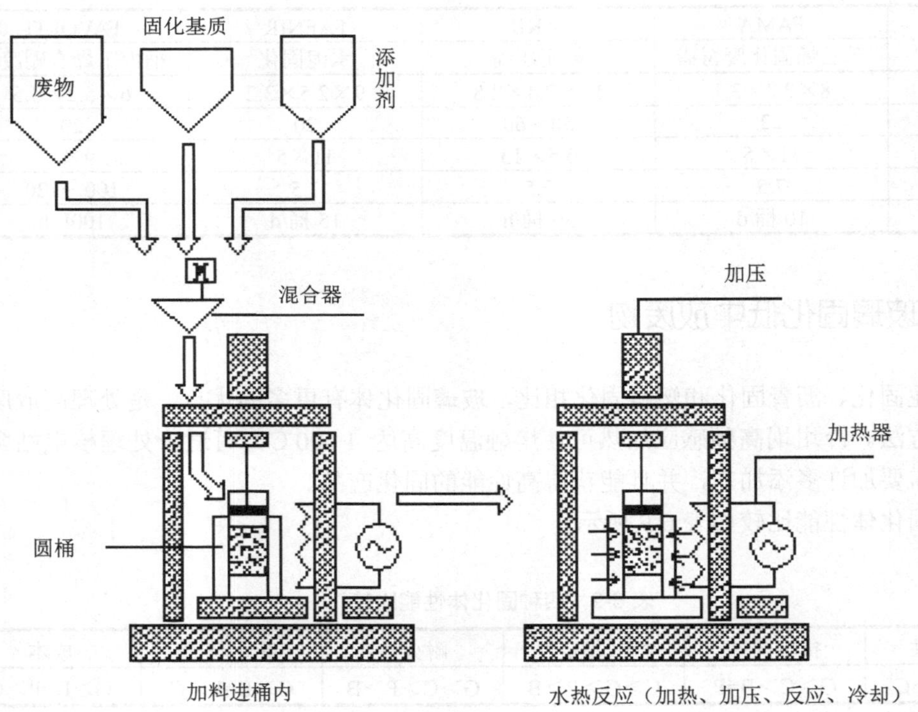

图 6-9 热压固化工艺流程简图

德国开发的热压处理废树脂技术，先把废树脂加热脱水，装入桶中，运送到高压压实机（2 000 t 压力）压缩岗位，进行连桶压缩（图 6-10）。

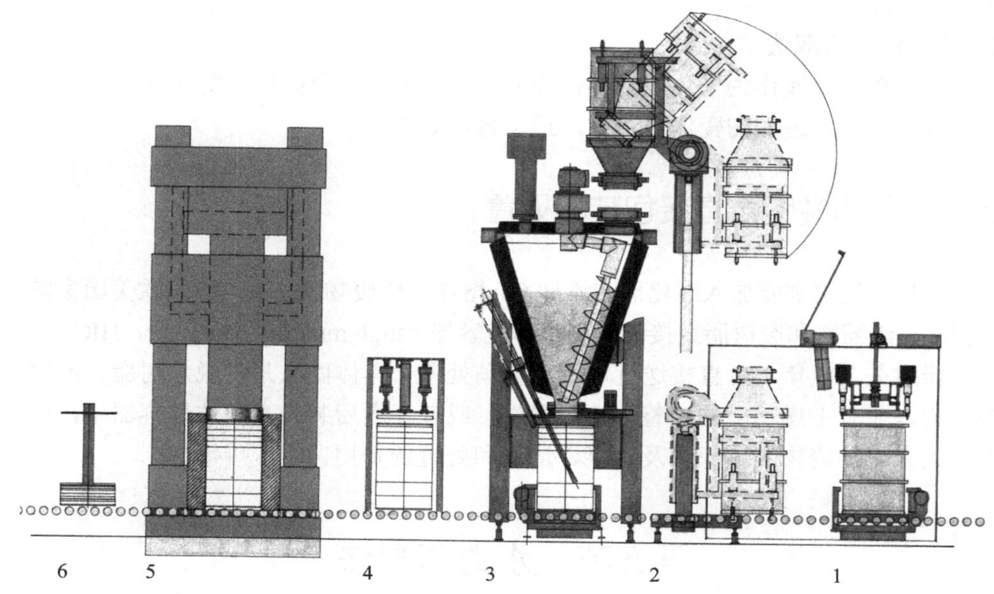

1—取废树脂桶的桶盖；2—提升废树脂桶；3—树脂脱水干燥后装桶；
4—盖上桶盖；5—高压压实机压缩；6—压缩成的饼块进行测定

图 6-10 废树脂的热压压实处理

压实固化法同水泥固化、沥青固化和塑料固化相比，因为不加入固化剂，并且废物被压实到近理论密度，所以大大减容。对于辐射水平较高的废物，需要遥控进行操作。

四、改进废树脂固化技术

1. 解决树脂固化溶胀的办法

目前在核电站用得最多的是废树脂水泥固化。废树脂水泥固化体因为长期浸泡在水中后的溶胀作用，限制废树脂的包容量（包容质量百分数不超过 16%），导致待最终处置的废物量增加。

树脂水泥固化体长期浸泡在水中产生肿胀，当树脂球肿胀应力大于固化体的抗胀强度，水泥固化体就会龟裂和破坏[4]。克服树脂溶胀破坏作用的基本办法有两个：

（1）降低树脂的肿胀应力，这有两种办法，一是对树脂做预处理，将树脂粉化和灰化破坏树脂的球状结构，或将树脂球表面用不透水层包覆起来，这要增加设备，使工艺复杂化和产生较多二次废物；二是降低树脂的包容量，这样会增加废物固化体的体积。

（2）增加水泥基体的抗胀强度，例如，添加钢纤维或碳纤维，可有效增加水泥固化体抗胀强度，使水泥固化体中废树脂的包容量提高到体积分数 42%（质量百分数 39%）[5]。

2. 蒸汽重整法

用干燥超热蒸汽把废树脂转变为汽化颗粒，然后在一个乏氧的反应器中燃烧，把有机物气化为碳氢化合物，在反应室转变为 CO_2 和 H_2。残留物是金属氧化物和其他杂质。此法特点是：即使易挥发的铯 99.9%以上也留在固体残渣中。本法不是在氧气中燃烧，所以不划作为焚烧法[6]。

3．量子催化萃取法

此法利用熔融金属作为催化剂和溶剂介质，把废树脂完全破坏，生成气体经过滤处理后释出，放射性核素进入陶瓷体灰渣中，适于直接处置[6]。

五、高整体性容器直接包装和处置

因为各种固化法都要加入固化剂和添加剂，增加固化废物的体积，所以欧美国家的有些核电站将蒸发浓缩物和废树脂直接装入高整体性容器（high integrity container，HIC）[3]。高整体性容器耐久 300 年，可直接送近地表处置场处置。具体做法是将脱水树脂、泥浆、蒸发浓缩液装入兼有干燥功能的高整体性容器中，或者干燥后装入高整体性容器中，送贮存和处置，大大减小废物的体积以及贮存、运输和处置的费用。

第五节 水力压裂法

水力压裂是将水泥固化处理与处置结合于一体的方法，它在固化技术方面类似于水泥固化，但它是在深地下进行水泥固化。水力压裂选用石油工业成熟的压裂技术和设备，把低中放废液和水泥及添加剂制成的灰浆注入地下封闭的透水性很低的页岩层中，凝固后与页岩形成一个整体，使放射性废物与人类环境安全隔离。水力压裂适于处置中低放废液和泥浆废物。

一、水力压裂工艺

水力压裂（hydraulic fracture）在渗透性微弱的页岩层中，通过钻孔下钢套管固井，建成几百米深的注射井。在预定层位采用石油工业的压裂技术将套管和围岩切开一个切口。用水力旋转喷射射流切开套管、管外固井水泥环及围岩，形成宽约 30 mm，深度 200～250 mm 的环形切口。用高压（100～300 kg/cm^2）清水致裂，然后把要处置的中放废液配成的水泥灰浆，利用高压设备（80～160 kg/cm^2）注入井中。水泥灰浆通过切口进入页岩层，向四周扩展，延伸到一定范围，最后凝固在页岩层中，同页岩层固结成一个整体，构成一个长期稳定的隔离体。

一个切口可以注浆 3～4 次，然后封堵切口，在其上方 3～7 m 处开新口。为保证地应力的恢复和使灰浆很好固定下来，两次注浆的时间间隔不少于 3 个月。每次注浆 8～12 h，注入 350～500 m^3 中放废液灰浆。注完后，注入清水灰浆约 5 min。其目的一是让废液灰浆远离切口进入页岩层；二是进行初步清洗。最后用清水洗涤混合槽、管串、管套及切口（10～15 min）。清洗完毕后停泵，保持压力关井等候凝固。灰浆凝固后打开井口阀门，将残留水放回废水接受槽，采用座封桥塞堵切口，这样就完成了一次水力压裂。水力压裂工艺流程如图 6-11 所示。上清液的水力压裂处理比较容易。为了把贮槽底部的沉淀泥浆取出，用水力压裂法处置，需要将泥浆悬浮、提取、输送到配料槽。如果输送距离较长，要防堵塞。

浇注的水泥灰浆加入飞灰、活性黏土、膨润土和葡萄糖酸内酯等添加剂，其作用为：

飞灰——改善对 ^{90}Sr 的滞留作用；

活性黏土——悬浮和吸水作用；

膨润土——悬浮和吸收作用；

葡萄糖酸内酯——缓凝作用，降低黏度，便于泵送。

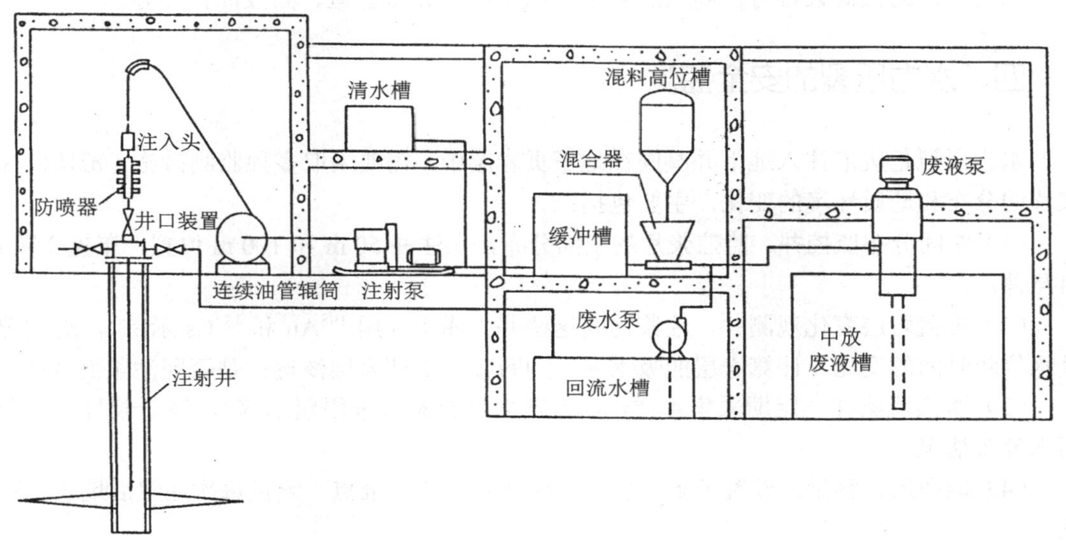

图 6-11　水力压裂工艺流程示意图

二、水力压裂的地质和工程要求

水力压裂场址选择有严格要求，需要选择的页岩层必须是没有地下水径流活动、远离地表水体、易于压裂注浆的页岩层，这样的页岩层应满足：

（1）有足够埋深和厚度，分布范围广；

（2）垂直应力小于水平应力；

（3）不存在地下水，均质，不透水或渗透性极小；

（4）含较多的黏土矿物，有较高的吸附能力和离子交换容量；

（5）不存在断裂带、破碎带、节理密集带，水力压裂时不会产生垂直裂缝；

在实行水力压裂时，需要掌握：

（1）确定一个切口可注灰浆的次数及灰浆量；

（2）确定不会出现垂直裂缝的深度；

（3）确定回流水对注射灰浆层外边界及灰浆水密闭性的影响；

（4）确定灰浆注射对地下水的干扰影响；

（5）确定灰浆注射和回流水对围岩的影响。

三、水力压裂的主要工艺系统和设备

水力压裂的主要工艺包括：① 固料混拌；② 废液输送；③ 取样分析；④ 注射井套管切割和射孔；⑤ 废液—固料混合；⑥ 灰浆注射；⑦ 设备、管道、阀门和切口的清洗；⑧ 将分离水收集；⑨ 工艺尾气净化处理；⑩ 座封桥塞堵切口等。

水力压裂的关键设备有：高压注射泵、高压阀、高压管道、固液混合器等。

四、水力压裂的安全监测

水力压裂把废液注入地下并凝固在地下页岩层中，需要采取多种监测措施，密切监控浆片的分布和地质环境的变化，主要包括：

（1）空间分布监控井。监控浆片的空间分布，在注井 50 m 和 100 m 位置，布置 2 圈 r 监测井。

（2）覆盖岩层变化观测井。注浆前向这些井内灌水（用 ^{198}Au 和 ^{134}Cs 示踪），观测记录水位随时间的变化，计算岩层的吸水率，判断浆片上部岩层渗透性是否因注浆而变化。

（3）水文监测井。定期采集水样，测定放射性核素（采用氚示踪），判断浆片或相分离水分布情况。

（4）地面抬升测量。设置多条辐射基准线和几十个基准点，测量每次注浆后地表的形变。

（5）浆片分布测量。测量注浆后浆片和周围岩层的电导率差别和变化，判断浆片延伸方向和空间位置。

美国橡树岭曾建过两个水力压裂厂处理废液和泥浆。第一个厂于 1966—1979 年注射 18 次，共注入灰浆约 8 800 m^3，含 2×10^{16}Bg 放射性。第二个厂于 1982—1984 年共进行 13 次注射，共注入灰浆 11 000 m^3，含废液 8 500 m^3，放射性 2.8×10^{16} Bq[7]。

我国西南地区所找到的场址，地质稳定，地震烈度低，页岩层分布宽，厚度在 500 m 以上，黏土矿物含量高，孔隙率低，岩体渗透系数小，地下水带离地面 150 m 以上，地下水带之下有很好的不透水层，三向地应力状有利于水力压裂注射，满足水力压裂处置低中放废液的条件。我国 821 厂经过 20 世纪 80 年代 2 次注射试验后，自 1996 年以来，已进行了 12 次试注试验。每次注浆浆片展布面积 12 000～15 000 m^2，浆片展布深度为 365.0～485.25 m，该地区页岩倾角为 45°～55°，浆片大部分倾角≤20°，注浆地面抬升微弱，对地面设施无安全影响[8]。

第六节　大体积浇注法

大体积浇注（bulk grouting process）是水泥固化和处置相结合的一种方法。大体积浇注又称盐石固化，现场浇注大体积水泥体直接处置中放废液。大体积浇注的工程设施包括：

水泥备料系统、中放废液接受和转运系统、中放废液供料系统、泥浆混合浇注系统。中放废液从接受槽和转运系统泵送到供料系统，再由供料系统送到泥浆处置系统的混合器中。所有浇注池全部设在地下，混合器位于浇注池的上部，每个浇注池的上都设搅拌槽，搅拌混合均匀的废物泥浆通过重力流到浇注池中。浇注几天后，当固化体表面泌水消失，固化体终凝，固化体中心温度低于 30℃后，在固化体上面浇注 500 mm 厚不带放射性的水泥浆封顶，搅拌槽也填埋干净水泥浆。

几个混凝土浇筑池组成一组，浇注池用加强混凝土建造，有预制盖板，混凝土盖板为 800 mm 厚。整个浇筑池埋在 1 m 厚黏土里。覆盖层 6 m 厚，由大块条石、回填土层、沙层、砾石层、卵石层、黏土层等组成，覆盖后露出地表 3.6 m，成坟丘状。浇筑池底部设置排水系统，浇筑场周围布置排洪沟渠。浇筑池底部为钢筋混凝土，下有砾石层和红黏土。渗水沿砾石层汇入渗水井中（图 6-12）。

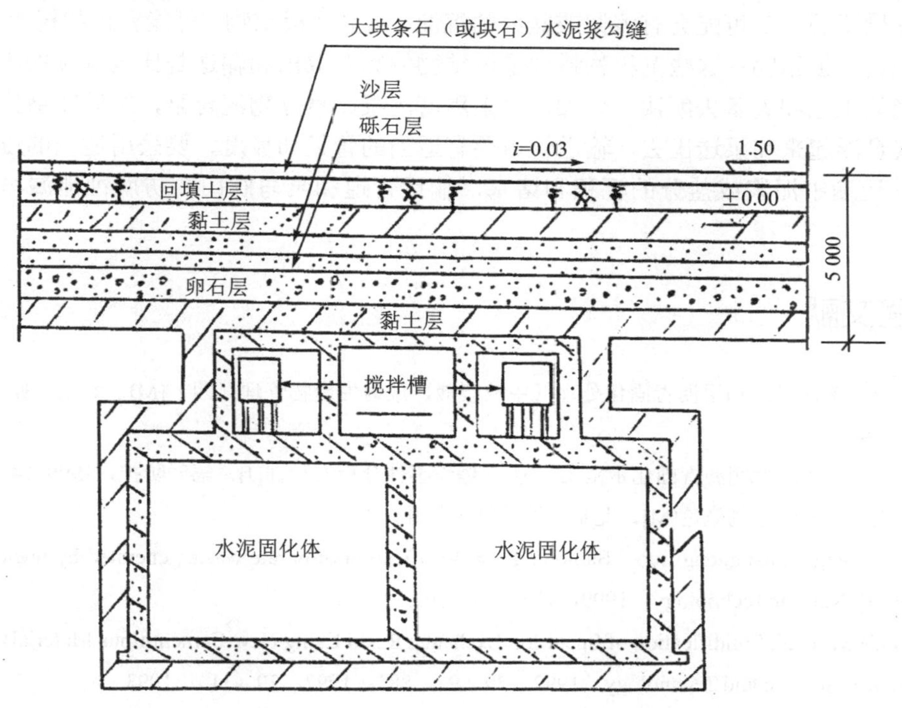

图 6-12 大体积浇注工艺流程示意图

我国西部戈壁大沙漠，人口密度低，气候十分干燥。地质调查表明，那里地质结构稳定，地下水位在 40 m 以下，可以像美国汉福特一样进行盐石固化。设计了 48 个浇注池，容积各为 9 m×9 m×7.2 m。每个浇注池可以处置约 300 m^3 废液，浇注时间约 26 h[9]。

美国萨凡那河核基地在高放废液固化前进行预处理，除 ^{137}Cs、^{90}Sr 和 Pu，分出相当数量低放废物进行大体积浇注（岩石固化），自从 1990 年以来，萨凡那河已用此法处置了百万多立方米的低放废液水泥固化体。从周围监测井监测表明，未发现放射性核素和非放射性物质的向外迁移。美国汉福特核基地也准备对高放废液预处理，产生的低放废液进行盐石固化处置。

实现大体积浇注，有水泥浆流动度、泌水性、水化热引起的温升、初凝时间、终凝时间和抗压强度等许多关键因素。兰州核燃料厂经过大量冷试验和热试验，在 5 500 个数据基础上获得了水灰比、盐灰比、粉煤灰掺加量、水化热、流动性、泌水量、凝结时间等满足要求的配方。处理偏铝酸钠中放废液和中放蒸残液，优选粉煤灰水泥和缓凝剂，使流动度、初凝和终凝时间、抗压强度、泌水性和水化热引起的最高升温均能够满足工程要求。

大体积浇注处理能力大，不需要装许多金属桶，因此运行成本低，是一种有应用前景的工艺技术。水泥固化大体积浇注处理结果为最终处置，所以必须重视选址，选好配方，重视水泥固化体凝固时的水化热和收缩率，避免或减少裂纹的产生，除了必须关注放射性核素的浸出率外，还要重视化学物质的浸出和影响，必须做好环境影响评价和安全分析。

综上所述，低中放废物固化首先应根据废物类型优选固化工艺和设备。选定工艺之后，要试验和采用合适的配方。此外，固化工程要解决好废液贮槽中沉积物的取出和运输问题。废液贮存槽罐的底部可能会有泥浆或盐分的沉淀、结晶或板结物，可能有粒状树脂/粉末树脂的沉积物或板结物。这些沉积物特别是板结物的完全取出和输送是比较麻烦的事情，要选用适当的工艺和设备去解决。例如，可采用潜污泵、悬浮物混合泵，旋转喷嘴扰动沉积物，使其悬浮起来和泵送出去。输送管道要有适当的管径和坡度，要采用适当的压力和流速防止输运途中泥浆或盐分的沉积和堵塞，输运管道和泵与阀门要防腐蚀泄漏与喷射事故。

参考文献

[1] 张维正，李廷君．利用沥青固化处理低中放废液，放射性废物管理（四）[M]．北京：原子能出版社，1995.

[2] 罗上庚．日本动燃团沥青固化示范工厂着火/爆炸事件分析及教训[J]．辐射防护，1999（4）：281.

[3] 罗上庚．放射性废物概论[M]．北京：原子能出版社，2003.

[4] Jiawei Sheng，Shanggeng Luo，Baolong Tang. Vitrification of borate waste generated by nuclear power plants[J]. Nuclear Technology，1999，125（1）：86.

[5] Matsuda M，et al. Solidification of Spent Ion Exchange Resin Using New Cementitious Material（1），（2），J. Nuclear Science and Technology，1992，29（9）：883；1992，29（11）：1093.

[6] IAEA. An Overview of International Status and Trends in Radioactive Waste Management[J]. IAEA/WMDB/ST/2，2002：63.

[7] IAEA. Technologies for in Situ Immobilization and Isolation of Radioactive Wastes at Disposal and Contaminated Sites[J]. IAEA-TECDOC-972，1997：15.

[8] Luo S. In Situ Solidification Technology Adopted in China[J]. IAEA Technology Committee Meeting on in Situ Solidification of Low and International Level Radioactive Liquid Waste，Oct. 1994.

[9] 陈亮，王邵．中放废液大体积水泥固化工程简介[C]．放射性废物处理处置技术经验交流会论文集，2005，9.

第七章　高放废液的固化与分离-嬗变和分离-整备

高放废液的玻璃固化早已进入工程应用，高放废液的分离-嬗变是正在攻克的难题，分离-整备是近年发展的新技术。

第一节　高放废液的特性

高放废液是最受人们重视的废物，其原因在于：

（1）放射性强。核燃料在反应堆中“燃烧”，所产生的放射性核素都包容在燃料元件中。乏燃料元件从反应堆卸出之后，需要冷却 1 a 以上的时间再进行后处理，后处理产生的高放废液（第一萃取循环的反萃液，1 AW）需要经过 4 a 以上时间后进行玻璃固化处理。这时虽然高放废液中短寿命核素已差不多衰变完，但是其放射性仍然很强，一般为：

生产堆高放废液：β-γ放射性 10^{11}～10^{13} Bq/L，α放射性 10^{10}～10^{11} Bq/L

动力堆高放废液：β-γ放射性 10^{13}～10^{15} Bq/L，α放射性 10^{12}～10^{13} Bq/L

（2）毒性大，半衰期长。高放废液成分复杂，其组分包括：① 裂变产物；② 活化产物；③ 腐蚀产物；④ 萃余的铀、钚；⑤ 由中子俘获形成的超铀元素（如 Np、Am、Cm）；⑥ 包壳材料（如 Al、Mg、Fe、Mo、Zr 等）；⑦ 中子毒物（如 Gd、Cd、B 等）；⑧ 后处理引入的化学试剂（如 NO_3^-、SO_4^{2-}、PO_4^{3-}、F^-、Na^+等）和有机物杂质。

高放废液中含有 30 多种元素的 200 多种同位素，其中重要的放射性核素有几十种，半衰期长者超过百万年，许多核素的生物毒性很大，属极毒或高毒类（表 7-1）。有一些是挥发性或气态放射性核素，如 ^{3}H、^{85}Kr、^{106}Ru、^{131}I，^{129}I 等。这里还要指出，有的核素虽然本身半衰期不算长，但它们的衰变产物寿命很长，例如 ^{241}Pu 和 ^{241} Am 衰变形成的 ^{237}Np。

表 7-1　高放废液存在的主要核素

核素	半衰期	毒性	放射体	核素	半衰期	毒性	放射体
^{238}U	4.47×10^{9} a	低毒	α	^{131}I	8.04 d	中毒	$β^-$
^{235}U	7.0×10^{8} a	低毒	α	^{3}H	12.3 a	低毒	$β^-$
^{234}U	2.46×10^{5} a	极毒	α	^{95}Nb	34.991 d	中毒	$β^-$
^{233}U	1.6×10^{5} a	极毒	α	^{95}Zr	64 d	中毒	$β^-$
^{237}Np	2.14×10^{6} a	高毒	α	^{144}Ce	284 d	高毒	$β^-$
^{239}Pu	2.4×10^{4} a	极毒	α	^{106}Ru	373.59 d	高毒	$β^-$
^{240}Pu	6.56×10^{3} a	极毒	α	^{85}Kr	10.7 a	低毒	$β^-$
^{241}Pu	14.29 a	高毒	$β^-$	^{147}Pm	26.2 a	中毒	$β^-$
^{241}Am	4.33×10^{2} a	极毒	α	^{90}Sr	28.79 a	高毒	$β^-$

核素	半衰期	毒性	放射体	核素	半衰期	毒性	放射体
^{243}Am	7.37×10^3 a	极毒	α	^{137}Cs	30 a	中毒	β^-
^{242}Cm	162.8 d	极毒	α	^{14}C	5.7×10^3 a	低毒	β^-
				^{99}Tc	2.11×10^5 a	低毒	β^-
				^{126}Sn	2.48×10^5 a	高毒	β^-
				^{36}Cl	3.0×10^5 a	中毒	β^-
				^{79}Se	1.13×10^6 a	低毒	β^-
				^{93}Zr	1.53×10^6 a	低毒	β^-
				^{135}Cs	2.3×10^6 a	低毒	β^-
				^{129}I	1.61×10^7 a	低毒	β^-

[注] 半衰期数值参照《核素数据手册》，第 3 版，原子能出版社，2004 年。
毒性分组参照《电离辐射防护与辐射源安全基本标准》，GB 18871—2002。

（3）发热率高。高放废液中许多核素有高释热率，这使得高放废液早期的发热率可达到 20W/L。这种发热主要由 ^{90}Sr 和 ^{137}Cs 所贡献。据估算，经 10 年释热率降低到约 80%，经 100 年降低到约 60%，经 300 年降低到约 10%。

（4）酸性强，腐蚀性大。乏燃料元件的溶解多用硝酸，高放废液酸度达到 2～6 mol/L，因此高放废液具有很强的腐蚀性。早期美国曾用碱中和之后，以碱性溶液贮存在碳钢大罐中，后来发现，此法有增加废液体积和盐分、生成沉淀物、腐蚀重等缺点，后来都用不锈钢大罐贮存。

此外，高放废液在自身强辐射场的作用下，会导致水和残留有机物的辐解，产生 H_2、CO、CH_4、C_2H_6、C_2H_4 等燃爆性气体。

第二节 高放废液的贮存

由于高放废液具有以上特性，对高放废液的贮存提出了严格和苛刻的要求。高放废液贮槽的容积，小者几十立方米，大者几千立方米。高放废液贮存可能存在的风险和事故有：

（1）地震导致贮罐和输运管线结构破坏；

（2）输运管线阻塞；

（3）贮槽腐蚀泄漏；

（4）通风系统失效，积累燃爆性气体；

（5）飞行物坠落在上面；

（6）冷却和搅拌失灵，导致出现底部沉积和局部过热，甚至自沸和蒸发至干；

（7）洪水淹泡地下设备室；

（8）地基不均匀下沉，导致贮罐和输运管线破裂等。

高放废液贮槽必须采用耐蚀的不锈钢和其他耐蚀合金材料制造，满足强度、刚度和抗震的要求，对场址要作抗震计算和（或）抗震实验，对贮槽必须经过严格探伤检查。贮槽安置在有足够屏蔽厚度和衬钢的混凝土地下室内。贮槽采用双壁或有托盘，可以接纳万一发生泄漏而泄出的高放废液。

贮槽内装有冷却蛇管不断通过冷却水，保持高放废液处于 60℃以下，防止高放废液的自释热致沸；装有空气搅拌装置，不断搅动贮槽内的高放废液，防止形成沉淀和产生热点；贮槽厂房有足够的通风和空气净化能力，保证辐解所产生的氢等燃爆性气体浓度低于允许下限；要重视气溶胶的控制与监测；贮槽设置防临界措施（如装硼球）和监测液面、温度、压力、比重与泄漏的仪表，以及监测腐蚀的挂片等；为了以防万一，还要求建立备用贮槽和可靠的倒槽措施。此外，要加强实体保卫。我国已制定了高放废液贮槽和厂房标准[1]。图 7-1 左边是高放废液结构示意图，右边是美国正在建的两个高放废液双壁不锈钢大槽。

高放废液贮存设施采用多重屏障的设计思想，即不锈钢贮槽、不锈钢覆面设备室、设备室混凝土墙体以及设备室外吸附缓冲层。经过这样周密的设计，加上严格的质量控制和质量保证，可以说，高放废液暂时贮存的安全是有保障的。但是，高放废液贮槽为危险品化工设备，设计寿命一般为 15～20 a，必须尽早考虑后路。废物管理的最终目标是安全处置，所以在贮存期间就应该考虑高放废液的固化处理问题。

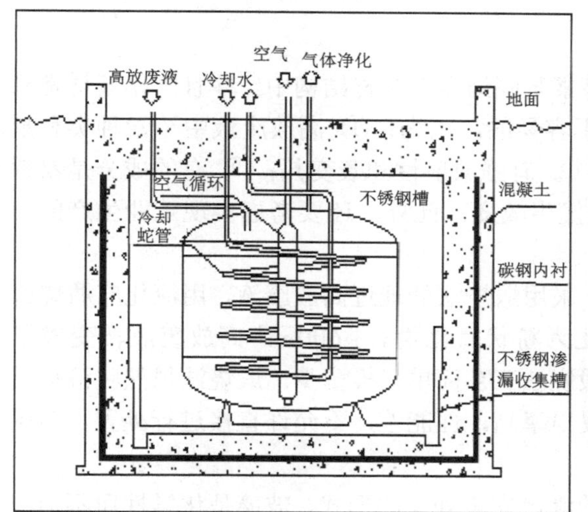

图 7-1　高放废液贮槽

美国贮存有约 38 万 m^3 的高放废液，主要分布在 3 个军工核基地，其中汉福特约有 24 万 m^3，萨凡那河约有 12 万 m^3，爱达河约有 1 万 m^3。

美国核工业早期，萨凡那河核基地用 49 个碳钢贮槽贮存碱性高放废液，其中 12 个已经发现有泄漏现象。汉福特核基地 1943—1968 年建立了一批高放废液地下贮槽，有：

碳钢单壁贮槽　149 个　　（容积 210～3 800 m^3/个）

不锈钢双壁贮槽　28 个　（容积 2 800～4 300 m^3/个）

149 个碳钢单壁贮槽中，到 1992 年已有 67 个单壁贮槽发生泄漏。所以决定到 2018 年前，将单壁槽中废液全部转移到双壁槽中[2]。由于废液贮槽中上层为结晶物，底部有板结沉淀物（泥浆），贮槽的安全威胁除泄漏外，还有燃爆危险，因为：

（1）贮槽中含有硝酸盐和少量有机物；

（2）由强辐解作用产生氢的积累。

为解决安全隐患，美国汉福特采取以下措施：

（1）加搅拌装置，每天搅拌 0.5 h，测量温度，防止局部过热；

（2）把高放废液从单壁槽转移出来。对泄漏的槽罐，用喷射泵利用自身液体，使沉积物溶解或悬浮起来，再泵出。

1957 年，前苏联南乌拉尔 Kyshtym 高放废液贮罐发生爆炸事故。该贮罐为混凝土水冷大罐，存放着 1×10^{18} Bq 放射性物质，含有硝酸盐与醋酸盐混合物。由于监测设备的缺陷和受腐蚀，冷却系统失控，温度升高，水蒸发，沉淀物蒸干，温度达 330～350℃，引起爆炸，威力相当于 70～100 t TNT 炸药，污染面积 15 000～23 000 km^2，撤走 27 000 人。撤出居民所受集体剂量约为 1 300 人·Sv，留下居民所受集体剂量约为 1 200 人·Sv，这是仅次于切尔诺贝利核电站事故的严重事故。按照国际核事件分级，属于 6 级重大事故。

第三节　高放废液的玻璃固化

高放废液固化处理，希望把放射性核素牢固结合到基材结构中，并且固化基材是稳定的、惰性的物质。达到这种要求是非常不容易的，因为：① 高放废液中核素种类和形态很多，还有很多非放射性物质混在一起；② 有强放射性和衰变热；③ 有的成分是易挥发的；④ 核素的衰变可能导致固化体结构发生改变。此外，还要考虑实现工业生产的可行性、操作运行的安全性和经济性。

美国曾在爱达荷化学处理厂（ICPP）采用煅烧法处理过高放废液，用流化床煅烧或喷雾煅烧在 300℃～500℃将高放废液转化为粉状氧化物。1 600 m^3 高放废液转变成了 2 180 m^3 煅烧物，贮存在地表的贮仓内。煅烧法工艺简单，投资少。煅烧法虽然将液体转变成了固体，但是其产品是粉状物，核素浸出率高，性能差，不允许直接进行处置。美国爱达荷现正考虑将煅烧物重做固化处理。

玻璃固化体是被现在人们普遍接受的满足安全处置的形式。玻璃是化学性质不活泼的物质，在高温状态有液态性质，能溶解很多氧化物，使得高放废液中的元素包容固定在玻璃网络结构中。玻璃中包容的废物氧化物范围为 15%～30%（质量百分数）。

适于固化高放废液的玻璃主要有两类：硼硅酸盐玻璃和磷酸盐玻璃，硼硅酸盐玻璃用得最多。硼硅酸盐玻璃是以二氧化硅及氧化硼为主要成分的玻璃。磷酸盐玻璃是以五氧化二磷为主要成分的玻璃，它以正磷酸根四面体相互连接构成网络结构。硼硅酸盐玻璃接纳硫、钼、铬的量有限，会分离出第二相（黄相）。磷酸盐玻璃熔制温度较低（约 1 000℃），可接纳较多的硫、钼和铬，但高温磷酸盐玻璃的腐蚀性大，热稳定性差，容易析晶，核素浸出率高，现在仅俄罗斯使用。硼硅酸盐玻璃的熔铸温度一般为 1 100～1 200℃。提高熔铸温度，玻璃固化体稳定性提高，但挥发组分（如铯和钌）损失增加，尾气处理要求提高，同时炉体腐蚀加大，所以硼硅酸盐玻璃熔铸温度应控制在不高于 1 200℃的范围内。

自 20 世纪 50 年代以来，玻璃固化已开发了许多工艺，主要有罐式法、煅烧-熔融两步法、焦耳加热陶瓷熔炉法、冷坩埚法 4 种。这 4 种工艺的基本流程可以归结为如图 7-2 所示的两种形式。

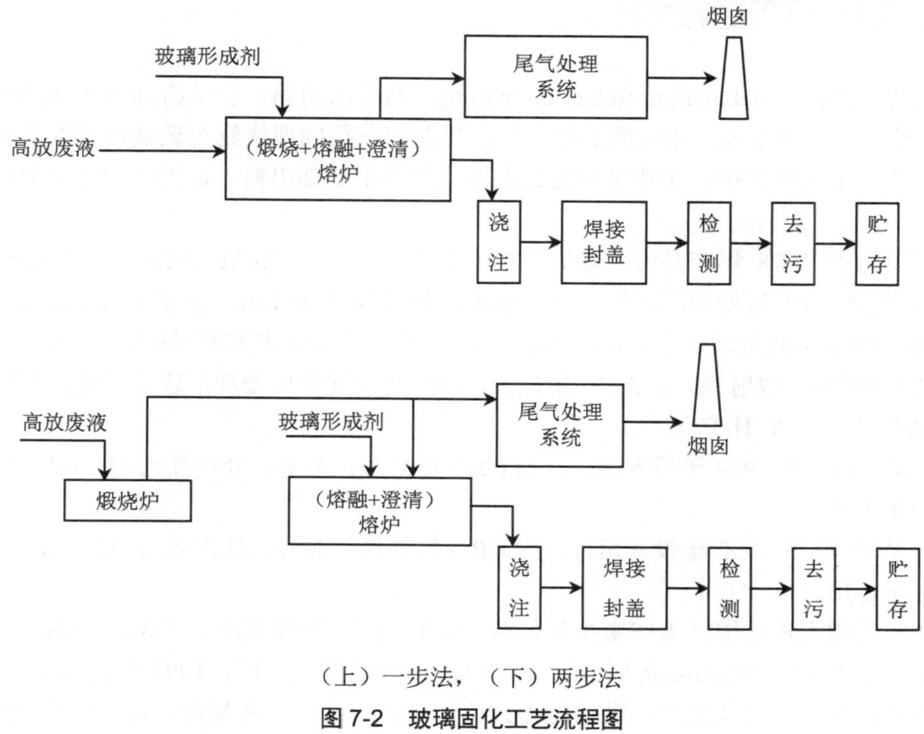

（上）一步法，（下）两步法

图 7-2 玻璃固化工艺流程图

一、罐式法

罐式法（pot process）是液体加料，批量生产工艺。高放废液和玻璃形成剂（又称基础玻璃）加入到因科镍合金制的金属熔炉中，熔炉由中频加热器分段加热和控制温度。废液在熔炉中蒸发、干燥、煅烧、熔融和澄清，最后由底部出料。出料由感应加热的冻融阀控制。罐式法的优点是：工艺简单，投资少。主要缺点是生产量小，熔炉寿命短，熔铸约 30 批料就要更换一个罐。

法国在 1968 年建成投产的 PIVER 装置是罐式法。中频加热器 10 kHz。每次加料约 10 L，达到熔炉高度的 80%，然后以 100℃/h 速率升温，直到 1 150℃，澄清 3～4 h 后出料。法国用 PIVER 装置处理了 25 m^3 HLW，生产出 12 t 玻璃，包容 150 000 TBq 放射性。

印度特朗贝（Tromby）在 1987 年建成罐式法玻璃固化装置 WIP。1996 年在塔拉普尔（Tarapur）建成了第二个罐式法玻璃固化工厂。WIP 处理能力 25 L/h。玻璃贮罐ϕ325 mm，H 775 mm，材料为 304 L 不锈钢。每罐装 125 kg（45 L）玻璃，发热率 1.75 kW。

我国在 20 世纪 70 年代下半叶到 80 年代初也开发研究过罐式玻璃固化工艺，开展了玻璃固化配方、钌行为、钌过滤器滤材、高放废液脱硝、基础玻璃料配制、硫走向、多段中频加热器等许多研究。80 年代中期转入电熔炉玻璃固化研究。

二、煅烧-感应熔融两步法

煅烧-感应熔融（calcination-induction melting）两步法的第一步是将高放废液加入到回转煅烧炉中，在那里蒸发、干燥和煅烧；第二步是将获得的煅烧物与玻璃形成剂分别加入到中频加热的金属熔炉中，在那里熔融和澄清。最后由底部出料，该工艺为连续加料和批式出料。

法国首先于 1978 年在马库尔建成了第一套两步法装置 AVM（Marcoule Vitrification Facility），处理 UP1 后处理厂产生的高放废液，处理能力 40 L/h，该装置现已进入退役阶段。1978—1999 年共处理了 2 074 m^3 高放废液，产生 11 400 罐玻璃固化体，4 500 t 玻璃，包容 1.67×10^7 TBq 放射性。在 AVM 基础上，法国在拉阿格后处理厂建立了两座玻璃固化工厂（AVH-R7 和 AVH-T7）：

（1）AVH-R7 于 1989 年投入运行，为 UP-2 后处理厂服务，处理能力 100 L/h，三条生产线，一条备用；

（2）AVH-T7 于 1992 年投入运行，为 UP-3 后处理厂服务，处理能力 100 L/h，三条生产线，一条备用。

此外，英国引进法国技术在塞拉菲尔特（Sellafield）为温茨凯尔（Windscale）后处理厂建设了一座 WVP（Windscale Vitrification Plant）玻璃固化工厂，1991 年投入运行。

两步法的优点是连续生产，处理能力大。不足之处是：工艺复杂，熔炉寿命比较短，生产 1 000～6 000 h 要更换熔炉。

三、焦耳加热陶瓷熔炉法

焦耳加热陶瓷熔炉（Joule-heated Ceramic Melter，JCM）简称电熔炉，也称液体进料陶瓷熔炉（Liquid Feed Ceramic Melter，LFCM）[3]。采用电极加热，炉中不同位置装若干对电极，材料有用因科镍 690，也有用钼的。炉体内部为耐火陶瓷材料，外层为不锈钢壳体，即耐火陶瓷炉包封在一个气密的钢壳里。熔池温度达到 1 150～1 200℃。连续加料，高放废液与玻璃形成剂分别加入（也有混合后同时加入）熔炉中，在熔炉中同时完成蒸发、干燥、煅烧、熔融和澄清。熔池表面大部分为煅烧物所覆盖（俗称“冷帽”），以降低排气温度、减少夹带和蒸发损失。熔制好的玻璃出料有两种方法：底部冷冻阀批式出料和溢流连续出料。

电熔炉技术最早为美国太平洋西北实验室（PNNL）所开发，西德首先在比利时莫尔建成 PAMELA（Pilot-Anlage Mol zur Erzeugung Lagerfaahiger Abfaalle）装置，处理比利时前欧化公司在 1964—1974 年运行期间积存的高放废液，处理能力 30 L/h。在 1985 年 10 月—1991 年 7 月 PAMELA 共处理了 958 m^3 高放废液，生产出 2 200 罐 493 t 玻璃固化体，包容 β/γ 放射性 4.44×10^5 TBq，α 放射性 1.5×10^3 TBq，PAMELA 现正在进行退役。

电熔炉法是目前国际上最广泛使用的玻璃固化工艺。前苏联于 1986 年在马雅克建成了电熔炉 EP-500，处理马雅克后处理厂的高放废液。日本为实施玻璃固化，先后建了工程试验装置 ETF（Engineering Test Facility），全规模冷试装置 MTF（Mock-up Test Facility），热室中试验固化装置 CPF（Chemical Processing Facility），在 1994 年建成东海村玻璃固化工厂（Tokai Vitrification Facility，TVF），处理能力 40 L/h，现正在北海道 6 个所村建设规模更大电熔炉玻璃固化工厂。

美国在 1996 年建成萨凡那河 DWPF（Defense Waste Processing Facility）玻璃固化工厂（处理能力 225 L/h）；为处理原西谷后处理厂 1966—1972 年运行期间积存的高放废液，建设了 WVDP（West Valley Demonstration Plant）电熔炉玻璃固化工厂，处理能力 150 L/h。1996—1999 年处理完了西谷积存的 2 300 m^3 高放废液，产生 500 t 玻璃固化体。

此外，德国卡尔斯鲁厄 WAK 后处理中试厂积存有 70 m^3 高放废液，已建成一座电熔炉装置 VEK，设计处理能力 10 L/h，估计 2007 年投入试运行。

我国引进德国技术在 821 厂建立了冷试电熔炉，在 20 世纪 90 年代末期进行过两轮冷试验。国际上一些电熔炉性能比较列于表 7-2。

表 7-2 一些电熔炉性能比较

设施	熔炉外形尺寸/m	熔池面积/m^2	废液进料率/（L/h）	电极材料	电极数目	出料方式	设计寿命
EP-500（俄）	9.48×4.2×3.2	10.7	400	钼			3 a
WVDP（美）	3×2.4×2	2.2	150	因科镍 690	3 对（底部 1 对，侧壁 2 对）	溢流出料，2 个出料口	
DWPF（美）		2.6	225		2 对	底部	3 a
PAMELA（比）	2.6×2×2	0.72	30	因科镍 690	4 对（上部 2 对，下部 2 对）	底部溢流	
JVF（日）	2.1×2.5×2.4	1.8	～100	因科镍 690	主电极 1 对，辅助电极 2 对，底部电极 1 对	底部	

电熔炉工艺的优点是处理量大，工艺相对比较简单，熔炉寿命长（可达 5 a）。不足之处是熔炉体积大，给退役带来较多麻烦。

影响电熔炉使用寿命的主要因素是熔炉耐火材料和电极腐蚀。熔炉退役切割工作量和废物量大。为了减少高放废物的体积，应尽可能地把残留在炉子内壁上的玻璃体去掉。日本 JNC 在拆卸东海村第一台熔炉时，用钇铝石激光系统切割熔炉结构材料。

一些国家电熔炉运行期间曾经出现的主要问题如下：

（1）比利时 PAMELA 电熔炉：① 第一个炉子由于贵金属（钌、铑、钯）底部沉积提前关闭，第二个炉子改为锥形出口。② 运行一段时间后出现黄相，废物包容量由 16%降到 11%。

（2）美国西谷厂电熔炉：① 玻璃料淤积出口，使出料堵塞。② 出料空气提升器没有达到设计要求。③ 尾气出口处气膜冷却器发生颗粒物积累，机械清扫器运行效果不好。④ 进料系统搅拌器与电机连接件发生损坏。

（3）美国萨凡那河电熔炉：① 出料口腐蚀和堵塞。② 熔炉冷却水管泄漏。③ 进料系统搅拌和加热/冷却线圈失灵。④ 设计处理能力每年 500 罐玻璃，但实际处理能力只是其一半。

（4）俄罗斯电熔炉 EP-500：运行 1 年后由于电极设计缺陷，电极烧坏，熔炉报废，重建新炉。

（5）日本东海村 TVF 电熔炉。1995 年正式投入运行后，曾发生过两次重要故障。第一次是由于出料口温度控制不适，造成底部出料口堵塞，经改进后解决。第二次是由于贵金属累积，造成一个主电极损坏。日本 JNC 对熔炉设计作了改进。设计的第二台熔炉增大了贵金属排出能力。在把第一台熔炉移走之后，在原来地方安装了改进设计的、并经过冷试运行的第二台熔炉。第二台熔炉于 2004 年 10 月正式投入运行。

四、冷坩埚法

冷坩埚熔炉（Cold Crucible Melter，CCM）采用高频（10^5～10^6 Hz）感应加热，炉体外壁为水冷套管和感应圈，不用耐火材料，不用电极加热。由于水冷套管中连续流过冷却水，在近冷却套管温度低（＜200℃）区域形成一层 3～4 cm 厚的固态玻璃壳（冷壁），称为“冷坩埚”。熔融的玻璃包容在冷壁之内，大大减少对熔炉的腐蚀作用。冷坩埚技术在民用玻璃生产和搪瓷工业中早已得到应用，俄罗斯最先提出用它来处理核废物。俄罗斯 RADON 正在为马雅克建冷坩埚玻璃固化验证装置；法国已在马库尔建了两座实验性冷坩埚熔炉。法国拉阿格后处理厂为处理铀-钼合金乏燃料元件，准备在 R7 玻璃固化工厂改建一条冷坩埚生产线，计划 2008 年投产。此外，法国正在为意大利萨鲁吉亚（Sallugia）建冷坩埚玻璃固化设施，处理其积存的 200 m^3 废液（其中高放废液 85 m^3）。法国与韩国电力公司合作，1999 年在韩国大田建了一套冷坩埚冷试装置，正在建设处理核电站废物的冷坩埚玻璃固化装置。

冷坩埚法有以下优点：

（1）腐蚀性小，熔炉寿命长；

（2）炉温可达到 1 600℃以上，适应性强，可处理多种废物，除固化高放废液外，可熔炼废金属、废包壳，固化处理核电站废物等；

（3）退役容易，退役废物量小。

冷坩埚法不足之处为：

（1）冷坩埚热效率低，耗能比较大。冷坩埚用在熔铸玻璃的电能仅占 30%（线圈耗电 20%，冷坩埚热传输消耗 40%），比陶瓷熔炉多耗电 50%。陶瓷熔炉法耗电为 1 kW·h/kg 玻璃，冷坩埚法耗电为 1.5 kW·h/kg 玻璃。冷坩埚耗水量也比较大，冷坩埚需要不断水冷，搅拌器和浇注滑板也要水冷。

（2）冷坩埚多以煅烧物形式进料，目前缺乏液体进料经验。

（3）至今，冷坩埚还没有处理高放废液的工业运行记录。法国 R7 工厂的改建工作和意大利萨鲁吉亚冷坩埚建设都在进行中；美国汉福特有考虑选冷坩埚技术玻璃固化高放废液。

玻璃固化的罐式熔炉、煅烧-感应加热熔炉、焦耳加热陶瓷熔炉、冷坩埚的工艺流程简图如图 7-3～图 7-7 所示。

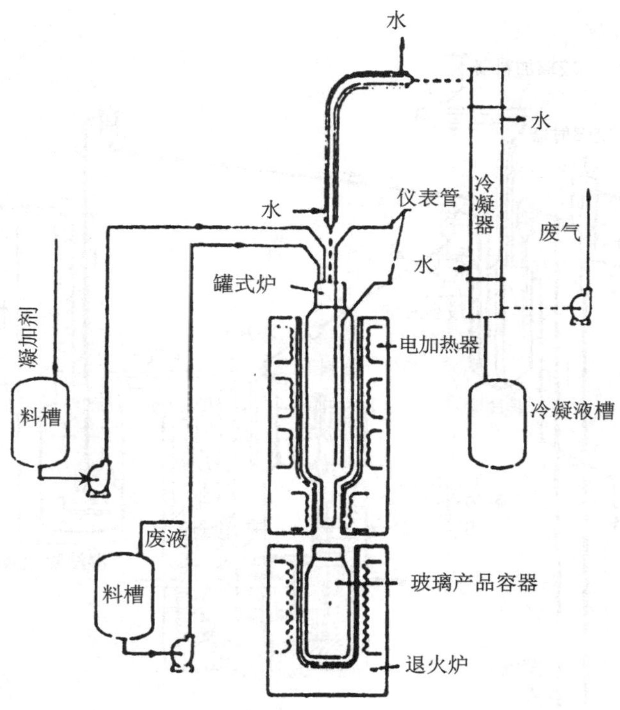

图 7-3　罐式法熔炉

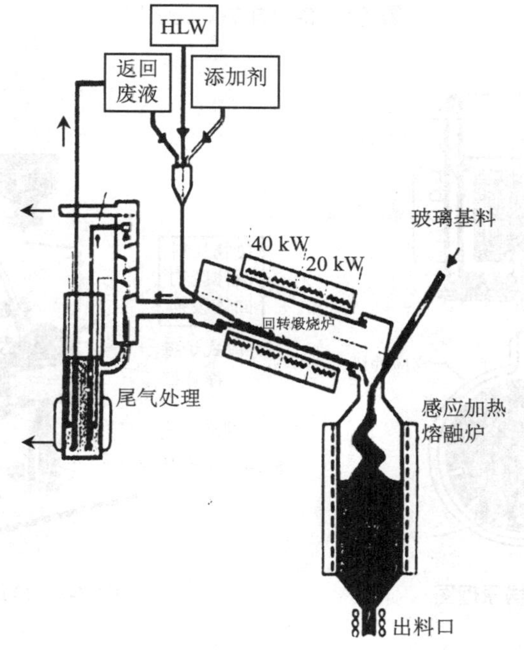

图 7-4　煅烧-感应加热熔炉

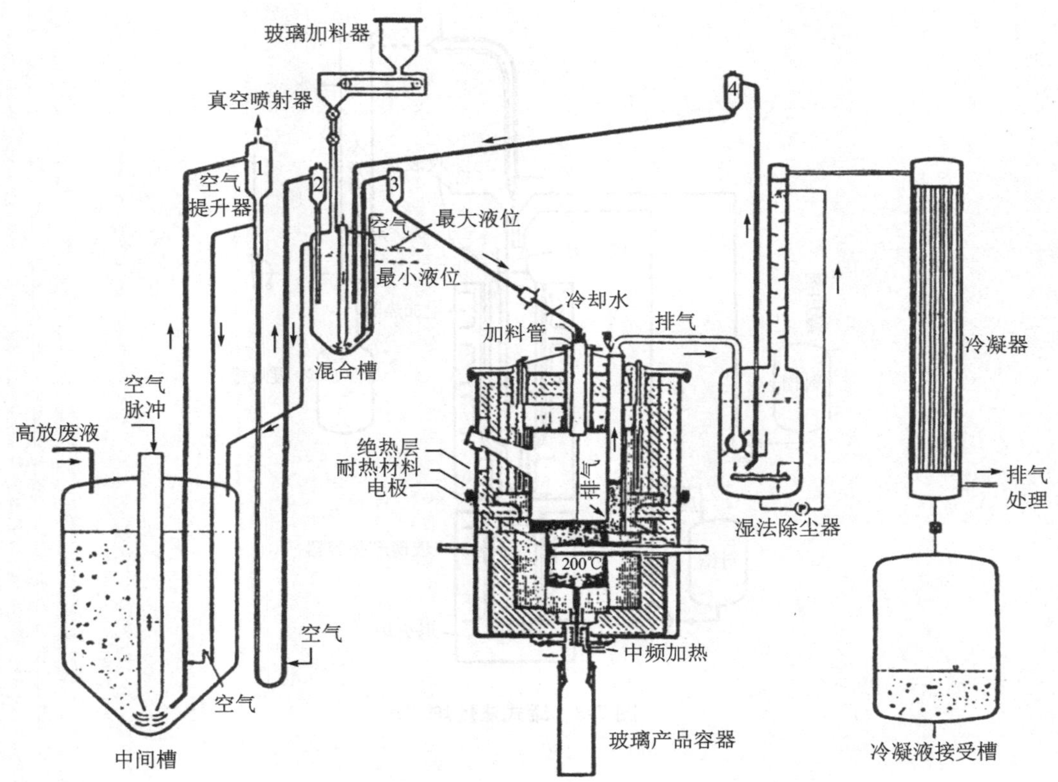

图 7-5　焦耳加热陶瓷熔炉

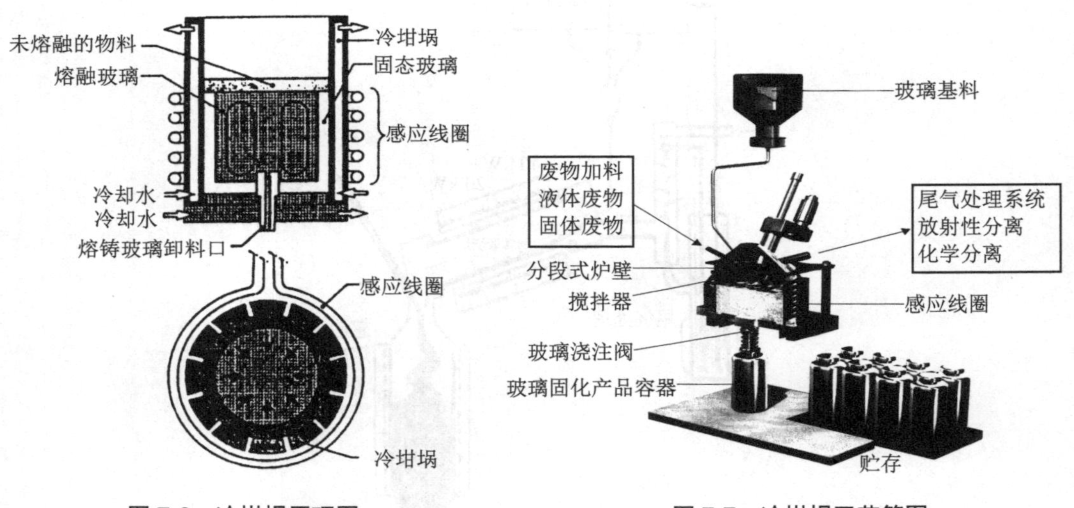

图 7-6　冷坩埚原理图

图 7-7　冷坩埚工艺简图

4种玻璃固化装置性能比较列于表7-3。

表7-3 4种玻璃固化装置性能比较

项　目	罐式法	煅烧+感应熔炉法	陶瓷熔炉法	冷坩埚法
进　料	一步法	二步法	一步法	一步法（也可两步法）
加热方式	中频分段感应加热	煅烧+中频感应加热	电极加热	高频感应加热
处理能力	小	可大可小	可大可小	较小
熔融温度	约1 100℃	熔炉1 100～1 200℃	1 100～1 200℃	可达1 600℃甚至更高
熔炉寿命	短	煅烧炉可达2 a，熔融罐5 000 h	约5 a	20 a或更长
适应性	小	较小	较小	较大
热效率	高	较高	高	低
退役废物	少	较多	较多	较少

玻璃固化熔制过程包括进料—熔化—澄清均化—浇注。熔制工艺可分为供料、熔炉、浇注、固化产品贮存、尾气处理和检测控制6大系统。

1. 供料

供料包括高放废液和基础玻璃。基础玻璃（又称玻璃形成剂）有用玻璃珠或玻璃丝，也有用玻璃粉加悬浮剂配成浆料计量注入熔炉中。美国采用高放废液与基础玻璃预混合而制成的浆料作为电熔炉的进料。供料系统有许多管道、阀门、泵和计测设备，还包括料液的取样和分析等。供料要严格控制，保证安全、可靠、准确，不发生泄漏、堵塞和外喷事故。

供料在玻璃熔池表面形成一层相对冷的壳层（“冷帽”），进料的水分在冷帽的表面被蒸发，煅烧成氧化物，然后进入熔池中熔融，形成废物玻璃，经过一定时间澄清后，进行浇注。

2. 熔炉

炉体为水冷圆柱形或方形钢壳，内铺设耐火砖。上设进料管和排气管，不同部位安装多对（2～4对）电极，提供熔融玻璃所需的电功率。电极通电后产生的焦耳热使高放废液在炉中蒸发、煅烧，与玻璃形成剂一起熔融、澄清，获得均匀玻璃产品。熔炉设碳化硅辅助加热电极、热电偶套管、液位指示器、摄像镜头套管等。炉体下设中频感应加热冷冻阀卸料口。此外，电熔炉还设事故排气管、辅助出料装置等。为了防止贵金属的底部沉积，熔炉的内底设计成倒金字塔形，连接卸料口。

3. 浇注

出料浇注是把熔铸好的玻璃浇注到不锈钢贮罐内，出料方式有底部出料和溢流出料。正常运行时只有部分熔融玻璃从熔炉内排出，当运行结束时，需将熔炉排空。比利时PAMELA、美国西谷WVDP和萨凡那河DWPF都发生过出料障碍问题。PAMELA第一个熔炉出现过贵金属沉积，贵金属钌以RuO_2形式沉积在炉底，铑、钯以合金形式沉积在炉底，造成高黏度和高电导，减小熔炉生产能力和可能导致短路，这给熔炉正常运行带来严重影响。第二个熔炉把平底改为75°锥底，解决了贵金属沉底问题。底部出料一般用冻融阀，平时被玻璃封住。出料时感应圈升温，玻璃熔融，阀门打开，浇注玻璃，浇注完又被冷凝玻璃封口。美国Duratek公司采用空气提升器溢流出料。法国为冷坩埚设计滑动阀板出料，由1 kW电机带动调节阀门开度、控制出料速率，滑动阀设两个阀门，一个备用。

玻璃贮罐用高耐蚀材料制成，如304 L不锈钢、316 L不锈钢、高镍基合金等。玻璃贮罐完成浇注后，冷却到罐表面温度低于 100℃后，在保护气氛中用等离子弧焊接封盖。封盖后，要对贮罐的外表面进行去污和检测，去污有用硝酸铈溶液（或带超声）浸洗，也有用高压射流技术，冲洗-干燥之后，检测表面污染，检测常用遥控操作的擦拭法。检测合格后才准许送去贮存。

4．贮存

新制备的玻璃固化体自释热率相当高，每罐达几千瓦，需要经过冷却贮存才能送去处置。

为使玻璃固化体中心温度维持在析晶温度之下（低于 450℃），冷却 30～50 a 后才可吊出来运送去处置。为容易散热，高放玻璃固化体的包装容器做成圆柱状，一些典型的玻璃固化罐设计参数见表 7-4。

表 7-4 一些国家玻璃固化罐设计参数

场址国家	外径×外高/mm	容积/L	材 料	最大重量/kg	最大活度/GBq	最大剂量率/(Sv/h)	发热/W
PAMELA（比）	298.5×1 200	60	SS	250	5.6×10^5（β）	140	70
	430×1 346	150	SS	500	1.8×10^5（β）	12	20
COGEMA（法）	430×1 338	150	SS	500	6.6×10^6（^{137}Cs） 4.6×10^6（^{90}Sr）	14 000	4 000
BNFL（英）	420×1 330	150	SS	550	4.5×10^7	4 500	2 500
DWPF（美）	600×3 000	630	SS	1 700			
WVDP（美）	610×3 048	650	SS				
JVF（日）	430×1 335	150	SS（304 L）		2.2×10^5		2 300

[注] SS—不锈钢。

通常，把高放玻璃贮罐叠放贮存在空气冷却的井筒内，前期采用强制通风，贮存几年后改用自然通风。法国马库尔贮存库设 300 个井筒，每井筒深 10 m，叠放 10 个玻璃罐。空气冷却，进气温度 20℃，排气温度 70℃。高放玻璃贮罐和贮存设施见图 7-8 至图 7-10。

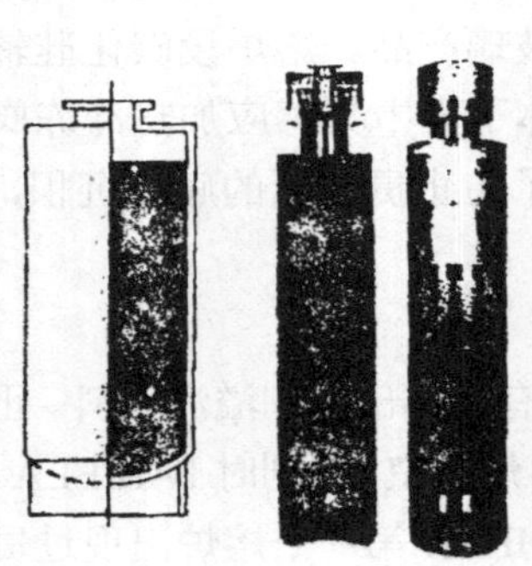

图 7-8 玻璃贮罐

图 7-9 玻璃贮罐吊进贮存库

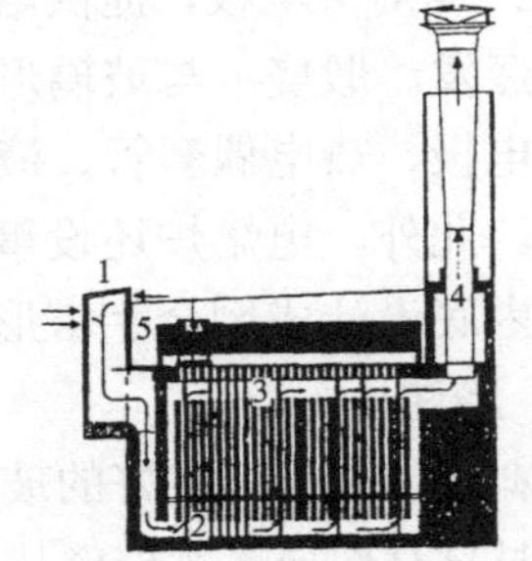

1—空气入口；2—下部通风；
3—上部通风；4—烟囱；5—装卸大厅

图 7-10 玻璃固化体贮存库

5．尾气处理

高放玻璃固化的尾气处理是一个庞大和复杂的系统，必须有完善的净化和检测设备。尾气处理常为湿法和干法组成的多级净化系统，包括湿法除尘器、冷凝器、喷淋洗涤器、NO_x 吸收塔、玻璃纤维过滤器、烧结金属过滤器、HEPA 过滤器等，总去污因子达到 10^{12}～10^{14}。从熔炉出来的尾气夹带着颗粒物、挥发物、放射性气溶胶、氮氧化物（NO_x）、硫氧化物（SO_x）和水汽等。需要把颗粒物捕足返回到熔炉，需要冷凝水汽，除去 NO_x 和 SO_x，除去各种放射性核素和气溶胶，经过检测，达到合格标准后，才允许排往大气。连续监测α、β/γ 放射性，高放废液玻璃固化尾气处理系统最关注的核素是 ^{137}Cs，^{90}Sr 和α放射性。

6．监测和控制系统

高放玻璃固化辐射水平高，高温操作，安全风险大。需要严格监测温度、压力、液面、流速等参数；控制高放废液和基础玻璃进料量；控制通排风和负压；及时进行清扫防止尾气系统和出料口堵塞；安全浇注熔融的玻璃；保证电力、蒸汽、冷却水和压缩空气的供给；设置有效的火灾报警与灭火、放射性监测和安全保卫等。

玻璃固化工艺设备要置于重屏蔽之后，需要用遥控操作和维修，这大大增加了技术复杂性；提高了建造投资和运行费用；增加了退役难度和退役费用。还必须指出，高放废液玻璃固化过程会产生许多二次废物，除熔炉尾气外，还产生许多低、中放废液和废过滤器芯，以及检修过程产生的其他固体废物。所以严格管理，按程序操作，保证安全运行和实现废物最小化，具有十分重要的意义。

世界玻璃固化装置情况如表 7-5 所示。

表 7-5　世界玻璃固化装置情况

国家	工　厂	地　址	工　艺	起始运行时间	建设投资	处理能力	处理 HLW
美国	DWPF WVDP HWVP	萨凡那河 西谷 汉福特	电熔炉 电熔炉 电熔炉	1996— 1996—2002 年 2007—	20 亿美元 10 亿美元	225 L/h 150 L/h 4 个熔炉，2 个为处理高放废液，2 个为处理低放废液	2 270 m³HLW，500 t 玻璃
法国	AVM AVH-R7 AVH-T7	马库尔 拉阿格 拉阿格	煅烧/感应熔炉 煅烧/感应熔炉 煅烧/感应熔炉	1978—1999 年退役中 1989— 1992—	—	40 L/h 2 条运行，1 条备用，每条 45 kg/h 玻璃（100 L/h） 2 条运行，1 条备用，每条 45 kg/h 玻璃（100 L/h）	2 074.5 m³HLW，167×10⁷ TBq
英国	WVP	塞拉菲尔德	煅烧/感应熔炉	1991—	3.6 亿英镑	原有 2 条生产线，又增加 1 条生产线	—
俄罗斯	EP-500	马雅克	电熔炉	1987—	—	—	已处理 17 000 m³ HLW，3 000 t 玻璃，1.5×10⁷ TBq
比利时	PAMELA	莫尔	电熔炉	1985—1991 年退役中	1.5 亿马克	30 L/h	已处理完 63 m³ 低浓铀 HLW，895 m³ 高浓铀，产生 2 201 罐玻璃固化体，含 α 1.51×10¹⁵ Bq，β/γ 4.44×10¹⁷ Bq
德国	VEK	卡尔斯鲁厄	电熔炉	2007 年热试	2.6 亿美元	10 L/h	准备固化处理 208 t 乏燃料所产生的约为 70 m³ 高放废液
日本	TVF JVF	东海村 北海道	电熔炉 电熔炉	1994—	380 亿日元	40 L/h 2 条生产线，每条为 40 kg/h	已生产 150 罐固化体 尚在建造中
印度	WIP	特朗贝 塔拉普尔	罐式法 罐式法	1987— 1996—	—	2 罐玻璃/周 100 m³/a	—
意大利		萨鲁吉亚	冷坩埚	2007 年冷试	—	—	—
韩国		蔚珍核电厂	冷坩埚	2007 年热试	—	—	处理核电厂低中放废物

第四节 玻璃固化配方和特性鉴定

要使玻璃体能够长期包容和隔离高放废物，要求玻璃固化体有良好的化学稳定性、机械稳定性、热稳定性和辐照稳定性。固化体受地下水浸泡，放射性核素被浸出，由地下水输运进入生物圈是最可能的途径，所以化学稳定性是第一重要特性。其他重要特性依次是：机械稳定性、热稳定性和辐照稳定性。

一般说来，玻璃固化体的化学稳定性、机械稳定性和辐照稳定性是满足要求的。在抗辐照方面，玻璃体不耐α辐照。在热稳定性方面，较高温度时有析晶倾向，不甚理想。实际上，完全理想的稳定性是难以达到的，应该做代价-利益分析，获得“尽可能好的稳定性”，满足处置要求。

高放废液组分十分复杂，要针对不同的高放废液研制最佳配方。国外已研究了几千种配方，中国原子能科学研究院根据我国高放废液的高钠、高硫特点，进行过许多配方的研究[4]，设计的配方在德国电熔炉和我国电熔炉上作了验证。

关于玻璃的结构有许多学说：有晶子学说、无规则网络学说、凝胶学说、五角形对称学说、高分子学说，等等。根据网络学说，玻璃是硅氧四面体的三维网络结构物。但是其排列是无序的，缺乏对称性和周期性，表现短程有序和长程无序。玻璃固化是将放射性核素包容固定在玻璃的三维网络结构中（图 7-11），所以玻璃固化是一种化学包容，玻璃固化体的核素浸出率相当低。

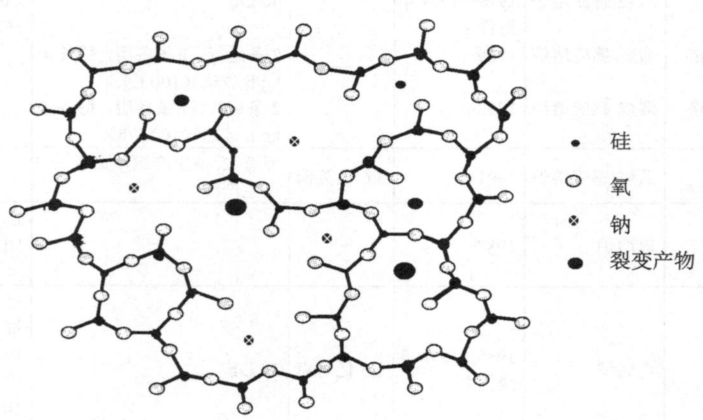

图 7-11 玻璃网络结构

硼硅酸盐玻璃固化体的废物氧化物包容量为 15%～30%（质量百分数），其余 70%～85%为基础玻璃（玻璃形成剂）。基础玻璃氧化物可分为三大类：

（1）网络生成体氧化物，如 SiO_2，B_2O_3，P_2O_5 等，能形成各自特有的网络体系，单独生成玻璃。

（2）网络外体氧化物，如 Li_2O，Na_2O，CaO，ZrO_2 等，不能单独生成玻璃，不参加网络，一般处于网络之外。

（3）中间体氧化物，如 Al_2O_3，MgO，ZnO，TiO_2 等，一般不能单独生成玻璃，其作用介于网络生成体和网络外体之间。

玻璃结构的强度取决于：① 氧多面体的性质和它们的联结方式；② 所存在的网络调整剂的性质。

玻璃组分对玻璃的结构和性能影响很大。每种组分对玻璃的性质有不同的作用（表 7-6），有有利作用的方面也有不利作用的方面，例如：提高 SiO_2 的含量，对降低核素浸出率和析晶有利，但使熔铸温度升高，高温黏度变大。熔铸温度升高，熔炉寿命缩短，挥发进尾气系统的核素增加，增加设备维修和能耗。提高碱金属的含量，可降低熔铸温度，但使核素浸出率提高。

表 7-6　玻璃各种组分对玻璃体性能的影响

组　分	熔铸温度	化学稳定性	热稳定性	机械强度	高温黏度	浸 出 率	析晶倾向
SiO_2	提高	提高	提高	提高	提高	降低	降低
Al_2O_3	提高	提高	提高	提高韧性	提高	降低	降低
B_2O_3	降低	提高	提高	降低韧性	降低	提高	降低
Na_2O	降低	降低	降低	降低韧性	降低	提高	降低
K_2O	降低	降低	降低	降低韧性	降低	提高	降低
CaO	降低	提高	降低	提高	降低		提高
MgO	降低	提高	降低	提高	降低	含量 5%时浸出率最低	提高
BaO	降低	提高			降低		
ZnO	提高	提高	提高			降低	提高
PbO	降低	降低			降低		降低
Li_2O	降低	提高			降低		提高

玻璃固化配方应该满足以下两方面的要求：

（1）保证固化工艺、固化体运输和贮存操作的安全；

（2）保证固化体的安全处置，牢固地包容放射性核素，使其成为保证安全处置的第一道有效工程屏障。

一、影响固化、贮存、运输工艺的特性

1. 黏度

黏度是玻璃非常重要的性质，它影响玻璃的澄清和均化；影响有效除气和熔制玻璃产品的均匀性；影响玻璃的浇注过程；影响结晶的形成和生长；影响对炉体的腐蚀作用。

玻璃黏度随温度变化很大，1 150℃时，黏度约 50 dPa·s，流动性很好；950℃时，黏度约 500 dPa·s，流动性变差。对于高放废液玻璃固化工艺，通常希望在 1 100℃时黏度为 100～400 dPa·s。由于玻璃的黏度范围太大，用同一种仪器完成从冷态到熔融态的全部黏

度的精确测定是不可能的，一般把黏度分为3个区，分别用不同仪器进行测定。

2. 电导率

玻璃在室温下是电绝缘体，随着温度升高，电导率上升，成为导电物质。适当的电导率对焦耳熔炉的设计和运行有非常重要的意义。熔融态玻璃的电导率是碱金属离子浓度的函数，废物包容量增加，熔融玻璃的电导值上升。玻璃熔融体的电导率常用铂电极测定。

3. 析晶

玻璃会自发析晶，形成微晶相。析晶又称失透或反玻璃化（devitrification）。玻璃是一种热力学亚稳态物质，玻璃态物质较相应结晶物质具有较大的内能，因此它总有降低内能向晶态转变的趋势。

析晶使玻璃变成不均匀物质，性质发生较大变化。结晶相中富集裂片元素，结晶相比较易溶于水，所以析晶往往会降低玻璃体的抗浸出性，一般要求析晶量小于 5%（体积百分数）。

影响析晶的主要因素是组分和温度。某些高放废物氧化物是玻璃析晶的晶核，TiO_2和ZrO_2都是析晶的成核剂。高放废物玻璃体的析晶作用比普通玻璃强烈，磷酸盐玻璃的析晶倾向大于硼硅酸盐玻璃。

玻璃中析出晶体，一般要经过两个步骤：① 先形成晶核；② 晶核长大。一般，玻璃在400～800℃范围内，发生晶核形成和晶核长大成为结晶相，最大析晶的温度范围为700～750℃。有些玻璃析晶可使浸出率提高2～3个量级，有些玻璃的析晶则对浸出率影响不大，取决于配方。玻璃的析晶过程由三个因素决定：第一为晶核形成速率；第二为晶体生长速率；第三为玻璃的黏度。当温度过高时，玻璃黏度小，晶体生长速率虽大，但晶核形成速率却很小，不利于析晶作用。当温度过低时，玻璃黏度很大，晶核形成速率较大，但生长速率很小，也不利于析晶作用。

为了防止析晶，玻璃固化体制成便于散热的圆柱体和贮存在有通风冷却的贮存库中。在玻璃固化体产生后的头几百年内，保证玻璃固化体的中心温度低于450℃，表面温度低于300℃。

研究玻璃析晶，通常将样品放在梯度炉中恒温一定时间，取出之后迅速冷却，然后用光学显微镜、扫描电子显微镜、电子探针、X射线衍射、DTA分析等手段作定性或定量测定。析晶产物为$CaMoO_4$、$SrMoO_4$、$CaTiO_3$、Zn_2SiO_4、$CaTiSiO_5$、$NaAlSiO_4$、$CaMgSi_2O_6$等化合物。

4. 相分离

相分离是在产品表面或产品深处形成第二相。如玻璃在熔铸过程、冷却过程由于内部质点迁移，某些组分浓集（偏聚）形成化学组分不同的两相。

硫、铬、钼等元素易在玻璃中形成第二相。碱金属和碱土金属的硫酸盐、钼酸盐和铬酸盐容易在玻璃中分离出来，形成黄色第二相（简称黄相）。硫是在后处理过程中由于加入还原剂氨基磺酸亚铁$Fe(NH_2SO_3)_2$而引进的。铬主要由腐蚀作用引入，钼主要由燃料元件铀钼合金引入。

硫在玻璃体中的溶解度较低，影响了含SO_4^{2-}多的高放废液的包容量。一般认为，玻璃中SO_2最大包容量为0.6%～0.8%（质量百分数），过多的硫会以黄相析出。黄相好吸附^{90}Sr、^{137}Cs等核素，容易溶于水，导致浸出率提高，所以黄相的出现是必须避免的。实践发现，黄相往往是在熔炉连续运行一段时间之后出现的，这和尾气系统的吸收液返回熔炉有关。目前尚没有消除黄相好办法，已提出解决的方法有：

（1）提高熔铸温度，增大 SO_3 的挥发量。但是，提高熔铸温度，会增加熔炉的腐蚀，缩短熔炉的寿命。并且，如果尾气的冷凝液返回熔炉的话，驱出的 SO_2 又会返回熔炉中来。

（2）降低玻璃固化体的高放废液的包容量，这是不可取的办法。

（3）搅动玻璃熔融体，采取鼓泡（美国设计方案）、设搅拌桨（法国设计方案）等办法可使得混合均匀，提高 SO_2 的溶解度，减少黄相出现和贵金属沉积，但这要增加设备和维修的麻烦，并可能增加尾气的放射性夹带，此法的工程效果正在验证。

（4）改进配方，如添加 PbO，BaO，CaO 等。俄罗斯采用磷酸盐玻璃固化含高硫的高放废液；印度开发硼硅酸铅玻璃、硼硅酸钡玻璃。一种硼硅酸钡玻璃的配方如下：SiO_2 30.5%，B_2O_3 20%，Na_2O 9.5%，BaO 19%，高放废物氧化物 21%（质量百分数），废物中可包容 5%（质量百分数）的 SO_2。

5．挥发性

有些元素具有高挥发性，如碘、铯、钌、锝等；有些元素具有半挥发性，如砷、锑、锌等。不仅在熔铸过程中要重视他们给尾气处理带来的麻烦，还要考虑他们在贮存过程，由于自释热温升所引起的挥发问题，所以贮存罐和贮存库的设计，要保证自释热的升温不超过限定温度。

二、影响包容和固结放射性核素的特性

1．化学稳定性

玻璃对水、酸、碱、盐、气体及其他化学试剂侵蚀作用的抵抗能力叫化学稳定性。不同玻璃对不同介质的抗蚀能力是不同的。抗水的浸出性是玻璃固化体最重要的特性。研究配方、检验固化产品和评价处置安全性，都必须要作浸泡试验，测定玻璃固化体的核素浸出率。至今已开发了许多浸泡技术，测定浸出率和研究浸出机理。浸泡试验主要有三大类：

（1）静态浸泡。浸泡液（也称浸出剂）呈静止状态，不更换或定期更换浸泡液。如 IAEA 推荐法，ISO 法[5]，MCC-1 法[6]，高压釜浸泡法等。

（2）动态浸泡。浸泡液呈流动状态，连续流经固化体。如 MCC-4（低流速浸泡试验），索克利特法（Soxhlet）等。

（3）快速浸泡。固化体粉碎成小粒，增加浸泡表面积。如 PCT 法（product consistency test，产品一致性检验）[7, 8]，饱和蒸汽法等。

现在，国际上使用较多的是 MCC-1 法、Soxhlet 法和 PCT 法。浸泡试验时间短者 7 d，长者持续好几年。美国材料检验中心（Material Characterization Center，MCC）建立了很多检测玻璃固化体方法（表 7-7）。MCC-1 法已被广泛采用，逐渐替代了 IAEA 和国际标准化组织 ISO 推荐的浸泡法。一些浸泡试验的实验条件列于表 7-8。

表 7-7 废物固化体测试法

编 号	名 称	编 号	名 称
MCC-1	静态浸泡试验法，<100℃	MCC-10	脆性物料撞击试验
MCC-2	静态高温浸泡试验法	MCC-11	伸张强度试验
MCC-3	扰动浸泡试验法	MCC-101	静态浸泡腐蚀试验
MCC-4	低流速浸泡试验法	MCC-102	流动浸泡腐蚀试验
MCC-5	高流速浸泡试验法	MCC-103	应力腐蚀碎裂试验
MCC-6	准备和性能鉴定	MCC-104	应力腐蚀破裂增长试验
MCC-7	热稳定性推荐方法	MCC-105	辐照腐蚀试验
MCC-8	高温汽化试验	MCC-106	现场材料静态/流动腐蚀实验
MCC-9	热气产生	MCC-107	机械去保护膜试验
ISO—6961（1982）放射性废物固化体长期浸泡试验			
ISO—6962（1999）高放废物固化体α辐照长期稳定性试验标准方法			
ISO—16797（1999）索克利特（Soxhlet）化学稳定性用于高放废物固化体			

表 7-8 浸泡试验类型和实验条件

方 法	温度/℃	浸泡液	S/V/(cm^{-1})	浸泡液更换情况	浸泡试验时间/d
IAEA	25±5	去离子水	≤0.1	每天（连续 1 周），每周（连续 8 周），每月（连续 6 月），以后 2 次/a	无限制
ISO	40，70，100±1	去离子水	0.1～0.2	每天（连续 5 d），2 次（2 周），每周（连续 4 周），然后每月	无限制
MCC-1	40，70，90	去离子水	0.1±0.005	不更换	—
MCC-5	约 100	蒸馏水	—	水连续流过	3，14，28
ANS-16.1	17.5～27.5	去离子水	0.1±0.005	2 h，7 h，24 h（一天），每天（连续 4 d），以后 14 d，28 d，43 d	90
（俄）GOST-29114-91	25，40，90	蒸馏水	0.1～0.3	每天（连续 3 d），以后 7 d（4 周），然后每月	28 或更长
PCT	90	去离子水	19.55	不更新	7

[注] S/V—试样表面积/浸泡液体积。

Soxhlet 法是一种动态浸出试验法，已开发了多种专用仪器（图 7-12）。试验温度有：100℃、98℃、95℃、90℃不等。为使浸泡试验温度更高，采用高压釜浸出试验。

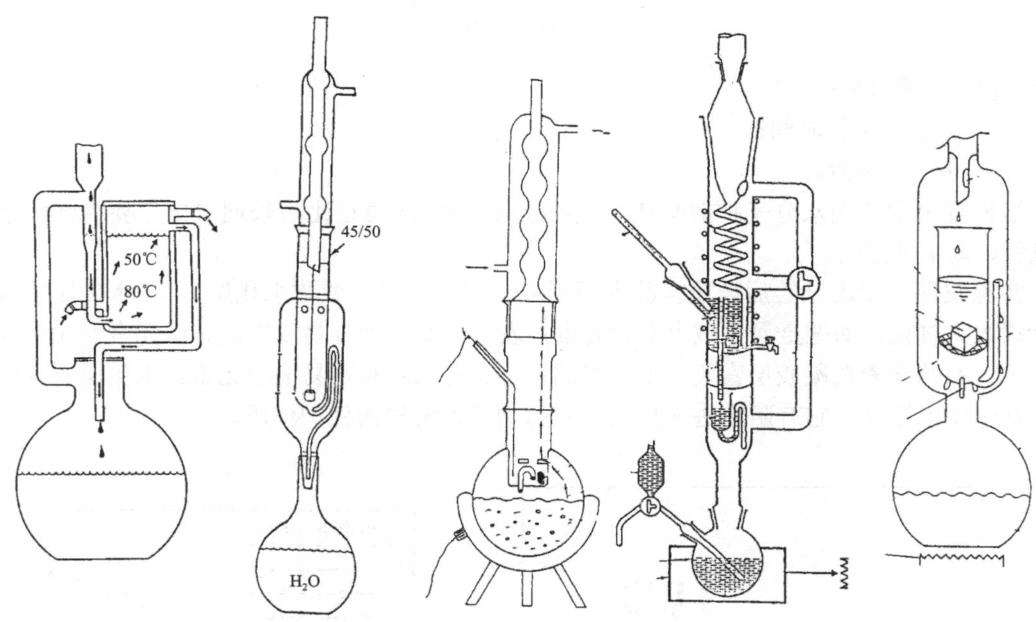

图 7-12　Soxhlet 法浸出试验仪

为了获得接近真实的数据，浸泡实验应该逐步升级，由模拟试验→示踪试验→真实试验；由实验室研究→地下实验室研究→处置库现场研究。模拟试验常用短寿命核素代替长寿命核素，用非放射性元素代替放射性核素，例如：用 ^{134}Cs 代替 ^{137}Cs；用 ^{85}Sr 或 ^{89}Sr 代替 ^{90}Sr；用三价、四价的钕或铈代替三价、四价锕系元素；用四价铀代四价锕系元素；用铈代钚等。由于超低浓化学行为的特殊性，模拟研究的结果往往不能完全反映真实核素的情况。

用浸泡试验采集的浸出液，可测定样品的质量损失和元素（核素）的浸出率。因为浸出元素（核素）浓度很低，要用高灵敏的方法进行测定。常用电感耦合等离子体质谱（ICP/MS），电感耦合等离子体发射光谱（ICP/AES），原子吸收光谱（AAS）等测定浸出元素的浓度。对浸泡之后玻璃体的微结构变化，采用 X 射线衍射分析（XRD）、扫描电镜（SEM）、透射电镜（TEM）、电子探针（EPA）等进行分析。为了模拟低氧还原态的处置环境，浸泡试验需在低氧工作箱中进行。

硼硅酸盐玻璃的主要骨架是 SiO_2，它约占玻璃组分的一半，控制着玻璃在水中的溶解行为。在低温下硼硅酸盐玻璃同水反应很慢，但温度和压力提高后反应加快。玻璃体的浸出试验，开始时核素浸出率较高，然后浸出率迅速降低，最后逐渐趋于稳定。不同元素（核素）浸出率降低速度和达到平衡所需的时间是不相同的（图 7-13）。通常，低价和离子半径小的元素浸出率较高。人们常以表观活化能表征浸出的难易性和浸出机制的改变。核素浸出率受温度变化的影响很大，由室温提高到 100℃，浸出率要增加 10～100 倍。研究表明，在较低温度浸泡时，玻璃固化体的浸出由离子交换反应控制速率；在较高温度浸泡时，则以网络溶解反应控制速率[9]。浸出机理较为复杂，存在如下关系：

$$Q = A\sqrt{t} + Bt$$

式中，Q——浸出率；

t——浸出试验时间；

A、B——常数。

短期浸出主要为水分子扩散与离子交换过程，与 $\sqrt{t}$ 成正比，长期浸出主要为网络溶解过程，与 t 成正比。

实验发现，浸出试验后玻璃样品表面形成一层凝胶层（或称水化层）。在水化层中有些核素大大贫化，如碱金属、碱土金属元素，表明这些元素容易浸出；有些元素变化不大（如 Si）；有些元素在凝胶层富集，如一些高价态、易水解和不易溶的元素。水化层有几微米至几十微米厚度，它有阻止进一步侵蚀和抑制核素浸出的保护作用。

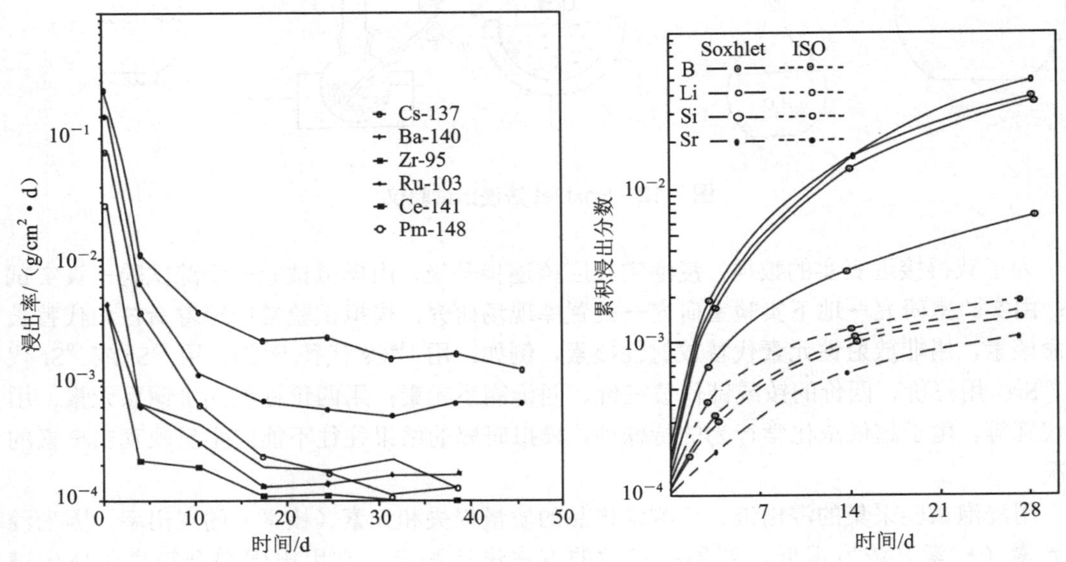

（左）浸出率曲线；（右）累积浸出分数曲线

图 7-13 玻璃固化体浸出试验曲线

2. 机械强度

玻璃固化体的机械强度对运输、贮存有重要意义。玻璃是一种脆性物质，硬度高、抗折和抗张强度低、脆性大，受冲击或热应力易破碎成各种大小的碎片，增加表面积，促进核素的浸出。如果生成小于 10 μm 粉末，易形成危害性很大的气溶胶污染。

测定玻璃固化体抗冲击能力，通常采取如下办法：将 2 kg 或 4 kg 的重锤沿导管自由落体打击在放于钢钵中的样品上，收集碎粒过筛，计算各种筛分的比例和表面积，求出单位撞击能量所引起的表面积的增加。

玻璃固化体遇到热冲击也易破碎，例如：

（1）用冷水冲洗新浇注的玻璃固化产品罐；

（2）贮存设施冷却系统因事故突然停止通风冷却；

（3）贮存设施失火，用水灭火冷水冲玻璃固化产品罐等。

抗热冲击的试验方法，用在一定温度加热过的玻璃样品掉进室温水中，测定温升和观察样品破碎情况；还有用在一定温度加热过的玻璃样品掉进三氯乙烯（0～2℃）溶液中，将破碎的样品过筛，称量各组分。

3．热稳定性

设计玻璃配方，确定容器尺寸、贮存和处置环境，应该考虑玻璃固化体的热稳定性，包括比热、导热系数、热膨胀系数和特征温度等。

（1）比热 常用量热计和差热分析 DTA 测定，玻璃固化体比热值范围 1 000～1 500 J/kg·℃，同玻璃组分没有明显关系。

（2）导热系数 玻璃组成对导热系数影响较小，温度升高，导热系数降低，在 100～600℃范围内，导热系数为 1.0～1.5 W/（m·℃）。

（3）热膨胀系数 玻璃固化体中心到表面之间存在着温度梯度。要保持固化体的完整性，不因热应力而破碎，玻璃固化体需要有合适的热膨胀系数。玻璃热膨胀系数用高温膨胀仪测定。从热膨胀曲线上还可求得玻璃的转变温度 T_g 和液化温度 M_g。

（4）特征温度 玻璃的特征温度包括转变温度 T_g，析晶温度 T_p 和液化温度 M_g。它们的测定可用 DTA 法、DSC 法，也可以从热膨胀曲线上求出。玻璃液化温度（也有称玻璃软化点）相应于玻璃黏度为 $10^{7.6}$ 泊时的温度，液化温度大致相当于操作温度的下限。转变温度相应于玻璃黏度为 $10^{13.3}$ 泊时的温度，接近于退火温度上限。转变温度范围与退火温度基本一致，在此温度范围内进行退火，有可能在不太长的时间（15 min～4 h）内使玻璃中热应力消除。

4．辐射稳定性

玻璃固化体包容着很多核素，经受着α、β、γ和中子的照射。对于动力堆乏燃料后处理产生的高放废液的玻璃固化体，在起初 100 a 玻璃体所受的辐照剂量为：

α衰变 3×10^{17}～1.5×10^{19} 次/cm^3

β衰变 2×10^{19}～1×10^{20} 次/cm^3

γ衰变 10^{9}～10^{10}Gy

玻璃体的γ、β辐照试验，有用钴源的γ射线做照射，但是很高的照射剂量不易达到；也有用乏燃料组件照射或在反应堆中照射，但辐照射线的能谱复杂，容易引起固化体活化，较多采用加速器电子束照射。德国的研究用静电加速器 10 MeV 电子照射；法国萨克莱的研究用 2 MeV 电子辐照 140 h，达到 10^9 Gy；马库尔的研究用 3 MeV 电子束照射 288 h，辐照功率 1.35 kW；英国哈威尔的研究用范德格喇夫静电加速器 0.5 MeV 电子束照射 50 h，达到 10^{19} 电子/cm^3。此外，还有用超高压电子显微镜的高能电子束短时间（几秒钟）照射。玻璃样品辐照之后，和未照射的样品相比较，测定玻璃的物化性能（例如硬度、浸出率、析晶、微结构）的改变。

α辐射实验常用玻璃样品中掺入锕系核素，掺入的同位素有：^{238}Pu（$T_{1/2}$=87.7 a），^{241}Am（$T_{1/2}$ = 433 a），^{242}Cm（$T_{1/2}$=163 d）和 ^{244}Cm（$T_{1/2}$=18.1 a）等。美国太平洋西北实验室在 10 g 玻璃样品中掺入 0.1 g$^{244}Cm_2O_3$，制得的样品比放为 1.3×10^{12}α 衰变/（分·克），5 a 内模拟实际贮存 10 000 a 所受的α辐照剂量。英国哈威尔原子能研究中心在 10 g 样品中掺入 0.5 g$^{238}PuO_2$，一年内模拟实际贮存 100 a 的α辐照剂量（2×10^{18} α 衰变/cm^3）。德国卡尔斯

鲁厄研究中心将 ^{242}Cm 和 ^{241}Am 加入玻璃样品中，24 个月累积剂量相当于实际高放玻璃固化体贮存 10 000 a 所产生的α衰变剂量。

实验表明，高放废液的硼硅酸盐玻璃固化体耐β、γ辐照性能是良好的，而对于α辐照的破坏影响是不可忽视的，α 辐照对玻璃体的有害影响有：

（1）贮存能。α 衰变能量引起原子位移，被位移的原子比原来平衡位置的原子有较高的能量，这种能量的差别称为贮存能（80～400 J/g 玻璃）。贮存能可用 DTA 和量热法测定。贮存能释放引起玻璃体的温升不会超过 150℃。

（2）氦释放。氦释放促使玻璃体产生裂纹和膨胀，释放到固化体之外，引起固化罐内压力升高。氦释放可用质谱仪测定，玻璃体裂纹或结构改变可用电子探针、电子显微镜、X 射线衍射、红外光谱测定。

（3）浸出率提高。氦释放使玻璃体裂纹，促使浸出率提高（不超过 2 倍）。

（4）体积变化。氦释放促使玻璃体膨胀（密度改变小于 1.5%）。

为了在较短时间内能观察到辐照对长期贮存过程的影响，辐射实验多用快速试验法。所选用的辐照条件往往是模拟最不利的情况，短期内受到的剂量等于固化体在长时期所接受的剂量，因此辐照剂量率比实际情况高得多，辐照效应的复原机会比实际情况小得多。

5．密度

玻璃固化体的密度与组成有十分密切的关系。废物包容量高，玻璃固化体的密度大，废物固化体的体积小，所占的处置场地小。玻璃密度还与热处理条件、玻璃析晶状况有关，玻璃析晶使密度增加。玻璃密度的测定一般用浮力法：

$$d = \frac{P_{空}}{P_{空} - P_{水}}(\delta - \lambda) + \lambda \text{，（g/cm}^3\text{）}$$

式中，$P_{空}$——试样在空气中质量（g）；

$P_{水}$——试样在液体中质量（g）；

δ——实验温度下液体密度（g/cm³）；

λ——实验温度下空气密度（g/cm³）。

6．均匀性

玻璃固化产品的不均匀性源自玻璃孔隙（裂纹和气孔）、玻璃中不熔物（如铑、钯等）、出现第二相（如黄相、析晶相等）、离析效应和重力沉降等。

第五节　人造岩石固化

随着反应堆燃耗提升、换料周期延长和使用 MOX 燃料等，所产生的高放废物的辐射强度和α 放射性水平大大提高，对于耐热性和耐α辐照性较弱的玻璃难以满足固化这类高放废物的要求，所以人们开发包容能力更强的陶瓷固化法。

人造岩石（synthetic rock，synroc）固化是受地球上天然火成岩中含有少量放射性元素（如铀、钍、钾-40）稳定存在了亿万年的启发，根据“类质同象”替代和低共熔原理，通过高温固相反应制造的一种热力学稳定的、多相钛酸盐陶瓷固化体。人造岩石固化使高放废物中的大部分元素进入矿相晶格位置或镶嵌于晶格孔隙中，形成一种稳定性好的固熔体。人造岩石固化工艺流程简图如图 7-14 所示。

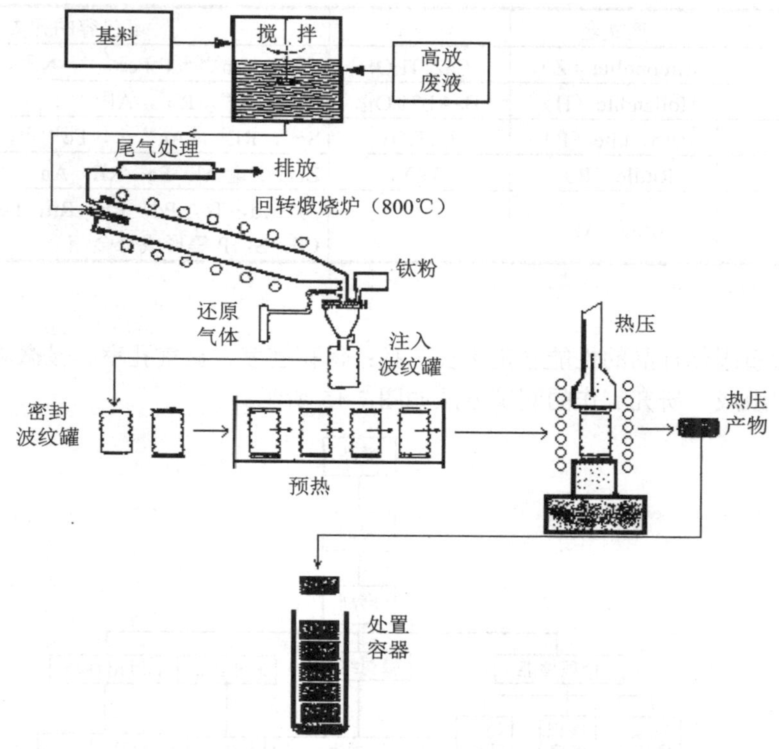

图 7-14 人造岩石固化工艺流程简图

人造岩石重要矿相是钙钛锆石（Z）、碱硬锰矿（H）、钙钛矿（P）和金红石（R）。其中，钙钛锆石是最稳定的矿相，也是锕系核素主要宿主。通常，这几种矿相的稳定性有以下程序：

$$Z>H>P>R$$

根据离子半径相近，锕系和稀土元素主要进入钙钛锆石的 Ca 位和 Zr 位，其次进入钙钛矿的 Ca 位。离子半径较小的锕系和重稀土离子易进入钙钛锆石中；离子半径较大的锕系和轻稀土离子易进入钙钛矿中。铯主要进入碱硬锰矿的 Ba 位，锶主要进入钙钛矿的 Ca 位。少部分废物离子被还原成金属单质包容于合金相中。这几个矿相所包容的主要元素见表 7-9。

人造岩石的基料是 TiO_2、ZrO_2、CaO、Al_2O_3 和 BaO。典型的 Synroc-C 配方为：TiO_2 57.1%，ZrO_2 5.3%，Al_2O_3 4.3%，BaO 4.5%，CaO 8.8%，高放废物 20%（质量百分数）。在 1325℃，500MPa 热压 1 h 制成。因为高价锕系元素有易溶性，低价锕系元素有难溶性，所以在还原条件下制备人造岩石，使锕系元素以下述价态出现在人造岩石中。

U（+4），Np（+3，+4），Pu（+3，+4），Am（+3，+4），Cm（+3）

高放废液中含有很多元素，有不同离子半径和电荷数，为了达到较好的包容，人造岩石制备时常设计更多矿相，如烧绿石、贝塔石、黑钛铁矿等。

表 7-9 人造岩石矿相和包容的元素

矿 相	英文名	化学式	可包容的元素
钙钛锆石	Zirconolite（Z）	$CaZrTi_2O_7$	RE^{3+}，$An^{3+,4+}$，$Fe^{2+,3+}$，Ni^{2+}，Cr^{3+}，Al^{3+}，Zr^{4+}
碱硬锰矿	Hollandite（H）	$BaAl_2Ti_6O_{16}$	Cs^{+}，Ba^{2+}，Rb^{+}，Al^{3+}
钙钛矿	Perovskite（P）	$CaTiO_3$	Sr^{2+}，RE^{3+}，$An^{3+,4+}$，$Fe^{2+,3+}$，Al^{3+}，Na^{+}
金红石	Rutile（R）	TiO_2	Zr，少量 Al，Fe，RE，An
合金相	Alloy（M）		与 Mo，Tc，Pd，Rh，Ru，Fe，Ni，Cr，Ag，Cd，S，P 等形成合金相

[注] RE—稀土元素，An—锕系元素。

人造岩石固化样品的性能鉴定主要包括：体积密度、显气孔率、显微硬度、抗水浸出性能及矿相组成。研究工作的测试方法如图 7-15 所示。

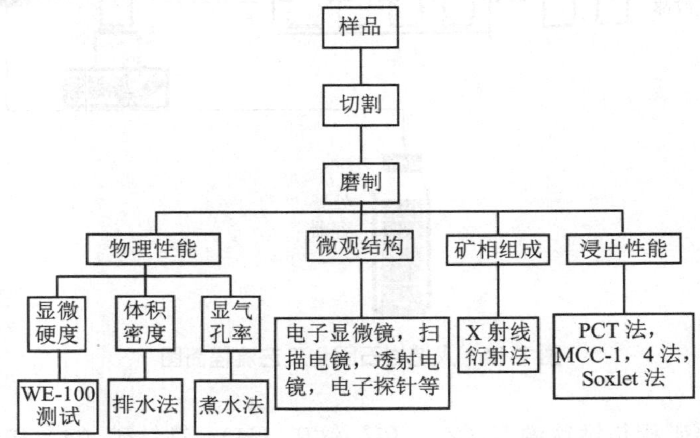

图 7-15 人造岩石固化体样品的测试内容及流程图

人造岩石固化产品具有以下特性：

1. 致密度高

人造岩石是在高温、高压下合成的矿物型岩石，密度范围在 4.0～5.8 g/cm³（玻璃固化体为 2.5～2.8 g/cm³），通常可达到大于 90%理论密度。高密度和低孔隙率对减少废物体积和降低浸出率是极有利的。

2. 抗浸出性强

人造岩石的抗浸出性极强，浸出率比玻璃固化体低 2～3 个量级。即使在沸水中浸煮，其浸出率小于 0.1 g/（m²·d）。在不大于 150℃水中浸泡 1 个月，人造岩石中找不到水分子。在 150℃水中浸泡 1 a，表面腐蚀层不大于 1 μm。在 190℃水中浸泡 1 个月，水渗入深度≤20 nm。

3. 耐辐照性好

澳大利亚 ANSTO 将人造岩石在反应堆上照射 6 个月，模拟 10 万 a 的辐照剂量，未发现人造岩石有明显损伤和降低浸出率。α自辐照试验证明，人造岩经受 10^{19} α/g 辐照，性能没有显著损害。

此外，人造岩石固化体和玻璃固化体相比，还有热稳定性好，热导率高等优点，这使它可包容较多废物和节约处置空间。

人造岩石固化由澳大利亚地质学家林伍德教授（A.E.Ringwood）在 1978 年发明[10]，受到澳大利亚政府的重视和支持。1987 年澳大利亚 ANSTO 就建成了生产能力为 10 kg/h 的冷试中间工厂。日本、英国、俄罗斯、美国、法国、加拿大和中国都先后展开了人造岩石固化研究。美国在萨凡那河建设人造岩石固化设施。

由于人造岩石耐辐照性好，可适用于固化高燃耗燃料所产生的高放废液；此外，它与高量的钌、铑、钯和来自于不锈钢包壳的铬、镍兼容性好，不会出现玻璃固化所产生的分相和黄相问题，所以人造岩石固化受到人们的青睐。现在，人造岩石固化的应用研究已有很大的发展[11]（表 7-10）扩展到：

（1）动力堆乏燃料后处理产生的高放废液的固化；

（2）生产堆乏燃料后处理产生的高放废液的固化；

（3）高放废液分离出来的锕系元素、^{99}Tc、^{90}Sr、^{137}Cs 的固化；

（4）准备直接处置乏燃料 UO_2 的固化；

（5）核裁军过剩的武器级钚，包括中子毒物钆（Gd）和铪（Hf）的固化。

中国原子能科学研究院建立了实验室合成 SYNROC 装置，对固化高钠高放废液、固化超铀核素、固化 Tc 和 Sr/Cs 等取得了不少研究成果。

表 7-10 人造岩石固化各类废物/物料

包容对象	动力堆 HLW	生产堆 HLW	从 HLW 中分离出来的 An	从 HLW 中分离出来的 Tc	从 HLW 中分离出来的 Sr/Cs	直接处置的乏燃料	裁军过剩的武器级钚
设计包容量（质量百分数）	10%～25%	10%～20%	20%～30%	约 40%	2.5%～12.5%，Cs 0.8%～4%，Sr	约 50%	10%～20%，Pu 0.6%～12%，Gd
设计矿相	Z 30% H 25% P 25% R 15% 合金相 5%	Z，P 主要 R 少量	Z 约 80% H，P，R 少量	P 主要 R 少量	H 70% P 20% R 10%	B 90% P 5% R 5%	Z 80% R 15% H 5% （H 为包容 ^{137}Cs）
形成主要矿相	Z，H，P 主要 R，玻璃相少量	Z，P，N，S 等，高钠高放废液主要是 P 相或 F 相	$CaU_{0.5}Z_{0.5}Ti_2O_7$ $CaZr_{0.5}Pu_{0.2}Ti_2O_7$ $CaNp_{0.5}Zr_{0.5}Ti_2O_7$	$CaTc_{0.5}Ti_{0.5}O_3$ $(Ti_{0.75}Tc_{0.25})O_2$	$Ba_{0.8}Cs_{0.4}(Ti_{1.5}Al_{0.5})Ti_6O_{16}$ $Ca_{0.79}Sr_{0.21}TiO_3$	$CaUTi_2O_5$ $Be(Al,Ti)_2T_6O_6$ $(U,Ca,Ti)O_2$	Z 约 80% P 约 20% R，N 少量

[注] Z—钙钛锆矿，H—碱硬锰矿，P—钙钛矿，R—金红石，N—霞石，F—黑钛铁矿，B—贝塔石，S—尖晶石。

人造岩石固化需要高温高压操作，生产工艺比较复杂，设备条件要求较高，此外，它需要使用较贵的烷氧基金属化合物作为生产原料，使得生产成本较高。为此，研究改进与开发了新工艺，如用冷压烧结、冷坩埚[12]、自蔓延高温合成（SHS）等技术进行人造岩石和其他陶瓷固化。

高放废物各种固化体——煅烧物、硼硅酸盐玻璃、磷酸盐玻璃和人造岩石的比较如表7-11所示。

表7-11 高放废物各种固化方法比较

固化体	典型组分	包容量/%（质量百分数）	密度/（g/cm³）	强度	热导率/[W/（m·℃）]	长期稳定性	浸出率/[g/（cm²·d）]	备 注
煅烧物	CaF_2 Al_2O_3 ZrO_2	高	1.0～1.7	粉末	0.13～0.2	不稳定	0.1～1	不适用于长期贮存和处置，美国早期在爱达荷用过，现在要进行再处理
硼硅酸盐玻璃	SiO_2 B_2O_3 Na_2O Al_2O_3	15～30	2.5～2.8	硬而脆	1.0～1.5	有黄相生成，有析晶倾向	10^{-6}～10^{-4}	工业规模，许多国家采用
磷酸盐玻璃	P_2O_5 Al_2O_3 Na_2O	15～30	2.5～3.0	硬而脆	1.0～1.5	析晶倾向大	10^{-5}～10^{-3}	工业规模，俄罗斯采用，对设备腐蚀性大
人造岩石	TiO_2 ZrO_2 CaO Al_2O_3 BaO	15～30	4.0～5.8	硬	2.5～3.5	稳定	10^{-8}～10^{-5}	验证阶段

第六节 分离-嬗变和分离-整备

20世纪60年代，科学家们提出了分离-嬗变（Partitioning and Transmutation，P-T）概念，通过化学分离把高放废液中的超铀元素和长寿命裂变产物分离出来，制成燃料元件或靶件送反应堆或加速器中，通过核反应使之嬗变成短寿命核素或稳定元素。

P-T技术降低高放废物的毒性和长期危害作用，可减少需要深地层处置的废物的体积，节省处置费用，可减少公众对高放废物的忧虑，使公众易于接受，还可实现充分利用资源。当时由于分离难达到要求和经济性差等原因，在20世纪80年代曾一度中止发展，90年代后又成为热门研究课题。

一、高放废液分离

P-T技术首先要求分离出超铀元素和长寿命裂变产物，并且要实现锕系-镧系元素很好的分离。

1. 高放废液分离目标

高放废液分离通常把高放废液中的元素分为4～5个组，如：① MA组（Np，Am，Cm）；② 碘和锝组；③ 锶和铯组；④ 其他元素组。

分离-嬗变为使废物中的超铀元素减少 100 倍，超铀元素去除率要达到 99.9%。高放废液中镧系元素量为锕的 10～20 倍，为使分离后超铀元素的纯度达到 90%，锕系-镧系分离的去污系数需要大于 100；为使分离后超铀元素的纯度达到 99%，去污系数需大于 1 000[13]。

除了分离 MA（Np，Am，Cm）外，P-T 技术还注重分离 ^{129}I 和 ^{99}Tc，^{90}Sr 和 ^{137}Cs，前两者是产额高、含量大的寿命很长裂变产物，后两者是产额高、含量大的重要释热核素。放射性衰变热是影响实施处置时间、处置库设计和处置容量的关键因素，从高放废液中分离出锶和铯，可使处置库的容积和投资大大减少。

2．高放废液分离流程

关于分离技术，已开发研究很多分离流程，包括水法和干法，有的已完成原理性实验，有的还进行了放大实验和热验证，已经开发的水法分离流程有：

（1）TRUEX 流程。美国阿贡实验室（ANL）早期研究了酰胺甲基膦酸酯 DHDECMP（CMP）萃取剂，在 20 世纪 80 年代末研究成功了用酰胺甲基氧化磷 CMPO 作萃取剂的 TRUEX 流程。该流程的优点是萃取能力强，能从硝酸体系中定量萃取锕系元素。热试验结果，锕系元素去除率为 99.97%。该流程的缺点是：体系复杂，易出现第三相，辐照稳定性差，锕系元素反萃困难，产品交叉污染严重。

（2）TRPO 流程。我国清华大学开发了一种混合的三烷基氧磷（TRPO）流程，采用 30%TRPO-煤油，可从 0.05～1.5 mol/L 硝酸体系中有效萃取三价锕系元素，用冠醚（二环己基 18-冠-6）除锶，用亚铁氰化钛钾无机离子交换剂除铯。已完成冷台架试验、验证分离工艺和考核关键设备。此法的缺点是不适于高酸进料。

（3）DIAMEX 流程。法国 CEA 开发了二酰胺流程，研究了 27 种双酰胺萃取剂的结构和性能，筛选出二甲基二丁基四癸烷基丙二酰胺（DMDBTDMA）和二甲基二辛基己基乙氧基丙二酰胺（DMDOHEMA），研究了四种流程。DIAMEX 流程的优点是：对三价锕系有较强的萃取能力；可对酸性废液直接分离，不需调节进料酸度，萃取剂可完全燃烧，辐射分解产物易于去除，产生的二次废物少。DIAMEX 流程的缺点是：流程不能分离镎和锝；萃取容量不高；易出现第三相等。

（4）DIDPA 和荚醚流程。日本用酸性磷萃取剂二异癸基磷酸（DIDPA）把高放废液分为锕系和裂变产物等四个分组。用 H_2O_2 调价，有效萃取镎；用 DTPA 反萃直接分离锕系和镧系；残液脱硝，沉淀回收 Tc 和贵金属；母液用吸附分离 Sr 和 Cs。DIDPA 流程缺点是：需二次脱硝，废液体积增大，交叉污染严重。现在改用二甘醇酰胺（荚醚）萃取，选择正辛基二甘醇酰胺（TOGDA），溶解度小，萃取性能好，可从高酸液中萃取锕系元素，也能萃取锶。

（5）烷基氧膦+硼烷酸流程。俄罗斯用膦氧类萃取剂分离锕系元素，用硼烷酸分离锶铯。早期用硝基苯做硼烷酸的稀释剂，后改用 PEG 作稀释剂。俄罗斯与美国合作，在美国爱达荷进行了热实验。

（6）CTH 流程。瑞典在 20 世纪 80 年代开发以二（2-乙基己基）磷酸和 TBP 作萃取剂，已经进行了热实验，该流程分离效果好，缺点是流程复杂，二次废液多。

3．高放废液分离发展状况

美国不仅有大量的军工高放废液，而且还拥有世界上最多的反应堆和乏燃料。20 世纪 60 年代，美国首先研究分离-嬗变，由于当时分离技术代水平比较低，二次废物量大，责难的呼声高，研究活动一度中断。1990 年美国太平洋西北实验室提出“清洁使用反应堆能源计划”，主张把高放废液分离成占据大部分体积的中低放废物和小体积的α及长寿命核素废物，实现高放废物的降级和减容。美国投入了大量经费研究分离技术，取得重要进展，已完成多项流程研究和工程热实验。阿贡实验室开展了一体化快堆研究。

日本国内高放废物处置场址极其难觅，迫使日本高度重视研究高放废物的减容。日本在 20 世纪 80 年代提出 OMEGA 计划，把高放废液分为四组：① 锕系/镧系；② 锶/铯；③ 铂系金属；④ ^{99}Tc 和其他。日本政府和企业投入大量经费，并和欧盟、美国、俄罗斯合作，开展 P-T 研究。计划在 2006 年对 P-T 作出评估。

法国重视发展核电和后处理技术，是世界上高放废液量多的国家之一。法国政府投入大量经费研究 P-T 技术，制订了 SPIN 计划。第一步研究 PURETEX 流程，改善 Pu 回收率，Np 的回收率达到 80%，减少中放废物的体积和放射性；第二步研究 ACTITEX 流程，分离出 Np，Am，Cm，用凤凰快堆或加速器嬗变。

我国选择核燃料闭路循环路线，中国原子能科学研究院在 20 世纪 70 年代从高放废液中提取了百居里级的 ^{90}Sr、^{137}Cs 和 ^{147}Pm。20 世纪 80 年代研究二（2-乙基已基）磷酸（HDEHPA）和 CMP 萃取铀、镎、钚、镅流程。1997 年开始研究用荚醚萃取分离锕系元素，已用模拟高放废液作流程实验。此外还研究了荚醚萃取分离锶，磷酸锆和焦磷酸锆除铯。

1979 年清华大学核能研究院开始研究从高放废液中分离超铀元素的三烷基氧磷 TRPO 流程，1993 年与欧盟超铀研究所合作，进行了热实验。此外还研究了烷基硫代膦酸（Cyanex-301）萃取分离锕系-镧系，杯芳冠醚萃取分离铯等 [13]。2006 年完成了生产堆高放废液全分离流程模拟试验，包括 TRPO 去除超铀元素，冠醚（二环已基 18-冠-6）除锶，亚铁氰化钛钾无机离子交换剂除铯等。模拟试验结果表明，分离系数均达到要求。

高放废液分离的干法分离流程有氟化物挥发法、氯化物熔融法、高温电解法等。干法分离有工艺简单，分离效率高，二次废物量少等许多重要优点，但有腐蚀作用大，辐射防护安全要求高等很多难点，尚在攻关中。

二、嬗变

嬗变是通过中子/质子/光子人工核反应，使次锕系元素（MA）和长寿命裂变产物核素（LLFP）转变成短寿命核素或稳定元素，降低或消除高放废物的长期危害性，并利用嬗变所释放的能量。嬗变可以通过反应堆（热中子堆或快中子堆）、加速器、加速器驱动的次临界装置以及裂变-聚变混合装置等多种途径来实现[14]。

1. 反应堆嬗变

（1）热中子堆嬗变。要使锕系元素嬗变，首先要俘获中子，生成具有高裂变截面的同位素，然后发生裂变反应，所以要求有中子注量率高的反应堆。

常规轻水堆可燃烧钚，但不能嬗变 MA。在常规轻水堆中，由于俘获/裂变比大，既使 MA 量增加，又使低原子量的 MA 转变为高原子量的 MA。

^{129}I 和 ^{99}Tc 在轻水堆中可嬗变为稳定同位素 ^{130}Xe 和 ^{100}Ru，但其中子俘获截面很小，嬗变效率很低。

（2）快堆嬗变。快堆中子谱硬，注量率高，不仅能燃烧 Pu，还可嬗变 MA，是当前可用于消耗钚和嬗变 MA 较成熟和现实的技术。快堆有金属燃料快堆和氧化物燃料快堆，金属燃料快堆的嬗变效率比氧化物燃料快堆高。

人们早已使用快堆烧 Pu，近年来正在试验用快堆烧 MA 和 ^{99}Tc 与 ^{129}I，已取得较好效果。在快堆增殖层加适当的慢化剂，可获得超热中子区，能比轻水堆更有效地嬗变 ^{99}Tc 和 ^{129}I。

据计算，一座 1 000 MW 电功率的快堆可以烧掉 5～10 座同等功率压水堆产生的 MA。日本的 OMEGA 计划对钠冷快堆嬗变的研究得出，一座快堆可消耗掉 5 座压水堆产生的 MA。

2．加速器嬗变

（1）强流质子加速器嬗变。强流质子加速器产生的强流质子轰击重金属（如 W、Pb、U 等），发生散裂反应，产生大量中子。当束流为 250 mA 时，可产生 10^{20} 中子/（$cm^2 \cdot s$），可用来嬗变次锕系元素。

（2）强流电子加速器嬗变。^{90}Sr、^{137}Cs 的热中子反应截面太低。强流电子加速器引起的韧致辐射，能发出 Er≥10 MeV 的γ 射线，可用此γ 射线引发（γ，n）反应，诱发光致裂变（γ，f）反应进行嬗变。

3．用加速器驱动次临界装置（ADS）嬗变

ADS 是中能强流质子加速器与次临界反应堆耦合的装置。所以，ADS 是利用反应堆和加速器合作来完成嬗变。ADS 主要包括三大部分：① 驱动器；② 散裂中子源；③ 次临界反应堆（图 7-16）[15]。

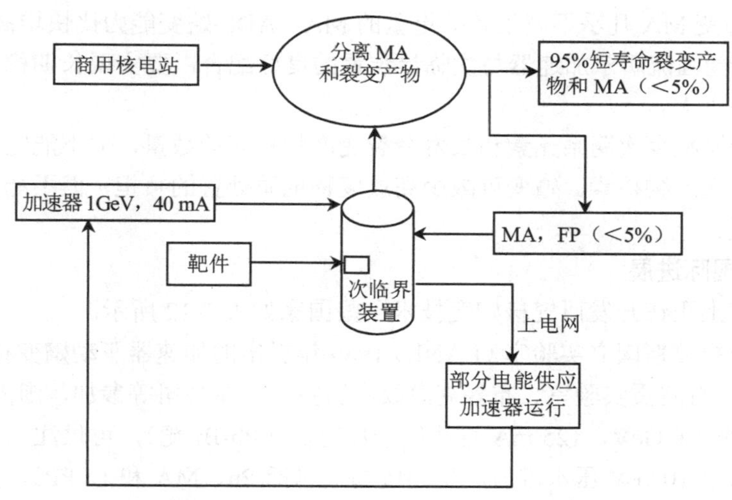

图 7-16 加速器驱动次临界嬗变示意图

（1）驱动器。可用作驱动器的加速器有两类：① 直线型中能强流质子加速器，体积庞大（要几百米长），投资高；② 回旋型中能强流质子加速器，体积小，投资较低，但质子能量和束流强度受限制多。

（2）散裂中子源。散裂中子源是中子产生器，可选用铅、钨、铋、钽、铀等重金属作为靶材料。当驱动器发射过来的中能质子束打到这些重核上时，发生散裂反应，一个质子打上去，会产生十几个到几十个中子。

（3）次临界反应堆。把次锕系元素和长寿命裂变产物核素做成适当的燃料元件，装在

这个反应堆中进行嬗变，并把产生的能量传输出去利用。

ADS 嬗变有许多优点，例如：① 几乎不产生新的和原子量更重的 MA，嬗变效率高；② 安全性好，加速器关闭，次临界装置就“熄火”，无临界安全问题。

ADS 嬗变实现难度大，如中能强流质子加速器的建造，加速器、散裂中子源和反应堆的接口，燃料元件的制造等，有许多难关需要攻克。

4．聚变-裂变混合堆嬗变

聚变-裂变混合堆嬗变 MA 和 LLFP 还在概念设想阶段。聚变-裂变混合堆的建成还有着长远的路程。

对于嬗变，根据现有的分析和计算，有以下认识：

（1）在轻水堆和快堆中“烧”钚和次锕系元素（MA）是可能的，但轻水堆中嬗变 MA，以热中子俘获为主，产生新 MA，嬗变效率很低。由于新产生的重 MA 的高毒性，使多级嬗变很困难。钚在通常压水堆连续循环，^{238}Pu，^{240}Pu，^{242}Pu 百分比增加，这些钚的同位素都是中子吸收剂。

（2）裂变产物 ^{90}Sr，^{137}Cs 的嬗变要利用光子、质子等核反应来进行，反应的几率很低，只有很长辐照时间和很高通量才能取得有意义的结果。

（3）^{99}Tc、^{129}I 有适中的中子吸收截面，超热中子嬗变有较好的效率。

（4）快堆嬗变 MA 的效率比轻水堆高，但 MA 进入快堆的量有限制（不能超过燃量总量的 2.5%）。

（5）ADS 嬗变 MA 几乎不产生新的更重的 MA，ADS 嬗变能力比快堆高一个数量级，但 ADS 需要中能强流质子加速器与次临界装置的良好配合，要实现长期稳定、可靠的运行，难度高，耗资大。

（6）嬗变能够减少次锕系元素和长寿命裂变产物核素的数量，但不能完全消灭次锕系元素和长寿命裂变产物核素。嬗变可减少高放废物地质处置的负担，但不能完全免除高放废物的地质处置。

5．嬗变的国际进展

目前，世界上正在开发研究核嬗变技术一些国家如表 7-12 所示。

美国洛斯阿拉莫斯国立实验室（LANL）1989 年提出的加速器驱动嬗变核废物（ATW）得到 DOE 支持，有阿贡实验室、布鲁克海纹实验室、西屋公司等参加，国内外广泛合作。ATW 计划建一座 1.6 GeV，125 mA 直线质子加速器（Pb-Bi 靶），可供注 5 个焚烧靶室，可同时嬗变电功率 10 GW 压水堆所产生的废物（包括 Pu、MA 和 LLFP），并提供电功率 4 200 MW。

表 7-12 目前世界上主要嬗变研究工作

国家	主要研究活动	国家	主要研究活动
美　国	ADS（洛斯阿拉莫斯，ATW） 快堆（阿贡实验室，一体化快堆 IFR）	中　国	ADS（中国原子能科学研究院等） 快堆（中国原子能科学研究院等）
法　国	快堆（CEA，EDF，用凤凰快堆试验）	俄罗斯	快堆（BN-800） 加速器，ADS
日　本	快堆（JNC），ADS	瑞　典	ADS
		瑞　士	ADS

1999 年由法国、意大利和西班牙等国组成的西欧技术工作小组提出了一个 ADS 计划，计划建造一座 100 MW 热功率实验堆，计划 2015 年投入运行。该计划从 2001 年开始的头 12 年投资 9.8 亿欧元，另外，需要投资 1.8 亿欧元研究 ADS 燃料。2013 年进入第二阶段，建一个原型装置。计划 2040 年达到工业规模。

中国实验快堆（CEFR）正在中国原子能科学研究院建造，该堆热功率 65 MW，电功率 20 MW，最大热中子通量（3.2～3.7）$\times 10^{15}$ n/（$cm^2 \cdot s$），将为嬗变研究提供基础条件。此外，正在中国原子能科学研究院建造的中国先进研究堆（CARR），热功率 60 MW，最大热中子通量 8×10^{14} n/($cm^2 \cdot s$)，也将为嬗变研究提供条件。我国的 ADS 嬗变研究列入国家重点基础研究发展规划，正由中国原子能科学研究院和中科院高能物理研究所等单位合作开展物理和技术基础研究。

分离-嬗变的工业运行，存在许多难题需要解决，尚待时日，例如：

（1）嬗变要求的设备条件难度高，耗资大；

（2）分离-嬗变效率不高，需要多次嬗变-分离，才能达到要求；

（3）分离-嬗变过程会产生不少二次废物，并且可能产生很多α废物。

三、分离-整备

现在世界上存有高放废液的国家希望早日处理和处置其积存的高放废液，消除安全隐患，所以提出分离-整备（Partitioning-Conditioning，P-C）新概念。将高放废液分离成小体积高放废液和大体积低中放废液两部分，对前者实行玻璃固化，可以做深地质处置；对后者进行玻璃固化或其他固化，可以做近地表处置。

P-C 技术要求很好地：①把 MA 分出来；②实现镧锕分离；③ 把长寿命裂片元素分离出来。理想的分离-整备概念设计把高放废液分成为以下三组：

（1）超铀元素，做深地质处置；

（2）强放射性核素如 ^{90}Sr ^{137}Cs，贮存适当时间降低放射性水平和释热率后，做近地表处置；

（3）一般低中水平放射性核素，直接做近地表处置。

现在，美国萨凡那河玻璃固化和汉福特要实施的玻璃固化都先对高放废液作预处理，进行化学分离，分离成小体积高放废液和大体积低中放废液两部分，大大减少需要做深地质处置的高放废物的体积。美国西谷 WVDP 先用沸石除去上清液中的绝大部分 ^{137}Cs，对泥浆进行洗涤处理，含铯沸石与经洗涤的泥浆混合后作为电熔炉玻璃固化的进料，进行玻璃固化，减少了需要深地质处置的高放废物。

参考文献

[1] 高水平放射性废液贮存厂房设计规定，GB 11929—89.

[2] Wedrich DD. A Half Century of Progress：Hanford Waste Management[J]. SPECTRUM，1996，3：2195.

[3] 孙东辉，浦永宁，于喜来. 高放废液玻璃固化电熔炉技术[M]. 北京：原子能出版社，1995.

[4] Shanggeng Luo. Evaluation of Solidified High Level Waste Forms and Engineered Barriers Under

Repository conditions[J]. IAEA-Tecdoc-582，Feb．1991：45-66.

[5] ISO-6962. Nuclear Energy Standard Method for Testing the Long Term Alpha Irradiation Stability of Matrires for Solidification of High-Level Radioactive Waste[J]. Second edition，ISV2004.

[6] ASTMC1220-98. Standard Test Method for Static Leaching of Monolithic Waste Forms for Disposal of Radioactive Waste[M]．USA，1998.

[7] Jantzan CM. Development of an ASTM Standard Glass Durability Test，The product Consistency Test（PCT），for High Level Radioactive Waste glass[J]. SPECTRUM1994：64.

[8] ASTMC1285-97. Standard Test Method for Determining Chemical Durability of Nuclear[J]. Hazardous and mixed waste Glasses：the Product Consistency Test（PCT），USA，1997.

[9] Jiawei Sheng，Shanggeng Luo，Baolong Tang. Temperature effects on the leaching behavior of a high level waste glass form[J]. Nuclear Technology，1998（123）：296.

[10] Ringwood A.E．et al. Immobilization of High Level Reactor Waste in Synroc[J]. Nature，1979（219）：278.

[11] 罗上庚. 回归自然——人造岩石固化放射性废物[J]. 自然杂志，1998（2）：87.

[12] Fydor A，et al. Production of Synroc Through Melting in Cold Crucible[J]. ICEM 1995，1：419

[13] 宋崇立. 分离-嬗变和深地质处置[D]. 国防科工委高放废物地质处置研讨会论文集，2005：335.

[14] http://www.iaea.org/inis/aws/fnss/.

[15] 赵志祥. 加速器驱动放射性洁净核能系统概念研究论文集[M]. 北京：原子能出版社，2000.

第八章　放射性污染的去污

由于放射气体和气溶胶的逸出和扩散，放射性液体的跑、冒、滴、漏，以及由于活化作用，生产、使用和操作放射性物质的场所与设备，包括操作人员，都有可能会受到不同程度的放射性污染。因此，放射性污染的去污十分重要，尤其对设备检修、事故处理和核设施退役，这是必不可少的措施。

第一节　去污基本概念

一、去污的定义

去污是用物理、化学或生物的方法去除或降低放射性污染过程。从广义来说，去污就是把放射性物质从不希望其存在的部位部分去除或全部去除。

理想情况，污染物应去污到本底水平，但是否都有这样的必要和是否都能实现，则要从实际出发，要作代价—利益分析。

去污实际上只是改变了放射性核素存在形式和位置[1]，可用下式表示：

$$S \cdot C^{*} + D \rightarrow S + D \cdot C^{*}$$

式中，$S \cdot C^{*}$——被污染的物体；

C^{*}——污染的放射性核素；

D——去污剂；

$D \cdot C^{*}$——二次废物；

S——经过去污净化了的物体。

从上式可以看出，去污并未从根本上消除放射性核素，只是放射性核素存在的位置或方式发生了改变，去污过程会产生二次废物。去污过程应该产生的二次废物尽可能地少，并且产生的二次废物容易处理和处置。

去污需要花费代价，这包括需要购置的一定设备和材料，需要花费一定人力、财力和物力，人体可能受到辐射照射，还会产生二次废物等。

二、去污效果的表示方法

去污效果的评价可以针对某个特定核素，也可以对总体放射性核素。去污效果的表示方法有多种，常用的有以下 4 种。

（1）余污率——去污后物体上剩余的放射性活度（$A_{后}$）占去污前放射性活度（$A_{前}$）的份数，用α表示：

$$\alpha=\frac{A_{后}}{A_{前}}$$

（2）去污率——去污去除的放射性活度占去污前放射性活度的份数，用β表示：

$$\beta=\frac{A_{前}-A_{后}}{A_{前}}$$

（3）去污因子——去污前污染物放射性活度与去污后放射性活度之比，习惯称为去污系数。去污因子（DF）用 K 来表示：

$$K=DF=\frac{A_{前}}{A_{后}}$$

（4）去污指数——去污因子的对数，用 D 来表示：

$$D=\lg\frac{A_{前}}{A_{后}}$$

不难看出，这些量间存在着如下关系：

$$\beta=1-\alpha,\qquad K=\frac{1}{\alpha},\qquad D=\lg K$$

多种去污技术联用时，总去污因子为各单种方法去污因子的乘积。总去污指数为各单种方法去污指数之和。

$$DF_{总}=DF_a\times DF_b\times\cdots\times DF_n$$

$$D_{总}=\sum_{a}^{n}D$$

三、去污的作用和意义

去污的意义是多方面的，作用是很大的，主要有：

（1）降低放射性水平，减少工作人员受照剂量，保护公众和保护环境；

（2）便于维修和拆卸活动，降低屏蔽和远距离操作的要求；

（3）降低或消除对探测的干扰影响；

（4）使设备、工具、材料、建筑物和场址有可能再利用；

（5）减少废物贮存、运输和处置的费用；

（6）减少需要处置废物的体积或使废物可以降级处置；

（7）有可能回收易裂变材料（如 ^{235}U、^{239}Pu）；

（8）方便事故处理和退役活动。

对于核设施退役，去污往往是不可缺少的操作，人们常常把去污和退役连在一起，称为 D&D（Decommissioning and Decontamination）。

第二节　去污方法选择原则

一、放射性污染形成的机制

放射性污染与核素种类、形态、理化特性、温度、pH 和被污染物的性质、表面状况与放射性物质接触时间等很多因素有关。

放射性污染物可能是离子、分子态，颗粒物或胶体。污染核素的载体可能是垢物、氧化膜层、油漆或涂料。放射性污染形成的机制，可以分为：

（1）沉积和附着作用；

（2）吸附和离子交换作用；

（3）表面静电作用；

（4）扩散渗透作用。

按照污染的物理化学过程和去污的难易，污染可分为：

（1）附着性污染，即非固定性污染，污染核素与物体表面之间以分子力作用相结合，容易去污；

（2）弱固定性污染，污染核素以分子或离子形式通过物理吸附、化学反应或离子交换结合在物体表面，较难去污；

（3）强固定性污染，污染核素通过扩散或其他过程渗入到基体材料的内部，很难去污。

二、去污方法选择原则

放射性去污，往往不是一种方法或一次去污就能完全奏效的，经常需要多种去污方法联用或需要多次去污。一般来说，第一次去污去除的放射性份额较多，以后的去污步骤，去除的放射性份额相对减少。去污的次数越多，对设备系统的腐蚀作用越大，产生的二次废物越多，因此，选择去污工艺和制定去污方案要作优化分析。

去污方法的选择要重视安全性、经济性和可实现性，应优选：

（1）去污效率高，能快速有效地去除放射性；

（2）安全可靠，没有或只有少量有害物释入环境，无燃爆危险；

（3）不会因腐蚀而导致泄漏；

（4）产生二次废物少，二次废物易于处理与处置；

（5）适合现场情况和条件；

（6）设备易得，操作容易掌握；

（7）成本较低。

理想的去污工艺，应有最大的去污因子、最少的二次废物、最少的受照剂量和环境影响。选用去污技术需要作以下评价：

（1）根据去污物体的材质、光洁度、孔隙率、涂层、核素种类、污染水平和污染机制，评价可能达到的去污目标；

（2）根据去污对象/去污环境的适应性，评价工作人员受照剂量和环境影响；

（3）根据二次废物的性状，评价与废物处理、处置系统的相容性；

（4）根据去污因子、二次废物、受照剂量和环境影响，评价所选去污工艺的代价—利益。

去污工艺技术已经开发很多，满足各种需要，包括：

（1）系统和设备去污；

（2）工具和仪表去污；

（3）建筑物、墙壁和地面去污；

（4）场址、土壤、地下水去污；

（5）人体去污等。

按操作方式来分，去污可分为：系统整体去污、部件去污和表面去污；就地去污和拆卸下来到去污车间去污。去污车间设有专门的去污工具和设备，有手套箱、机械手、各种监测仪表、通风和排水系统、屏蔽和防护措施。对于α废物去污车间，设有α气密室。此外，有的还设有低温清洗、高温（100～200℃）清洗，连续清洗或间歇清洗等设备。

对于运行核设施和设备的去污，希望除去污染层而不损伤金属基体。对于退役核设施和设备的去污，往往注重达到比较彻底的去污，不考虑溶解金属基体。通常，在役系统和设备的去污多用弱去污；退役系统和设备的去污多用强去污。对贮槽和管道等设备的去污，必须考虑腐蚀穿孔而导致泄漏等后果。

一般情况下，放射性污染的深度在 1～10 μm 表层中存在不小于 98%放射性；在 10～40 μm 表层中存在小于 2%放射性；在 40～50 μm 表层中存在小于 0.1%放射性；在基体金属中无放射性。退役核设施通常服役时间已经很长，放射性污染较深，且固定污染较多，常需要用强去污和综合法去污。

退役设备和厂房常有许多锈斑和污垢，这是放射性物质的主要载体。污垢可分为：① 水垢；② 锈垢；③ 尘垢；④ 物料垢；⑤ 焦油垢等。这些污垢还可作以下分类：

（1）按照硬度可分为：硬质垢和软质垢；

（2）按照密度可分为：密实垢和疏松垢；

（3）按照渗透性可分为：渗透性垢和非渗透性垢。

不同的污垢要优选适当的方法进行去污，才能获得较好的去污效果。

不同金属去污难易程度是不一样的，按难易程度可分为三类：

（1）易去污——如不锈钢、铬钢、钛；

（2）较易去污——如铜、黄铜、铝；

（3）难去污——如碳钢、锌、铅。

三、去污需要重视的问题

1. 优化选择

去污要花费代价，不仅有试剂、材料和人工的消耗，而且还要有人员的受辐照。根据去污的目的，对采用什么方法和去污到什么程度，应作优化选择。不应该盲目追求“零污染”，应以满足要求为准。应分析需要与可能，对去污深度提出合理的要求。

2．“热点”去污

放射性物质常会造成局部严重污染，如焊缝、裂纹和拐角等地方会积累较多放射性物质，造成污染热点。“热点”是去污中常常碰到的棘手问题。不要为消除热点而打“疲劳战” 和“消耗战”。要防止为消除热点而进行整个系统的反复去污，导致污染扩散以及产生大量的二次废物。有时候，可能对“热点”采取重屏蔽和切割下“热点”直接作废物处置，可能是更合理的做法。

3．二次废物

去污应注意尽量减少二次废物，二次废物应容易处理和处置。强酸、强碱、高盐、高浓配合剂的去污效果比较好，但二次废物的处理、处置难度可能比较大。

4．二次污染问题

去污之后，物体表面膜受破坏，重新污染的速度和程度可能更快、更高，这被称为“二次污染”，所以，有时需要作防止二次污染的钝化处理。

5．安全问题

有机试剂有较好的去污作用，被广泛使用。使用时要考虑其热稳定性和辐照稳定性。稳定性差的有机去污剂，可能会：产生有毒和燃爆性气体；产生气堵，恶化泵的功能；产生物堵，阻塞管线。

要重视内照射和外照射可能引起的辐射伤害，去污要在辐射防护人员参与下进行，要对去污前后辐射水平做好记录。大型去污活动要制订去污操作程序和质保大纲，要有辐射防护和应急响应措施。

6．探测措施

去污要以较强的监测能力作后盾，去污计划的制订、去污效率的判断，都依赖准确的测量。由于污染对象的多种多样，污染核素的种类、污染机制和污染水平差别很大，以及可能存在着各种各样的干扰影响，需要制订适当的监测程序，选用合适的监测仪器，并且可能需要开发一些适用的监测器具。

7．设计考虑

新建核设施应考虑少污染、易去污。反应堆-回路系统，会随运行时间的增加而使辐射水平上升，需要定期去污，以减少工作人员的受照和延长设备的寿命。设计时应考虑设施能够方便地进行去污。新建核设施应考虑将来退役的去污、切割解体的方便和安全。

8．人员培训

放射性去污不是一般的清洁工作，去污工作人员要经过适当的培训，有的还可能要求作模拟训练。

第三节　去污方法

去污方法很多，可分为机械—物理法、化学法、电化学法、熔炼法、生物法等。实际上这些方法是交叉、复合使用的[2]。

一、机械–物理法

机械法是利用擦、刷、磨、刮、削、刨、共振等作用除去表面的锈斑、污垢或表面涂层、氧化膜层。这包括吸尘、冲洗（水洗、去污剂洗涤）、机械擦拭、高压射流、超声去污、激光去污和等离子体去污等技术。

1. 吸尘法

吸尘法是用吸尘器吸除降落沉积在物体表面上的沉积污染物。此法简单易行，可以用手提或手推器操作，也可以遥控操作。混凝土表面的去污和切割操作，常需要伴随真空吸尘。

2. 机械擦拭法

机械擦拭法已有各种形式的商售擦拭器具，利用擦、刷、磨、刮、削、刨、共振等机械手段，除去表面的污染层。例如：一种特殊设计的旋转刷，可以伸入到管道内部擦除污染物。擦拭法常伴随有真空吸尘器。

3. 高压射流

高压射流去污是 20 世纪 70 年代发展起来的技术，其原理是用高压泵射出高压水，通过喷嘴正向或切向冲击去污物件的表面。高压射流若将机械力、化学力、热力结合起来，则可更有效地除去污染的表面垢物和氧化膜，甚至可对混凝土去污。

高压射流利用射流的打击、冲蚀、剥离、切除等作用来除垢、除锈斑、清焦和清洗，去除污染的放射性核素。高压射流特别适合于难以实现擦洗的物体或擦洗工作量太大的物体表面的去污。现在，高压射流已广泛用于厂房、槽罐、管道、热室等的去污。

高压射流去污系统由高压泵、调压装置、高压软管、硬管、喷头及控制装置等部件所组成。选用参数因去污对象而异，常用参数如下：

压力	5～70 MPa
水流量	20～200 L/min
功率（高压泵）	3～100 kW

喷射距离以（150～300）×D 为最好（D 为喷嘴出口直径）。除工作压力、喷射距离之外，射流的入射角对去污效果也有重要影响，入射角以 60°～70° 为宜。

我国核工业设施退役过程中也有效地利用了高压水射流去污[3]。由表 8-1 看出，水磨石地板、油漆地面、塑料地面的去污效果较差外，其他去污对象都有较好的效果。

影响高压射流去污效果的主要因素有以下 7 个：

（1）压力。压力增大，清除污垢的强度和能力增大。但水压提高到一定程度之后，去污效果增大不多。对于松散或弱结合的污染，用 5～70 MPa 高压水较宜，对紧密结合的污染物可采用 70～250 MPa（常使用 100～200 MPa）的超高压水喷射。

（2）流量。流量大，去污效果好。但废水量增多，一般用量 0.3～23 L/s。

（3）时间。时间长，去污效果好，但废水量增多。

（4）温度。温度高，可使油脂类垢物容易清除。

（5）喷射方法。包括喷射距离、喷射角度、喷嘴数量，对去污效率都有重要影响。

（6）化学试剂。加化学试剂具有湿润和疏松污垢作用，增强去污效果。

（7）磨料。增加冲击物的质量，加强冲击强度，增强去污效果。

表 8-1 高压水射流清洗工艺厂房去污效果示例

去污对象	工作压力/MPa	去污面积/m^2	去污时间/min	去污率/%
塑料地面	40	5	3	86.40
油漆地面	40	2	3	69.28
瓷砖地面	25	6.25	6.63	94.32
水磨石地板	40	4.06	6.4	65.39
碳钢面	40	4.2	18.0	95.99
不锈钢面	25	6	14.7	95.98
不锈钢面	30	6	3.32	96.19
工艺水池	30	183	6.30	97.6

为了减少废水量，高压水射流去污，常设置回收循环系统（图 8-1）把废水收集起来，经过处理，再循环再利用。

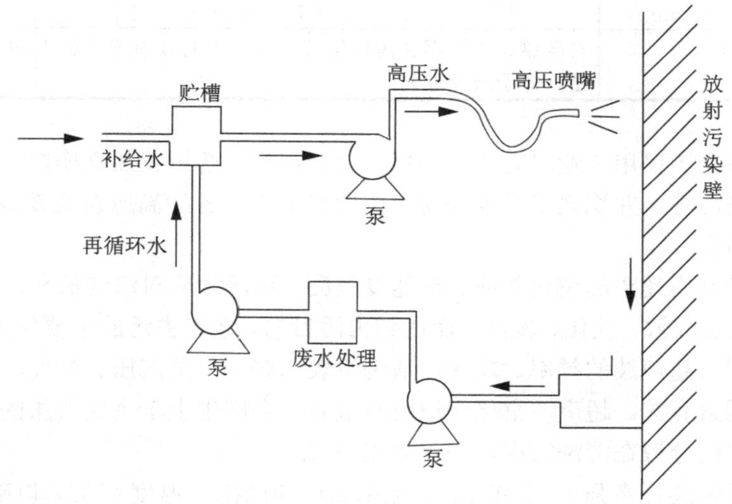

图 8-1 高压水射流去污再循环/再利用示意图

高压水射流的去污因子为 2～100。为了提高去污效率，有在高压水中加进化学试剂，还有用高压喷射蒸汽，或喷射砂、干砂、氧化铝、锆氧砂、微钢珠、塑料珠、干冰等磨料[4]。磨料可用高压水进行湿喷，也可用压缩空气进行干喷。干喷有粉尘问题，湿喷有废水多的问题。

干砂喷射去污能去除 0.1～1 mm 厚度的表面涂层或表面氧化膜层，但表面变得比较粗糙，并且气溶胶污染大。喷射 10～20 目磨料，去污效果好，但表面损伤大；喷射小于 100 目磨料，表面损伤小，但去污效果差。

干冰喷射去污是用压缩空气喷射固态 CO_2 粒子，CO_2 颗粒打在物体表面上，因撞击而破碎，并迅速气化成 CO_2 气体，气体冲击物体表面层，把污染表面层去除[5]。干冰喷射去污效果好，不产生废水，主要二次废物是比较容易处理的CO_2气体。缺点是过滤器更换频率比较大，使用过程温度快速下降，要间隙作业，要为操作人员提供抗寒的气衣和手套，要防止通风系统的冻结。冰丸喷射去污原理类似干冰喷射，使用液氮冷冻制造尺寸为 1～2.5 mm 的冰丸进行喷射。

磨料喷射去污还有使用喷射塑料颗粒的，采用的塑料的硬度比漆膜大，但比基材小，硬度范围为 3～4 莫氏硬度（砂为 7），它可以使漆层除去，但不易损坏铝材。塑料颗粒磨料可以采用聚酯、脲甲醛、聚氰胺甲醛、酚醛、丙烯酸、聚碳酸烯丙酯等，目前使用较多的是脲甲醛颗粒磨料。几种磨料射流去污条件如表 8-2 所示。

表 8-2 几种磨料射流去污工作条件

喷射物		氧化铝（Al_2O_3）	玻 璃 珠	氧化锆（ZrO_2）	干冰
常用介质		高压水	高压水	高压水	压缩空气
喷射料密度/(g/cm^3)		4	2.5	6	1.5
喷射压力/MPa		0.4	0.4	0.4	0.7
喷射角度		45°	45°	45°	90°
喷射料	浓度/(g/L)	240	240	240	—
	喷射量/(kg/min)	1.7	1.7	1.7	2.3
去污效果		对碳钢、不锈钢去污效果好（氧化铝的效果好于氧化锆，好于玻璃珠）			对涂层去污效果好

射流去污在我国民用工业已有广泛应用，包括锅炉、管道、热交换器、设备、外墙的除垢、疏导、去污等，并积累了不少经验，国内已能生产各种高压射流设备。

4．超声去污

超声去污是利用超声的空化效应、加速度效应、声流效应对清洗液和污垢的直接和间接作用，使污垢层分散、乳化、剥离，而达到去污目的。超声去污的主要作用是空化效应。空化效应的强弱与超声波的频率、功率、清洗液表面张力、蒸汽压、黏度、工作温度和流变特性等许多因素有关。超声波空化气泡瞬时破裂，会产生上千个大气压的冲击力，破坏污染物，并使它们分散在清洗液中，去污效果很好。

超声去污通常选择声强 1～2 W/cm^2，频率 20～50 kHz，温度 60℃，以磷酸为清洗液。把要去污的物体放在网篮中吊在清洗液中，或吊在支架上悬挂于清洗液中，清洗液不断流动更新。清洗槽可以是单槽，也可以是多槽，可以人工操作，也可用机械手遥控操作。

超声去污很适用于对阀芯、阀杆、泵、过滤器花板、切割工具等小工件和仪表杆的去污。去污因子可达到 10～1 000。

超声去污具有去污效果好、效率高、二次废物少、可远距离操作等优点。为扩大超声去污的应用，发展大容量、高功率密度的超声去污装置，采用大尺寸的去污槽，可对大件物体进行去污。把超声去污和化学去污结合起来获得更好的去污效果[6]。

5．激光去污

激光去污不需要清洗液，是一种干式去污法。激光去污是在极短时间内将光能转变成热能的“干式清洗”，这是近几年出现的一种新型去污技术[7]。

激光是一种单色性、方向性好的光辐射，通过透镜组合聚焦光束，把光束集中到很小范围区域内，在焦点附近的污染层产生几千度甚至几万度的高温，而基体材料的温度几乎无变化，使污垢瞬间汽化蒸发或爆裂脱落。激光把物体表面的涂层和氧化膜层消融，产生的挥发物，用真空系统和多级过滤器捕集，有机物可用活性炭床捕集。

采用 CO_2 激光器（平均功率 2 kW，波长 10.6 μm），产生的温度可高达 10 000℃，使物体表面涂层完全气化，金属氧化物消融。二次废物只是废过滤器，二次废物减少 70%。激光清洗去污速度快，效率高。利用 YAG（人工合成钇铝石榴石）激光器可以方便实现遥控去污。

日本动燃团用高功率脉冲 CO_2 激光清洗金属表面铀污染物，除污率达 99%以上。俄罗斯开发的激光除锈技术，用直径 12 mm 的激光束在金属表面扫描，锈斑和氧化物很快蒸发掉，并且还能改变金属的微米厚表层结构，防止锈斑再生成。

6．等离子体去污

等离子体去污（plasma decontamination）是一种干法去污技术。在等离子体中存在着高速运动状态的电子、中性原子、分子、原子团（自由基），离子化的原子、分子，紫外线，未反应的分子、原子等。等离子体去污使用的是低温等离子体（温度几千度），将附着在物体表面的垢物除去。等离子体去污可用于不同材料的基体，如金属、高聚物、玻璃、陶瓷等。

二、化学法

化学法是利用化学药剂溶解除去放射性污染物。化学法基于溶解、氧化、还原、配合（络合、螯合）、钝化、缓蚀、表面湿润等化学作用，除去带有放射性核素的污垢物、油漆涂层、氧化膜层，保护基体材料。

化学法是放射性去污使用最多的方法，它具有以下优点：

（1）适用于难以接近的物体；

（2）费工少；

（3）可就地对工艺设备进行去污；

（4）易实行遥控操作；

（5）气载有害物的产生较少；

（6）设备条件容易满足；

（7）去污清洗液往往可再生使用。

化学法的缺点或不足为：

（1）往往产生较多的二次废液；

（2）可能产生既有放射性危害，又有化学危害的混合废物；

（3）采用有机溶剂的情况，需要警惕热解和辐解作用产生的毒气和燃爆问题；

（4）可能产生强腐蚀作用；

（5）对多孔隙物体去污效果较差。

化学法可选用的药剂很多，可采用的工艺也很多，如：

（1）浸泡去污，可分为静态浸泡和动态浸泡；

（2）射流去污，特别适用于大表面积部件的去污；

（3）循环去污，特别适用于管道和系统的去污；

（4）做成发泡剂、去污膏或糊状物涂覆在物体表面，特别适用于大面积墙体或槽罐覆面的去污。

为了增加化学法的去污效果，可以采取以下措施：

（1）增长接触时间。

（2）附加搅拌作用或超声波作用。

（3）提高去污剂温度。温度有明显的影响，温度过低，去污效果差；温度过高，会产生汽化和去污剂分解。

（4）采用压缩空气搅动，增强去污作用。

（5）采用多次循环。流速太低，可能会被污物堵塞；流速太高，会增加冲蚀作用，应选择合适的循环泵。

（6）增加漂洗次数。漂洗次数多，去污效果好，但二次废物量大。

（7）提高化学药剂的浓度和采用复合混配药剂。

去污剂的浓度大、温度高、流速高、作用时间长，有利于提高去污效果，但会增大对基体金属的侵蚀。因此，通常要在保证去污效果的前提下，选用较低浓度去污剂、较低温度、较低流速，以及较短清洗时间。

去污剂的种类很多，有酸、碱、氧化还原剂、配（络）合剂、去垢剂、表面活性剂和缓蚀剂等。它们可以单独使用，可以混配成去污液，也可以制成发泡剂、乳胶、糊膏或者制成可剥离膜后使用。近年来，臭氧的使用增多，如用臭氧氧化被还原的 Ce^{4+}，使 Ce^{6+} 得到再生和补充。

常用的化学去污剂可分类为：

（1）无机酸类。如 HNO_3、HCl、H_2SO_4、H_3PO_4 等，其特点是去污作用大，腐蚀性强。其中，硝酸用得较多，硫酸、磷酸用得较少。

（2）有机酸类。如甲酸、柠檬酸、草酸、酒石酸、氨基羧酸等，其特点是作用缓和，腐蚀性弱，配（络）合能力强，清洗时废液中悬浮物及残渣少。

（3）碱类。如 NaOH、KOH、Na_2CO_3、Na_3PO_4 等。

（4）氧化还原剂类。如 $KMnO_4$、$K_2Cr_2O_7$、H_2O_2、O_3、Ce^{4+}、过硫酸钾、连二硫酸钠、羟胺、肼等。使不溶物改变价态变成为可溶物。

（5）络合剂类。如 EDTA、NTA、DTPA、HEDP、聚磷酸盐等，阻止生成沉淀物。

（6）去垢剂类。用来去除油脂物，以便去污剂更好地发挥作用。

（7）表面活性剂类。表面活性剂具有湿润表面、活化表面、降低溶液表面张力、增强金属表面浸润能力、增加去污剂与物体表面接触等作用。表面活性剂一般由亲水基和疏水基两部分组成。亲水基为极性官能团，如羧基、硝基等；疏水基多为烃链。表面活性剂可分为：

阳离子型	如胺盐、烷基吡啶等
阴离子型	如羧酸基盐、烷基苯磺酸盐等
两性离子型	如氨基酸、氧化胺等
非离子型	如脂肪醇聚氧乙烯醚、烷基酚聚氧乙烯醚等

（8）缓蚀剂类。缓蚀剂在金属表面形成钝化膜、吸附膜或沉淀膜，阻止或减轻去污剂

对金属基体的侵蚀作用。缓蚀剂主要有乌洛托品、硫脲及其衍生物、吡啶及其衍生物、硫氰酸盐等，通常采用复合缓蚀剂。

氟氯烷烃如四氯化碳、氟利昂过去常用做去污剂，但因为它们有致癌和破坏臭氧层作用，所以已不多用。

化学去污可分为稀化学去污（DCD，软去污）和浓化学去污（CCD，硬去污）两大类，两者的优缺点比较如表 8-3 所示。

表 8-3　稀化学去污和浓化学去污比较

化学去污	软去污	硬去污
特性	化学试剂含量＜1%，*DF*=2～10，部分除去氧化膜层，不腐蚀基体金属	化学试剂含量＞1%（5%～25%），*DF*=10～100 全部除去氧化膜层，腐蚀基体金属
优点	腐蚀轻，去污剂易再生，可多次使用，废物量少，仅去除表面污染物，不破坏基体	去污率高，去污需要时间短，可除去深部固定污染
缺点	去污率低（通常 *DF*＜10），去污需要时间长	腐蚀性大，会破坏基体，二次废物量多，二次废物处理困难

稀化学去污法特别适合于反应堆系统去污，也适合于辅助系统去污。

常用的化学去污剂如表 8-4 所示。

表 8-4　常用的化学去污剂

无腐蚀性	低腐蚀性	高腐蚀性
普通高压水 　+1%洗涤剂 弱酸型（pH=3～5） 弱碱型（pH=9～10）	弱酸型 pH＜1 　0.5%～5%　柠檬酸 　5%～20%　磷酸 弱碱型　pH＞10 　5% Na_2CO_3 + 1% H_2O_2 有机溶剂型 　丙酮，二氯甲烷	强酸型 　20% HNO_3 + 3% HF 　25% HCl 强碱型 　10% NaOH + 3% $KMnO_4$

各类金属适用的化学去污剂如下：

不锈钢　硝酸+氟化钠，硝酸（10%），硫酸+双氧水，草酸，柠檬酸，氨基磺酸，磷酸钠

碳钢　磷酸，硫酸氢钠，草酸，盐酸（10%）

铝　稀氢氧化钠，柠檬酸和去垢剂

铜　稀硝酸

铅　稀硝酸，浓盐酸

下面介绍几种特种化学去污法：

1．化学凝胶去污法

化学凝胶去污（chemical gel decontamination）将化学凝胶用做去污剂（如 $H_2SO_4/H_3PO_4+Ce^{+4}$）的载体，喷涂在待去污物体的表面上。使去污剂与污染表面维持较长时间的接触。作用一定时间之后，用水漂洗或通过喷淋除去凝胶物，物体表面得到去污。此法优点是二次废物量较少。

糊膏去污类似于凝胶去污。法国应用此法于 G2/G3 反应堆和 PIVER 玻璃固化中间工厂退役的去污，取得很好的去污效果[8]。

2．泡沫去污法

泡沫去污（foams decontamination）将去污剂和湿润剂加压喷涂在待去污的物体的表面，形成泡沫层，使去污剂与污染表面维持较长时间的接触。经过一定时间之后，用水漂洗或喷淋，除去泡沫得到表面去污[9]。如美国西谷后处理厂退役去污，将泡沫去污剂喷涂在设备室内表面，停留 15～30 min，然后用高压热水冲洗，获得很好去污效果。

泡沫去污的作用时间长，对油漆、涂料、锈垢和复杂形状的部件，去污效果都比较好，二次废物量少。

3．可剥离膜去污法

可剥离膜去污（strippable coating decontamination）是利用由化学去污剂和成膜剂做成的具有多种官能团的高分子膜进行去污。因为加入各种络合剂、乳化剂、浸润剂，可剥离膜有较强的去污能力和成膜性能，成膜前它是一种高分子溶液或水性分散乳液，用喷雾法或涂刷法将其施加于待去污物体的表面，干燥后成膜。成膜过程中高分子链上的官能团以及其中的络合剂与污染核素发生作用，污染核素萃取进膜中，剥掉涂膜便达到去污目的。最适用于墙壁、地面和天花板去污，去污因子可达 10～100（甚至可达到 1 000）。俄罗斯圣彼得堡镭学研究所放射化学实验室用此法去污，经过 3 遍可剥离膜去污处理，污染水平从 240 Bq/cm^2 降到 0.1～0.5 Bq/cm^2。

市场上可剥离膜品种很多，主要有三种类型：① 聚乙烯或聚氯乙烯系列；② 聚醋酸乙烯及其改性物系列；③ 聚丙烯酸酯系列。美国莫贝利亚尔公司、日本藤仓化成公司、中国原子能科学研究院和清华大学都开发了可剥离膜[10，11]。

可剥离膜容易剥离，剥下来的膜易压缩，也可焚烧处理。现在还发展了自剥离膜，这就是干燥之后膜会自裂成鳞片，容易用刷子或真空吸尘器除去。可剥离膜去污的二次废物量比一般化学法减少 2/3，节省工时 1/2，节约费用 1/3。可剥离膜去污对表面光滑的物件去污效果好，对多孔性粗糙物件、复杂结构部件及放射性深部污染情况，去污效果较差。

可剥离膜还可起到封闭包容作用，隔离污染物体，防止污染扩散，可用来保护设备和工具，如涂覆在箱室、墙面、通风管道、切割工具上可防止其受放射性核素污染，这对防止α射线污染扩散，有着特别重要的意义。

4．超临界萃取去污法

超临界萃取去污（supercritical extraction decontamination）是用超临界流体萃取核素[12]。超临界流体是处于临界温度和临界压力以上的流体，它兼有气、液双重特性。既有气体的高扩散性、低黏性、可压缩性和渗透性，又有与液体相近的密度和溶解能力。在临界点附近，温度和压力的微小改变，可使临界流体的密度和溶解度产生几个量级的变化。用超临界流体去污，就是将样品放在萃取室中，超临界流体与待去污物件接触，把 CO_2 加压到 300 个大气压，加热到 80℃，维持 20 min，然后抽出 CO_2。减压升温，使超临界流体变为普通液体，把萃取的放射性核素“释放”出来。这样，就达到去污目的。因为超临界流体表面张力小，扩散能力强，可进入去污部件的微孔，因此可用于复杂结构部件的去污。

为提高超临界萃取的去污效果，在超临界流体中可加入 TBP、β-双酮。硫化磷酸或其他络合剂。例如用含冠醚（$DCH_{18}C_6A$），D_2EHPA（二 2-乙基己基磷酸）和苦味酸的超临界二氧化碳，可除去不锈钢表面污染的铀、超铀核素与锶和铯。一次去污效果为：

α 放射性核素＞95%，β/γ 放射性核素＞70%～75%

超临界萃取去污的优点是：去污效率高，去污时间短，超临界流体可以再循环使用，二次废物少，对去污物件的腐蚀作用小。超临界萃取去污的不足是：去污过程在高压下进行，设备一次性投资大，去污过程非连续操作，工作效率较低。

超临界萃取去污是发展中的技术，需要进一步弄清放射性污染在超临界流体中溶解度规律，溶解机理，超临界流体、配位体、改性剂和基体之间相互作用关系，优选超临界流体、配位体和改性剂以及更好的运行参数（如温度、压力、流量、时间等）。

三、电化学去污

电化学去污是利用电解或电抛光技术，在电回路中的直流电作用下发生阳极溶解除去金属表面的薄膜层，这相当于电镀的相反过程。其工艺一般为将待去污的物件放在含有电解液的槽中，污染物做阳极，电解槽做阴极，通过高密度电流（100～2 000 A/m^2），不断更新电解液，不仅除去金属表面污染物，还使得其表面变得光滑。电化学去污的原理如图 8-2 所示。

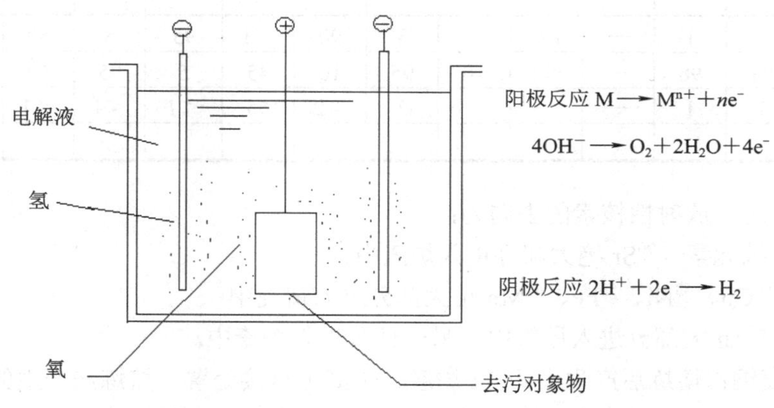

图 8-2　电化学去污原理图

电化学去污也可在充满电解液的管道内，用一移动电极进行电抛光。电化学去污方式有：① 浴式浸泡法——适于小件物品；② 电解隔离法——适用于局部区域（如部分工具或部件）或很大的表面（如乏燃料贮存池覆面）；③ 电解液抽吸法——适用于反应堆主回路部件（如蒸汽发生器管头、管道）或其他与安全有关的部件。

电解隔离法将待去污部件与阳极相连，以可移动式手柄（石墨）做阴极，阴极外加一个玻璃纤维绝缘套防止两极短路，石墨与外套间还有一个滞留电解液的纤维层，以构成电回路。

电解液抽吸法在可移动阴极周围加一个抽吸罩，使注入的电解液不断被抽走，循环利用。这两种方式均避免了去污表面要用大量电解液浸泡的困难。

电解法的电压约 10 V，电流约 20 A，电极上的电流密度为 100～400 A/cm^2。大电流密度要考虑冷却问题，电解质则应强碱性或强酸性。在充满电解液的管道内使用移动电极，可使管道得到去污。

电化学去污效率高、速度快、二次废物量小。电化学去污只适用于金属物件，去污功效取决于选择合适的电极、电压、电流密度、温度和电解液。电化学去污过程要控制从电解液释放出的蒸汽，要设置排气罩，要设置加热和搅拌电解液的措施。磷酸和硫酸常用作电解液，以磷酸为更好。如用 5%（质量百分数）H_2SO_4 做电解液，电流密度 0.3 A/cm^2，温度 60℃，可达到 DF 不小于 10^4，电化学去污易实现遥控操作。它的应用受到电解槽大小和去污物件构造复杂性的限制。当物件表面有油脂、油漆类物质时，要预先将它们除去。

四、废金属熔炼

废金属熔炼通过加入适当的助熔剂，使放射性核素进行重新分配。表 8-5 列出了德国 Siempelkamp 公司进行废金属熔炼得出的放射性分配情况。

表 8-5 废金属熔炼放射性分配情况

分配情况	α放射性			β放射性				γ放射性						
	^{235}U ^{238}U	^{241}Pu	^{244}Am	^{3}H	^{55}Fe	^{63}Ni	^{90}Sr	^{60}Co	^{134}Cs ^{137}Cs	^{110m}Ag	^{154}Eu	^{144}Ce	^{54}Mn	^{65}Zn
铸锭	1	1	1	—	100	90	3	90	＜1	95	5	50	95	＜1
炉渣	98	98	98	—	＜1	10	95	10	45	5	95	50	5	10
粉尘	1	1	1	—			2	＜2	55	＜1	＜1	＜1	＜1	90
排气				√										

废金属熔炼时，放射性核素的去向为：

（1）铀、超铀元素、^{90}Sr 绝大部分进入炉渣中；

（2）^{58}Co，^{60}Co、^{63}Ni、^{55}Fe、^{64}Mn 绝大部分进入铸锭中；

（3）^{137}Cs、^{65}Zn 大部分进入尾气中，另一部分进入炉渣中。

100 t 污染废钢铁熔炼后产生大约 3 t 炉渣。炉渣可直接处置，熔炼法产生的废物主要是熔渣和废过滤器芯，两者约为熔炼金属的 4%。熔炼出来的金属铸锭，可返回核工业使用，如制造乏燃料贮存容器、放射性废物容器、屏蔽体等。这样做既减少了废物的处置费用和节省了购买新钢铁的费用，还充分利用了资源，效益很大。熔炼法去污效果与加入的助熔剂、熔炼温度、熔炼时间有很大关系。

熔炼出来的金属达到清洁解控水平者，可有限制或无限制地使用。熔炼得到的产品，应测定其表面污染水平（Bq/cm^2）和质量比活度（Bq/g）。要流入社会无限制使用者必须严格控制，必须满足法规标准和得到审管部门批准。如果返回核工业部门用来制造废物容器或屏蔽体，则可放宽要求。

废旧金属无限制使用的国际标准尚未建立，欧盟对废金属再利用的推荐值如表 8-6 所示。

表 8-6 欧盟废金属再利用的推荐值

放射性，Bq/g	材料再利用场合	备 注
＜1	无限制再利用	—
1～13	核用设备	个人累积剂量＜5 mSv/a
13～60	制造废物桶	—
60～250	做废物容器，生物屏蔽层	1 m 处剂量率＜0.01 mGy/h，运输要求＜0.1 mGy/h

中国辐射防护研究院对累计运行 15 000 h 的铀浓缩级联试验中间装置进行退役处理。用氧气—乙炔气割工艺和砂轮锯切割，以化学和机械法去污，高温熔炼，回收金属 1 360 t，只产生 50 t 的废物当作放射性废物处理，原厂房可得到利用。他们的研究总结出以下规律[13]：

（1）熔炼去污能使铀污染物有效进入炉渣中，炉渣中铀分布相当均匀。炉渣呈陶瓷状物，坚硬不溶水，适当包装之后可直接处置。

（2）熔炼去污温度以高于金属熔点 200～300℃ 为宜，熔炼时间越短，去污效果越佳，只要金属完全熔化就应进行浇铸。

（3）铸锭中残留的铀量，主要取决于助熔剂碱度，当碱度为 1∶1.3 时，去污效果最佳，铸锭中残留铀量不大于 1 ppm，金属回收率不小于 96%。

乌克兰在欧盟的帮助下建造了一个熔炼厂，设一个电弧炉和一个感应炉，熔炼废金属的能力 1 万 t/a[14]，减少切尔诺贝利事故产生的放射性污染废金属，使有可能再利用。

综上所述，机械法、化学法、熔炼法去污各有其优缺点，一个简明的比较如表 8-7 所示。

表 8-7 机械法、化学法和熔炼法去污的比较

项 目	机 械 法	化 学 法	熔炼法（热处理法）
工艺温度	室温	＞348K	各金属熔点以上
化学试剂/材料	不用化学试剂	要加入各种化学试剂	要加入助熔剂
二次废物	大体积固体废物，有污染垃圾物	大体积液体废物，不易减容或处理	炉渣废物，尾气需过滤处理
可应用性	可对各种污染物去污	可对各种污染物去污	限于污染金属的去污
自由解控程度	能够达到	达到	难达到，要完全把炉渣与金属分开，要活性稀释
工艺	从表面除去污染物，增加废物体积	工艺复杂，控制要求高	多步精炼能获得高纯金属，放射性核素浓集在炉渣中
操作风险	一般	较高	一般
培训要求	较简单	较复杂	较复杂
成本	投资较低 支持性消费较高	运行成本较高 支持性消费较高	投资和运行成本高 支持性消费高
一次能源消耗	低	加二次废物处理，能源消耗较高	高
处理金属物件适应性	对管道、弯曲表面的去污难	适合各种形状	要求切割成小块投入熔炉
受照风险	较高	较低	低

五、生物去污法

生物去污法可用于放射性污染的去污。微生物净化的机理尚不十分清楚，人们认为其作用是通过多种途径来实现的，除细胞壁和细胞膜的吸附作用、沉积作用、离子交换作用、诱捕作用外，微生物的去污净化功能还可能因为其具有：

（1）甲基化作用。

（2）脱羟作用。

（3）氧化还原作用，例如：$Hg \rightarrow Hg^{2+}$，$Au^{+} \rightarrow Au$，$Ag^{+} \rightarrow Ag$，$As^{3+} \rightarrow As$，$CrO_4^{2-} \rightarrow Cr^{3+}$，U(IV)→U(IV)。

（4）催化作用。微生物产生的酶物质可能具有催化作用，如生物催化脱硫是一种利用微生物的生物炼油新技术。

（5）降解作用。微生物的降解作用能起到去污作用，如 EDTA 常用作去污剂、清洗剂，它与钴有很强的络合作用，微生物降解作用破坏 EDTA 和钴的结合而将 ^{60}Co 释放出来。

（6）有些细菌能产生 H_2S，有些细菌能产生 HPO_4^{2-}，对溶度积小和容易形成硫化物、磷酸盐沉淀的元素就容易被沉淀下来。噬硫杆菌可使难溶的金属硫化物转变成可溶性的硫酸盐。有些微生物能把含硫矿物质分解形成 S^{2-} 和放射性核素离子生成难溶性沉淀物。

（7）有些微生物能吞噬顺磁性或铁磁性元素的硫化物或磷酸盐，因此通过微生物可用强磁性分离器达到分离和浓缩。

生物法处理铀污染的水已开发两种好方法，一是利用微生物将有机磷化合物转化成磷酸盐，磷酸盐和铀作用生成铀沉淀物，把水中溶解的铀除去。另一种方法是美国新墨西哥大学研究成功的利用微生物注入铀污染的地下水中，微生物把六价铀还原成为四价铀而沉积下来，使被铀污染的地下水获得净化[15]。

美国爱达荷工程实验室已验证微生物可降解处理有机闪烁液。混凝土用生物法去污，比现有其他去污技术，可将成本降低到 1/10，且对人对健康影响小，安全风险低[16]。

为了达到大规模、有效的利用微生物去污和净化，将微生物制作成各种形式生物反应器，例如：

（1）固定床式生物反应器；

（2）回转式接触器；

（3）生物流化床；

（4）空气提升生物反应器；

（5）涓流生物过滤器等。

微生物反应器可以连续操作，适宜繁殖微生物的温度为 25～45℃，温度升高，生物降解的速率升高，但达到一定温度后再升高温度，会因为微生物死亡，而导致降解速率迅速下降。大多数微生物适宜生存的 pH 条件为 5.0～8.5。pH 小于 5.0 或 pH 大于 8.5 不利于微生物的生存。生物去污法选择性强，适用于大体积、低浓度的放射性、重金属和有机污染物的去污。

生物的去污作用受微生物活性的制约，微生物的活性取决于养分、氧量、pH、Eh 等条件。生物去污目前尚未大规模推广应用，优选微生物品种和微生物去污工艺，确定微生物去污的机制和机理，还有许多研究工作要做。

第四节 去污技术的应用

现在，发展多用途去污剂，可同时除油脂、除锈垢、除放射性和钝化，具有用水量省，废水量少，近零排放，常温下使用，可以不停车清洗，可实现车载式流动清洗等优点。

本节介绍一些在役核设施、退役核设施去污[17-20]，混凝土和人体去污的经验。

一、在役去污

在役去污就是对在役的核设施系统和设备进行去污，例如：在反应堆运行中，结构材料的腐蚀产物和一回路冷却剂受中子活化形成放射性物质，传送、分配、沉积在系统的管道、阀门和水泵的表面，随着反应堆运行时间的增长，会积累得越来越多，导致反应堆回路系统辐射场增强，使运行人员受照剂量增加，给检修工作带来不便，所以需要定期或不定期去污。

理想的在役去污工艺应该：

（1）高去污能力和合理去污速度，使停堆时间尽可能短；

（2）对结构材料侵蚀性小；

（3）去污剂的热和辐射稳定性好；

（4）废水量小，并且容易处理；

（5）不产生沉淀物，容易冲洗干净；

（6）价格便宜，容易买到。

常用的去污工艺有 AP-AC 法、AP-CITROX 法、CAN-DECON 法等。

1. AP-AC 法

碱性高锰酸钾—柠檬酸铵（AP-AC）去污法是法国电站联盟开发的一种方法。铬是不锈钢重要组分之一，是氧化膜主要成分。在还原条件下铬以 Cr^{3+} 形态存在，容易转变成 $FeOCr_2O_3$，这是很难溶的化合物。为了溶解他们和释放出包容的放射性，必须把铬氧化到易溶的六价态。AP-AC 法的第一步是用碱性 $KMnO_4$ 氧化溶解 Cr_2O_3；第二步则用柠檬酸铵除去残留腐蚀膜。

2. AP-CITROX 法

碱性高锰酸钾—柠檬酸草酸混合液（AP-CITROX 法）去污法以碱性高锰酸钾作为氧化剂和溶解铬，用柠檬酸—草酸混合液溶解残余的 Fe_3O_4 锈层和镍铁氧体（$NiOFe_2O_3$）。

3. CAN-DECON 法

CAN-DECON 去污法是加拿大开发的一种对坎杜堆（CANDU）去污的稀化学试剂去污法。坎杜堆停堆之后，冷却剂保持循环（90℃），冷却剂用混床树脂纯化除去添加物（如

Li），同时试剂注入系统连接到主循环，加入少量有机酸去污剂（0.05%～0.1%）到一循环系统，冷却剂本身成为去污液。在体系中循环与沉积物相作用，从设备壁上去除污染物。去污液中可溶性金属如 Fe、Co 用阳离子交换法去除，颗粒物质用过滤法去除。阳离子交换树脂还使去污液再生，经过再生后返回再用。去污终止，去污液排进混床树脂系统，阳树脂除去残余溶解金属，阴树脂除去化学试剂本身。Donglas Point 反应堆整体去污过程花费 72 h，传热系统除去 ^{60}Co（8.3～9.5）$\times 10^{12}$Bq。

CANDU 堆沉积物主要是四氧化三铁锈层，^{60}Co 是去污的主要目标，并成为钴铁氧体 $CoOFe_2O_3$（$NiOFe_2O_3$）结合在四氧化三铁锈层中。当四氧化三铁溶解时，它被释放出来，Co 的实际量是非常少的。Fe_3O_4 溶解涉及的化学反应为：

（1）简单氧化铁溶解——慢：

$$Fe_3O_4 + 8H^+ \longrightarrow 2Fe^{3+} + Fe^{2+} + 4H_2O$$

（2）基体金属溶解——随时间增加：

$$Fe \longrightarrow Fe^{2+} + 2e^-$$

（3）电子催化氧化铁溶解——快：

$$Fe_3O_4 + 8H^+ + 2e^- \longrightarrow 3Fe^{2+} + 4H_2O$$

（4）质子还原——随时间增加：

$$2H^+ + 2e^- \longrightarrow H_2$$

所用去污剂是一种弱酸型有机酸，它解离之后能起下面两种作用

$$HmY = mH^+ + Y^{-m}$$

$$Fe_3O_4 + 8H^+ + 2e^- \longrightarrow 3Fe^{2+} + 4H_2O，\text{溶解 } Fe_3O_4$$

$$Y^{-m} + Fe^{2+} \longrightarrow Fe:Y^{2-m}，\text{络合 } Fe^{2+}$$

阳离子交换树脂再生

$$Fe:Y^{2-m} + 2H:R \rightarrow Fe:R_2 + 2H^+ + Y^{-m}$$

（$2H^+$ ↓ 再起溶解作用；Y^{-m} ↓ 再起络合作用）

CAN-DECON 法去污系数如表 8-8 所示。

表 8-8 CAN-DECON 法去污系数

去污对象	还 原 剂	氧 化 剂
PWR 不锈钢	1.1～1.2	10～15
PWR 因科镍	1.0～1.1	5～10
BWR 不锈钢	10～20	—

二、退役去污

退役去污已开发了很多有效方法，这里介绍几种常用的方法：

1．铈氧化法

Ce^{4+} 有强氧化能力，可溶解氧化膜，特别是溶解氧化铬。它能把 Fe、Co、Ni 氧化到高价。Ce^{4+} 浓度为 0.05 mol/L，操作温度为 80℃。为了减少二次废物量，消耗的铈进行再生[21]，再生方法有两种：

（1）臭氧法：

$$2Ce^{3+} + O_3 + 2H^+ — 2Ce^{4+} + O_2 + H_2O$$

（2）电再生法：

这是 Ce^{3+}在电解槽的阴极区氧化，原理如图 8-3 所示：

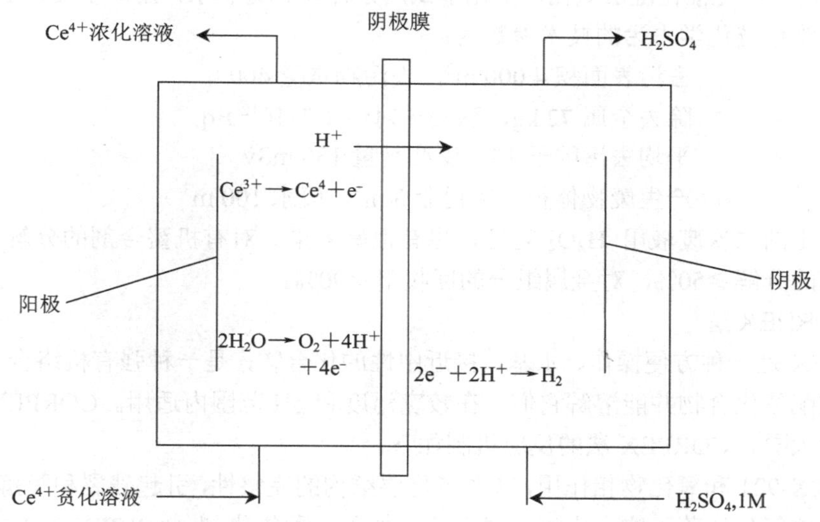

图 8-3　Ce^{4+}电再生法原理

铂用作电极，Naflon 350 用作分隔膜，工作参数为：

初始铈浓度	42.8～86.5 mol/m^3
温度	50～80°C
电流密度	107～200 A/m^2

比利时核中心（SCK/CEN）和法国法马通公司合作，研究开发了一种新去污技术（MEDOC），用于 BR3 压水堆退役。该法用 Ce^{4+}作氧化剂（硫酸介质），在去污过程，Ce^{4+}被还原为 Ce^{3+}。Ce^{3+}用臭氧氧化再生，使 Ce^{4+}得到连续补充。去污槽一批可处理 500～1 000 kg 金属部件，处理温度 80～95℃，一批料去污处理 1～8 h。去污之后，放入漂洗槽漂洗，然后滤干水，进行检测。该法能除去 10 μm 厚度金属表面层，平均腐蚀速度 1.5 μm/h。处理的污染金属（r 污染水平 1～20 000 Bq/cm^2）可降到 0.4 Bq/cm^2，即可达到无限制使用的要

求。此法比现用的铈氧化—还原法，有二次废物少的重要优点。

2．CORD/UV 法

CORD（Chemical Oxidation Reduction Decontamination）法[22]是化学氧化还原法，采用可移动设备 AMDA（Automated Mobile Decontamination Application）进行去污，产生有机废液用紫外光（UV，ultra-violet light）照射再生，称为 AMDA/CORD/UV 法，德国的 MZFR 多用途研究堆用此法去污，获得很好的效果。

德国卡尔斯鲁厄研究中心多用途研究堆 MZFR 系统，用 CORD/UV 法多循环软去污，历时 5 个月时间，化学试剂浓度不超过 2 000 mg/kg，处理温度≤95℃，腐蚀产品被溶解，放射性核素进到离子交换树脂上。去污过程为：

（1）初步氧化。用稀 $KMnO_4$ 把氧化膜中 Cr（Ⅲ）氧化为易溶的 Cr（Ⅵ）；

（2）还原。过量 $KMnO_4$ 用草酸还原；

（3）去污。从表面氧化膜层溶解下来的金属离子，以配合物形式进入溶液中，腐蚀产物和溶解的放射性核素连续交换到离子交换柱上；

（4）分解。用光催化湿法氧化，把化学试剂分解成 CO_2 和水，用离子交换法连续净化。

该一回路系统化学去污的技术参数为：

去污表面积 4 000 m^2，去污物重量 400 t

除去金属 72 kg，除去放射性 1.7×10^{12} Bq

平均去污因子 15，受照剂量 130 mSv

产生废物体积：废树脂 3 m^3，废水 100 m^3

去污产生的二次废液用 H_2O_2 处理，也有很好效果。对有机螯合剂的分解≥90%，对有机阻化剂的分解≥50%，对金属组分的回收率≥90%。

3．CORPEX 法

CORPEX 是一种方便操作、水基、接近中性的化合物，是一种强有机络合剂，能同许多金属生成配位化合物并能溶解它们，在较宽温度和 pH 范围内适用。CORPEX 法去污效率高，用途大[23]。CORPEX 法的反应机制如下：

CORPEX-921 和氧化物相作用，减弱氧化层结构的完整性，引起破裂和脱落，CORPEX 继续溶解这些氧化层落下物。去污完成之后，加入一种氧化剂 CORPEX-960 完全破坏生成的螯合物，消除以后难处理的问题，并且 99.8%放射性金属离子以氧化物或氢氧化物的形式从溶液中沉淀下来。去污产生二次废物适于排放和再利用。破坏过程的产物是 CO_2、NO_x、金属氢氧化物、金属氧化物和水。

$$M^{*}O_x + \text{CORPEX-921} \rightarrow \text{CPX}^{*}\text{M} + \text{CPX}$$

（90ºC，pH=7.0）

$$\text{CPX}^{*}\text{M}+\text{CPX}+\text{CORPEX-960} \rightarrow M^{*}(OH)_x\downarrow + MnO_2\downarrow + NO_x\uparrow + CO_2\uparrow$$

（约 40ºC，pH=11.5）

美国汉福特核基地的五个热室退役用 CORPEX 法去污，遥控操作，比高压喷射去污减少受照剂量一半，其使用的化学试剂毒性小，采用低压喷射，安全性好，并且产生的废水量少。

4．SANIDIN 泡沫去污法

去污管道内表面比较困难，用 SAMIDIN 法泡沫喷射去污大型管道（直径为 0.5～

1.6 m，长为 2～3.5 m），有很好的效果[24]。

（1）去污原理。用可生物溶解的二甲胺乙丙酯和糖苷混合物制备的表面活性剂，配成酸性或碱性发泡剂（法国 CEA 专利）。

碱性发泡剂是含有 3 mol/LNaOH 的稳定剂，改善泡沫的附着性，喷射于金属表面的量为 2.5 L/m^2。碱性剂使管壁脱脂，使后续的酸性反应剂同铁氧化物很好反应。碱性发泡剂作用 20 min，然后用高压水冲洗。

酸性发泡剂是 3 N 硫酸和磷酸混合物，能溶解铁氧化物和侵蚀金属表面，把碱性物质转移到溶液中。喷射量也是 2.5 L/m^2，反应时间 20 min，然后用高压水冲洗。

产生的碱性废液和酸性废液在贮槽中混合，约达到 pH=7，生成的盐是一种有效消泡剂。

（2）去污过程。① 先喷射碱性发泡剂到管道内表面，然后喷射 1～2 次酸性发泡剂，每次维持作用时间 20 min。② 用高压水冲洗发泡剂（5 L/m^2），产生的酸性或碱性废水收集贮存。③ 收集产生的金属碎屑和残渣。

整个操作由一套自动化操作的设备完成。

（3）去污效果。一次发泡剂去污，平均去污 95.6%，总废液量＜20 L/m^2。去污 1 根管子大约花费 2 h，工作人员受照剂量很低。

5．FL-AP 法

传统的酸碱交替去污法，对非固定性污染有较好去污效果，但对固定性污染去污效果较差，且二次废液量大。中国原子能科学研究院和核工业第二设计院合作开发 FL[NaF+HNO_3+L(缓蚀剂)]系列去污剂，如：

（1）对后处理厂的固定污染设备去污，采用 0.2%NaF + 6%HNO_3 + 1%L；

（2）对于热点去污，采用 3.5%NaF+16%HNO_3+1%L；

（3）对于严重污染 Pu 的热点的去污，采用 1%NaF + 16%HNO_3 + 1%L；

交替使用 FL-AP 法，采取以 FL 开始，AP（AP——碱性高锰酸钾 0.1 mol/L $KMnO_4$+ 1 mol/L NaoH）结束，具有高效、低腐蚀、二次腐蚀少等优点。

6．中国原子能科学研究院在对热功率 10 MW 重水研究堆运行 20 年后改建时，对一回路去污选用以下四种去污液收到很好效果

（1）7% H_3PO_4

（2）3%HNO_3 + 0.7 mol/L $KMnO_4$

（3）6.3%$H_2C_2O_4$ + 10%$C_6H_8O_7 \cdot H_2O$ 或 $C_6H_{14}N_2O_7$

（4）7%H_3PO_4 + 3%CrO_3

三、混凝土去污

混凝土广泛用作结构材料和屏蔽材料，有的厚达几米。核设施厂房、地面、反应堆安全壳都可能出现不同程度放射性沾污或活化，混凝土去污是经常遇到的事情。核设施退役和事故处理，混凝土去污往往是一项繁重而艰巨的任务。混凝土如果有不锈钢覆面或环氧树脂涂层，且未被破坏，放射性核素没有渗透入内，则去污工作相对比较容易。

混凝土去污首先要作调查，弄清污染程度、污染深度和污染核素种类。由于混凝土的多孔性，一般，污染核素向内渗透 3～5 mm，有的场合达 1～2 cm，甚至更深，用通常方法难以实现混凝土的深部去污。

混凝土化学去污可用盐酸。混凝土通常用物理法去污，现在已开发了许多混凝土去污的机械设备，其基本设计思想是用机械法（凿、磨、刨、削、铣）或局部高温法（微波、激光、热喷枪）有控制地破坏污染层，同时捕集所产生的气溶胶尘埃和收集所产生的破碎物。这种工艺的关键是要有效地除去所产生的尘埃和散片。对于较低污染程度的混凝土，常用气动粗琢器，或用手动或自动刨削机，所产生的粉尘用真空泵和脉冲空气过滤器去除。对于深部污染的混凝土，可用小型电锤击机，跟随真空吸尘器吸尘和绝对过滤器过滤。

混凝土刨削机头如果更换成旋转金刚石圆盘，效果更好，振动小，二次废物少。对于污染深度 0.013～1.3 cm 混凝土，金刚石混凝土刨刀与压空粗琢器相比，速度提高 5 倍，费用节省 67%。地面刨削机去污效率是地面粗琢机的 3 倍，而且振动小，操作人员劳动强度低。刨削机装置钻石旋转切割头，能将螺钉和其他金属物品切断，可以得到光滑的切面，较容易进行放射性测量和去污后表面再涂漆。一些混凝土机械去污法的比较如表 8-9 所示。

表 8-9 混凝土机械去污法的比较

方法	混凝土厚度	可行性	设备费用
控制爆破	＞0.6 m	非常好	多
空气和液压撞击机	＜0.6 m	好	少
火焰切割	＜1.5 m	较好	少
热喷枪	≤0.9 m	较差	少
岩石劈裂机	≤3.6 m	好	少
墙壁和地面锯	≤0.9 m	好	少
混凝土路面破碎机	≤25 mm	好	少
钻孔和剥离	≤50 mm	非常好	少
布雷斯塔剥离剂	≤30 cm	较好	少
打磨	≤6 mm	较差	少
水枪	≤50 mm	较差	多

混凝土微波去污是通过微波对混凝土表层加热，使 1～2 cm 深的混凝土表层中的结合水汽化而产生内压，该内压与微波迅速加热产生的热应力一起发挥作用，使混凝土表面破坏，形成碎屑或粉末，由跟随的真空系统收集。如果表面涂有油漆，水分含量不小于 1%，微波技术对油漆混凝土同样有好的去污作用，但是这种设备比较大，正在研究改进。

英国 BNFL 公司和美国 INEFL 公司联合开发，用硫杆菌进行混凝土生物去污[25]。把硫杆菌和培养液喷到待去污的混凝土墙壁表面，维持细菌的降解作用，然后处理表面的降解物质。生物净化可深入混凝土表面 2～4 mm。比机械磨削或刮刨省力，没有很多尘土产生，二次废物量少，工作人员受照剂量小，但该法所需时间较长。根据污染程度和净化要求，去污时间可能要几个月，甚至更长。

四、人体的放射性污染去污

人体污染是体表污染放射性核素或放射性核素通过吸入、食入以及伤口、皮肤进入体内。较多发生的是因与放射性物质接触而造成的体表的污染，而主要危害则是放射性核素进入体内。

皮肤去污使用的去污剂及去污方法要根据具体情况而定。主要方法有擦洗、刷洗、冲洗等[26, 27]。选用去污剂时主要应考虑：

（1）具有高的去污效果；

（2）对皮肤刺激性小，对机体无伤害；

（3）不促进体表对放射性核素的吸收；

（4）去污剂温度以40℃为宜；

（5）去污次数不宜过多，以免损伤皮肤黏膜。

人体体表污染的去污剂有去污香皂，去污香波，去污洗发膏，6%EDTA，6%偏磷酸钠，1%～3%DTPA（二乙烯三胺五乙酸）等（表 8-10）。小面积污染经去污香皂 5 min 擦拭去污，去污率可达 99%以上。

表 8-10 体表污染常用的去污剂

体表污染核素	效果较好清洗液
稀土核素，钚及超铀元素	1%DTPA（pH=3～5），稀盐酸溶液（pH=1）
碱金属和碱土类核素	清洗皂，对 Sr 污染可用玫瑰酸钾
铀	碳酸氢钠
裂变碎片	1%DTPA 或稀盐酸

人体体表污染核素种类不明，污染又难以去除时，可用 6.5% $KMnO_4$ 水溶液或 0.4 mol/L H_2SO_4 溶液刷洗 3～5 min，再用 10%～20%盐酸羟胺刷洗 2～3 min，一般均可除去污染。

对于伤口污染，要作紧急去污，防止放射性核素通过伤口进入体液。发现体表创伤并怀疑有放射性核素污染时，在不扩散污染前提下，应立即离开现场，用大量清水或蒸馏水反复多次冲洗伤口，促进伤口出血。若污染钚等核素，可用大量酸性 DTPA（pH=3～5）溶液冲洗伤口。这种清洗越早，效果越好。当然，要及早在辐射防护人员的协助下由医师作外科处理。

体内污染是放射性核素通过皮肤、创伤、呼吸道或消化道进入人体。有些核素在人体内分布比较均匀，如 ^{40}K，^{137}Cs 等；有些核素主要沉积于骨骼，如 ^{49}Ca，^{90}Sr，^{226}Ra，^{239}Pu 等；有些核素主要沉积于肝脏，如 ^{210}Po，^{198}Au 等；有的则聚集于甲状腺，如 ^{131}I 等。

服用促排剂对消除或降低放射性核素的体内污染有一定效果。理想的放射性核素促排剂应符合下述条件：

（1）在人体的 pH 环境中能形成配合物；

（2）形成的配合物稳定性高；

（3）毒性低；

（4）不参与人体代谢过程，也不发生任何变化；

（5）易经肠胃道吸收且能透过细胞膜。

DTPA（二乙烯三胺五乙酸）是效果好、用途广的配合剂，20 世纪 60 年代就开始用于体内污染的治疗，它对钚和超铀元素（Am，Cm，Cf）和镧系元素（为 La，Ce，Eu，Pm）

有较好的促排作用。特别要指出的是，碘化钾对碘体内污染是最有效的促排药物。

参考文献

[1] 罗上庚，管宗洲．化学清洗[J]. 1993（1）：33．

[2] Tikhonov N S，et al. Basic Technologies of Decontamination and Effectiveness of Their Employment at the Atomic Objects of Russia．SPECTRUM '98，Denver，Colorado，Sep. 13-18 1998：109-111．

[3] 韩秉魁等．后处理退役高压水清洗去污试验．核工业第一次放射性去污技术经验交流会文集，1990.

[4] Teunckens L，et al. Decontamination of Metal Components to Clearance Level by Means of Abrasive Blasting．IAEA-TECDOC-807，Vienna；1995：193-200．

[5] Archibald K E．CO_2 Pellet Blasting Studies[J]．Rep.INEL/EXT-97-00117，JAN.1997，Idaho National Engineering Laboratory，Idaho Falls，ID 1997.

[6] Pinacci P，et al. Decontamination Complex Components Using Ultrasound and Aggressive Chemicals. Decontamination and Decommissioning（Pro. Int. Symp. Knoxville，1994），US-DOE，Washington，DC，1994.

[7] Case R P，et al. Laser Ablation of Containment from Concrete and Metal Surface．SPECTRUM'98：Int. Conf. on Decommissioning and Decontamination and on Nuclear and Hazardous Waste Management（Pro.Int.Conf.Denever，1998），American Nuclear Society，La Grange Park，IL1998：124-131.

[8] Costes J R，et al. Automatic Decontamination form Spray Device：Application to System Pipes in the G2 and G3 Reactors at Marcoule．Nuclear Installations（Proc. 3rd INT. Conf. Luxembourg，1995：368-369.

[9] Faury M，et al. Foams for Nuclear Decontamination Purposes：Achievements and Prospects．Waste Management'98（Proc.Int.Conf.Tucson，1998），Waste Management Symposium，Tucson，AZ，1998.

[10] 杨恩波，徐宝兰．可剥离式放射性去污涂料及放射性封闭材料的研制和性能．核工业第一次放射性去污技术经验交流会文集，1990.

[11] 孙扬明. 剥离型去污涂料在核工业现场的去污试验. 核工业第一次放射性去污技术经验交流会文集，1990.

[12] Shadrin A，et al. Decontamination of Real Contaminated Stainless Steel Using Supercritical CO_2. SPECTRUM '98，Denver，Colorado，Sep. 13-18，1998：94-98.

[13] 任宪文．铀污染铝制件的熔炼去污，铀污染铜、镍和钢铁的熔炼去污．核工业第一次放射性去污技术经验交流会文集，1990.

[14] Steinwarz W.Activities on Realization of a Melting Plant at the Chernobyl site．SPECTRUM '96，Seattle，Washington，Aug. 18-23，1996，1：83-86.

[15] Barton L L，et al. Bioremediation of Ground Water Contaminants at a Uranium Mill Tailings Site．ICEM'95，1995，2：1579.

[16] Hamilton M A，et al. Biodecontamination of Concrete．SPECTRUM'96，Seattle，Washington，Aug. 18-23，1996，3：1997.

[17] Demmer R L，et al. A review of Decontamination Technologies Under Development and Demonstration at the ICPP．Decommissioning，Decontamination and Environmental restoration of Contaminated Nuclear Sites（Proc. Conf. Washington DC），American Nuclear Society，La Grange Park，IL，1994：114-118.

[18] Chen L．et al. A review of Chemical Decontamination System for Nuclear Facilities．The Best D&D Creative Comprehensive and Cost Effective（Proc. Topical Meeting Chicago，1996），American Nuclear Society，La Grange Park，IL，1996：87-94.

[19] Demmer R L．Testing and Comparison of 17 Decontamination Chemicals．Rep. INEL-96/0361，Sept.1996，Idaho National Engineering Laboratory，Idaho Falls，ID，1996.

[20] Shoemaker H D，et al. Improved Chemical Decontamination Methods for D&D. SPECTRUM'98，Denver，Colorado，Sep. 13-18，1998，1：112-115.

[21] Kurath D E，et al. Decontamination of Stainless Steel Using Cerium（Ⅳ）：Material Recycle and Reuse．Beneficial Reuse.97，Recycle and reuse of radioactive scrap metal（Proc. 5th Ann. Conf. Knoxvill，1997），US-DOE，Washington，DC，1997.

[22] Wille H，Bertholdt H O．Experience with Full Decontamination with the CORD Process for Decontamination．ICEM '95，Berlin，Germany，1995，2：1667-1670.

[23] MEIE．Associates Inc. Project Technical Report，Rev. 2，May31，1996.

[24] Costets J R．ICEM '95，1995，2：1639.

[25] Lioyd J R，et al. Reduction of Actinides and Fission Products by Fe（Ⅲ）-Reduction Bacteria．Geomicrobiol J，2002（19）：103-120.

[26] 李德平，潘自强．辐射防护手册．(第五分册)，辐射危害与医学监督．原子能出版社，1993.

[27] 刘雁铃．放射性核素污染皮肤、黏膜、牙齿和毛发的去污方法研究[J]．核工业第一次放射性去污技术经验交流文集，1990，10.

第九章　核设施的退役

核设施退役是 20 世纪 60 年代提出的任务，较多退役工程的出现，则是 80 年代后的事情，在近一二十年里，退役技术发展迅速。现在，世界上一批早期建设的军工核设施、研究堆和核电试验堆、示范堆，已达到设计寿期，正在进行着退役或者已经完成了退役。据 IAEA 估计，全世界约有 2 800 座核设施需要在未来的几十年中退役[1]。IAEA 对核电厂和研究堆的退役、核燃料循环设施的退役以及医疗、工业和研究设施的退役分别制定了导则[2-4]。

大型核设施的退役，如核电厂、后处理厂的退役，是周期长、涉及面广、投资高的大型工程，需要许多专业人员的参与，需要几年甚至上百年的时间，退役任务的复杂性往往超过新建一个同类的核设施。因此，安全、经济、高效地完成退役任务，成为核科技工程界当前研发的重点任务之一。

第一节　退役计划和准备

核设施退役是对使用期满或因其他原因而退出服役的核设施的全部或部分解除审管控制而采取的行动，以保护工作人员、公众和环境的安全，退役的最终目标是无限制或有限制开放或利用场址。退役不包括放射性废物处置库（场）与尾矿库的关闭。

有些核设施或者它的某些部分，符合法规要求，经审管部门批准进入到一个新的或者现存的核设施中，它所处的场址仍然处在审管控制之下，也可以认为该核设施完成了退役。

退役活动包括移走放射性物质（如乏燃料、新燃料组件和放射源等）、去污、设备拆卸、房屋拆除、场址清污等系列活动。

一、退役策略

早先，国际原子能机构（IAEA）把退役分为：监督贮存、有限制开放和无限制开放三个等级。随着人们对退役认识的提高和退役技术的发展，这个三级退役概念已逐渐弃之不用。现在，IAEA 把退役分为三种策略（strategy）[5]：

（1）立即拆除（immediate dismantling）；

（2）延缓拆除（deferred dismantling）；

（3）就地埋葬（on-site decommissioning，entombment）。

通常，人们把关闭之后 40 年内完成的退役算作立即拆除，延缓到 40 年之后的退役，划作延缓拆除。

核设施退役采取什么策略，取决于以下三大因素：

（1）政治、社会、地理因素，这包括：① 环保要求，国家退役方针和退役终态要求；② 有关法规、标准建立情况（包括免管废物、清洁解控和再循环/再利用限值的确定等）；③ 检测、维护和审管要求；④ 核设施所处的地理位置、土地使用、人口和经济发展前景；⑤ 社会和公众的态度，可接受性和支持程度等。

（2）技术因素，这包括：① 退役设施的规模、污染程度与放射性水平；② 去污、切割拆卸和场址清污技术是否具备或者可以获得；③ 受照剂量限制；④ 废物处理、整备、贮存、运输和处置条件；⑤ 乏燃料出路；⑥ 所需的开发研究工作，人力资源和专家队伍等。

（3）经济因素，这包括：① 代价—利益分析；② 经费来源；③ 利率、通货膨胀等。

从上看出，核设施退役采取什么策略的影响因素很多。但是，在许多国家，对于大型核设施的退役，废物出路（处置条件）和退役经费是决定因素，很多国家尚没有处置退役所产生的各种废物的法规标准和处置场地。有些国家反应堆退役还受到乏燃料出路的制约，特别是有些国家的研究堆，乏燃料无处可送。

对于退役技术，20 世纪 80 年代初开始，经济合作与发展组织的核能机构（OECD/NEA）和欧盟就选择了一批示范工程项目，组织一些国家合作开发研究退役技术。今天，核设施退役已有比较多的技术和设备，有开放的国际市场，许多退役公司纷纷建立，退役技术原则上已不成为制约退役的因素。

1．立即拆除

立即拆除可以较好地利用现有的辅助设施和设备以及熟悉设施的人员参与退役，但立即拆除可能会导致工作人员受照剂量较高，需要采用或需要发展遥控切割和拆卸机具。

对于核燃料循环前段和后段的设施（图 9-1），延缓几年、几十年拆除，对降低工作人员受照剂量来说，受益不大，因为前段核设施污染的主要核素是铀（钍）及其子体镭和氡等；后段核设施污染主要核素是铀、钚、镎和长寿命裂变产物。在某些情况下，延缓拆除还会由于 ^{241}Pu 的β衰变产生 ^{241}Am 的积累，而导致辐射水平升高，增加工作人员的受照剂量。因此，对核燃料循环前段和后段的工厂，各国优选立即拆除策略。

对于核研究中心的小型核设施、热室和加速器，放射性污染水平往往比较低，而场址的利用价值十分高，所以也宜采取立即拆除策略。

2. 延缓拆除

对于延缓拆除的好处首先是降低退役工作人员的受照剂量，其次，若干年之后可能开发出了更先进的去污技术和拆卸技术可以被利用，但延缓拆除退役需要关注和考虑以下问题：

（1）系统包容性能的降低（如下水道、通风管道、槽罐和贯穿件的泄漏，手套箱手套老化等）；

（2）监控仪表功能下降或失效；

（3）辅助系统/支持系统（包括风、电、水、暖、气、通信、消防、照明、保安等）能力的减弱或失效；

（4）熟悉核设施人员的流散和消失；

（5）资料档案的散失；

（6）处置费用上涨和通货膨胀；

（7）需要长期监督、维护、检测和保安，必须有持续的经费保证；

（8）法规标准的变化，公众接受性的改变。

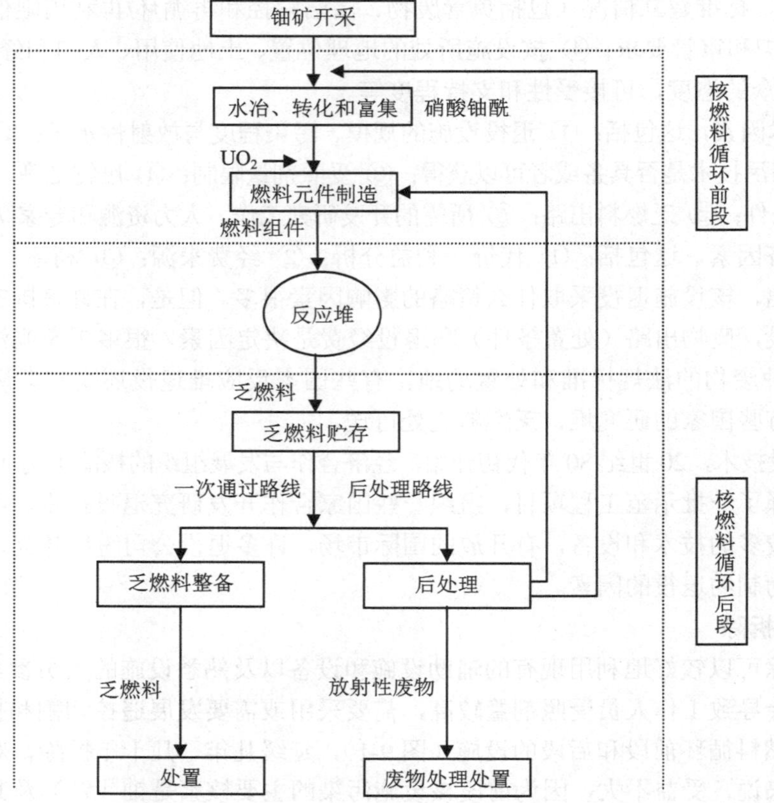

图 9-1 核燃料循环图

延缓拆除一般被用于大型反应堆的退役。延缓拆除的程序通常是先卸出乏燃料，运走乏燃料和可能存留的新燃料组件，处理燃料水池，运走放射源，卸出反应堆冷却剂，对压力容器外围的设备进行去污、切割和拆除，封堵压力容器的进出管口，还可能需要建立专门包容压力容器的建筑物。然后，在监控之下封隔几十年。有的国家封存时间定得很长，但现在倾向缩短封存时间。对于反应堆的退役策略，各国有很大差别。

法国电力公司（EDF）选择部分拆除后延缓 50 年作最终拆除[5]。他们认为，立即拆除的技术和废物处置虽然现在没有问题，但延缓拆除会降低辐射水平，减少拆卸工作人员的辐射剂量，并且将来拆卸技术会有大的改进，也会减少辐射剂量和降低退役成本。在法国正在进行着一场争议，讨论缩短封闭的时间，主张早点拆除第一代反应堆的呼声较高。

英国对中放废物要求作深地质处置，因为现在还没有地质处置库，所以英国的核电反应堆采取延缓拆除策略。早先，英国对镁诺克斯（Magnox）反应堆要求延缓 135 年之后作最终拆除。近年，英国核燃料公司（BNFL）向国家审管部门提交了一份修改退役策略的报告，建议缩短反应堆的封闭时间，关闭 100 年之后进行最终拆除[5]。

加拿大和意大利因缺乏废物处置场，对核电反应堆采取延缓拆除策略。

日本有 52 座核电机组在发电，提供日本 30% 以上的总电量。到 2005 年日本有 10 座机组运行超过设计寿命。因为新建核电站缺乏场地，日本确定核设施最终关闭后 5～10 年内进行拆除的策略。近年来，正大力开发退役技术。

美国核电站正在搞“延寿”计划，延长核电站的服役期限。美国对关闭的核电站，有的核电公司考虑废物的处置费用不断上涨，因此选择立即拆除的政策；有的打算延缓拆除（表9-1）[5]。从表9-1看出，美国早期关闭的反应堆采用延缓拆除策略者居多，而后期关闭的反应堆采取立即拆除策略者居多。因为核电站延缓更长时间拆除，并不带来更多好处，美国核管会（NRC）要求所有核电站停止服役关闭之后，封闭监督时间不超过60年。

表9-1 美国关闭的反应堆的退役策略

反应堆名称	堆型	关闭时间	退役策略
GE VBWR	BWR	1963	封闭延缓拆除
Pathfinder	BWR	1967	延缓拆除（完成）
CVTR	PHWR	1967	封闭延缓拆除
Fermi 1	FBR	1972	封闭延缓拆除
Indian Point 1	PWR	1974	封闭延缓拆除
Peach Bottom	HTGR	1974	封闭延缓拆除
Humboldt Bay 3	BWR	1976	封闭延缓拆除
Dresden 1	BWR	1978	封闭延缓拆除
TMI 2	PWR	1979	封闭延缓拆除（事故后关闭）
La Crosse	BWR	1987	封闭延缓拆除
Fort St. Vrain	HTGR	1989	立即拆除（完成）
Rancho Seco	PWR	1989	封闭延缓拆除
Shoreham	BWR	1989	立即拆除（完成）
Yankee Rowe	PWR	1991	立即拆除
San Onofre 1	PWR	1992	封闭延缓拆除
Trojan	PWR	1992	立即拆除
Big Rock Point	BWR	1997	立即拆除

德国反应堆多数采取立即拆除策略，有的已退役到场址完全开放，德国卡尔斯鲁厄研究中心的多用途重水研究堆已退役成为向公众开放的博物馆，还有两座研究堆已退役成为绿地，原型钠冷快堆正在进行拆除。

3. 就地埋葬

就地埋葬退役也称就地处置[6, 7]。就地埋葬包括两种情况，一是埋葬在原来设施的下面；二是埋葬在设施所在的区域内，不再回取。就地埋葬可以大大减少去污、拆卸工程，减少废物的整备、运输、贮存和处置费用，减少工作人员的受照剂量。但是，就地埋葬的场址必须具备做最终处置场址的条件，所以这是一种有条件的策略[7]。在大多数情况下，核设施满足建厂的选址条件，但不一定具备做处置场的条件，就地埋葬获得许可证和公众接受是比较难的。对于存在较多α核素和长寿命核素的核设施，对于处于人口较多、地下水位较浅、场地有重要应用前景的核设施，不宜采用就地埋葬。

就地埋葬严重事故的核设施，已为较多人所接受。切尔诺贝利4号堆事故后，用直升飞机掷下5 000 t 硼化物、白云石、沙、黏土和铅、形成了一个大石棺。1994—1995年国际顾问联盟评价后，建议建造一个新石棺，来实现现场永久处置，也有人提出维修加固老石棺的方案。

就地埋葬目前实施较多的还只有美国，美国在 20 世纪 70 年代对三座动力验证堆（Bonus，Pigua，Hallam）实行了就地埋葬。这三座堆运行时间都很短（小于 3 年），乏燃料和冷却剂都已从堆中卸出，估算它们所包容的残余放射性核素衰减到无限制开放，只需要行政控制 120 年。

意大利完成了一座小型研究堆的就地埋葬处置。意大利 BR-1（10 MW 热功率）反应堆压力容器 Φ340 cm，H495 cm。压力容器内装进退役卸下的废物，然后浇注水泥浆填充空隙，埋葬于现场。该退役工作已于 1989 年完成[8]。

就地埋葬作为退役的一种策略，加拿大、俄罗斯、德国、美国、芬兰、日本等国家正在作安全评估。美国在汉福特场址建了 10 个生产堆和 5 个后处理厂，到 20 世纪 90 年代均已关闭，美国正在评价其某些设施就地埋葬的可能性，美国核管会正在评价扩大实施就地埋葬的安全问题[9]。

核燃料循环设施的退役策略总结于表 9-2。

表 9-2 不同核设施的退役策略

项 目	核燃料循环前段设施	核燃料循环后段设施	反应堆
主要核素	铀（钍）镭、氡及子体	裂片元素（FP），超铀元素（TRU）	活化产物，少量 FP 和 TRU
放射性水平	低	高	高
退役技术	简单	复杂，要遥控工具	复杂，要遥控工具
适宜退役策略	立即拆除	立即拆除	延缓拆除

目前，一些人们的思想观念中，对退役存在着一些误区，如：

（1）退役的核设施封存时间越长，辐射水平降得越低，退役成本就越小；

（2）就地埋葬方法最简单可行，应优先考虑采用；

（3）退役是核设施关闭之后考虑的事，不必过早考虑；

（4）必须彻底去污之后启动退役。

二、退役计划

至今，还有不少人认为，退役是核设施关闭之后才考虑的事情。实际上，到核设施关闭之后才考虑退役，会增加退役工作的难度和提高退役的费用。反馈国际经验，反应堆退役应该在关闭前 5 年（至少前 3 年）就着手做退役的前期准备工作。

总结国际经验和教训，核设施在设计、建造和运行时就应考虑退役问题。但是，实际上国内外所有老的核设施在设计、建造和运行时，都没有作退役考虑。现在，IAEA 要求今后核设施的建设要考虑方便退役（facilitating decommissioning）。

核设施退役不管采取什么策略，实施过程中都会分成若干阶段（phase 或 stage），至少可分为：① 前期阶段（准备阶段）；② 实施阶段；③ 验收阶段。

实施阶段又常常分为若干子阶段。对于延缓拆除，这个阶段持续的时间会很长。

退役活动应该准备充分、措施落实、管理严格、监督到位。退役方案和退役计划是退役工程安全、经济、高效完成的保证。

完成核设施的退役是营运者的责任，营运者应依据国家相关法律、法规和标准编制退役方案和计划，经过审管部门批准之后实施。核设施种类很多，规模大小和辐射水平相差甚大，退役计划有不同深度和广度要求。退役计划并不是固定不变的，随着退役的进展，会有新情况和新问题出现，需要适时调整或修改。但是，修改的计划和方案必须得到审管部门的认可。

退役方案和退役计划应明确规定退役目标（总目标和阶段目标）、退役程序、时间进度、预计的废物量、工作人员受照剂量和费用估算等。制订退役方案和退役计划应该收集、调查和研究以下问题：

（1）核设施类型和放射性水平；

（2）退役策略和阶段目标；

（3）依据的法律、法规和标准；

（4）核设施运行历史、现在状态和周围环境状况，包括发生的事故/事件和处理情况；

（5）设计图纸资料，维修和改造情况；

（6）现有设备条件的可利用状况，包括水、电、风、暖、气和废物处理设备、吊运设备等的可用性；

（7）存在的放射性和非放射性物质的危害，包括它们的类别、数量和状态等；

（8）临界安全、辐射安全和工业安全；

（9）去污、切割、拆卸技术的可得性与可选择性；

（10）废物处理、整备、贮存、运输方法和处置条件；

（11）监测分析的技术和设备；

（12）组织机构建立、职责分工、人员资质与培训；

（13）退役时间进度要求；

（14）建筑物和场址的使用考虑；

（15）费用估算和筹资方式；

（16）公众的反应和态度。

国际经验表明，退役计划和退役方案须在核设施关闭之前就着手制订，以便可保留需要的辅助设施和留用对设施熟悉的人员。退役过程继续需要电、风、水、暖、气、通讯、保安和废物处理等辅助系统的支持，一旦把它们撤销之后，再要恢复，不仅要多花钱，还会影响退役工程的进度。熟悉设施的人员参与退役活动是十分必要的，特别是退役设施档案资料不全，改造变动较多，发生过这样那样事故或事件的情况，熟悉设施的人员参加退役活动有不可替代的作用。

退役工程立项通常要求编写多种文件，如可行性研究报告（简称可研报告）、安全分析报告、环境影响评价报告（简称环评报告）和质量保证大纲等。这些报告的齐备程度和编写深度，随项目性质和大小而异，由审管部门确定。

1. 可行性研究报告

核设施退役工程项目的可行性研究报告的内容，大致包括：

（1）概述（退役原因，退役目标和策略，依据的法规标准等）；

（2）设施的自然环境和社会环境；

（3）设施的运行历史及现状；

（4）源项（存留的放射性物质和非放有害物质的数量、类型、分布，调查与估算方法等）；

（5）退役组织机构职责、人员资质与培训；

（6）退役方案（方案比较与选择，关键技术）；

（7）退役废物处理与处置方案；

（8）安全问题与环境影响；

（9）计划退役进度；

（10）经费估算；

（11）质量控制和质量保证；

（12）结论与建议。

2．安全分析报告

核设施退役工程项目的安全分析报告内容，大致包括：

（1）前言（退役原因、退役范围、安全目标等）；

（2）设施的状况（自然环境和社会环境）；

（3）设施的运行历史及现状，发生过的事故/事件和处理情况；

（4）退役的方案及实施步骤；

（5）源项（包括放射性与非放有害物质数量、类型、分布，调查与估算方法等）；

（6）正常工况下的安全分析；

（7）预期事故工况下的安全分析；

（8）辐射防护大纲，辐射安全、核安全、临界安全和工业安全；

（9）事故分析、应急预案以及安全保卫；

（10）质量控制和质量保证；

（11）结论与承诺。

3．环境影响评价报告

核设施退役工程项目的环境影响评价报告的内容，大致包括：

（1）前言（退役范围，评价依据等）；

（2）评价区的自然环境和社会环境；

（3）设施运行历史和现状及辐射环境质量状况；

（4）源项（包括放射性与非放有害物质的数量、类型、分布、调查和估算方法等）；

（5）退役方案及主要退役活动；

（6）流出物和固态放射性废物；

（7）放射性与非放射性有害物质的环境影响；

（8）事故分析、应急法案和环境影响分析；

（9）监测方案与质保大纲；

（10）结论与承诺。

上述几个报告，各有不同的侧重点。要求的支持性材料可作为附件或独立文件出现，如申请退役报告、源项调查报告、样品检测分析报告、退役执行标准和管理限值、初步设计、施工设计、质保大纲、有关合同文本和协议书等。

三、组织领导机构和职责分工

核设施退役必须建立强有力的组织领导机构，并有明确的分工，实行科学的管理。

1．审管部门的主要职责

各国的审管机构和审管程序有很大不同，但它们的主要职责都包括：

（1）组织制定、颁发和监督执行相关法规和标准；

（2）审核退役可行性研究报告、安全分析报告和环境影响评价报告，审核质保大纲和安全相关的其他活动；

（3）颁发许可证；

（4）监督检查、组织验收等。

2．营运者的主要职责

营运者是核设施退役工程的责任者和执行者，对退役工程负安全责任。营运者的主要职责为：

（1）提出退役方案，提出可行性研究报告、安全分析报告和环评报告，制订退役实施计划；

（2）申请许可证；

（3）筹措经费和人力资源；

（4）建立质保体系和质量保证大纲；

（5）组织实施退役；

（6）接受监督检查和验收。

营运者为了完成退役任务，应建立适当的组织，分担各项任务。组织机构形式根据需要而定，举例如图 9-2 所示。

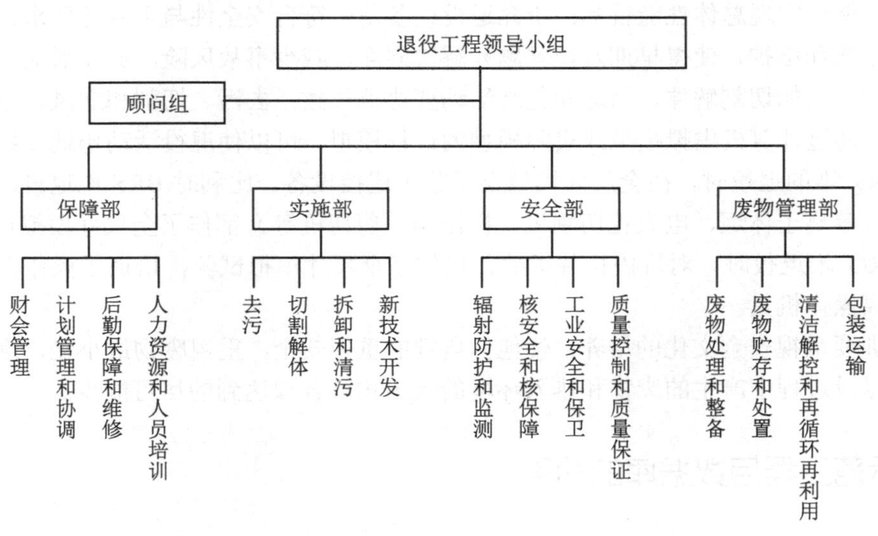

图 9-2 退役工程组织机构及任务分工

3. 相关方职责

核设施退役会有许多部门参与，除了设计和监理外，还可能有一家或多家承包商。应明确这些相关方之间的接口，协调和确定联络方式。相关方的主要职责有：

（1）履行承包合同；

（2）建立相关的质量保证体系，实施质量控制；

（3）遵守辐射防护规则和安全文化等。

现在，国外建立了不少专业公司，很多退役工程项目由专业公司竞标承担。专业公司配有各种设备，有熟悉专业的技术人员，能够较好、较快地完成退役任务。

四、人员培训

大型核设施退役是一项复杂的系统工程，绝不是简单的拆除活动。它要求由技术专家、懂技术的管理人员和经济师，以及熟悉有关操作的工人所组成的队伍来完成。

从事核设施退役的工作人员要经过适当的培训，考试取得合格证之后才能上岗。培训工作包括上岗培训和再培训。培训方式有课程培训和模拟操作培训。由实践经验得出，培训课程应安排案例分析、观看退役活动的录像片和研讨等内容。对于某些复杂的技术和不熟悉的设备，要聘请专家作指导，以减少和避免因为不熟悉或不熟练而导致的超剂量事故，或延误工期和损坏设备。

对重要的去污和拆卸作业或采用新技术、新设备，模拟训练是不可少的。模拟试验可以确定切割工具和操作的最佳参数；使操作人员熟练操作、维修和更换部件；了解操作中可能发生的问题和如何去解决问题。模拟试验除了单项试验外，还有全过程模拟试验。大型核设施退役是需要把多种技术应用到多个子系统中去的大型工程项目，接口问题常会导致投资增加和拖延工期，利用数学模型和三维几何学结合，把系统模拟出来，研究退役设备是否相容，能否实现总体性能目标；研究退役设备是否符合安全性与可靠性要求；研究退役设备的检修和维护，使得早期发现问题和解决问题，减少事故风险。退役活动需要很好的整体协调，例如切割解体、吊运和包装活动要协调一致；去污、切割和通风、监测要协调一致等。通过计算机虚拟模拟或实际模型的过程模拟，可以使退役活动协调一致。德国在进行 KNK 堆的退役时，在全尺寸模型上试验了遥控设备。比利时 BRS 堆退役，对水下切割设备（等离子体炬、电火花切割机、机械锯、剪切机等）都作了全尺寸模拟试验。英国在 WARG 堆退役时，对堆内构件拆除，也作了全尺寸模拟试验，培训了操作人员和试验了远距离操作机具。

人员培训要重视安全文化的培养，使他们自觉的重视安全，重视废物最小化，重视环境保护，使退役过程中产生的废物和排入环境的流出物可合理达到的尽可能少。

五、示范工程与数据库的利用

为了获取经验、开发先进技术和培训人员，许多国家开展了一批示范工程，例如美国能源部选取了以下退役工程作为示范工程：

研究堆退役	阿贡实验室
生产堆退役	汉福特后处理厂
铀生产厂退役	费尔南德厂
燃料元件制造厂退役	萨凡那河工厂
钚手套箱退役	洛斯阿拉莫斯实验室
氚生产设施	蒙特实验室

日本以日本动力验证堆（JPDR）的退役作为示范工程[9]。

经济合作与发展组织的核能机构（OECD/NEA）于 1985 年开始了一项退役合作计划，包括 27 个反应堆，9 个后处理厂，2 个核燃料工厂和 1 个同位素生产厂[10]。

国外通过一些示范退役工程，已经建立了一批数据库，这些数据库是制订退役计划和实施退役极有用的参考工具。现在已有许多计算机软件可用于以下目的：

（1）编制项目计划；

（2）退役方案设计；

（3）估算放射性盘存量；

（4）估算成本；

（5）估算受照剂量，实现辐射防护最优化；

（6）进行人员培训；

（7）制订拆卸方案等。

日本原子力研究所在实施 JPDR 退役活动中，建立了反应堆退役管理计算机系统 CORSMARD（Computer System for Management of Reactor Decommissioning），包括：

（1）辐射剂量控制数据库；

（2）拆卸操作数据库；

（3）废物管理数据库。

欧盟在合作研究退役活动中也建立了一套数据库[11]，包括：

（1）EC DB TOOL 数据库。退役切割、去污、金属熔炼技术和有关工具、设备等；

（2）EC DB COST 数据库。核设施退役成本和退役步骤。

德国也建立了大型退役数据库，涉及拆卸技术、成本、废物管理和废物最终处置。

第二节　源项调查和监控测量

退役过程从计划、实施到竣工验收，自始至终都要求作放射性监测和调查，这包括：

（1）源项调查；

（2）流出物监测；

（3）去污前后放射性水平的测定；

（4）二次废物的检测；

（5）清洁解控和再利用/再循环监控；

（6）退役场址残留放射性的检测；

（7）工作人员的剂量监测等。

由上看出，监测调查的对象很多，包括：相关设备，构筑物，废物/物料，场址的水、空气、土壤、动植物，也包括人体。这些监测和调查，随核设施规模、污染程度和退役阶段的差别而有所不同。

一、源项调查

1．源项调查的目的

源项调查为确定退役策略、制订退役方案和计划、优选退役技术、预估退役费用和受照剂量，以及确定废物处理、处置方案，编写可研报告、安全分析报告和环境影响评估报告等提供依据，源项调查要求：

（1）提供放射性盘存量，对放射性水平作出估计；

（2）查清易裂变物质的残存量和放射源的数量；

（3）查明放射性污染分布，绘制出放射性污染分布图；

（4）掌握污染放射性核素种类和数量（污染核素、污染程度、污染物总量、污染物状态）；

（5）有的还要求弄清同位素组成如 ^{235}U、^{239}Pu 和 ^{233}U 等的数量和存在位置，因为在引入慢化剂和适当几何条件下，这些易裂变物质可能会引发临界事故。

源项调查除调查放射性核素之外，还包括调查其他危险物质（如石棉、多氯联苯、金属钠、铍、汞、氢、氯、铬酸盐、重金属等），有的还要求对设备和建筑物的老化和安全程度作出评价。

通过源项调查可掌握照射的关键核素和关键途径。通过模式计算，可估算出退役的辐照剂量。源项调查不仅是退役前必须要做的工作，在退役过程中和退役终结，对废物进行处理与处置，对场址进行验收，都要作监测调查。初始源项调查不可能是十分完善的，随着退役的深入，需要进行修正、充实和完善。

核设施的源项调查，例如反应堆、后处理厂、MOX 燃料厂退役的源项调查，任务是非常艰巨的，必须提供必要的条件，具备适当的工具和设备、经费和人员。

2．源项调查方法

源项调查要求弄清退役设施的最大剂量率和平均剂量率，设施内部和外表的污染水平。源项调查往往会遇到许多困难，例如：① 空间小，辐射强，环境恶劣难以接近；② 由于长期停用和缺乏维修，存在沉积物或出现泄漏，造成周围边界污染；③ 由于资料散失或多次改造，地下和埋入部件分布走向不清；④ 缺乏适用监测技术和监测仪表，对于设备和管道内的污染，特别是在强辐射场情况下，检测往往是非常困难的，α辐射体和低能纯β辐射体难以实际测准。源项调查主要有以三种方法：

（1）文档调查。收集核设施的档案材料、历史记载，包括审批文件、设计建造图纸、调试记录、大修改建记载，运行日志、监测数据及事件/事故报告等，也包括对当事人的调查。

（2）计算。这包括物料衡算和通过适当计算机软件作的计算。通过物料衡算，可估计设备中易裂变物质的残存量。强辐射场中工作人员进入调查的困难很大，可以通过有限次内部外部测量之后，用计算机软件推算内部的放射性水平。

（3）现场调查。这包括现场直接测量和取样回实验室做分析，热点辐射常常需要用遥控探测。在源项调查时需要注意：① 场区的可进入性和设备的可接近性；② 被监测物体的几何形状和结构的复杂性；③ 被测量物体的表面状况和污染分布的不均匀性；④ 强辐射场的干扰影响；⑤ 污染核素的类别和污染程度；⑥ α辐射体和低能纯β辐射体测定的困难性等。

二、监测设备和方法

监测工作包括制订测量计划、优选测量方法和评价测量结果等。退役的放射性测量通常包括三类测量：活度测量、能谱测量和剂量测量。为适合退役要求，需要有适合各种对象的监测仪表，一般来说，他们应该满足：

（1）较宽的量程；

（2）满足要求的灵敏度；

（3）适当的准确度和精密度；

（4）按照质保大纲的要求进行仪器标定和数据比对；

（5）设备容易获得和工作人员资质符合要求等。

辐射监测设备很多，大致可分成四大类，即：气体电离探测器、闪烁探测器、半导体探测器和固体探测器。常用于退役活动的探测设备如：谱仪、NaI（Tl）探测器、Ge（Li）探测器，大面积正比计数器，带准直器的现场γ能谱仪，长程α探测器、组合式气体α正比计数探测器等。监测表面污染的方法可分为：① 直接法，用仪器直接测量；② 间接法，擦拭之后拿到实验室用谱仪测量或作放化分析。监测工作的困难性往往是特弱辐射水平的准确测定。国外核设施退役监测获得了许多宝贵的经验[12]，例如：

（1）简单中子计数器虽然对钚探测比较灵敏，但是它不能提供精确的测量，无源中子符合测量能较好地满足要求。对拆除手套箱较有价值的测量技术是无源中子测量。

（2）联合使用 Ge（Li）探测器、塑料闪烁探测器和 NaI 闪烁探测器能有效测定低到 40 Bq/L（解控水平）物料，测量速度 10 t/h。塑料闪烁探测器测定低限物件时，准确度为 50%，测量速度 10 t/h。Ge 探测器测定下限可达 4 000 Bq/t。

（3）用 NaI 和塑料闪烁探测器，可测定下限为 0.1 Bq/g 的污染物，测量速度可达到 200 m^2/d。

（4）用 Ge 探测器和塑料闪烁探测器可测定下限为 1 000 Bq/m^2（约 0.1 Bq/g）混凝土和土壤。测定混凝土速度为 100 m^2/d，测定土壤速度为 200 m^2/d。

（5）混凝土深部污染测定，可采用钻一个小孔，插进 CsI 和塑料闪烁探测器测定。

（6）日本原子力研究所在东海村后处理中试厂（JRTF）退役中，开发了遥控物理数据获取系统，用来收集强辐射场拆卸设备的物理数据，建立三维图像，提供给制定拆卸程序，给数据获取系统，使去污、切割、吊运、装箱、输出很好地衔接和配合，大大提高工效和减少操作人员的受照剂量。

三、清洁解控和再循环/再利用的监控测量

退役过程产生的废钢铁和混凝土废物占退役废物的最大份额。这些废钢铁和混凝土废物的大部分只是轻微污染或者甚至处于可解控水平。他们移出监督区或控制区要仔细地监测，对于达到清洁解控水平的，可以送到一般埋葬场处置或者可以运去熔炼加工，以便有限制或无限制的再循环/再利用，这样既可减少待处置废物的体积又可以充分利用资源。日

本动力试验堆产生 2.44 万 t 固体废物，经过去污、监测分类，只有 0.377 万 t（约占 15%）属于放射性废物，这些废物装在 200 L 钢桶中或者 1 m^3 和 3 m^3 的钢箱中，作近地表处置，只有极少量要装在屏蔽容器中，贮存起来，待将来运出去处置。

德国 Würgassen 沸水堆电站（670 MW），1971 年投入运行，1995 年春关闭，1997 年春批准退役。估计用 10～12 a 完成退役。预计退役废物为 15 万 t，其中 96%可以解控，4%要作放射性废物处置。他们用一套 RTM644 流动装置来监测解控废物。RTM644 流动装置，主要性能参数如下[12]：

重量	约 17 t
测定方法	总γ法旁路谱仪
探测器	24 个大面积塑料闪烁器，1 个高纯锗探测器
铅屏蔽	75 mm，密封
传输系统	SPS
数据保存	文件系统 + 存取数据库 + 第二计算机
灵敏度	300 Bq/30 s（^{60}Co）

废金属（如废钢铁、废铜、废镍、废铝等）可通过熔融处理得到再利用。混凝土去污、粉碎后作为骨料，可在核工业建筑中再利用。必须指出，退役废物的无限制解控和再利用必须经过严格监测和审批。国际上尚没有统一标准，一般情况下污染核素是若干种核素的混合物，此时可按下列公式来判断是否容许被解控：

$$\sum_{i=1}^{n}\frac{C_i}{C_{li}}\leqslant 1$$

式中，C_i——放射性核素 i 在材料中的浓度（Bq/g）；

C_{li}——放射性核素 i 在材料中的清洁解控水平（Bq/g）；

n——材料中放射性污染核素的种类数。

德国卡尔斯鲁厄研究中心对退役废物的无限制解控和使用与有限制解控和使用的控值如图 9-3[13]所示。

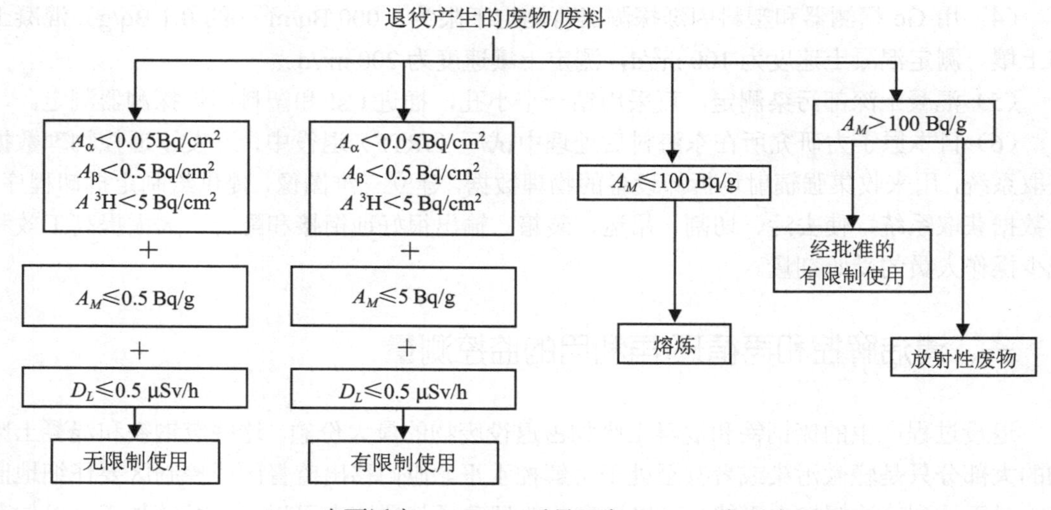

A——表面活度；A_M ——质量活度；D_L——剂量率

图 9-3 德国卡尔斯鲁厄研究中心实施的废物/物料分类控值

第三节 切割解体和场址清污

一、切割解体

设备退役少不了切割解体，核设施切割解体任务的工作量差别很大。对于核电站来说，有重污染和活化的大型设备，如压力容器、稳压器、蒸汽发生器、冷却剂管线，还有 1 m 多厚的混凝土安全壳等，切割解体任务很艰巨。例如，美国肖哈姆反应堆压力壳内径 5.5 m，壁厚近 170 mm，高约 10 m。退役时，压力容器切割成 1.5～2.1 m 高，重 40～50 t 的 7 个大圆环，吊出反应堆大厅。

切割和拆除操作，大致分以下三种情况：

（1）完全人工；

（2）人工和遥控混合操作；

（3）完全遥控操作。

采用哪种方式，取决于需要与可能，要作代价—利益分析，作优化选择。估算代价必须包含个人受照剂量和集体剂量，受照剂量的代价是不可忽视的部分。切割和拆除操作环境除了强辐射外，还可能存在有毒、有燃爆性气体，操作可能要有强体力消耗。

遥控操作是不可少的，遥控操作设备不仅需要考虑设备本身的费用，还要考虑安装、维修、事故处理和拆除的花费，以及所造成的剂量负担与增加的二次废物。

远距离操作设备很多，如：机器人、电动机械手、液压传动机械手、主从机械手、长臂抓取工具等。

1．切割技术和工具

切割技术和工具可以分为冷切割与热切割两大类。

（1）冷切割。冷切割如机械切割、高压水喷射切割、磨料喷射切割等。德国开发了一种冰锯技术，先将要锯切的部件作深冷冻（−15℃以下），然后进行锯切作业，可避免放射性尘烟和气溶胶扩散污染。

机械切割工具很多，如机械锯、弓锯、液压剪切机、金刚石砂轮切割机、金刚石圆盘锯片旋转切割机、直条式锯片往复切割机、冲击切割机、墙壁开槽机、金刚石丝锯等，多为常规成熟技术。冷切割优点是：烟尘和气溶胶污染少，操作简单，工具易得，投资小。缺点是：速度慢，操作人员劳动强度大，机械切割会产生较多的固体微粒，要避免造成放射性污染扩散。

（2）热切割。热切割技术也很多，例如：氧炔焰切割，电弧切割、微波切割、等离子体弧切割、爆炸切割、热反应切割、激光切割等。热切割技术的优点是：速度快，可切割厚件物体。缺点是：温度高，有较多的气溶胶和烟尘物释出，可能需要额外通风和防护用具。

各种切割技术和切割工具的应用如表 9-3 和表 9-4 所示，优缺点比较如表 9-5 所示。

切割工作有的在现场进行，一步到位；有的在现场只作初步切割，运输到专门场区再作进一步切割。为方便大厅内切割工作，常采用可移动工作平台，平台挂在钢丝绳上，可移动方位和调节高度。

表 9-3 各种切割技术

切割/拆卸技术	适用对象	环境条件	远距离操作可行性	备 注
1. 机械切割				
剪切机	所有金属不超过 0.6 cm 厚	大气中/水下	√	有手工、气动、液压和电力驱动工具尺寸较大而切割能力较弱
动力冲剪	碳钢、不锈钢	大气中/水下	√	
机械锯	所有金属	大气中/水下	√	有往复式锯、带锯、圆盘锯
研磨切割机	所有金属，混凝土	大气中/水下	√	研磨材料有氧化铝、碳化硅或金刚石
轨道切割机	所有金属	大气中/水下	√	
定向爆破	所有金属、混凝土	大气中/水下	√	
铣削机	所有金属	大气中/水下	√	
球锤或扁平锤	混凝土	大气中/水下	√	对过厚和钢筋、过密的混凝土效果差
劈石器	混凝土	大气中/水下	√	
路面破碎机和琢石锤	混凝土	大气中/水下	√	
2. 热切割				
等离子体弧切割机	所有金属	大气中/水下	√	不超过 17 cm 厚，切割快，费用高
火焰切割机	碳钢	大气中/水下	√	使用混合燃料气体，燃料蒸汽和氧气混合物产生高温火焰
粉末注射火焰切割	所有金属，混凝土	大气中		产生大量气溶胶和二次废物
热喷枪	所有金属，混凝土	大气中/水下		不适用于强污染部件
3. 水喷射研磨切割	所有金属，混凝土（小于 10 cm 厚度）	大气中/水下	√	高压水喷研磨剂，难控制深度，产生大量泥浆
4. 电切割技术				
电火花切割机	所有金属	大气中/水下	√	
金属破碎机	所有金属	大气中/水下		
自耗电极	碳钢	大气中/水下	√	
接解电弧切割	所有金属	大气中/水下	√	
电弧锯切割	所有金属	大气中/水下		对不锈钢碳钢切割厚度不超过 100 cm
5. 新技术				
液化气切割	所有物料	大气中		
激光切割	所有金属，混凝土	大气中/水下		
形状记忆合金	混凝土	大气中		加热到设定形状，产生极大作用
电阻技术	混凝土	大气中		向结构钢筋通高强电流，产生热量使钢筋膨胀，使混凝土破裂

表 9-4　切割工具适用性

工　具	适用性	优　点	缺　点
机械往复锯	厚度小于 30 mm 钢板	产生气溶胶少	速度慢，劳动强度大
砂轮	厚度小于 300 mm 钢板	—	设备损耗快
金刚石锯	—	速度快	—
电弧切割器	能切割较厚金属物件	—	切口宽，二次废物多，电极损耗快
等离子体弧切割器	能切割厚金属物件	速度快	部件要求高
喷射切割	—	—	会产生很多夹带切割碎屑污物的废水

表 9-5　切割技术比较

切 割 技 术	缺　点	优　点
机械切割	设备重而大，切割速度较慢，适于较薄物体	产生烟尘少，投资少
热切割	产生较多烟尘和气溶胶，需配置预过滤器和高效空气微粒过滤器	切割速度较快，设备较轻，便于远距离操作，切割时不与工件直接接触，反作用力小

2．切割工具选择原则

从上看出，切割工具很多，每一种工具都有其使用的条件和适用范围。选择切割工具要依据切割对象的大小、厚度、形状和材质，从安全性、经济性和可实现性作比较，进行优化抉择。

（1）安全性：① 技术成熟、可靠、不会发生火灾；② 环境影响小，包括烟尘、气溶胶和噪声小；③ 劳动强度小，操作人员能忍受操作负荷。

（2）经济性：① 设备投资小，备品、备件少，价格低，能耗少；② 切割效率高；③ 二次废物量少和去污容易；④ 安装容易，机具优质，维修更换频度小。

（3）可实现性：① 技术容易掌握；② 设备容易买到；③ 可接近切割对象；④ 与工作场区、环境兼容性好。

切割工作安全、可靠第一，应首选成熟的技术。准备工作往往要花费较长的时间，要作冷试验和技术培训，保证热操作时一次成功。特别如压力容器和堆内部件等强辐照场的切割，要选择成熟的遥控操纵技术，选用的机械手应可以安装多种机具。最好选用大型包装容器，减少切割次数。切割操作中的脚手架选择也很重要，已经开发了多种稳固方便、快速装拆的脚手架可供选用。

3．混凝土切割

核设施退役中，混凝土切割破碎的任务往往很重，它要求：① 防止粉尘、碎屑和气溶胶造成污染扩散；② 尽可能将非污染混凝土分开来，减少放射性废物的体积。所以，要优选切割方法，要妥善收集切割产生的碎块和尘埃，要跟踪放射性监测。

混凝土的切割破碎方法和工具很多，例如：水力喷射、磨料喷射、受控爆破、等离子喷枪、金刚石锯、砸锤、冲头、凿岩机、钻孔机、火焰切割机、微波切割机等。

4．切割操作实践经验

国外退役的切割操作实践取得了许多经验和教训，例如：

（1）切割操作时，要警惕弯管或U型管道中是否积存着放射性废液或较多放射性物质。

（2）螺栓和法兰等连接部件，可能由于泄漏存在着较高的放射性污染，特别要重视这些污染热点。

（3）要重视减少烟尘和气溶胶释放，可增设局部通风措施，每次作业后进行真空吸尘清污。

（4）表面喷涂环氧树脂、黏结剂固定污染物，可减少放射性气溶胶的污染。

（5）最大限度地减少工作人员防护服上的污染，可在作业人员和切割机具之间搭建透明塑料屏障。

（6）切割作业常用气帐（用塑料膜做成临时密封室），这种气帐固定大小，应用受限制，使用后变成二次废物。英国核燃料公司（BNFL）开发了一种标准化模块式封闭系统，用预制的玻璃塑料进行拼搭，用螺栓固定，建成所需大小的密封室，再用可剥离膜覆盖墙壁和天花板，达到密封要求。

（7）等离子系统的电磁干扰，会影响对机器人的控制。

（8）等离子弧气体把用100%氮气改为用95%氩气和5%氢气，可改变等离子孤切割机不能启动和维持电弧的问题。英国BNFL在塞拉菲尔德后处理厂退役时，采用这种氢—氩等离子切割器，产生的烟尘比较少。

（9）水下切割可能会出现透明度变差和水导电等问题。美国阿贡实验室沸水堆EMBR水下切割时，每天往燃料池水循环系统添加1.9～3.8 L H_2O_2，解决了水导电问题和使水变得透明。

（10）铝热剂法切割混凝土是混合铝粉和铁粉在纯氧气喷枪中发生氧化反应，喷枪温度高达2 000～5 000℃，使钢筋混凝土迅速分割。火焰切割过程产生大量灰尘和烟雾。要用抽吸系统排走。

（11）切割同心管道和大型烟囱拆除可用爆炸切割法，使用炸药量小的爆炸方法产生气体或气溶胶少。采用定向爆破前，必须做好气溶胶污染的预评估和实际检测。

（12）使用410 MPa水喷射磨料切割，可切割1.5 m厚混凝土，真空罩可容纳99%切割物，但切割速度较慢，且产生大量废水。

OECD/NEA组织12个国家合作开展的35个退役项目实践，总结了不少好经验，例如：

（1）机械切割器具有安全可靠的优点。有时候，使用最简单、可靠的工具和技术方案，可能是最佳选择。

（2）表面有涂料的部件采用机械切割较好，因为机械切割气溶胶较少。

（3）放射性比较强的部件和高剂量率区的设备采用机器人作切割较合宜。

（4）金刚石锯是切割预应力混凝土良好的实用工具，工业上应用广泛，设备易得，速度快、成本低。

（5）热切割的切口粗糙，不便于焊接和封口，而机械切割切口比较平整，便于焊接和封口。

（6）水下切割比空气中切割放射性尘粒和气溶胶少百倍，但是需要过滤水以保持良好能见度，还要防水的泄漏污染。

（7）切割前在容器内表面喷涂黏结剂，可减少切割时尘粒和气溶胶物质的产生。

二、拆卸

退役拆卸对象包括设备、管道、贮槽、厂房等。拆卸活动有的可能存在着强辐射场，有的可能辐射水平已降得很低，仅表面有轻微放射性污染。有的拆卸对象可能要采取保护性措施，有的可能要作破坏性捣毁。拆卸前，要充分考虑哪些设备或辅助设施，将来可能有用，是需要保留的，像供电、供水、通风，采暖等设施往往要保留到最后。

拆卸工具很多，要慎选安全可靠的工具，首选成熟的技术。如果墙内或地下存在着管网系统，则应优选手持工具进行拆卸。

遥控吊车、升降机、液压千斤顶、砸锤等是常用的拆卸工具。吊车和动力手是拆除时使用频繁的设备，必须重视检修工作，尤其在使用老设备的时候。

拆卸前要设计好气流、物流和人流的合理走向，防止气溶胶的扩散污染。拆卸时可能要扩大或新开出入口，以方便运进器具和运出拆卸下来的物件。要选好搬运路线和选好包装容器，防止扩大污染和多受辐照剂量。先用计算机模拟，可以帮助作出合理的设计，帮助选用适当的工具和培训操作人员。拆卸活动的所有数据，都应该收集和贮存在计算机中，作为档案资料保存。

美国缅杨基核电站（电功率 860 MW），1972 年投入运行，1997 年开始退役，安全壳高 45.72 m，穹顶厚 0.76 m，内衬 1.27 cm 厚钢板，用爆破法拆除，爆破摧毁了支撑穹顶的柱子，穹顶完整落到地面上。美国拆除费尔南德铀转化厂时，采用了定向爆破，比采用传统的切割法节约近 500 万美元，工期缩短 7 个月。

三、整体拆运

为降低拆卸费用、减少工作人员的受照和缩短退役工期，有些小型反应堆的压力容器，在卸出乏燃料和冷却剂、切断冷却剂回路管线、封堵压力容器进出管口之后整体吊出，或者送条件好的拆卸车间进行拆卸解体，或者直接送处置场整体处置。

日本 JRR-3 游泳池式研究堆（重水慢化，轻水冷却，金属铀做燃料）1962—1984 年运行。采取堆芯整体移走，1990 年完成退役。日本陆奥核动力船退役也是采取了堆芯整体移走办法。日本 JRR-2 研究堆 1997 年开始退役，预计 2007 年完成退役，计划也采取堆芯整体移走办法。

美国退役核潜艇反应堆压力容器卸料之后，所有回路排放干净，所有开孔都封闭，所有危险物质（如 PCB 轴承垫）都卸走，反应堆压力容器切割下来，两个端点用钢板盖好，并用加强杆紧固，然后装上船，运到汉福特埋藏区，被埋在约 5 m 深的地下。美国已用此法处置了几十个核潜艇反应堆。美国希平港核电站（电功率 72 MW）重约 1 000 t 压力容器-中子屏蔽箱，也整体移出，运送到汉福特处置。美国勇士号核电站（电功率 1 175 MW），1992 年关闭。直径为 5 m，高为 15 m 的压力容器，内部灌注水泥浆，开口用钢板焊封，外部加 150～250 m 厚防护钢板，经过 400 km 水路和 40 km 高速公路，运到汉福特，处置在汉福特场地下。英国温茨凯尔先进气冷堆（WAGR）的蒸汽发生器整体吊出，运到处置场处置。

美国汉福特 327 个热室，先去污到低于超铀废物水平，这些热室重 60～150 t，整体从设施中吊出，通过场内铁路运输，埋于汉福特低放废物处置场。这种退役方法把原来的去污→切割解体→废物处理→包装→运输→处置，简化为去污→运输→处置，节省经费超过1 000 万美元。

四、反应堆石墨的拆卸、切割和包装

反应堆中石墨的拆卸、切割（或粉碎）和包装要作优化选择。世界上有百余座反应堆（研究堆、生产堆和动力堆）用石墨做中子慢化剂和反射层，还用作套管和其他部件。反应堆中卸出的石墨有以下特点：

（1）数量大。一个镁诺克斯堆（Magnox）装的石墨数量多达 3 000 t。据估计，美国退役反应堆将产生 6 万 t 石墨废物，英国将产生 9.4 万 t 石墨废物。

（2）活度大，石墨在堆芯受照射，活度大，石墨拆卸要用遥控器具或远距离拆卸工具；

（3）含有长寿命核素 ^{14}C（$T_{1/2}$=5 730 a）和 ^{36}Cl（$T_{1/2}$=30 万 a）。^{14}C 是由 ^{13}C 吸收中子形成的；^{36}Cl 是由石墨生产过程中采用了 ^{35}Cl，^{35}Cl 吸收中子形成 ^{36}Cl。美国联邦法规 10CFR-61.55 规定，浅地层处置 ^{14}C 限值为 3.0×10^{11} Bq/m^3，退役产生的废石墨远超过这个限值，不能作近地表处置；

（4）石墨受辐照，积累高潜能（魏格纳能量），这种潜能在瞬间集中释放，可能导致着火事故。

反应堆石墨废物的处理与处置尚未找到满意的方法，现已提出的方法有：

（1）包装、贮存，可能要作适当预处理，或采取适当包装方式，保证其安全；

（2）切割装桶，作深地质处置：

（3）焚烧处理，会产生大量 CO_2 和 CO，^{14}C 进入 CO_2 和 CO 尾气中。有人提出脱氧回收 ^{14}C，但是非常麻烦。

英国开发的整体吊出石墨砌块技术，先用遥控特殊钻头在石墨块上打孔，车出螺纹，用螺栓固定，吊出石墨块，放进废物吊篮。

我国生产堆、研究堆退役，也有石墨废物问题需要解决。

五、贮槽清污

要求从贮槽中移走所有放射性废物是很难办到的，对有残留放射性物质贮槽的清污是一大难题，这是受关注的热点问题。这里介绍两种做法：

1．贮槽底部淤泥的去除

美国萨凡那河核基地的 17 号槽罐（ϕ26 m，深 14 m）去除高放废液后，贮槽底部的淤泥用高压水喷射器驱动的机器小鼠进行清除。机器小鼠呈长方形，面积约 0.1 m^2，像一个雪橇在贮槽底部滑行，破碎槽底沉淀的泥浆。机器小鼠喷出的高压水可以清洗贮槽，然后用泵将洗下的废物抽出槽外，所有清洗都用远距离控制系统进行操作。

2．排空贮槽的处置

美国萨凡那河核基地自从 DWPF 玻璃固化装置运行之后，排空了一些高放废液贮槽，如 17# 槽和 20# 槽都是建于 1958 年，1960 年开始使用（在萨凡那河的 F 区、H 区有大小不同贮槽 51 个)。倒空之后,再往里灌注水泥浆,灌到距槽顶约 1 m,灌浇混凝土,填满其余空间,贮槽所有开口都用极高强度的水泥加以封堵。一个贮槽的灌浆和封堵工作,约需 90 d。萨凡那河对 17# 和 20# 两个贮槽的灌浆封堵花费约 500 万美元(包括材料费、劳务费、研究费、检验费等)。20# 槽抽出高放废液 4.9×10^3 m^3 后残留 3.8 m^3 高放废液,往里灌注水泥浆。首先浇一薄层水泥,主要用来滞留底层残留液中放射性核素。

美国汉福特、萨凡那河、爱达荷三大核基地 246 个地下贮槽,至今萨凡那河和爱达河已完成了几个清空槽罐的浇注水泥浆的就地处置试验。美国 DOE 打算用 10 a 时间,花费几亿美元,实施一项开发研究计划,以使高效和经济地进行贮槽的清污和安全处置。

六、场址清污

核设施场址的道路、土壤和地下水可能不同程度被放射性核素和非放射性有毒、有害物所污染,常见的主要污染物有:

(1)放射性核素,如钚、镭、铀、钍、^{90}Sr、^{137}Cs、^{60}Co 等;

(2)有机物,如氰、四氯化碳、三氯甲烷、三氯乙烯、多氯联苯等;

(3)重金属,如汞、铅等;

(4)石棉废物等。

厂房场址清污净化到什么水平能无限制开放或为新核设施所用,取决于退役总目标。如果退役场址要用作新核设施的场址,则可以适当放宽清污的要求。

对于小规模核设施,场址清污是比较容易实现的,但对于占地面积几百到数千平方公里的大型核设施,清污到本底水平是不容易做到的,花费是巨大的,需要在全面评估的基础上提出合理的要求,优化分析后作出决策。土壤、地下水的清污开发研究很多,已取得不少成功经验[14-17],例如:

1. 土壤的清污

(1)把污染土挖出,送处置场掩埋;

(2)对污染土壤进行清洗、溶解、过滤、萃取或离子交换,除去有毒、有害物质;

(3)对污染土壤作热处理,赶出易挥发、半挥发性物质,

(4)用吸收、萃取或离子交换分离有毒、有害物质;

(5)对污染土壤进行覆盖/稳定化处理,如覆土、植被和修筑护坝等;

(6)种植有吸收或固结放射性核素和其他有毒、有害物质作用的草被或灌木等。

2. 地下水的清污

(1)调节地下水酸碱度或 pH,使某些有毒有害物质沉淀下来;

(2)改变有毒有害物的氧化还原电位和价态,使其沉淀下来或无害化转变,如:U(Ⅵ)→U(Ⅳ),Cr(Ⅵ)→Cr(Ⅲ),Hg→Hg(Ⅱ)等;

(3)加入吸附剂(如活性炭)、沉淀剂(如消石灰)、离子交换剂(如沸石粉)等;

(4)用紫外线、臭氧等破坏有机物;

(5)利用某些微生物的吸收、吸附、氧化/还原,甲基化等作用,破坏或改变有毒有害物质。

3. 就地玻璃固化

就地玻璃固化（In Situ Vitrification，ISV）是利用焦耳加热原理处置污染场地的一种方法，这是一种可移动式热处理技术。ISV 由美国太平洋西北实验室（PNNL）开发，它把处理和处置一体化。其基本原理是把石墨电极插入地下，起始插入深度 0.2～1 m，加上电压后，通过电流，产生高温（1 600～2 000℃），熔化周围土壤，电极附近区域形成熔池（图 9-4）。电极逐步下伸，熔融区延伸扩展，最后形成整体结构的玻璃体，类似黑曜岩、火山岩物质，把放射性核素和重金属元素都包容在其中。用 12.7～13.5 kV 三相交流电，4 MW 电力，最大熔融速率达到 5 t/h，耗电量 700～900 kW·h/t 土壤。处理过程产生的气体，收集和经过滤后才释放进大气。地下熔融体冷却后成为抗浸出性好的固体物。

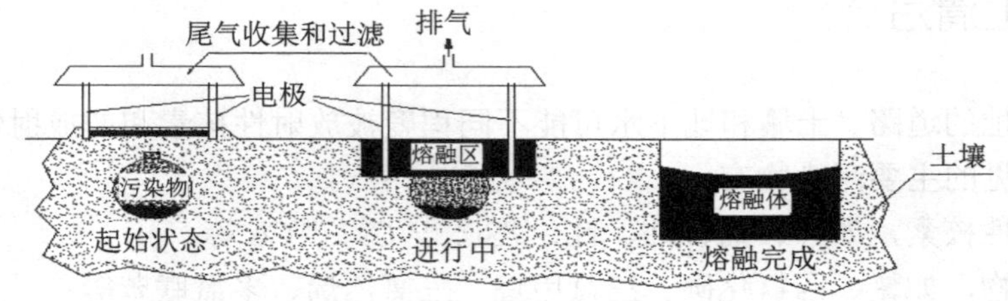

图 9-4 就地玻璃固化示意图

就地玻璃固化法已用来整治英国 20 世纪 50 年代和 60 年代初在南澳大利亚的地面核试验污染的场地。那里有 21 个坑，埋藏有污染钚、铀、铍、铅等有毒、有害物质，每个坑含钚量达 100～200GBq[18]。美国也用 ISV 来整治被农药和重金属污染的场地。美国橡树岭打算用 ISV 把废液贮槽和周围的土壤一起熔铸成玻璃体，实现就地安全处置。

第四节 退役废物管理

退役过程会产生气载废物、液体和固体废物。气载废物主要来自切割和去污过程，废液主要来自去污和冲洗操作。核设施退役会产生大量的各类固体废物和物料。这些废物中，大部分活度较低，经过监测，有的可以排除审管控制，有的经过适当去污之后就可达到清洁解控水平。

退役不应该出现废物“来回大搬家”的情况，退役应该为废物处理和处置准备好条件，在还没有处置出路的情况下，建临时贮存库必须得到审管部门的批准。

一、退役废物管理

实施退役应该具备检测、收集、处理、整备、运输和处置废物（至少应该具备贮存废物）的能力，能够解决退役过程所产生的废物，包括预期事故所产生的废物。退役核设施的场址上，原则上不应新增建核设施，但如果现有的废物处理系统不能满足处理退役废物的要求时，得到审管部门的批准，也可以新建废物处理设施。

退役废物的管理，应高度重视以下问题：

（1）废物最小化，严格控制气载和液体废物的流出。减少流出物的排放，可降低公众的受照和环境影响，但废物处理的工作量加大，工作人员受照剂量和废物处理成本可能要增加，需要作代价一利益分析，进行优化选择。

（2）废物分类，在源头做好分类工作，防止交叉污染，特别要防止α废物的扩大化；

（3）废物包装尽可能一次到位，满足贮存、运输和处置的要求；

（4）退役前要解决废物出路问题，至少要准备好废物贮存场所；

（5）警惕引发临界事故和燃爆事故；

（6）重视非放危险物质，如含石棉、汞、铍、多氯联苯的危险废物。

退役产生的物料和放射性废物有三条出路：

（1）清洁解控允许无限制使用；

（2）授权在核工业内部使用；

（3）作为放射性废物贮存和处置。

各国的标准和限值差别很大。由于军工遗留放射性废物的特殊性，往往有按个案处理的做法。

韩国原子力研究所（KAERI）对两个研究堆 KRR-1 和 KRR-2 的退役，对于固体废物管理，采取如图 9-5 所示方式。韩国把β/γ放射性大于 0.4 Bg/g，α放射性大于 0.04 Bg/g 的废物作为放射性废物，包装在 200 L 钢桶或 4 m^3 钢容器中，先贮存起来，将来作最终处置。对于大于检测限，而β/γ放射性小于 0.4 Bg/g，α放射性小于 0.04 Bg/g 的废物，认为是可能解控废物，但不允许任意丢弃，待评价后处置（准备将来处置在核中心内的处置场中）。2003 年退役活动共产生 41 920 kg 废物，其中，仅 146 kg 作为放射性废物，2 635 kg 作为待评价可解控废物，39 139 kg 作为非污染物处置。

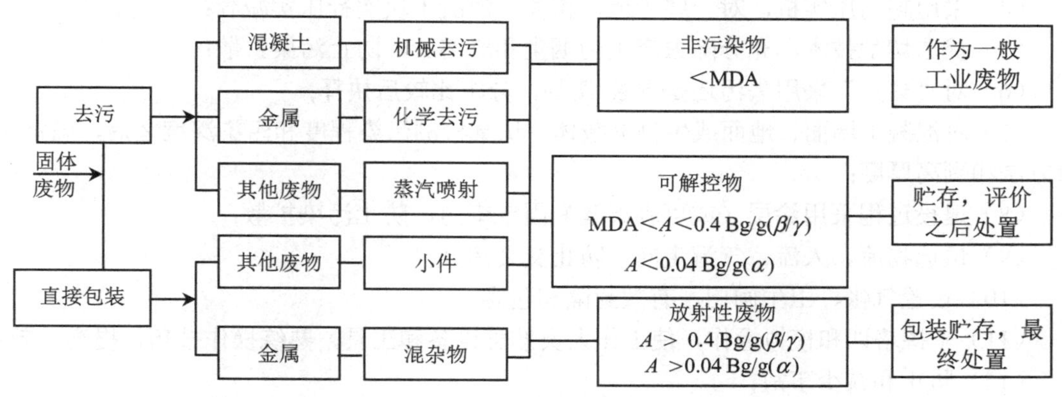

图 9-5 韩国原子能研究所退役废物的管理

二、退设废物最小化

退役废物最小化，排放最小化，工作人员与公众受照剂量最小化，是退役努力基本目标。核燃料循环设施退役产生的待处置的废物量差别很大（表 9-6）。

表 9-6 核燃料循环设施退役产生的待处置的废物

核设施	处置方式	废物量/m^3	活度/GBq
UF_6转化厂	近地表处置	1 260	86*
燃料元件制造厂	近地表处置	1 100	0.44*
混合氧化物燃料制造厂	近地表处置	430	1.8×10^6
后处理厂	近地表处置	3 100	1.5×10^5
	深地质处置	4 600	9×10^8

[注] * 不包括贮留池的泥浆废物。

美国估算运行 40 a 的核电站退役所产生的废物量如表 9-7 所示。

表 9-7 运行 40 年核电站的退役废物量

废物	总体积/m^3	各类废物所占比例/%			
		A 类	B 类	C 类	高于 C 类
压水堆	18 000	98.0	1.2	0.1	0.7
沸水堆	19 000	97.5	2.0	0.3	0.2

退役过程废物最小化有很多措施，例如：

（1）选择高效而二次废物量少的去污技术；

（2）分拣出清洁解控废物；

（3）尽可能进行回收利用，废金属去污之后熔炼是行之有效的办法；

（4）采用超高压实机，对一些管道、箱体、混凝土块实行压实减容；

（5）优选切割技术，充分除去产生的烟尘和气溶胶，防止污染扩散；

（6）对“热点”采用去污还是屏蔽/切割，分析比较后抉择；

（7）对混凝土墙面、地面或生物屏蔽体，认真检测污染程度和污染深度之后，确定去污方法和剥离厚度；

（8）退役过程采用涂层（或可剥离膜）固定染污，防止污染扩散；

（9）慎选物流、人流、气流走向，防止交叉污染；

（10）设置气帐、卫生闸门，有效封隔和包容；

（11）坚持培训和模拟操作，使工作人员熟悉设备和工具，熟练操作技巧，提高工效；

（12）防止和减少事故；

（13）对废物作科学合理的分类和包装；

（14）贯彻质量控制和质量保证大纲，遵守操作程序；

（15）利用数据库、计算机程序和数模安排计划和实施退役；

（16）重视安全文化培养等。

下面就废钢铁和混凝土再利用做一些简单介绍。

1. 废金属的熔炼再利用

核燃料循环工厂（如铀富集厂）、研究堆和动力堆的退役，会产生大量钢铁、铝、镍、铜、铅等废金属。目前，国际上核设施退役产生的废金属数量很大，钢和不锈钢几十万

t/a，铜、铝、铅几万 t/a。经过适当去污之后，许多可以再利用。熔炼法适用于大多数退役过程产生的被放射性污染的废金属的回收。但是，回收熔炼要在审管部门批准的专门设施中进行。

目前，废金属熔炼再利用主要是低污染β/γ放射性核素的金属，对α放射性核素污染的金属和锆包壳的熔炼再利用技术，尚在开发研究中。对于熔炼用的设备，现在主要是两类：感应炉和电弧炉。

世界上 4 个建立较早和规模较大的废金属熔炼厂为：

STUDVISK	瑞典，1987 年投产
CARLA，Simpelkamp	德国，1989 年投产
SEG	美国，1992 年投产
G3	法国，1992 年投产，后来法国又建 INFANTE

几个废金属熔炼炉情况如表 9-8 所示。

表 9-8　几个废金属熔炼炉情况

熔炉名	炉型	熔炼金属	处理能力	产物用途	辐射限值
INFANTE（法）	电弧熔炉	碳钢 不锈钢	12 t	铸锭，屏蔽体 废物容器	^{60}Co＜250 Bq/g
STUDVIS（瑞典）	感应炉 电弧炉	碳钢 不锈钢，铝	3 t	铸锭	无特定限值
CARLA（德）	感应炉	碳钢，不锈钢，铝，铜，铅（研究）	3.2 t	铸锭，屏蔽体 废物容器	β/γ＜200 Bq/g， α＜100 Bq/g
SEG（美）	感应炉	碳钢，不锈钢， 铝（计划）	20 t	铸锭，屏蔽体 废物容器	＜2 mSv/h

熔炼去污后金属的再利用要获得许可，必须经过严格检测和审批。因为 ^{60}Co 多进入铸锭中，不容易被熔炼法除去，所以含 ^{60}Co 多的废钢铁熔炼之后，在核工业内利用比较好。

2．混凝土回收复用

核设施退役，特别如反应堆，会产生大量混凝土废物。美国能源部估计，其核设施的建筑物拆除将产生 2 300 万 m^3 混凝土废物。这些拆卸下来的混凝土，只有小部分有较重的污染，绝大部分为轻微污染或没有污染放射性。

对于混凝土的回收再利用，美国、日本、德国、荷兰已经作过许多研究，并已得到实际应用。对混凝土进行加热研磨，分离成细料和骨料，骨料可以再利用，废混凝土的利用率可达到 70%。

第五节　退役的安全问题

退役过程产生放射性和非放射性污染物，有辐射安全、核安全、一般工业安全和环境安全问题（表 9-9）。安全措施未经有关部门审核批准，不得实施退役。

表 9-9 各类核设施退役主要安全问题

安全问题	水冶厂	精制和转化厂	浓缩厂（富集厂）	燃料元件制造厂	反应堆	后处理厂	MOX 燃料厂
高放废物	—	—	—	—	±	√	—
活化废物	—	—	—	—	√	±	—
热室厚壁工作箱	—	—	—	—	±	√	√
非放毒物	√	√	√	√	—	√	√
临界安全	—	—	√	√	√	√	√
α 气溶胶安全	√	√	√	√	√	√	√
自燃问题	—	—	—	√（铀屑）	√（钠冷快堆）	±（锆屑，钚屑）	√（铀屑）
燃爆问题	—	√	—	—	√	√	±
天然放射性核素	√	√	√	√	√（天然铀元件）	±	±
人工放射性核素	—	—	—	—	√	√	√
有机废物	√	±	—	—	±	√	—
超铀核素	—	—	—	—	√	√	√

[注] √ 存在；— 不存在；± 可能存在。

一、辐射安全

退役必须保护工作人员免受电离辐射的危害。国际放射防护委员会（ICRP）报告书中阐明的辐射防护三原则，应在退役中认真贯彻执行。

退役是使关闭的核设施达到无限制开放或使用，不给公众和环境带来危害，这是必须安排的活动，所以该实践是正当的。退役除了使操作人员剂量低于法定的限值之外，还应该采取优化措施，把受照剂量降低到尽可能低的水平。退役活动要重视外照射，但更应该重视气溶胶引起的内照射。为达到这目的，需要注意：

（1）做多个方案的比较，对受照剂量和费用两者间的平衡作最佳选择；

（2）评估人工操作去污和拆除的剂量，设立临时屏障和气帐的代价和利益；采用遥控操作，操作过程受照剂量减少了，但遥控操作设备的安装和维修，以及物料的回收，要增加受照剂量；

（3）对表面污染水平较高且存在α辐射体（如操作钚的手套箱）的场合，必须关注气溶胶污染，防止工作人员的内照射，应设置良好的α气密性与提供良好的通风，防止污染的扩大；

（4）应为穿戴气衣的工作人员提供安全适服的气衣，使工作人员能正常工作；

（5）实行全方位培训和模拟演练，熟悉所使用的工具设备，熟练遥控操作，杜绝/减少事故的发生。

为了有效保护操作人员，必须配备良好的个人防护用具和剂量监测器具。个人防护用具包括防火工作服，防γ/X 射线铅橡胶围裙、气衣、面罩等。直接操纵切割的工作人员，防火焰工作服非常重要。个人剂量监测仪包括胶片盒、中子剂量计、个人剂量报警仪，个人电子剂量仪等。建立监测摄像的传输系统，用摄像机监控工作人员的活动。

对于强放射性场合的去污和拆除，推荐用远距离操作或遥控操作。对于α污染区域的操作，防止内照射是特别重要的，除了手套箱工作之外，可能要穿戴气衣和头盔的人入内工作。穿气衣工作的人员劳动强度大，必须改进气衣舒适程度，提供足够的呼吸用气。必须注重气衣的结构和材质。不合适的气衣，会使人感到不舒服，不仅影响工作效率，甚至还可能发生中暑、晕倒等事端。材质差的气衣，容易发生泄漏和破裂，危害人体健康。美国开发了一种带冰袋的防暑气衣，气衣上有许多通冷水的细管，从冰包出来的冷水流过细管，导走热量，使人体保持凉爽。比利时欧化公司退役时，α去污人员穿戴的气衣备有呼吸和冷却空气系统。该系统由空气过滤器、驱动阀和应急情况使用的绝对过滤器安全装置等组成。穿气衣工作的人员要佩戴各种剂量计，记录受照射的β/γ剂量和中子剂量，必要时要佩戴手指和脚趾剂量计。一种无绳遥控监测系统，可以对工作人员进行实时监测。作业人员和监控人员间保持通话联系，由摄像机监控操作人员的活动情况。

对操作α放射性的工作人员要保持内照射的检测和监督，包括钚肺计数器和尿样分析。设置高质量的空气监测器和剂量仪表，建立“瞬态”分析能力和快速响应机制，最大限度地减少内照射危害。

对在水下进行切割解体的工作人员，要建立实时监测和数据获取系统。

氚是低能β^-辐射体，半衰期 12.16 a，β^-最大能量为 18.6 keV，空气中最大射程 6 mm，皮肤中的射程只有 0.05 mm。氚的外照射危害很小，但是内照射危害不能忽视。气态氚（HT，DT，T_2）、液态氚（HTO，DTO 和 T_2O）通过吸入、食入或通过皮肤和毛孔进入人体，进入人体后和体内的组织液进行交换。人体组织 70%为水，氚和人体组织细胞发生接触，参与人体的新陈代谢，变成人体组织的一部分，一部分氚取代人体细胞中普通水的 1 个或 2 个氢原子（形成氚化水），另外有的氚可能与生物分子结合形成有机氚（OBT）进入 DNA、氨基酸、蛋白质。有机氚有更高风险，所以退役活动对氚的内照射防护要高度重视，特别是重水堆的退役。当拆卸重水系统时，要穿戴有呼吸器的防护服。德国卡尔斯鲁厄研究中心在对多用途重水研究堆（MZFR）退役时，有几个固定测量站监测氚。在拆掉重水系统时增加可移动式氚测量站，用直接读数流量式正比计数器监测氚，灵敏度为 4×10^4 Bq/m^3，如果工作区空气中氚浓度大于 1×10^5 Bq/m^3，工作人员每月要测一次尿中氚。

国外经验总结的各类核设施退役产生的辐照剂量如表 9-10 所示。

表 9-10 核设施退役估计的产生照射量（人·Sv）

核设施	职业照射量	公众照射量*
核燃料制造厂	0.18	0.005 7
铀转化厂	0.79	0.057
MOX 燃料制造厂	0.76	0.037
PWR（1 300MW）	11.0	0.36
BWR（1 300MW）	18.4	0.55
后处理厂	5.1	0.115

[注] *50 年剂量负担。

二、核安全

某些核设施（如后处理厂、铀富集厂、燃料元件制造厂、反应堆燃料水池等）退役时，要掌握易裂变物质铀-235和钚-239的残存量、存在形态和分布，要预估他们在退役过程中可能发生的变化和转移，例如，在去污过程可能会使它们溶解出来，在切割解体过程可能会使它们暴露出来。要警惕退役活动可能会造成易裂变物质以气、液、固形态出现和不均匀性，导致易裂变物质局部积累；可能会造成易裂变物质失去质量（浓度）控制、几何控制及慢化剂控制而导致发生核临界事故。

对于回收的易裂变物质，要加强实物保护，要及时上报上级部门和运离现场，要防止核材料被盗和非法转移。

对运贮含易裂变物质的废物，要控制易裂变物质的含量和选用有几何控制的容器。

三、工业安全

退役过程要重视辐解所产生的氢气与其他可燃气体（如CO、CH_4等）的积累，及由此而导致的火灾和爆炸事故。

退役核设施的设备和构筑物一般都已进入暮年，有的已经老化或严重恶化，容易引发事故。如吊车、通风系统、供电系统等如果在退役过程中尚需继续使用的话，需要先作检查和进行维修，需要评估他们的可再用性，鉴定他们的安全情况。

退役去污可能会用各类有机溶剂和高压喷射技术，切割解体可能会用到电、热、激光等切割工具。在高空作业、吊运作业、装卸作业和水下切割作业的时候，要高度重视一般工业安全问题。许多污染物和建筑材料是可燃的，在切割解体时产生的电火花，有可能导致火灾。如果发生火灾、爆炸、电击等事故，其造成的伤害和损失可能要比一般同类事故大，因为穿着气衣的人撤离现场不方便，卫生闸门使撤离通道不流畅。

此外，要重视非放射性废物的安全问题。石棉因其良好的绝热性，过去广泛用作保温材料。由于石棉纤维尺寸、化学成分、滞留性和表面特性，易致肺癌或肺间质纤维化、石棉肺。石棉废物有石棉尘、石棉绒、石棉纤维和石棉隔热废料、废渣等。核设施退役过程可能常会遇到石棉废物，不管有无放射性共存，石棉废物的清除和处置必须受到严格的监管。石棉废物的清除与处置已有完备的技术，但人们对其重视的程度还很不够。美国汉福特拥有大量石棉废物，其中许多是没有被放射性沾污的，开发了一种热化学法把石棉转变成无机矿物，有巨大的环境效益。

多氯联苯（PSB_S）过去多用于电器，业已证明多氯联苯是致癌物质，必须受到重视。

此外，作为中子毒物的铍和镉，作为屏蔽体的铅，对人体也都有毒害作用。还有汞齐法分离锂-6造成的汞污染，都是必须重视的有毒有害物质。

反应堆中拆卸下来的石墨，要考虑其潜能的释放和氧化问题。快堆中使用的冷却剂钠要重视其高活性。钠水反应猛烈，释放出氢，有燃爆危险性。退役核设施可能堆积的铀屑和锆屑要防止发生自燃，铀屑自燃事故曾在我国多次发生。

四、环境安全

如前所述，核设施退役会涉及：气载废物、液体流出物的排放；清洁解控废物的再利用或掩埋；放射性废物的运输和处置；场址的开放利用等，这些活动都可能影响环境安全，必须遵守相关法规和标准，执行审管部门要求，实施检测和保存好记录，保证环境安全。

五、应急预案和安全保障

大型核设施的退役，应该制订应急预案。要鉴别设施的潜在危险，分析退役活动可能发生的事故/事件及其严重程度和可能受影响的范围，制订应急预案。应急预案必须得到审管机构的审核批准，应急响应人员应该得到培训，进行应急响应演练，保证应急响应的有效性。

要防止放射源的失窃，防止放射性污染物料的失窃，要加强实体保卫、巡逻和应对措施。核设施的实物保护与安全保卫工作要与退役过程可能发生的安全风险相匹配。如果设施含有核材料，必须十分重视核材料的安全性，防止核材料的丢失或被盗。

一般说来，医疗、工业和研究单位的核设施的退役，同核电站相比，规模比较小，复杂程度比较低，退役过程的安全风险比较小。

第六节 退役活动和经验

已经或正在退役的核设施的类别很多，本节就研究堆、核电站、后处理厂、乏燃料贮存设施、核燃料循环前段设施、钚部件工厂、加速器和热室等退役活动做一些介绍。

一、研究堆退役

世界上第一座研究堆是美国芝加哥大学的石墨天然铀堆，1942 年 12 月 2 日达到临界，功率仅 200 W。至今，世界上已建设了将近 650 座研究堆，很多建于 20 世纪 50 年代和 60 年代，有的建设得还要早，200 多座堆服役已超过 30 年，不少已完成退役或正在退役中，目前约有 300 座研究堆在运行中。

多数研究堆的功率比较小，构造比较简单，满功率运行的时间比较短，因此，研究堆退役的有利因素是：放射性水平比较低，退役工作量比较小。但是，研究堆退役也存在着许多不利因素，例如：

（1）多数研究堆建在大中城市的研究所或大学中，处在人口比较稠密的地区；

（2）多数老研究堆的设计和建造不合现行的标准和规范，缺乏备品备件；

（3）多数老研究堆经过的变革、改造比较多，还可能发生过这样或那样的事件或事故；

（4）设计资料、运行记录不全；

（5）工作人员变动大，熟悉了解情况的人员大部分已失散。

这里介绍几座研究堆的退役情况：

（1）英国苏格兰大学研究堆（SURR），功率 100 kW，1963 年达到临界，70 年代初升到 300 kW。90 年代初决定退役，1996 年 1 月卸出堆中乏燃料。

为作源项调查确定废物量，从屏蔽墙的外面和里面取了许多混凝土芯样，分析测定结果表明：① 屏蔽墙由外至里 1～1.5 m 混凝土层可以无限制解控；② 屏蔽墙内层、石墨、热柱和铝管件要作低放废物处置；③ 反应堆芯钢部件要作中放废物处置。

采用 Brokk330 配有各种工具的遥控操作车，拆除反应堆部件。为防止交叉污染，先除去可无限制解控的混凝土屏蔽墙。

（2）德国卡尔斯鲁厄研究中心重水多用途研究堆 MZFR，热功率 200 MW，电功率 50 MW。1966 年投入运行，1984 年关闭。退役产生废混凝土 72 000 t，废金属 7 200 t，经过分类和去污后，只有 1 000 t 混凝土和 1 680 t 金属物作为放射性废物处置。

（3）美国阿贡实验室 CP-5 研究堆，主要用于中子辐照。1954 年投入运行，1979 年关闭，1991 年 6 月开始退役。用了 8 年多时间（97 个月）完成退役，达到无限制开放。其达到的主要指标如下：

放射性废物量	1 110 t（放射性活度 4.9×10^{13} Bq）
混合废物	219 t（放射性活度 6.11×10^{12} Bq）
集体剂量	0.12 人·Sv（没有一个人超过限值 10 mSv）
总费用	29.5 百万美元（包括废物处置费用）

（4）奥地利核研究中心的多用途材料堆 ASTRA，10 MW，1960 年达到临界。已完成退役，产生的废物如表 9-11 所示。

表 9-11 奥地利 ASTRA 研究堆退役废物

废物	低放废物	中放废物	高放废物
数量	160 t	320 kg	308 kg
活度	6 GBq	2×10^5 GBq	1×10^7 GBq
主要核素	^{60}Co，^{133}Ba	^{60}Co	^{137}Cs

（5）荷兰生物农业反应堆（BARN），100 kW，丰度 90% ^{235}U 铀作燃料，池式反应堆。主要用于生物样品辐照和中子活化分析。1962 年建成，1978 年关闭，1999 年完全拆除。

该反应堆退役分三步：① 取走堆中 26 组乏燃料元件（1.3TBq），1982 年运到美国萨凡那河，工作人员受照小于 1 mSv。另外，6 组新元件在 1981 年运至德国。② 拆除和贮存活化物料。拆除反应堆中仪表、电缆等部件，对反应堆水池进行改造，用来贮存高活性部件。反应堆水池壁用重晶石混凝土砌成，厚度大于 1.5 m，水池顶上加一个厚度为 1.03 m 混凝土盖。抽出池水，池水排出之前取样分析，低于排放限值，施行排放。1985 年把活性部件贮存在改造过的水池中，贮存部件的总放射性为 200 GBq。③ 除去活性部件和进行拆除。1996 年开始除去活性部件和拆除建筑物。放射性水平低于 100 Bq/g 的物料，视作极低放废物，包装后处置在当地垃圾填埋场中，上面覆盖至少 1 m 厚的普通垃圾，这里至少 50 a 不会被翻动。低放或中放废物直接装在 200 L 标准桶中，运到处置场，约 1 000 kg，活度 1 350 MBq。由于堆芯铝部件强活化，表面剂量率约 8 mSv/h。因为这些部件只是下部放射性强，所以用电锯进行分割。高放射性的堆芯大部件和控制板用专门容器包装，运输到热室切割，最后运出去贮存，活度为 2 500 MBq。除去活性部件在 1996—1997 年完成，用工 80 人一天，受照剂量 0.82 mSv。除去活化部件之后，空水池的放射性水平降到 500 μSv/h。测定表明，放射性只是在反应堆水池底部。取样分析发现，混凝土最大比活度为 31.58 Bq/g，主要放射性核素为 ^{152}Eu（表 9-12）。

表 9-12 水池混凝土中核素

核素	^{60}Co	^{137}Cs	^{152}Eu	^{22}Na	^{231}Pa
比活度/Bq/g	0.670	0.009	25.69	0.387	0.997
份额/%	2.3	＜0.1	92.8	1.4	3.5

12 000 kg 废物（主要是混凝土），比活度大于 10 Bq/g 但低于 100 Bq/g 者，包装之后运至垃圾填埋场处置，48 000 kg 混凝土钢筋比活度虽然低于 10 Bq/g，但不能解控做工业应用，也运到垃圾填埋场处置。

二、核电站退役

早期建设的验证电站、示范电站及因故提早关闭的核电站，有些已经完成退役，有的正在进行退役。

（1）日本原子力研究所的日本动力验证堆 JPDR（Japan Power Demonstration Reactor），设计时为 45 MW，1963 年 10 月发电，1972 年功率提高到 90 MW。1976 年 3 月关闭。堆内放射性量 130 TBq。1986 年 12 月开始拆卸反应堆，1996 年 3 月完成退役，场址已转变为绿地。

退役时，反应堆内部部件用水下等离子体切割，切下部件在水下运到乏燃料水池。反应堆压力容器的顶部法兰盘切为 9 块。其他部分水平切 8 刀，垂直切 9 刀。拆毁安全壳试验了两种技术：金刚石锯/钻芯和磨料喷射切割。发现轻微活化部分采用磨料喷射（喷砂）切割较好。拆除安全壳和厂房内墙，仅产生极低放废物。将极低放废物处置在 JAERI 的简易近地表处置设施中，其他放射性废物暂存在贮存设施中。汽轮机厂房和废物处理大楼用手工拆除低辐射水平的部件。楼内表面去污到仪器监测限以下之后，用通用的工具拆除建筑物。退役产生的废物、受照剂量和费用如表 9-13 所示。

表 9-13 日本 JPDR 退役活动的主要结果

退役时间	1986.12—1996.3
产生废物量	3 770 t
集体剂量	306 人·mSv
费用	23×10^9 日元（包括研究开发费用）

（2）比利时 BR3 是西欧第一座压水反应堆电站，1962 年开始运行（热功率 40.9 MW，电功率 10.5 MW），1987 年 6 月 30 日关闭，1989 年开始退役，1995 年进入第三阶段。

第一阶段 1989—1991 年

回路化学去污；

选择和试验遥控拆卸技术和工具；

遥控拆除热屏蔽。

第二阶段 1992—1995 年

遥控拆除堆内所有部件

第三阶段 1995—至今

拆除反应堆压力容器和污染的循环系统；

拆除厂房，场址清污。

BR3 核电站退役过程中，去污采用了浓化学去污、湿喷砂和干喷砂等技术。拆卸混凝土构筑物采用了平头钉锤和爆炸法。

（3）美国圣·符伦堡核电厂（FSV）是世界上第一座商业高温气冷堆核电站，电功率 330 MW。1968 年开始建设，1976 年发电，1979 年 7 月投入商业运行，1989 年因负荷因子一直不高（小于 20%）而关闭。1992 年 6 月卸出乏燃料，开始退役，1997 年 8 月完成退役。现在在该场址上建了一座天然气发电厂（电功率 471 MW）。退役的 FSV 反应堆对外开放参观，可让参观者进到原先反应堆的里面，从基底一直爬高登上平台，作者亲临现场曾参与了这项活动。

FSV 的退役采用遥控水下等离子体切割和金刚石锯，切割设备和混凝土。设置可移动旋转工作平台进行堆芯切割解体。使用长柄工具和屏蔽钟罩，取出石墨块和蒸汽发生器等部件。退役活动主要结果如下：

反应堆芯区操作	800 800 人·h
集体剂量	3.80 人·Sv
监测数据	40 万个
产生低放固体废物	8 690 m^3（计划 8 700 m^3）
退役总费用	1.89 亿美元

气冷堆乏燃料尚无法处置，在附近专建了一座强制通风冷却的干法贮存库贮存 FSV 乏燃料。

三、后处理厂的退役

几个后处理厂退役情况如表 9-14 所示。后处理厂存在较多长寿命裂变产物和超铀核素废物（α废物），后处理厂的退役有许多特殊性，如：

（1）有许多热室、厚壁工作箱和手套箱要去污和拆卸；

（2）要特别重视α废物和α气溶胶的污染；

（3）要重视临界安全和金属铀屑、钚屑和锆屑的自燃性；

（4）由于 ^{241}Pu β^-衰变，^{241}Am 的增长，会导致辐射水平增强；

（5）要重视化学毒性；

（6）废液中含有较多盐分，混有有机溶剂和界面污染物；

（7）有许多有机废液（如 TBP/煤油）要处理。

表 9-14 几个后处理厂退役情况

后处理厂	地点	运行时间	后处理活动	退役时间	预计退役时间	预计退役费用	费用来源	退役最终状态
UP1	法国 马库尔	1958—1997 年	处理生产堆乏燃料元件和动力堆乏燃料元件共 18 200 t	1998—（2029 年）	31 a	52 亿美元（300 亿法郎）不包括废物处置费用	国防部 45% 法国电力公司 45% COGEMA 10%	有限制使用（核工业用）
WAK	德国 卡尔斯鲁厄	1971—1991 年	共处理 208 t 研究堆、动力堆乏燃料元件	1994—（2009 年）	15 a	19 亿马克	联邦政府	无限制开放
欧化公司	比利时 莫尔	1966—1974 年	处理过 180 t 天然铀、低浓铀元件和 30 t 高浓铀元件	1989—		57.5 亿比法郎		无限制开放
西谷	美国	1966—1972 年	共处理 640 t 动力堆乏燃料元件	1982—（2024 年）	42 a	14 亿美元		无限制开放

1. 比利时欧化公司

欧化公司是由经济发展与合作组织的 13 国合资建造的后处理中试工厂。1966 年投入运行，1973 年关闭。比利时欧化公司主工艺厂房为 80 m（长）×27 m（宽）×30 m（高），有 106 个设备室。混凝土体积约 12 500 m^3，表面积 55 000 m^2，金属 1 150 t：

污染水平	β/γ 放射性	125 Bq/cm^2
	α 放射性	200 Bq/cm^2
热点区	5 mSv/cm^2	

1990 年开始退役时，预计费用 49.52 亿法郎，其中 27.30 亿法郎用于废物管理。预计工作量 403 人一年（实际费用、工时和工期都要比预算增加）。

退役活动内容包括：设备拆卸和去污；墙面、天花板和地面去污；通风系统拆除；环境监测。

金属部件（包括管道）用等离子体切割或无线操纵的液压剪切。采用厚铸铁块及混凝土块屏蔽，用液压操纵的片锯在空气中或水下切割。

对于混凝土去污，地面和墙面用手持自动刨削机，去污速率 4～6 m^2/h，配有真空吸尘器，抽吸量为 1 000 m^3/h，并配有绝对过滤器（2 500 m^3/h）。刨削机头上装可快速更换的金刚石旋转圆盘，效果好，振动力小，二次废物少。实践发现，对污染较深的混凝土，用小型电动液压锤击机效果更好。

2. 德国 WAK 后处理厂

卡尔斯鲁厄后处理厂（WAK）1967—1971 年建设，1971—1991 年 20 年运行期间，共处理过 208 t 研究堆和动力堆乏燃料，产生 70 m^3 高放废液，贮存在 2 个贮罐中。

WAK 经过半年硝酸清洗处理后，1991 年 6 月 30 日正式关闭。乏燃料运往法国拉阿格后处理厂处理。退役经费主要来自联邦政府。退役程序如下：

第一步 拆除无用系统（1994 年完成）

第二步 拆除主工艺厂房首端和尾端的无用系统（1997 年完成）；

第三步 拆除主工艺化学热室中设备，对热室去污；

第四步 进行高放废液玻璃固化（预计 2007 年开始）；

第五步　拆除高放废液厂房和玻璃固化设施；

第六步　拆除所有厂房，场址植草绿化。

安装新通风系统，风量 30 000 m^3/h。拆除作业分为以下三类：

（1）人工操作。如燃料元件接收系统、燃料元件贮存池、池水净化系统、铀和钚最终净化及最终产品贮存系统、中低放废液贮存系统、蒸汽和热水供应系统、取样走廊、阀门走廊、化学试剂供应和配制等 17 套系统。

（2）半远距离操作。如化学澄清槽，采用长臂操纵器。

（3）远距离操作。如化学工艺热室，水平方向的设备采用配有 7 个自由度的机械手，安装液压剪、电动或液压磨锯、高速研磨机。垂直方向的设备采用配有 8 个自由度的机械手，安装液压剪、研磨机和磨锯。

四、乏燃料水池的退役

乏燃料水池的退役相对比较简单，一般包括：

（1）池水用废水净化系统处理。由于乏燃料组件表面上放射性核素的溶出和颗粒物的散落，导致池水有放射性。如果元件有破损，还会有超铀核素。

（2）除去池底可能积存的淤泥和颗粒物。

（3）对水池架和池内表面去污，采用水力喷射和机械刷擦洗，钢覆面容易去污，没有覆面的水池可能要去掉表层的混凝土。

五、核燃料循环前段工厂的退役

核燃料循环前段工厂污染的核素主要是铀（钍）和其子体镭、氡，退役任务比较简单。但化学物含量较多，如酸、碱、氟、氟化物等，必须予以重视。对于钚燃料元件制造工厂，因为α 废物气溶胶内照射和钚临界安全问题，使退役工程变得复杂得多。

1．铀扩散厂的退役

英国 BNFL 对卡彭赫斯特（Capenhurst）气体扩散厂实行退役，为了尽可能减少设备中的残存铀，对设备进行氟化处理，把固体沉积物转化成可挥发的氟化物，然后用泵抽出来，并作进一步清洗。管道拆除石棉保温层，采用冷切割，气溶胶污染小。

主工艺厂房用冷、热切割技术，拆走 6 500 t 主要设备部件，18 000 t 结构钢，5 300 t 铝制设备。辅助厂房（11 个冷却塔、泵房、变电站等）产生 46 000 t 混凝土块，送填埋场处置，850 t 低放废物送特里格（Drigg）低放废物处置场处置。

英国卡彭赫斯特气体扩散厂退役，处理了 16 万 t 金属和混凝土，成功地进行了回收复用。

2．燃料元件制造厂退役

意大利萨卢贾（Saluggia）中心的铀燃料元件制造厂，1965—1990 年以 20 t/a 的生产能力制造各种燃料元件（包括材料试验堆、坎杜堆和高浓铀陶瓷燃料）。退役工作做了 7 万次测量。对不可接近的 300 个热点采用了胶片测量。

退役过程产生了 3 150 桶（200 L）和 14 个 20 m^3 金属箱的废物。1993 年达到场址无限制开放使用。

六、钚部件工厂退役

美国洛基弗拉茨工厂（Rocky Flats Plant）是美国能源部生产钚武器工厂，建于 1951—1952 年，在冷战期间曾扩建过几次，规模浩大，占地 24 km^2，有 750 座建筑物。核武器部件生产留下许多被钚、铀、铍污染的物料，包括土壤和地下水的污染。

洛基弗拉茨工厂 1989 年进入退役，计划 2006 年完成，预计投资 60 亿～80 亿美元。

该设施的退役进行了大量的监测和评价工作，盘点出核材料和废物有：

金属钚	6 600 kg
氧化钚	3 200 kg
高浓铀	约 6 700 kg
污染钚的残留物	120 t
超铀废物（包括混合废物）	约 9 000 m^3
低放废物（包括混合废物）	150 000 m^3

退役工作包括：

（1）包装或固定存在于盐、灰、废树脂、石墨和残渣中的钚；

（2）收集和处理残留的高浓铀和低浓铀；

（3）手套箱去污；

（4）建筑物的去污和拆除；

（5）运出核材料和废物。

洛基弗拉茨工厂存有大量钚和高浓铀，退役高度重视临界安全，此外，还关注辐解产生的氢气和其他可燃性气体的积累，防止发生火灾和爆炸事故。

七、加速器退役

加速器按其能量大小可分为四类，他们的活化废物情况不同（表 9-15）。

表 9-15 加速器的活化废物

类别		活化情况
第一类	低能加速器（2～10 MeV）	因为能量低于核反应阈值，不存在次级粒子束，即使有也很少。对屏蔽体的活化可忽略
第二类	中能加速器（10～100 MeV）	中能回旋加速器、直线加速器（质子和重离子），混凝土屏蔽体和金属基底有活化问题
第三类	高能加速器（100～300 MeV）	质子回旋加速器、同步回旋加速器、直线加速器等，加速器周围中子产生率很高，因此活化作用强
第四类	极高能同步加速器和贮存环	活化作用很强

加速器初级粒子在加速器内碰撞、束流传输及同靶件相互作用，产生次级中子或光子，使混凝土和金属部件活化。加速器退役产生的废物，如：真空室、靶件、泵、磁体、束流元件、电缆、屏蔽体、机油等。

活化混凝土深度可达十几厘米到几十厘米，钢筋活化可达到比活度 300 Bq/kg，主要核素为 ^{152}Eu。由于废物中只含低比活度的β/γ放射体，半衰期短，有的经过贮存衰变，可以再利用、再循环，有的需要作低放废物处理。

欧盟国家退役加速器拆下的混凝土和金属部件的比活度如表 9-16 所示。

表 9-16 加速器活化核素和比活度

部件	核素	半衰期	放射性	比活度/（kBq/kg）
混凝土	^{152}Eu	25.5 a	β^-，γ	700～12 000
	^{60}Co	5.27 a	β^-，γ	约 8 000
	^{46}Sc	84 d	β^-，γ	约 900
金属基底	^{60}Co	5.27 a	β^-，γ	0.10～100
	^{54}Mn	278 d	γ	0.09～380
	^{65}Zn	245 d	β^+，γ	1.64～170
金属部件（铝、不锈钢、普通钢、镀锌钢、铜、黄铜）	^{60}Co	5.27 a	β^-，γ	32～5 000
	^{54}Mn	278 d	γ	0.9～1 000
	^{22}Na	2.6 a	β^+，γ	1 000～10 000
	^{57}Co	270 d	γ	0.25～100

八、热室退役

韩国原子力研究所（KAERI）退役 KPP-2 的 10 个热室各项工作的用工量如表 9-17 所示。

表 9-17 韩国 KPP-2 的 10 个热室退役工作量

工作项目	测定	设备拆卸	去污	混凝土拆除	混凝土处理	废物处理	其他	总计
实际用工/（人·d）	243	17	20	102	8	59	140	670
计划用工/（人·d）	46	224	46	80	40	40	0	476

KAERI 拆除 10 个重混凝土热室，由于仔细取样分析和混凝土墙的拆除，虽然实际用工比计划用工有所增加，但仅有 184 kg 混凝土要作放射性废物处理，实现了废物最小化，从整体评价，这样做是合理和经济的。

九、核基地退役

我国青海省海晏县金银滩上，在 20 世纪 50 年代建立了我国第一个核武器研制基地。在那里研制成功了我国第一颗原子弹和第一颗氢弹，1988 年实行退役，多个单位协同作战，经过 5 年努力，成功完成了退役。1993 年通过了国家验收，实现无限制开放使用。现在这里定名为西海镇，正在建设成为爱国主义教育示范基地和青海省的重点旅游景点。

参考文献

[1] Reisenweaver D，Laraia M. 为核设施退役作准备[J]. 国际原子能机构通报，2000，42（3）：51.

[2] IAEA. Decommissioning of Nuclear Plants and Research Reactors [J]. Safety Standards Series，No. WS-G-2.1，1999.

[3] IAEA. Decommissioning of Nuclear Fuel Cycle Facilities [J]. Safety Standards Series，No. WS-G-2. 4，2001.

[4] IAEA. Decommissioning of Medical，Industrial and Research Facilities[J]. Standards Series No. WS-G-2. 2，1999.

[5] IAEA. An Overview of International Status and Trends in Radioactive Waste Management[J]. IAEA/WMDB/ST/2，Secton 5，2002.

[6] Laraia M，Dhlouy Z. Strategy and Trends for Nuclear Reactors，The Regulatory Aspects of Decommissioning[J]. A joint NEA/IAEA/EC Workshop，May 19-21，1999，Rome，Italy，Published by Agenzia Nazionale per la Protezione dell.Ambiente（ANPA），Italy，2000.

[7] IAEA. On-site Disposal Decommissioning Strategy[J]. IAEA-TECDOC-1124，1999.

[8] IAEA. Decommissioning Techniques for Research Reactor[J]. Technical Reports Series No. 373（114）.

[9] IAEA. Organization and Management for Decommissioning of Large Nuclear Facilities. TRS，399. 2000.

[10] Menon S，et al. The NEA-Co-operative Program on Decommissioning：Fifteen Years of Experience ICEM'01. The 8th International Conference on Radioactive Waste Management and Environmental Remediation，Belgium，Sept. 30 - Oct. 4，2001.

[11] Teunckens L，Bisschof H. The Thematic Network on Decommissioning of Nuclear Installations Supported by the European Commission. ICEM'01，Belgoprocess，2001：208-217.

[12] 罗上庚. 放射性废物概论. 北京：原子能出版社，2003：199-204.

[13] Pfeifer W. Treatment of Radioactive Wastes Produced When Decommissioning the Nuclear Installations of the Karlsruhe Nuclear Research Center. SPECTRUM'94，Proc. Nuclear and Hazardous Waste Management International Topic Meeting，Aug. 14-18，1994，3：2009.

[14] Peterson M E. In Situ Remediation Integrated Program：Success Through Teamwork. SPECTRUM'94，1994：287.

[15] Groenendijk E，et al. Remedial Experience in the Application of Full-Scall Soil Washing. SPECTRUM'96，1996，2：1318.

[16] Dworjanyn L O. Uranium Extraction from Soil. SPECTRUM'96，1996，2：1311.

[17] Ishikura T，et al. Development of Decontamination Techniques for Decommissioning Commercial Nuclear power plants. Proc. International Conference on Nuclear Waste Management and Environmental Remediation，Prauge，Czech，Sept. 5-11，1993，2：295.

[18] Campbell B E，et al. In Situ Vitrification Treatment of Mixed Buried Waste Pits at Taranaki Current Results，SPECTRUM'98，1998，2：1029.

第十章　低、中放和极低放废物的处置

废物处置是指把废物安放进经过批准的设施中，采用工程屏障和天然屏障相结合的多重屏障体系，为被处置的废物提供安全隔离，确保：

（1）包容的短寿命放射性核素衰减到无害化水平；

（2）包容的长寿命放射性核素和其他有毒物质的释放量极低，进入环境的浓度处于可接受的水平。

广义来说，处置也包括经批准的将气载或液体流出物直接排入环境，如经过处理合格的废水排入水体，经过处理合格的废气排入大气。

第一节　近地表处置场的选址

近地表处置是将废物处置于地表上或地表下，设置或不设置工程构筑物，最后加几米厚的覆盖层，或者将废物置于地表下几十米深的洞穴中。国际公认，短寿命低、中放固体废物用近地表处置可达到安全隔离的要求[1]。

低、中放废物的放射性水平较低，半衰期较短，基本上不需要考虑衰变热问题，因此从工程角度来看，低、中放废物处置场并没有很复杂的技术。但为了确保在 300～500 a 安全隔离期内，不对公众和环境产生不可接受的影响，还是需要作出很大努力的，包括选择适宜的场址，采取优化的建造、运行和关闭措施，以及适当的关闭后监护等。

低、中放废物处置应按废物的类型和数量以及审管机构的要求，选择合适的场址，使放射性核素衰变到安全水平前的整个时期内与生物圈安全隔离。国际原子能机构发布了近地表处置场选址和安全评价导则[2]，我国也发布了相关标准[3-4]。

一、选址过程

选址是从大区域逐渐缩小选择范围的连续的、反复的评价过程，一般分为以下四个阶段：

（1）规划选址阶段。规划选址阶段按拟处置废物的类型、体积与总活度，制定总体规划，建立选址原则，确定所需的场址特性。

（2）区域调查阶段。区域调查阶段通过区域调查，从地质构造、水文地质、气象和社会/经济条件，提出候选场址，供场址初选阶段进行勘察和评价。

（3）场址初选阶段。场址初选阶段对候选场址进行勘察和场址特性调查，鉴定其是否满足安全和环境要求，确定推荐场址。

（4）场址确定阶段。场址确定阶段对推荐场址作补充调查和评价，以便：①证实和确认所作的选择，最后确定一个场址；② 提出场址的安全分析报告、环境影响评价报告及申请建造许可证所需的数据和资料。

也有人把选址划分为区域调查、场址初选、场址确定三个阶段。

二、选址准则

1．地质

低、中放废物处置场应选在地质构造相对稳定的地质基础上，避开高地震风险区和活动断裂带。

2．水文地质

水是放射性核素从固化体中浸出和向环境迁移的主要载体。选址应作水文地质调查，了解地下水的埋深、流向、出露点和取水点，已有的或计划中的水资源利用情况，降水渗透率，潜水面变化等。

3．表生作用

应调查场址地区的地表水体分布、泄水能力、上游汇水面积、风化剥蚀情况，洪灾、滑坡、泥石流、塌方等地表活动发生的频率或强度，所选的场址应几乎不存在洪水淹没的可能性，离露天水源有一定距离，不会对露天水源带来负面影响。

4．气象

应评价极端气象事件（如飓风、龙卷风、暴风雪、沙尘暴等）的可能性和影响，应考虑极端降水对场址的影响。

5．人为事件

应合理评价可能降低处置系统有效性的人类活动，选址应评价以下因素：

（1）危险设施（如炼油厂、化工厂、弹药库、油/天然气管线等）、机场、运输危险货物道路的距离及可能的影响，这些设施或活动对处置场应没有安全威胁；

（2）场址地下资源（包括地下水）开发应用的可能性，场址的地下应没有待开发的资源；

（3）运输废物的道路和风险，场址应具有或易建运输废物的道路；

（4）未来人口和经济的发展，场址未来人口的增长和经济发展应有限制；

（5）应避开国家公园、旅游区、文物保护区、考古发掘区及珍贵动植物保护区。

经验表明，场址选定是场址条件的适宜性和社会可接受性的统一。公众态度和地方政府的支持是不可忽视的因素。

第二节　近地表处置场的设计和建造

处置场的安全性依赖于工程屏障和天然屏障的整体效能。事实上，条件十全十美的场址是难觅的，场址自然条件的某些不足可以由工程屏障来弥补。场址选择不应追求完美性，而应以满足法规标准要求为准则。

一、处置场的设计

处置场的设计应根据废物特性、场址特性、单个废物货包和放射性核素总量与总活度的限值，保证运行期间和关闭之后对人类健康和环境没有危害，对工作人员和公众照射剂量保持在规定限值之内，并合理可达到的尽可能低。

处置场的设计应弥补场址自然条件的某些不足，应尽量减少关闭后长期维护的要求。主要设计原则[5]：

（1）有效限制放射性核素从处置场的释放；

（2）对工作人员的照射可合理达到的尽可能低；

（3）有适当的缓冲区，供监测和减轻可能的危害作用；

（4）废物与水接触的可能性很小，限制水渗入处置单元，并有适当的排水系统；

（5）保证在规定时期内处置场结构完整，处置单元、回填、覆盖和封闭的功效好；

（6）具有良好阻止闯入的屏障；

（7）有适当的监测措施；

（8）对长期维护需要少。

工程屏障的设计应考虑湿度、温度的变化，腐蚀、化学和生物的作用，气体产物及降解产物的作用，保证设计寿期内的安全。水是可能释放和输运放射性核素的主要介质，因此场址地表水和地下水的控制十分重要。对于防水作用的设计思想是：一避、二防、三排。第一是尽量避开水；第二是采取防水措施；第三是有效排水，防止发生“浴盆效应”。处置单元防渗水（涂防水材料）、易泄水（底部向中间集水孔倾斜或底部向周围倾斜）。处置作业时设可移动帐房，防雨水进入处置单元。

处置场应按辐射防护要求分区。废物装卸和处置区应配置安全和方便装卸、堆贮各种废物货包的机具（如行走吊车、汽车吊、叉车等），通道要方便通行。处置单元设计要考虑防震、稳固承重和防止地基不均匀下沉等问题。

处置场应配备必要的辅助设施，如提供临时贮存、供电、供水、通讯、去污、冲洗车辆、分析检测等。必要时可能还要设置废物处理和整备设施。场址内应设计火灾报警和消防措施，一旦发生火灾能提供足够消防用水，并具备相应的疏水能力。

二、处置场的建造

处置场的建造必须在获得审管部门批准之后才能开始，这包括安全分析报告和环境影响评价报告通过评审，详细设计获得批准，质量保证大纲通过审定和取得许可证等。

处置场的建造活动可能包括挖土、开凿岩石、建造处置单元（如沟壕、地下仓、穹室等）、建造排水管网、安置设备等。所有这些活动都应按照建造大纲，根据批准的设计和图纸进行，建造活动必须遵守批准的质保措施，接受监督、审查和检验。在建造时，处置场设计的任何必要的修改必须得到批准。

处置场的建造可能要分期进行，前期工程要为扩建创造有利条件，扩建工程不影响已建部分的运行，扩建工程不受到已处置废物的危害作用。

处置单元有全地下、半地下、全地上等多种不同构筑方式。全地下式采取：

（1）简单土沟、土坑埋藏，这种构筑形式过去使用比较多，现在已少用。因为其安全性差，只适宜用于处置极低放废物。

（2）地下混凝土工程构筑（图 10-1），目前用得最多。各国规格不一，长度从几米到几百米，宽度从几米到几十米，深度从几米到几十米。混凝土沟壕常分隔成几区，单元式处置。单元的顶板有勾缝式、镶嵌式。顶板厚度为 500～1 000 mm，侧壁厚度为 400～500 mm，底板厚度为 400～800 mm。如果处置单元容积很大，可增设内隔墙，内隔墙 300～400 mm。为了提高安全性，有增加深度和提高覆盖层厚度的倾向。底部设排水孔和集中导水系统。

法国芒什（La Manche）处置场采用混凝土窖仓，分两层叠放 8 个大型混凝土废物容器（每个体积为 2 m^3），中间空隙堆放卵石，然后浇注水泥灰浆，铸成一个整体。在其上面浇铸混凝土盖板后，再堆放放射性水平较低的 200 L 废物桶，最后覆土植被，构成土丘。

瑞典和芬兰建在海底的近地表处置库采用穹室构筑物，分别处置低放和中放废物。

（3）混凝土井穴（图 10-2），直径从 1 到数米，深几米到二三十米、内敷钢面，用来处置放射性较强的废物，如废树脂、废放射源、废过滤器等，装满之后浇注水泥灰浆，盖混凝土盖板，加设覆盖层等。印度、加拿大采用这样的设施，处置废树脂和废过滤器芯等废物。

半地下式又称坟丘式，工程构筑有一部分在地表以下，或工程构筑的顶板与地表相齐，而覆盖层在地表之上。通常下面堆放比活度较高的废物，上面堆放比活度较低的废物。最后覆盖顶盖和植被，形成大坟丘状构筑物，如法国芒什处置场。

全地上式的构筑物（图 10-3）都建在场址地表面之上，如法国奥布处置场，我国广东北龙处置场采用这种型式。奥布处置场设计 420 个处置单元，每个处置单元 20 m×20 m×8 m（长×宽×高），分行排布，行距约 25 m。每个处置单元约处置 2 200 m^3 废物。

洞穴式处置是利用天然洞穴或人工挖掘洞穴处置放射性废物。满足处置标准和要求的天然洞穴比较难觅。有的采用废旧矿井，如德国的莫斯莱本处置库；有的采用废旧工程，如捷克 Richard 处置库。废矿井一般深度大，人类活动和自然干扰影响小、安全性好。但是，矿井是从开采矿石角度设计和开采，水文地质情况复杂，往往多裂隙和地下水与洞室，不宜直接处置废物，需要经过整治和安全分析与环境影响评价之后才能使用。

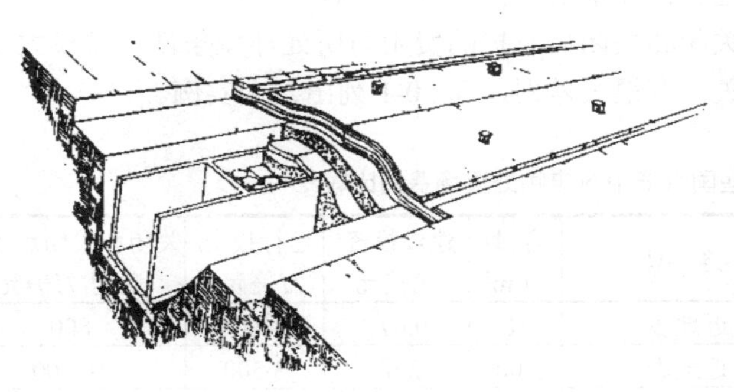

图 10-1 混凝土沟壕处置设施

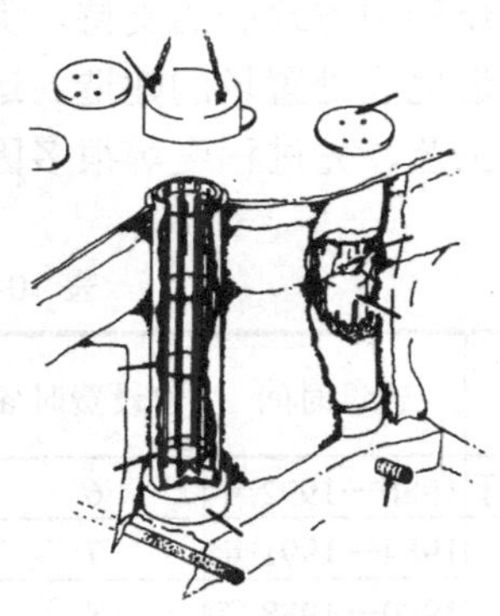

图 10-2 井筒式结构处置设施

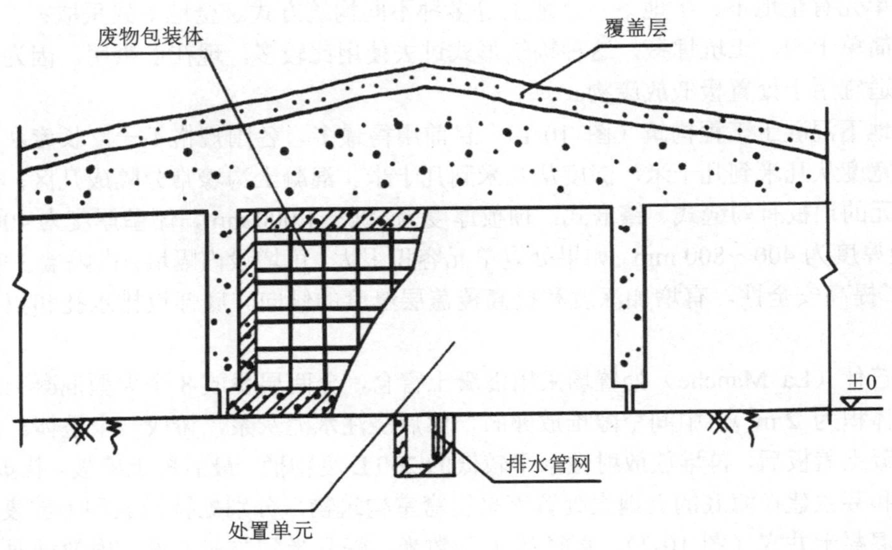

图 10-3 全地上低中放废物库

洞穴式处置也有用专为处置低中放废物而建的新设施。瑞典和芬兰的海下岩洞处置库就是典型代表。

一般来说，岩洞处置库与人类的隔离作用比浅地埋藏场好，占地少，关闭后的维护简单，但建造和运行费用比较高。

三、建设周期和费用

对于低中放废物处置场建造周期，各国差别很大，一般来说：

选址期 4～6 a，审批期 1～3 a；

建造期 1～2 a，运行期 20～30 a；

封闭期 3～5 a，有组织控制期 100～300 a（也有定为 300～500 a）。

国际经验表明，必须重视对公众的宣传教育，重视地方有关部门的参与和配合，以获得公众和地方政府的支持，促进选址工作和审批工作的顺利进行。

近地表处置场的建造、运行、关闭和关闭后监护的费用与所处环境条件、规模大小、运行工艺、先进程度等很多因素有关，有很大差别，表 10-1 列出几个实例。

表 10-1 一些国家低中放废物处置场费用比较[6]

国家	建设时间	建设费时/a	类 型	容量/万 m^3	建设投资/亿美元	运行投资/万美元/a	关闭和关闭后监护费用/万美元
西班牙	1986—1992 年	6	近地表	10	0.671	400	800
法国	1984—1991 年	7	近地表	100	2.67	3 500	16 500
芬兰	1980—1988 年	8	海底下 100 m 岩库	10	0.21	900	450
瑞典	1977—1988 年	11	海底下 50 m 岩库	10	1.51	270	1 400

废物产生者付款是国际普遍采用的原则，但具体做法各国很不一样。一般采取政府贷款或核电预留基金建造处置场，由送交处置废物的收费来偿还。德国采取事前付款，将交款存入银行，专款专用，不必纳税。也有由废物产生者直接投资建造处置场。对于军工产生的废物通常都由国家财政拨款。

处置场收费标准差别也比较大，因为处置场费用受诸多因素影响，例如：

（1）场址条件，良好场址条件的建设和管理费用相对比较低。不太理想的场址要用工程屏障来弥补，投资就比较高。

（2）国家政策，国家对废物处置政策严格，辐射防护标准高，建造投资、运行费用和关闭后监控费用就必然大。

（3）处置废物情况，处置废物比活度高，含长寿命核素较多，建造费用和监控费用也就比较大。

（4）处置场规模，征地多，建设规模大，运行人员多，费用也就大。

法国奥布处置场建设投资 2.67 亿美元，30 年运行费用 12 亿美元，关闭费用 1.4 亿美元。法国芒什处置场关闭之后，处置场覆盖工程耗资 5 亿法郎，合每立方米废物花费 1 000 法郎，约为普通废物的 10 倍。

处置费用一般由以下四部分组成：

（1）选址和前期工作费用，包括场址调查，编制可行性研究报告、安全分析报告和环境影响评价报告，申办许可证等。

（2）设计建造费用，包括征地、准备场地、设计、建造处置设施和辅助设施，购置设备、运输工具和修建道路、车站（码头）等。

（3）运行费用，包括日常运行费用、维修费用、监测费用、税金、保险、折旧、公关、宣传费用等。

（4）关闭费用及关闭后监护费用，包括铺设顶盖层、稳定化工程、拆除辅助设施、主动监护费用和非主动监护费用等。

美国低放废物处置场运行各项费用比例如表 10-2 所示，法国奥布处置场各项费用比例如表 10-3 所示。

表 10-2　美国低放废物处置场运行费用比例

基本运行费	工资与福利费	环境和人体监测费	意外事故费	许可证费
27%	55.7%	7.4%	8.5%	1.4%

表 10-3　法国奥布处置场各项费用比例

项目	比例	项目	比例
选址和鉴定	8%	项目管理	20%
建造	38%	设备	13%
申请许可证	1%	管理费	11%
道路	3%	车站	2%
宣传费	2%	税	2%

第三节 近地表处置场的运行

处置场正式运行之前，要作试运行。试运行活动经过安全分析和环境影响评价，获得许可证之后，才可正式运行。运行应由培训合格的人员进行，具备辐射防护和安全保卫措施。

废物接收必须满足经过审管部门批准的废物货包接收标准，严格执行质量保证与质量控制大纲。送贮的废物必须递交申报单，其内容包括：

（1）废物来源（废物产生者）；

（2）废物货包体形状、体积和重量；

（3）放射性核素种类和总活度；

（4）表面剂量率；

（5）货包编号；

（6）废物产生、处理和整备说明；

（7）发送日期等。

废物包装容器的结构和材质多种多样，目前广泛应用的是碳钢和混凝土桶，也有用不锈钢、铸铁、玻璃钢做成的桶或箱。我国已对放射性废物固化体性能要求（水泥固化体、塑料固化体、沥青固化体）制订了标准[7-9]，对低中水平放射性废物包装要求制订了标准[10]，还对混凝土容器、钢制容器制订了标准[11，12]。

一、废物运输

废物运出前要对废物货包进行检查，核查与申报处置清单的相符性。一般，装入集装箱用专用车辆或专用货船运输。废物的运输要遵循放射性物质运输的有关规定[13]。

二、废物接收

废物接收时要根据申报单验收所递交的废物，包括：

（1）核对废物货包的编号；

（2）监测表面剂量率和表面是否有沾污；

（3）检查废物货包是否符合安全包装要求，是否有破损等。

这些操作或由人工来完成，或由计算机管理的废物货包自动监测系统来完成，监测结果储入数据库。必要时，上级主管部门或处置场营运单位对废物货包进行抽样检查，作破坏性分析，检测废物的组成和均匀性等。我国已发布了放射性废物近地表处置的废物接受准则[14]。

三、废物的存贮

通过检查的废物货包或可直接送去处置单元处置或需要临时存放。有时候可能要对废物作压实、固化、去污和重新包装等处理。

废物货包一般分区安置，把放射性活度较高的货包放置在处置单元底部或中央位置。废物货包采用吊车或叉车整齐堆放在预定的位置（图 10-4 和图 10-5）。废物货包堆放位置储存在计算机中。处置单元达到预定废物量之后，货包之间空隙浇注水泥砂浆（金属桶）或者填充砾石或沙土（混凝土容器），以稳定废物货包。废物货包之间的空隙和塌陷会导致覆盖层的塌陷及沉降。然后在处置单元上面浇灌混凝土或加混凝土盖板，以防入渗流和提供辐射屏蔽。在法国奥布处置场还用聚胺酯涂料进行密封。

图 10-4　近地表处置场在处置废物

图 10-5　混凝土方箱吊放在处置库贮槽中

在每个处置单元底部设排水孔，下设集水槽和连接到排水管廊，以收集意外渗入处置单元的水，并有监测系统监测。如果收集到的水无放射性沾污，则可排入地面水的集水池，如果监测到放射性污染，则要排入放射性污水贮槽，待作专门处理。

处置单元的可移动防雨帐房（图 10-6）当一个处置单元堆满和封盖后，移到下一个处置作业区。

图 10-6　处置库的临时防雨帐房

处置场设计和运行应保证产生的二次废物最小化，营运单位应监测处置场的流出物，按要求定期向审管部门提交监测报告。处置场的运行应做好防火、实体保卫和其他安全工作，应对可能发生的事故/事件进行分析，制订应急预案。运输过程交通事故和废物货物包吊运跌落事故，可能是需要重点关注的问题，这可能会导致放射性废物洒落、污染环境和人员伤亡。营运单位应执行环境监测大纲进行环境监测和评价工作人员与附近地区公众的受照剂量。

四、对长寿命核素的限制

对于低中放废物处置场，必须规定长寿核素（如 ^{14}C、^{59}Ni、^{94}Nb、^{99}Tc、^{129}I、^{239}Pu、等）限值，因为在低中放废物处置场有效隔离作用的时期内（300～500 a），这些核素基本保持其活度浓度和总活度不变。

美国联邦法规规定了长寿命核素近地表处置比活度的上限值（表 10-4），比活度超过限值者，一般不能作近地表处置，但比活度超过限值 1/10 者，采取附加措施也可作近地表处置。日本近地表处置的长寿命核素比活度限值如表 10-5 所示。

表 10-4　美国近地表处置废物的长寿命核素比活度限值

长寿命核素	半衰期/a	限值/（Bq/L）	长寿命核素	半衰期/a	限值/（Bq/L）
^{14}C	5.73×10^3	3.0×10^8	^{99}Tc	2.14×10^5	1.1×10^8
^{14}C（在活化金属中）	5 730	3.0×10^9	^{129}I	1.6×10^7	3.0×10^6
^{59}Ni（在活化金属中）	7.5×10^4	8.1×10^9	^{241}Pu	1.4×10^1	1.3×10^8
^{63}Ni	100	2.6×10^{10}	^{242}Cm	1.63×10^2	7.4×10^8
^{63}Ni（在活化金属中）	100	2.6×10^{11}	—	—	—
^{94}Nb（在活化金属中）	2.0×10^4	7.4×10^6	—	—	—

表 10-5　日本近地表处置的长寿命核素比活度限值

长寿命核素	^{14}C	^{63}Ni	α放射性物质
比活度限值/（Bq/kg）	3.7×10^7	1.11×10^9	1.11×10^6

法国规定近地表处置的废物中，单个货包内α核素含量应小于 3.7 MBq/kg（100 nCi/g），在整个处置场内，所有包装中平均的α核素含量应低于 0.37 MBq/kg。

英国的特里格（Drigg）和唐瑞（Dounreay）两个近地表处置场，废物的接收标准：

对于β、γ核素＜2.2 GBq/m^3，包装容器表面剂量率＜7.5 mGy/h；

对于α核素＜0.74 GBq/m^3。

近地表处置对超铀核素的比活度限值，多数国家取超铀废物的限值，即 3.7×10^6 Bq/kg。

第四节 处置场的关闭和关闭后的监护

一、处置场的关闭

当处置场接受了设计和（或）许可证规定的放射性废物总量或总活度（或同时两者）之后，就要进入关闭阶段。如果发现处置场在选址、设计方面有无法纠正的失误，或者因为严重事故、自然灾害等原因，使处置场不能再继续运行，则处置场要提前关闭。处置场的关闭要提出关闭计划、安全分析报告和环境影响评价报告。获得审管部门批准之后，才能进行封闭、对剩余空间和通道进行回填，最终覆盖植被（图 10-7）和完善防、排水系统，以及拆除辅助设施，并对污染地表进行清污等活动。关闭的处置场要保存好记录和设立永久性标志。

图 10-7 近地表处置场覆盖植被后

在有些情况下，处置场可先关闭某些部分而另外一些部分仍在运行中。

处置场覆盖层（又称顶盖）是重要的保护和屏障措施，它有以下 6 方面的功能和作用：

（1）防渗，使降水和地表径流的入渗量最少；

（2）防生物侵扰，阻止人类和啮齿动物、穴居动物、深根植物的入侵；

（3）辐射屏蔽，降低地表剂量率水平；

（4）防风化剥蚀和水土流失，防塌陷；

（5）阻滞核素迁移；

（6）减少蒸腾。

覆盖层由于自然力（风力、水力和阳光）作用会风化变薄。为了保证实现上述的阻断下渗和上析的要求，覆盖层厚度通常为 3～5 m，由不同材料构成多层结构。覆盖层的效果不仅与层厚、材质有关，还与结构的配置有关，多层结构由顶到底一般为[15]：

（1）植被层/抗风蚀层，防水土流失和风化剥蚀，减少蒸腾作用；

（2）稳定层，支持植被；

（3）防生物闯入层（一般为卵石或混凝土层），阻止动植物的入侵；

（4）导水层，用细沙或小砾石铺设，把渗水导向排水沟；

（5）挡水层（压实黏土），阻挡水入渗；

（6）阻滞层，阻滞核素的迁移作用；

（7）加强混凝土盖板，支护作用和防止生物闯入。

顶盖设计成一定坡度，有利于排走地面径水。一种多层结构的顶盖层如表 10-6 和图 10-8 所示。

表 10-6 处置场顶盖层组成举例

层次	材 料	功 能	厚度/mm	渗透系数/（cm/s）
1	当地土（植被）	抗侵蚀	800	$1\times10^{-6}\sim5\times10^{-5}$
2	当地土（夯实）	稳定	500	$1\times10^{-7}\sim1\times10^{-6}$
3	150 mm 粒径砾石	防生物侵扰	500	—
4	50 mm 粒径砾石	导水	100	—
5	细沙	导水	300	1×10^{-3}
6	混凝土	挡水，防生物侵入	300	1×10^{-8}
7	当地土（夯实）	阻滞核素迁移	2 000	$1\times10^{-7}\sim1\times10^{-6}$
8	加强混凝土盖板	支护，阻挡生物闯入	500	—

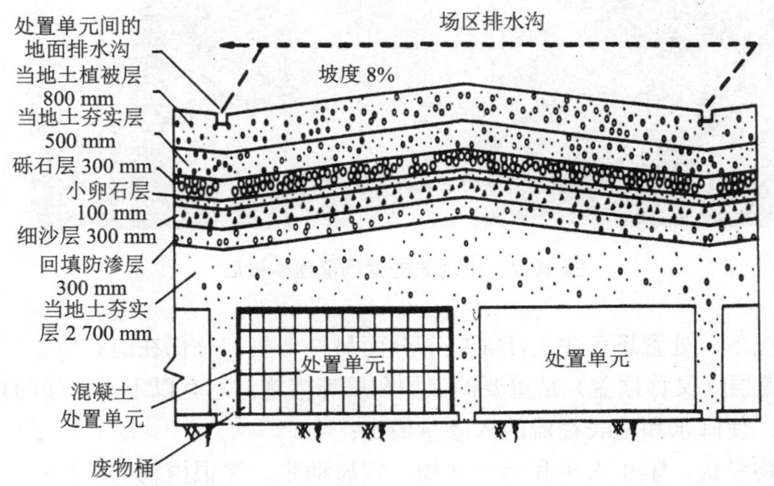

图 10-8 近地表处置场的多层结构顶盖

法国奥布处置场年降水量约 1 500 mm，采用聚胺酯防水层的混凝土结构和设置近 5 m 厚的多层结构的覆盖层，年入渗水量仅为 2 mm。叙利亚和美索不达米亚的一些古代文物发掘证明，沥青薄膜层有较好的防水作用。法国芒什处置场的覆盖层最下面一层涂了 12 mm 厚的沥青层。

二、处置场关闭后的监护

处置场关闭后，进入有组织监控期。这个时期的长短取决于所处置废物的核素种类和总活度以及处置设施的情况，一般为 300 a（也有规定为 300～500 a）。美国规定 A 类低放废物监控 100 a，B 类、C 类低放废物监控 300 a。

处置场关闭后的安全性不应该依赖于延长有组织控制期。处置场关闭之后，有组织控制期应该由审管部门指定专门机构，负责关闭后的环境监测和监控工作。监控工作包括前期的主动监护和后期非主动监护。

1．主动监护的任务

（1）防止人、穴居动物和啮齿动物及深根植物侵扰处置库，破坏处置库的密封性和完整性，影响隔离系统的隔离能力。

（2）进行适当维修活动，包括常规维修和非常规维修：① 常规维修——包括排水系统的定期检查，深根植物的除去，安全围墙的定期检查和维修，检测设备的维修及必要时的更换等。② 非常规维修——包括修复恶劣气候条件所引起的破坏，修复穴居动物打洞造成的破坏，修复可接近屏障的其他毁坏。处置设施覆盖层的沉降或塌陷会造成雨水的积聚和造成雨水向处置设施的渗入。

（3）进行适当的监督和监测。关闭后监督、监测的目的，是为了验证废物处置隔离系统是否具有预期的性能，是否对环境有不可接受的影响。关闭后的监测点、测量内容和测量频率要优化选择和慎重确定，保证监测的实效，并对后代和国家不带来不适当的负担。

监督的对象包括：① 覆盖层和周围环境情况；② 处置单元渗出水的收集系统；③ 排水系统；④ 场址边界；⑤ 标志；⑥ 监测设备。

监测项目有总α、总β、总γ，^{3}H 和某些特定核素（如 ^{60}Co，^{90}Sr，^{137}Cs 等）。通常以处置场为中心，半径 10 km 的区域，监测对象包括水、空气、土壤、植物和动物。例如，从监测井、附近河流（湖泊）或从设定的取样点取得的水样，从地表和适当深度取土样，从附近地区取谷物、蔬菜、牛奶样品，从不同位置取空气样品等。取样频率为日、周、月、季、半年不等，探测是否有放射性核素释放进入了环境。这种监测要合理设置取样点，使测定结果有代表性。要科学设置取样频度，既能做到早期发现，又不造成过重的负担。监测工作要设专人负责，采用可靠仪器和可靠的检测分析方法，按质保大纲进行，长期保存监测结果。

2．非主动监护的任务

（1）限制土地使用要求和限制使用时间；

（2）建铁丝网，限制人畜进入；

（3）设立永久标志。

此外，随处置场情况、当地环境和社会情况来定是否还要适当维修和监测。日本六所村处置场制定的监控要求和监测项目如表 10-7 和表 10-8 所示。

表 10-7 日本六所村低放废物处置场监管要求

阶 段	第一阶段	第二阶段	第三阶段
时 间	处置废物开始后 10～15 a 内	第一阶段后 30 a 内	第一阶段后 300 a 内
管理要求	保证没有泄漏，修复处置设施	监测泄漏情况	
	监测地下水和排出水中放性核素浓度		可进入，但限制挖掘活动，限制居住和汲取地下水
	环境监测，巡查处置场，修复覆盖层		

表 10-8 日本六所村低放废物处置场监测项目

监测项目	位 置	监测内容	频 度
排出水	排水监测系统	排水情况	1 次/周
		^{3}H，^{60}Co，^{137}Cs	1 次/3 月
地下水	靠近控制区边界	液 面	1 次/周
		^{3}H，^{60}Co，^{137}Cs	1 次/月
空 气	靠近控制区边界	累积剂量	1 次/周
沼泽地中水和鱼等	场 外	^{60}Co，^{137}Cs	1 次/3 月

第五节 近地表处置的安全评价

处置场的安全评价是为定量预测处置系统的性能，对处置场运行期间以及将来关闭之后的人类受照剂量和环境影响做出评价。评价用数学模拟的方法得到剂量或危险的估计值，做出是否可接受的判断。一个完整的安全评价包括以下三个部分：

（1）确定能够导致放射性核素释放、影响释放速率、影响核素通过环境介质输运速率的景象；

（2）估计这些现象发生的概率，并定量表示它们对处置系统的影响；

（3）计算核素释放的辐射后果。

目前安全评价所采用的方法有三种：

（1）景象-后果分析法——这是现在应用最广泛的方法；

（2）概率法——需要数据量大，需要的数据往往难以全部获取；

（3）系统论法——尚处于开发阶段。

安全评价的步骤及其相互关系如图 10-9[16]所示。安全评价是一个反复过程，国际原子能机构对低中放废物近地表处置安全评价十分重视，发布了导则，设立了近地表放射性废物处置安全评价可靠性研究（NSARS）协调研究计划，许多国家的专家参加了这项研究，以提高安全评价的置信度和建立国际接受的安全评价方法。继之，IAEA 还设立了“近地表处置设施安全评价方法的改进”合作研究项目，有 22 个国家 70 多位专家参加，研究结果出版了介绍评价方法和介绍应用的两本书[17]。

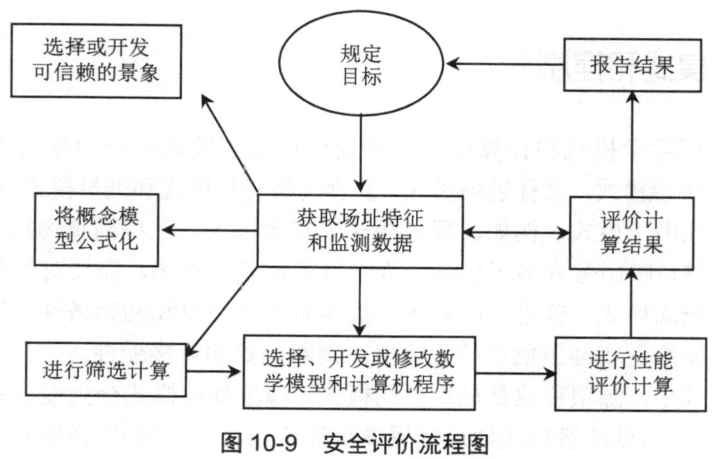

图 10-9　安全评价流程图

一、景象分析

近地表处置场的景象分析，归纳起来可能分为三类景象，如表 10-9 所示：

表 10-9　近地表处置景象分析的有关景象

天然过程和事件	人为活动	废物和处置场的综合影响
生物侵入	不适当的设计和运行	腐蚀
植物根系侵入	排水系统堵塞	废物包装与土壤相互作用
动物洞穴侵入	废物处置不当	气体的产生
断层/地震活动	灌溉，耕种	射线作用
风侵蚀	蓄水，开采水	应力作用
洪水侵蚀	地下水回灌	
水文地质变化	战争	
降水补给	破坏活动	
潜水位波动	废物利用	
气候变化	建造房屋	
水文学变化	居住	
地球化学变化	勘探钻孔	
工程屏障失效	考古挖掘	
陨石撞击	资源开采	
	耕种土地	
	飞行物坠落	

在上述景象中，有的景象可能破坏性很大，但它的发生概率可能极低，如陨石撞击。有的景象发生概率极高，但它所造成的后果可能甚微，如深根植物和啮齿动物侵入，因此要选择有重要意义的景象。

二、评价模式和程序

评价需要使用数学模式和计算程序，核素运移过程模式可分为释放模式（处置库模式）、迁移模式（环境模式，又称远场模式）及食物链转移模式和剂量模式三类（图 10-10）。每一类模式中有许多子模式，例如，释放模式中有水渗入、工程构筑物损坏、容器腐蚀、核素浸出、回填材料吸附等许多子模式。为评价近地表处置场，需要对处置系统和其相应小系统建立一个概念模式。确定描述系统的数学方程及边界和初始条件，然后求解方程得出结果，评价集体剂量或健康危害的危险值，判断处置的可接受性。

上述这些模式中，源项释放是最重要的模式。源项释放模式分为浸出释放景象模式和闯入释放景象模式。《低放废物浅地层处置安全评价指南》一书[18]详细介绍了上面这些模式。

低中放废物处置场所处置的固体废物是放射性核素向环境释放的源项，核素从废物固化体浸出，进入包气层、含水层或大气中，经过食物链转移，产生对人体的辐照剂量。为了做出定量估算，国内外开发了不少模式和计算程序。美国布鲁克海文实验室开发了计算低放废物设施释放速率的 DUST（处置单元之源项）程序。该程序把水流动、容器降解，核素从废物体释放出来和核素的输运一起编进计算机程序中。该程序能模拟多容器破损时间，多废物体释放及放射性核素输运特性。

国际原子能机构推荐了许多程序，包括 BLT，VAM2D，VS2DT，FEMWATER，FEMWASTE，GENⅡ，以及 PAGAN 等，其功能见表 10-10 和下面的简介[19]。

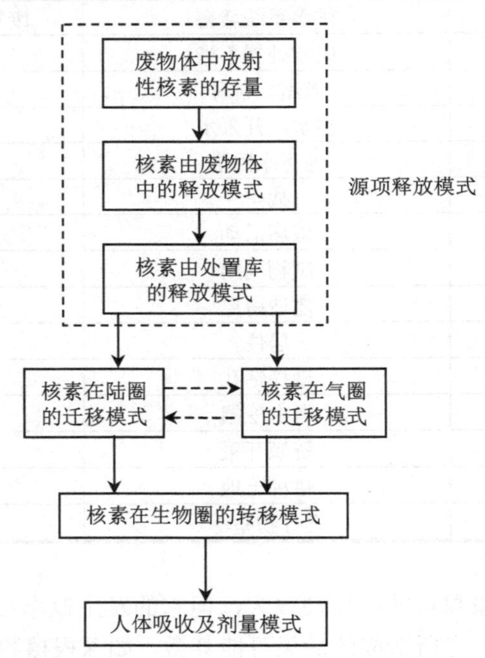

图 10-10 概念模式的组成

表 10-10 一些评价程序应用范围

程序	可应用范围	程序	可应用范围
BLT	源项（核素从废物体浸出和远场迁移）	GEN Ⅱ	处置系统短期或长期释放所产生的个人剂量和集体剂量
VAM2D	降雨和渗入，非饱和带流场，非饱和带核素迁移，饱和带流场，饱和带核素迁移	FEMWATER	孔隙介质，饱和非饱和状态下，稳定流场和非稳定流场
VS2DT	非饱和带核素迁移，降雨和渗入，饱和带流场，饱和带核素迁移	PAGAN	大气扩散，地表水迁移，非饱和带核素迁移，饱和带核素迁移，食物链和剂量，源项
NEFTRAN	饱和带和非饱和带中地下水流场和核素迁移	FEMWASTE	非饱和带流场和饱和带流场单一核素的迁移

BLT 可用来计算低中放废物处置设施的放射性释放源项。用 BLT 计算源项时，需要将地下水流场作为输入参数。BLT 得出的源项与地下水流场相结合，可作为核素迁移模式的输入数据。BLT 与 FEMWATER 联合使用，可进行核素近场迁移计算。

VAM2D 和 VS2DT 是两个功能相同的程序。它们可以用来计算饱和带和非饱和带孔隙介质中地下水的二维流场以及核素的二维迁移。BLT，VAM2D 或 VS2DT 相结合可能用来评价低中放废物处置设施的释放源项以及核素迁移。

FEMWATER 是用于计算饱和带与非饱和带孔隙介质中地下水的稳态和瞬态二维流场的程序。FEMWATER 的输出是 FEMWASTE 的输入。FEMWATER 的输出包括水流的空间分布、土壤的湿度以及 Darcy 速度等。

FEMWASTE 是用来计算放射性污染物在饱和带与非饱和带孔隙介质中的二维稳态和瞬态迁移过程的程序。FEMWASTE 的输出为某一给定地点和某一时刻的放射性污染物的浓度。

GEN Ⅱ是计算低中放废物处置设施的放射性释放经空气、地下水、地表水、食物以及土壤外照射等途径对人造成的辐射剂量。GEN Ⅱ可以计算个人或人群的短期和长期受照剂量。GEN Ⅱ必须借助于其他程序如 FEMWASTE 算出的核素浓度来作为其输入。需要指出的是，GEN Ⅱ中的剂量换算是以 ICRP30 号出版物为依据的。

中国辐射防护研究院和日本原子力研究所（JAERI）合作，开展低中水平放射性废物浅地层处置安全评价的方法研究，通过设在黄土包气带的试验场的现场试验，获得核素迁移和水分运移资料，验证与改善了现有模式的有效性；通过现场试验与试验室的结果比较，探讨了实验尺度与环境因素对核素迁移规律的影响；通过对核素迁移机制和黄土包气带水分运移特征的研究，开发了核素迁移的非平衡吸附模式——NESOR 等丰硕成果[20]。

在废物处置安全评价中必须考虑不确定性，因为物理模式、数学模式和采用的参数都存在着不确定性，其中物理模式的不确定性是主要的。

废物处置对公众中个人的剂量约束值，美国规定为 0.25 mSv/a。我国规定了从处置场通过各种途径向环境释放的放射性物质对公众中个人造成的有效剂量当量不得超过 0.25 mSv/a。处置场可处置废物的范围是：

（1）半衰期小于或等于 5 a，任何比活度的废物；

（2）半衰期大于 5 a，小于或等于 30 a，比活度小于 3.7×10^{10} Bq/kg 的废物；

（3）在 300～500 a 内比活度能降到非放射性固体废物水平的其他废物。

我国对安全评价作了如下规定：

（1）评价区域：以处置场为中心，半径 10 km 范围内。

（2）评价标准：① 进行环境质量现状评价时，公众中任何个人有效剂量限值为 0.25 mSv/a（GB 9132）。② 进行环境影响评价时，正常情况下，对公众中任何个人有效剂量限值为 0.01 mSv/a，事故情况下，对于非居住性的短期无意闯入者年剂量限值为 5 mSv；对于长期居住的无意闯入者，年剂量限值为 1 mSv（GB 9132）。③ 对于工作人员职业照射，5 年内的年平均有效剂量不得超过 20 mSv，而 5 年中的任何一年的有效剂量不超过 50 mSv。

第六节　低中放废物处置国内外状况

1946—1982 年，美国、英国、法国、苏联、荷兰、比利时、瑞士、日本和韩国等不少国家在太平洋和大西洋中投弃了上百万桶低放废物，总活度约为 70 PBq。后来为伦敦倾废公约所禁止，1982 年后基本上中止了往海洋倾倒放射性废物。

世界上第一个低中放废物处置场是 1944 年建于美国田纳西州橡树岭核基地。这是用简单的土沟填埋设有整备的低放废物。这种处置方式在美国和其他国家军事核工业和核电发展初期都用过。

低中放废物处置方式现在主要有以下 4 类，前 3 类均属近地表处置。

（1）工程近地表处置场（Engineered Near Surface Facility，ENSF）；

（2）简易近地表处置场（Simple Near Surface Facility，SNSF）；

（3）矿穴处置库（Mined Cavity，MC）；

（4）地质处置库（Geological Repository，GR）。

据统计，世界上 136 个低中放废物处置设施中，工程近地表处置场占 67%，简易近地表处置场占 22%，矿穴处置库占 7%，地质处置库占 4%。简易近地表处置场较多为工程近地表处置场所代替，例如，英国 Drigg 处置场 1959 年开始接受废物，原是简易近地表处置场，现已改造为工程近地表处置场。

美国能源部有 16 个低放废物处置场，这些处置场都已处置几十万 m^3 低放废物。其中规模较大的有：爱达荷、橡树岭、萨凡那河、洛斯阿拉莫斯、内华达、汉福特等，这些处置场紧靠军工核设施，其地理分布比较合理，省去长途运输废物。美国能源部低放废物处置场负责处置军工产生的废物。美国为处置民用核废物（如核电和核技术利用产生的废物），从 20 世纪 60 年代开始陆续建造了 6 个商用近地表处置场（表 10-11），但在 70 年代相继关闭了 3 个，后来又关闭了 1 个，这样只剩下里奇兰和巴威尔两个商业低放废物处置场。关闭的原因主要是废物没有或很少进行过整备，处置设施比较简陋，从而发生了下沉或塌陷，产生“澡盆现象”，导致放射性核素的浸出和向外迁移。处置场的关闭，出现了不少问题，主要为：① 废物长途运输，增加事故几率和公众集体剂量负担；② 处置费用大幅增加，从早先每立方米上百美元上涨到每立方米超万美元；③ 废物集中处置在少数几个场址，场址所在地的公众不满意；④ 处置容量不能满足废物增长的需要。针对这种情况，美国在 1980 年颁布了“低水平放射性废物政策法”，1984 年又颁布了“低水平放射性废物政策修改法”，要求各州自建或联合建立州际合作区联合处置场，拟签订 10 个合作协议和新建 6 个处置场。由于公众的反对和地方政府的不支持，选址、场址调查和审批等许多工作阻力很大，处置场迟迟建不起来，仅建成一个犹他州恩罗克尔（Enirocare）处置场，还只准接受 A 类低放废物。现在美国有 3 个低放废物处置场在运行。

表 10-11 美国 6 个商业低放废物处置场的情况

场名	地址	运行时间	占地/hm^2	场址情况	运行情况
贝帝 Beatty	内华达州拉斯维加斯城西北 170 km	1962.9～1992	32.33	位于沙漠内，表面为沙和砾石，下部为几乎不渗透黏土，年降雨量 100 mm，地下水位深 80～90 m，最近地表水离场址 3 km，位于西部干燥区	1992 年关停。已处置 130 000m^3 废物，含 24PBq 放射性
里奇兰 Richland	华盛顿州汉福特生产中心地区内	1965.9	40.47	地下基岩是玄武岩，地下水位深 50～90 m，年降水量 160 mm，距哥伦比亚河 10 km，位于西部干燥区	开放。至 1993 年已处置 360 000 m^3 废物，13 PBq
巴威尔 Barwell	南卡罗来纳州靠近萨凡那河生产中心	1971.4	121.4	地势平坦，大部分是松散沉积物（黏土和沙），年降水量 1 200 mm，地下水位深 11 m，离最近河流 1.6 km	开放。至 1993 年已处置 700 000 m^3 废物，264 PBq
西谷 West Valley	纽约州布法罗市南 50 km	1963—1975	10.13	地下 40 多米冰川沉积层，上部 20～25 m 低渗透层，下部 10～15 m 细沙层，降雨量 1 040 mm，降雨量＞蒸发量。由于水渗入沟内发生泄漏污染而关闭	1975 年关停。已处置废物 70 000m^3，47 PBq
迈克赛洼地 Maxey Plats	肯塔基州	1963.1～1977	121.4	下部为页岩、泥沙岩和沙岩，表面土壤渗水性较低，年降雨量 1 170 mm，常因暴雨淹浸洼地。地下水位深 10～15 m	1977 年关停。已处置废物 140 000 m^3，89 PBq
谢菲尔德 Sheffield	伊利诺斯州芝加哥西南 225 km	1967—1978	75.2	地下 5～20 m 为冰川沙，粉沙和砾石。年降雨量 900 mm，运输方便，人口密度低	1978 年关停。已处置废物 90 000m^3，2.23 PBq

法国 ANDRA 负责低中放废物处置场的选址、评价、设计、建造和运行。场址选定由工业部负责，经国务院批准。法国已经建了芒什 La Mance 和奥布 Aube 两个低中放废物处置场。法国低中放废物处置有许多好的经验，芒什处置场 1969 年开始运行，1994 年装满关闭。已完成覆盖，现在芒什处置场变成了芒什河边一座 300 m 宽，600 m 长，高十几米的小山丘，留下监测和保护人员不足 10 人。在芒什处置场基础上法国又建成奥布处置场。奥布处置场位于一个林木茂盛小山上，顶部是沙土层，下部有 30 m 深黏土层。在选址期间的 1984—1986 年，打了 500 个钻孔，证明该场址有良好的水文地质条件。

法国奥布处置场离巴黎 200 km，占地 90 公顷（其中 30 公顷为处置废物用地）。处置单元为 25 m×25 m×8 m 的混凝土槽。配有 3 t、10 t、35 t 的行吊。处置单元的上面有可移动的防雨帐房。接受的废物货包为：① 100 L，200 L，400 L，800 L 的金属桶；② 5 m^3，10 m^3 的钢箱；③ 混凝土筒；④ 混凝土方箱。对送来的废物货包主要监测其表面污染和γ

辐射水平。接受的废物α放射性小于 0.37 GBq/t，对公众剂量限值不大于 0.25 mSv/a。处置场设整备车间，设有 1 000 t 压实机，对 200 L 桶废物压实后再装进 400 L 桶中，空隙用水泥浆填充。法国奥布处置场预期运行 30 a，有组织控制 300 a 后，场址可以无限制使用。西班牙建立了类似奥布处置场的卡勃利尔处置场（图 10-11）。

英国 Drigg 近地表处置场，1959 年开始运行，早先采用简易沟埋方式，沟壕尺寸为 30 m（宽）×70 m（长）×5 m（深）。填满之后上面覆土至少 1.5 m。1987 年后沟埋式处置被逐渐淘汰，代之以混凝土库处置经包装的废物。

瑞典核燃料和废物管理公司（SKB）建 SFR（Swedish Final Repository）处置库。SFR 位于福斯玛克（Forsmark）海滨核电站附近波罗的海下 60 m 深的地下结晶岩中，有两条约 1 km 长的隧道进入海底处置库中。处置库有四个处置巷道和一个立式筒仓（图 10-12），筒仓用来处置活度较高的中放废物。处置库通过两个斜井与地表相连。两个斜井中一个用来运输废物，一个用来运输人员、材料和设备。处置库的处置容量为 9 万 m^3。该库于 1988 年投入运行。预计 2013 年达到设计容量。当处置库装满废物之后，入口将用混凝土封死，不再允许进入。处置库封闭之后，SKB 没有计划作监测。

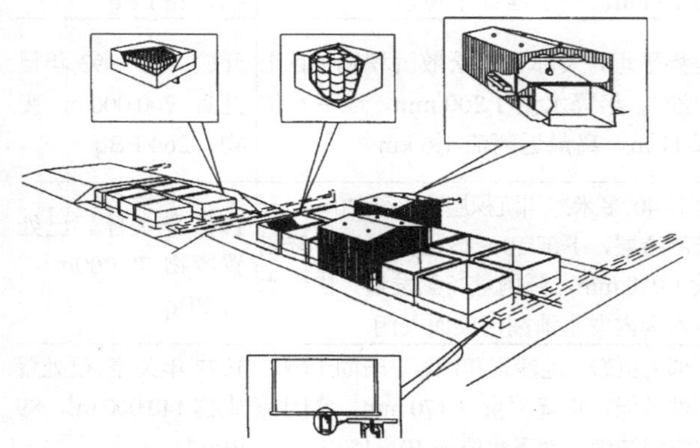

图 10-11 西班牙卡勃利尔处置场

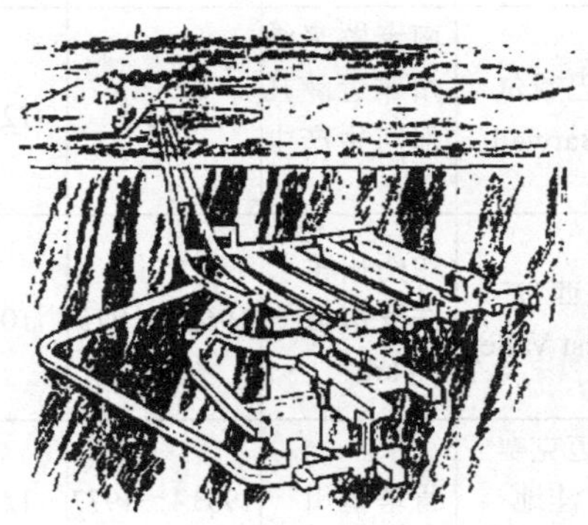

图 10-12 瑞典海底岩穴处置库

芬兰 1992 年在奥尔基洛托（Olkiluato）建成类似瑞典的滨海海底处置库，位于海底下 60～100 m，有两个贮仓，一个用来处置低放废物，另一个用来处置发热的中放废物。

日本核燃料公司（JNFL，Japan Nuclear Fuel Ltd）在北海道 6 个所村建造了一个低放废物处置场，设有 10 个混凝土贮存槽，每槽分 16 室，每室可处置 320 桶（200 L/桶）废物[30]。装满后回填，盖混凝土盖板，再覆盖 4 m 厚土。1992 年 12 月 8 日，开始接受废物，设计处置容量满足处置到 2030 年。日本在此处置库允许处置的废物为：

^{60}Co 等短半衰期核素	≤300 Ci/t（11.1×10^{12} Bq/t）
^{137}Cs、^{53}Ni	≤30 Ci/t（11.1×10^{11} Bq/t）
^{90}Sr	≤20 Ci/t（7.4×10^{11} Bq/t）
^{14}C	≤1 Ci/t（3.7×10^{10} Bq/t）
α放射性核素	≤0.03 Ci/t（11.1×10^{8} Bq/t）

对于公众照射小于 0.01 mSv/a 的废物，低于监控水平，可作非放废物处置。对于燃料制造、水冶和铀富集产生的含铀低放废物作为专门一类废物进行处置管理。

几个典型的低、中放废物处置场情况如表 10-12 所示。

表 10-12　几个低中放废处置场

名称	La Manche 芒什	L'Aube 奥布	Drigg 德里格	Rokkasho-Mura 青森县六所村	El Cabril 埃尔卡博里尔	Forsmark 福斯玛克
国家	法国		英国	日　本	西班牙	瑞　典
地址	与阿格厂相邻，离英国 300 km	离巴黎 200 km 奥布省苏来纳村	温茨凯尔西南 6 km，离海岸 1 km	北部青森县	马德里南 400 km	接近 Forsmark 核电厂
基本构造	工程近地表处置库	工程近地表处置库	简易→工程近地表处置库	工程近地表处置库	工程近地表处置库	近海岸海底岩层（花岗岩）处置库
运行情况	1969.1～1994.6	1992.1～	1959—	1992.12～	1992—	1988.4～
占地面积	14 hm^2	90 hm^2（其中 30 hm^2 处置废物）	40 hm^2	290 hm^2	20 hm^2 （实用 2 hm^2）	
处置容量	535 000 m^3	1 000 000 m^3	已处置 800 000 m^3	40 000 m^3(Ⅰ期) 400 000 m^3(Ⅱ期)	50 000 m^3 (100 000 m^3)	100 000 m^3
处置情况	混凝土槽坑放置 8 个大混凝土容器（二层）浇盖板，上层再堆放 200 L 废物桶，上盖 1～1.5 m 土，覆土植被	1987 年开始建设，混凝土槽 24 m×21 m×6 m，上面有可移动帐房，避免雨水进入	1988 年前简易沟处置废物，1988 年改建成新工程近地表处置场	地表下 14～19 m 深处，混凝土地下构筑物，贮存单元：24 m×24 m×6 m	1986 年开始选址，1990 年开始建造，1992 年投入运行，法国奥布式构筑	有斜井通入海底库中，两种混凝土构筑形式 160 m×(10～18)m×4 m 和ϕ30×70 m
使用年限	25 a	50 a	直至 2050 年	40 a	25 a	25 a
建造投资	1.5 亿法郎（60 年代价），关闭费 8 700 万美元	2.67 亿美元	—	10 亿美元	6 710 万美元	1.51 亿美元
处置费用	运行费 3 000 万美元/a（1990 年价）	运行费 4 000 万美元/a，(2 亿法郎/a)	—	—	400 万美元/a	270 万美元/a
控制期	300 a	300 a	—	300 a	300 a	300 a
收费标准	480～1 480 美元/m^3	1 600 美元/m^3	20～290 英镑/m^3	—	1 030～3 300 美元/m^3	2 300～4 500 美元/m^3
监管部门	ANDRA 国家放射性废物管理局		NDA 所有 BNFL 经营	日本科技厅 日本原子力安全委员会	ENRESA 西班牙放射性废物管理公司	SKB 瑞典核燃料和废物管理公司
关闭和关闭后照管费用	16 500 万美元	—	—	—	800 万美元	1 400 万美元

《中华人民共和国放射性污染防治法》明确规定了我国低、中放水平放射性固体废物

在符合国家规定的区域实行近地表处置。为保护国土和公众安全，促进核电与核技术的可持续发展，必须积极做好低、中放射性固体废物的安全处置[21]。

1992 年国务院批转国家环保局“关于我国中、低水平放射性废物的环境政策”提出了尽快固化暂存的放射性废液；限制中、低水平放射性废液固化体和中、低水平放射性固体废物的暂存年限；建设区域性中、低放射性废物处置场等环境政策。要求在中、低水平放射性废物相对集中的地区陆续建设国家中低水平放射性废物处置场，分别处置该区域内或邻近区域内的中、低放射性废物；各级人民政府及有关部门应为处置场的选址、建造和运营提供必要的支持和帮助；区域处置方针在国家统一规划下全面考虑安全、经济、技术和社会诸因素及地理、交通条件，尽可能靠近现有的或计划的大型核企业，在全国选择少数几个有利地点，建立起面向核工业、核电站和核技术应用的低中放废物处置场等重要规定[22]。

对于低中放废物近地表处置，我国已进行过许多开发研究工作，包括：

（1）实验室核素迁移模拟研究；

（2）核素在包气带中迁移研究；

（3）膨润土回填材料研究；

（4）处置层顶盖研究；

（5）对中国古墓调查研究，从古墓的经验来研究处置的多重屏障结构等。

我国现已建成了西北和广东北龙两个处置场。西北处置场位于甘肃省，离核工业 404 厂约 4 公里。1995 年动工建设，1998 年建成。规划处置容量 20 万 m^3，首期工程 6 万 m^3，先建 2 万 m^3。申请接受放射性废物总活度为 3.2×10^{16}Bq。设 6 个处置单元，处置单元的内部尺寸为 64 m×23 m×5.3 m/5.7 m，处置单元基底处于地表下 8 m，每一个单元可装低放废物 30 400 桶或中放废物 5 400 桶，废物桶间空隙用沙填充，处置单元装满后上部回填黏土，浇灌钢筋混凝土顶盖，最后覆盖 5 层共 2 m 厚的顶盖[23]。

北龙处置场位于广东省，离大亚湾核电站约 5 km，离岭澳核电站约 4 km。1991 年开始选址，1998 年动工建设，2000 年建成[24]。规划处置容量 24 万 m^3，首期建成 8 800 m^3，2 排 8（2 m×4 m）个处置单元，预留 20（5 m×4 m）个处置单元场地。每个处置单元 17 m×17 m×7 m，可处置废物 1 157.4 m^3。上有可移动防雨帐房，下有渗析水收集罐和地下管廊。设计的处置单元中、下层堆放 C1-C4 型混凝土桶，以砂浆填充空隙。浇注覆盖层后，上面堆放三层 200 L 金属桶，浇注水泥砂浆充填空隙。处置单元装满后封盖，浇 500～1 000 cm 厚钢筋混凝土盖板。防雨帐房移到下面一个处置单元，继续运行。直到 28 个处置单元全部装满后进行整体覆盖，覆盖层为 6 层共 5 m 厚度。

第七节　极低放废物处置

极低放废物的放射水平极低，可用简易包装和简易填埋，集中处置在专设的极低放废物填埋场或处置在核设施中的极低放废物填埋场中。

这里举两个典型例子作介绍：一是法国建的专门极低放废物处置场，集中处置全国极低放废物；二是日本原子力研究所的就地建填理场，处置其试验堆退役所产生的极低放废物。

法国是目前世界上唯一对极低放废物建立法制和实施处置的国家[25]。法国把极低废物规定为 1～100 Bq/g（平均为 10 Bq/g），几十年后可衰减到 Bq/g 水平。法国建立了极低放废物处置场，处置场选在奥布附近，已于 2003 年 8 月开始处置废物。处置场面积 28.5 hm^2，处置容量 65 万 m^3（75 万 t）极低放废物。设 65 个处置单元，每单元可处置 1 万 m^3 极低放废物，由国家放射性废物管理局（ANDRA）负责处置运行和监督。建设投资 4 000 万欧元，设计使用 30 多年，运行费用约计 2.2 亿欧元，运行人员 20 人。

法国极低放废物处置场接受处置的极低放废物约 80%来自核设施退役，20%来自使用天然放射性物质工业。送处置的废物有的可能要作压实处理，处置单元处于黏土层中，处置单元下方和周围填满厚层黏土，处置单元底部不设集水设施。废物覆盖高密度聚乙烯膜，顶盖复一层黏土。运行期间，上有可移动帐篷防雨。ANDRA 负责处置场址环境定期监测。

建设规模　占地 111 英亩，处置面积 28.5 hm^2，处置容量 65 万 m^3，将建 65 个处置单元，1 万 m^3/单元，够 30 多年使用；

建设投资　建设投资 4 000 万欧元（选址与批准费 1 500 万欧元，建造费 2 500 万欧元）；

运行费用　2.2 亿欧元（30 多年内），240 欧元/t 废物；

运行人员　运行工作人员 20 人；

处置对象　废水泥、碎石、土壤、废旧设备（1～100 Bq/g，平均 10 Bq/g）。

处置设施　处置单元建造在黏土层中，处置沟为 25 m（长）×8 m（宽）土沟，废物装袋后填埋在其中，填满之后覆盖黏土。沟底和沟壁复盖防水膜，沟底设有集水措施。操作时上设可移动顶棚，防止雨水进坑。土沟处理满废物后用水泥浆固定，覆土压实。

监测内容　地表水、地下水、大气、主导风向食品、牛奶、蔬菜、森林、苔藓。

监管期　30 a

执行法规　法国环境保护相关审管标准，而不是核设施相关标准。

现在，西班牙要在埃尔卡博里尔低中放废物处置场附近，像法国那样建一座专用的极低放废物处置场。

日本原子能委员会（NSC）和科技厅（STA）根据在有组织控制期个人剂量限值 1 mSv/a，50 年有组织控制期，结束时辐照剂量为 0.01 mSv/a，导出极低放废物中放射性上限（表 10-13）。对于这样的极低放废物不必进行整备，可直接处置在简易的近地表处置场。

表 10-13　日本极低放混凝土废物放射性上限

核　素	上界浓度/（Bq/t）
^{3}H	3.0×10^{9}
^{14}C	1.1×10^{8}
$^{41}Ca^{*}$	1.5×10^{8}
^{60}Co	8.1×10^{9}
^{63}Ni	7.2×10^{9}
^{90}Sr	4.7×10^{6}
^{137}Cs	1.0×10^{8}
$^{152}Eu^{*}$	3.6×10^{8}
α 发射体	1.7×10^{7}

[注] * 仅适用于活化的混凝土。

按照这个标准，日本原子能研究所已处置了日本动力示范堆（JPDR，热功率为 90 MW

沸水堆）退役所产生的 1 700 t 极低放混凝土废物（总放射性 230 MBq）。处置场设在东海村日本原子力研究所内，离海岸 200 m，处置坑设在沙岩层中，它的水渗透率约为 3×10^{-2} cm/s，平均每年降雨量约 1 300 mm。处置坑为 45 m（长）×16 m（宽）×3.5 m（深），分隔成 6 区，处置坑设活动顶盖，以防雨水进入。坑底离地下水面约 1 m。废物装在聚乙烯和聚酯容器（三层）[1 m（高），1 m（直径），容积 0.8 m^3]中，覆盖层为 2.5 m，最后植被，控制期为 30 a。控制期间进行巡视、检查和维护，以及控制该场地的利用。控制期 30 a 后，如有必要，将由科技厅提出其他监控措施。在有组织控制期间，估计最大年剂量为 1.2×10^{-5} mSv。处置费用约为 1 000 美元/t 废物，其中包括建造费、容器费、安装费、运行费和覆盖费[26]。

实际上，国际上像日本原子力研究所那样，就地简易土埋处置退役产生的极低放废物，已不是少数，多由审管当局批准，个案处理。

核设施退役产生大量比活度略高于清洁解控水平的废物，经批准后作为极低放废物填埋处置，可大大减少退役工程费用和加速退役工程的进程，有重大的意义。分出极低放废物是我国退役工程亟待实现的问题，目前需要解决：

（1）制订法规标准，确定极低放废物限值；

（2）开发灵敏、可靠分析测定方法。

应该指出，放射性污染水平极低的金属（如废钢铁）等有潜在利用价值的物质，处置在极低放废物填埋场中，要警惕和防止人为故意闯入和挖出后无控制使用。所以，对于废金属类极低放废物宜用熔炼处理和处置。

参考文献

[1] IAEA. Near Surface Disposal of Radioactive Waste. Requirements No. WS-R-1，1999.

[2] IAEA. Siting of Near Surface Disposal Facilities. Safety Series，No. 111-G-3.1，1994. IAEA. Safety Assessment for Near Surface Disposal of Radioactive Waste，Safety Guide. No.WS-G.1.1，1999.

[3] 低中水平放射性废物的近地表处置规定，GB 9132—95.

[4] 低中水平放射性固体废物的岩洞处置规定，GB 13600—92.

[5] IAEA. An Overview of International Status and Trends in Radioactive Waste Management. IAEA/WMDB/ST/3，7.2，1993：75.

[6] IAEA Daily Press Review，1993/05/27.

[7] 低中水平放射性固化体性能要求，水泥固化体，GB 14569.1—93.

[8] 低中水平放射性固化体性能要求，塑料固化体，GB 14569.2—93.

[9] 低中水平放射性固化体性能要求，沥青固化体，GB 14569.3—93.

[10] 低中水平放射性固体废物包装安全标准，GB 12711—91.

[11] 低中水平放射性固体废物混凝土容器，EJ 914—94.

[12] 低中水平放射性固体废物包装容器 钢桶，EJ1042—1996.

[13] 放射性物质安全运输规定，GB 11806—89.

[14] 放射性废物近地表处置的废物接受准则，GB 16933—1997.

[15] 黄雅文. 对我国低中放废物处置中几个问题的讨论[J]. 辐射防护，1994（1）：33.

[16] 陈式，马明燮．中低水平放射性废物的安全处置．北京：原子能出版社，1998.

[17] IAEA. Safe Assessment Methodologies for Near Surface Disposal Facilities. Results of a co-ordinated research project（ISAM），Vol.1：Review and enhancement of safety approaches and tools；Vol. 2：Test cases ISAM，IAEA，Jul. 2004.

[18] 王志明，李书绅．低放废物浅地层处置安全评价指南．北京：原子能出版社，1993.

[19] 陈式．放射性废物安全通论．北京：原子能出版社，2006.

[20] 李书绅，王志明．^{237}Np，^{238}Pu，^{241}Am，^{90}Sr 在包气带黄土、含水层和工程屏障材料中迁移规律研究．北京：原子能出版社，2005.

[21] 中华人民共和国放射性污染防治法，2003.10.1 起执行.

[22] 关于我国中、低水平放射性废物和处置的环境政策，国发[1992]45 号文.

[23] 孙先学，费洪澄．我国低中放国际废物处置进展．21 世纪初辐射防护论坛第四次会议文集，北京，2005：6.

[24] 赵滢．北龙处置场废物处置工艺对处置安全的贡献．21 世纪辐射防护论坛第四次会议文集，北京，2005：51.

[25] http://www.andra.fr.

[26] Okoski M. 反应堆退役产生的极低放射废物的近地表处置及有关的安全要求，低放废物处置设施的规划和运行. IAEA 专题会议论文集，核科学技术情报研究所，1999：286.

第十一章　高放废物处置

高放废物处置不仅是一项高科技系统工程，而且涉及政治、法律、道德、生态环境和公众心理，技术难度高，探索性强，耗资巨大，需要几代人的努力才能完成，真可称谓“百年工程，万年大计”。

第一节　高放废物地质处置

高放废物通常指乏燃料后处理厂产生的高放废液及其固化体，以及直接当作废物处置（称谓一次通过式）的乏燃料元件。高放废物有很高的辐照水平，一座 1 000 MW 电功率的压水堆电站一年卸出 20～30 t 乏燃料。其所含的铀、钚、次锕系元素（Np，Am，Cm）和裂变产物（FP）的比如表 11-1 所示。它们的半衰期长者达百万年，很多核素属极毒、高毒类，并且有强释热率。

表 11-1　压水堆电站乏燃料主要核素组成

U-238	U-235	Pu-239	裂变产物（FP）	次锕系元素（MA）
约 95%	约 0.9%	约 1%	约 3%	约 0.1%

高放废物处置是将高放废物同人类生活圈隔离起来，不使其以对人类有危害的量进入人类生物圈，不给现代人、后代人和环境造成危害，并使其对人类和非人类生物种与环境的影响可合理达到的尽可能低。为此，IAEA 和 OECD/NEA 等国际组织发布了一系列安全标准和导则。ICRP 发布了《固体放射性废物处置的辐射防护原则》[1]、《放射性废物处置的放射防护政策》[2]、《用于长寿命固体放射性废物处置的辐射防护建议》[3]等报告书。ICRP 第 64 号出版物[4]指出：“高放废物处置构成延伸到非常遥远的辐射源项，在对这种潜在照射的评价方面，关于事件和概率的确定出现了相关的方法学问题。”ICRP 第 76 号出版物[5]指出：“对潜在照射防护的最优化仍有大量问题没有解决，特别是概率低而后果大情况。”ICRP 第 77 号出版物[2]指出：“在长寿命放射性核素危险评价中潜在照射的作用现在还不清楚。”ICRP 第 81 出版物[3]指出：“在处置系统的开发过程中，特别是在选址和处置库的设计阶段，最优化原则要反复地使用。”

高放废物的处置，在 1957 年美国国家科学院（NAS） 提出地质处置方案，此后，人们探讨过不少方案。从 20 世纪 60 年代初以来，已经提出了许多处置方案（表 11-2），但现实可行和为人们普遍接受的只是地质处置。1999 年在美国丹佛召开的国际地质处置会议和 2004 年在瑞典斯德哥尔摩召开的国际地质处置会议更确认了地质处置的安全性和可行性。

表 11-2　高放废物处置方案

处置方法		基本思想	可行性
深地质处置	地下库巷道-钻孔处置	几百米到千米深地下库中，挖掘巷道，适当布置钻孔，固化体叠放于钻孔中	研究最多，具有可实现性
	地下库巷道-巷道处置	几百米到千米深地下库中，挖掘巷道，固化体封装在容器中，卧放在巷道中	美国尤卡山设计的可回取性处置采用此法
	超深钻孔注入	将高放废液注入超深钻孔中，利用其自释热作用熔融周围岩体，达到固结于地质体中	俄罗斯已提出概念设计方案，尚待评价
分离嬗变（核焚烧）		将高放废物中次锕系核素和长寿命裂片核素分离出来，用反应堆、加速器或ADS嬗变成短寿命核素或稳定元素	正在开发研究中
洋底沉积层处置		将废物置于深洋底沉积层中	可行性尚待评价，受政治因素影响大
宇宙处置		将废物发送到太空中去	风险大，费用高，公众不可能接受。早期设想方案，早被遗弃
极地冰层处置		将废物置于极地冰层中，利用其自释热作用不断下沉到底部	国际公约不允许。早期设想方案，早被遗弃

英国塞拉菲尔德大学地球化学家弗格斯·吉布提出深钻孔处置方案：将未经冷却的高放废液注入 4 000 m 深地下钻孔中，由于高放废液的衰变热将周围岩石熔化，温度降低后形成坚固的“花岗石棺”，把放射性核素固结在 4 000 m 深地下。在这样深度，放射性核素不会影响 7 00 m 深度地下水，放射核素不可能返回地面，造成对生物圈影响。俄罗斯对此已提出概念设计方案，但未见哪个国家采用。

目前被人们所广泛接受的地质处置是把高放废物处置在足够深地下（通常指 500～1 000 m）的地质体中，通过建造一个天然屏障和工程屏障相互补充的多重屏障体系，使高放废物对人类和环境的有害影响低于审管机构规定的限值，并且可合理达到尽可能低。多重屏障体系可分为两大屏障：

（1）工程屏障。如高放废物固化体、包装容器（可能还有外包装）、缓冲/回填材料和处置库工程构筑物，这些构成通常所说的近场。近场包括全部工程屏障和最接近工程屏障的一小部分主岩（通常伸展几米或几十米远）。

（2）天然屏障。如主岩和外围土层等，这构成通常所说的远场。远场是从处置库近场一直延伸到地表生物圈的广阔地带。

多重屏障体系的作用是依靠和发挥整体性能的作用，某一屏障的不足性可由其他屏障的作用来弥补。

关于高放废物地质处置，IAEA 已发布了不少导则和报告[6-8]。2006 年 7 月 IAEA 发布的《高放废物地质处置》安全要求（WS-R-4）明确提出了政府、审管机构和营运单位对高放废物地质处置的职责。明确指出政府应建立高放废物地质处置的国家法律与组织构架，要确定处置设施开发和许可的步骤，要明确责任分担和经费保证等。审管机构应建立对地质处置设施建造的审管要求和程序，以及适合许可各阶段的要求等。营运单位对处置设施的安全负责，并按照审管要求，在法律框架内和按许可证的要求进行地质处置库的选址、设计、建造、运行和关闭等活动，包括遵守废物接收准则和长期保持记录等，还应负责相关技术和安全的研究开发工作。

我国也制定了一些相关标准[9, 10]，但这些远不能满足需求。高放废物地质处置是一项发展中的高科技系统工程，许多法规标准和导则尚需制定。

第二节 处置库的选址

处置库的选址是选择一个能够有效隔离放射性核素的场址，使处置废物不受人类活动和自然过程的影响，实现高放废物与人类生活圈长期安全隔离。选址不是要选择最佳场址，而是要寻找一个满足要求的场址。实际上，最佳场址是难觅的，也是不可得的。选址过程通常划分为 4 个阶段：

（1）规划选址阶段，制订总体规划和初步方案设计；

（2）区域调查阶段，区域填图和筛选场址；

（3）库址特性评价阶段，对筛选出来的场址作详细的勘察和调查，作出初步安全评价；

（4）库址确定阶段，对优选场址做详细调查研究，最终确定场址。为详细设计、安全分析、环境影响评价及申请建造许可证，提供所需资料。

选址要作广泛的调查，经由大区域到小区域的调查，筛选出若干候选场址，最后通过对比研究，推荐一个合适的场址，提请国家（有的要经国会或议会和总理或总统）批准。调查的内容很多，包括：

（1）构造地质调查。调查区域地壳稳定性、地震裂度、火山活动、新构造运动、断裂位置、裂隙构造、岩体形成的地壳年代和成因等。

从地质角度，高放废物处置库应选在地壳稳定，地震活动性较低、节理和裂隙较不发育，岩性单一，岩体有足够处置容量的地质体中。处置区内不会出现烈度超过Ⅵ级（12 级划分）的地震。

（2）水文地质调查。调查区域水文特征、地下水流特征、含水层展布、导水构造、地下水流速、流向、流量、基岩裂隙水、孔隙-裂隙水、孔隙率、渗透率、地下水成分、氧化还原特性等。

从水文地质角度，高放废物处置库应选择在弱含水、低流速、低渗透的水文地质环境，有利于阻止或减缓核素向环境的迁移和扩散。

（3）工程地质调查。调查工程地质稳定性、应力状态、岩体密度、岩体强度、充填物、主岩产状、规模、深度、厚度、均匀性和强度等。

选择的场址应有利于处置库的挖掘、施工建造和好的机械支撑作用，便于建造竖井（斜井）及牢固的地下处置工程，便于安全运行以及将来的封闭。

（4）地球化学调查。调查了解主岩的岩石类型，常量元素及微量元素成分特点，岩体年龄，矿物种类和含量，裂隙中充填矿物年龄及确定古水热活动等。

选择的场址应有强的吸附和离子交换作用，有利于吸附、滞留放射性核素，延缓放射性核素的迁移，岩体有良好的导热性和辐照稳定性，对废物罐只有较低腐蚀率。

（5）气候/气象调查。调查该地区的降水量、重大自然灾害情况，以及调查该地区的古气候、古生态、古环境和现代气候特征，预测未来气候，不会出现会导致处置库环境发生严重恶化的重大变化。

（6）人文/经济/社会调查。调查人口和工农业生产布局、矿产资源（包括地下水、地热和矿产）、土地价值和利用、经济发展潜力、交通运输条件、公众和当地政府态度等。选择的场址避开人文景点，应没有可开发的矿产资源和为公众所接受。

可供选择的主岩（也称围岩）很多，但主要是：花岗岩、凝灰岩、岩盐和黏土岩。

目前，国际上完成场址预选并得到国家批准的只有美国和芬兰，其他国家还只是在地下实验室建设或场址初选阶段。各国选择场址受本国地质条件限制，各种岩层都有其优缺点（表11-3和表11-4）。

表 11-3　一些国家选择的处置高放废物的主岩

国　家	主　岩	国　家	主　岩
美　国	凝灰岩	法　国	花岗岩、黏土岩、岩盐
芬　兰	花岗岩	瑞　士	花岗岩、黏土岩
瑞　典	花岗岩	比利时	黏土岩
德　国	岩　盐	加拿大	花岗岩

表 11-4　各种地质体比较

项目	岩盐	玄武岩	花岗岩	凝灰岩	页岩	黏土岩
挖掘	易	中	中	中→难	难	难
应力影响	半塑性	易破裂	高强度	较硬不脆	易破裂	塑性
地下水	无	变化	低→变化	低→变化	变化	变化
溶解度	高	很低	很低	很低	很低	低
导热性	高	中	中→高	中	差	差
对核素吸附	低	中→高	中→高	中→高	高	高
渗透性	低	中→低	中→低	中→低	低	低
孔隙率	低	变化	低	低	变化	变化
温度影响	大	较小	较小	较小	较大	大

1. 花岗岩

花岗岩矿物主要组成为石英、碱性长石、酸性斜长石。次要矿物有黑云母、白云母、角闪石、辉石。副矿物有锆石、磷灰石、磁铁矿、锐钛矿等。花岗岩二氧化硅含量高、强度大、导热系数大。一般来说，花岗岩稳定性好，孔隙率小，含水量少。缺点是存在裂隙，有节理，节理和裂隙的数量和分布无规律，建造、开挖过程会扩大节理和裂隙。

2. 凝灰岩

凝灰岩是一种火山碎屑岩类，主要由晶屑、玻屑、岩屑、火山角砾等组成。它是火山活动产生的各种碎屑通过成岩作用形成的岩石，多数与熔岩和（或）正常沉积岩共生。一般来说，它的力学、物理性质及导热系数均低于花岗岩，断裂、裂隙发育不如花岗岩。时代较老的凝灰岩与沸石化的凝灰岩很适于建地质处置库。

3. 岩盐

岩盐属蒸发岩，由海水或含盐度较高的湖水经过蒸发，底部沉积物经过长期作用形成的岩石。主要组成为石盐（NaCl），还可能含有钾石盐、石膏、芒硝等。岩盐导热性好，有自封闭性和可塑性，易开挖，孔隙度小，水渗透性差，不存在水。缺点是：可溶性，对核素吸附作用弱，对容器腐蚀作用大，岩盐受辐照作用会产生化学性活泼的钠和可能燃爆的氯，此外，岩盐是一种矿产资源。

4. 泥质岩

泥质岩包括黏土岩、页岩等。最重要矿物为黏土矿物，主要是高岭石、多水高岭石、蒙脱石、水云母等。页岩含黏土矿物较多，氧化铝含量高。泥质岩离子交换能力大，透水率小，滞留核素的能力强，塑性强，自封闭性好。缺点是泥质岩强度差、处置库建造难度大、导热系数比较小，对容器腐蚀作用大。处置库开挖、建造和运行需要采取支护措施。

第三节 处置库的设计建造

高放废物处置安全性取决于选址、设计、建造、试运行、运行、关闭和关闭后等各步骤。处置系统对废物中放射性核素的隔离能力取决于处置系统整体性能，但整体性能是依靠各个子系统的总体性能来实现的。多重屏障是一个整体，不因为有其他屏障的存在，而降低对某一屏障的功能要求，而某一屏障的不足应由其他屏障得到补足。

高放废物处置库的建造设计国际上提出过一些方案，早先提出的概念设计方案是采用两口以上的竖井分别输运废物和工作人员。在选定深度的工作层面上建巷道，根据高放废物自释热和工程屏障热传导情况布置钻孔。把运送到地下的高放废物罐叠放在钻孔中，叠堆一定高度后封堵钻孔（图 11-1）。美国尤卡山处置库为满足 300 a 内可回取的要求，设计在选定深度的工作层面上打出一条主巷道，在主巷道上分出许多支巷道。从竖井输运到地下的高放废物货包罐卧放在地下火车上。圆筒状高放废物货包采用外层为耐蚀镍基合金（Alloy-22），和内层为不锈钢（316 NG）双层包装容器。拉到设定存放的支巷道中，卧放在支巷道里，上面覆盖防滴水作用的钛防护罩（图 11-2）。

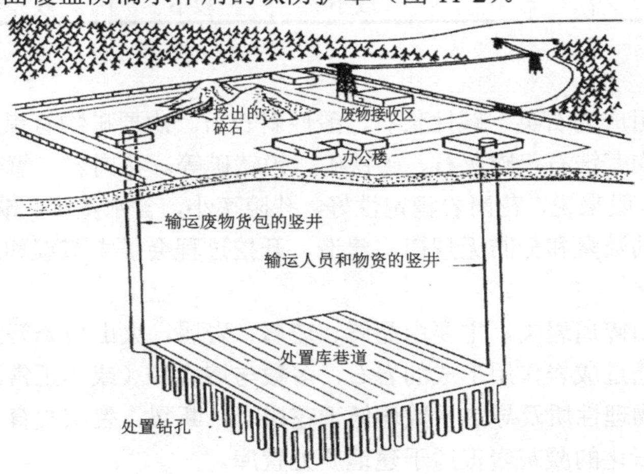

图 11-1 通用的处置库概念设计图

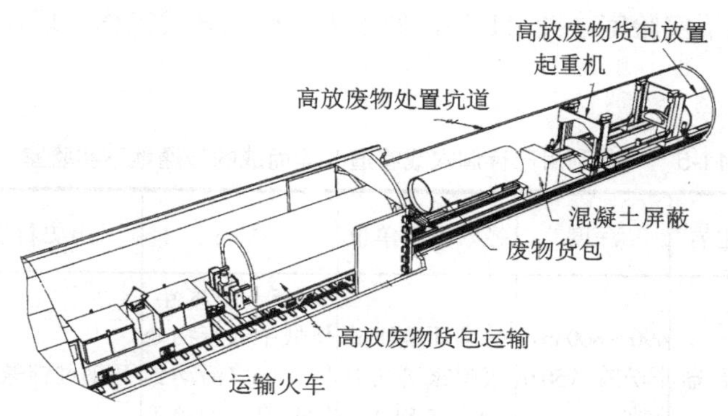

图 11-2 美国尤卡山高放废物处置库概念设计图

现在，处置库的概念设计有单层处置，有双层处置。处置库的输运井有竖井，有斜井和螺旋井。处置废物的堆放有竖放，有卧放。废物的堆放间距变化较大，有的采用缓冲回填材料，有的没有缓冲回填材料。地质处置库关闭的关键技术是巷道、钻孔和竖井的完全封闭，密封材料要求牢固的黏着性和耐久性。可回取性库的关闭则有更高的要求。

第四节 高放废物处置的研究开发活动

一、地下实验室

地下实验室（Underground Research Laboratory，URL）是为支持高放废物地质处置活动而建的地下研究设施。地下实验室提供接近实际处置条件的地质环境系统，为建造高放废物处置库提供设计参数、实践经验、人员培训，以及与公众沟通和国际合作，为高放废物处置库的设计、建造、运行和关闭的可行性论证和优化方案选择等准备条件[11]。

1．地下实验室类别

地下实验室有的是利用适当洞穴（如地下巷道、废旧矿山）改建而成的（表 11-5），有的是精心设计和建造的新设施（表 11-6）。有的计划要做系统研究工作，有的只为完成某些专门的研究，由此可把地下实验室分为两大类：

（1）普通地下实验室　仅用于方法学研究和试验，将来不打算在那里处置高放废物。

（2）特定场址地下实验室　先在这里作研究和试验，将来要作为处置库或是处置库的一部分，条件成熟时将转变成处置库，要在那里处置高放废物，具有方法学研究和场址评价双重作用。如美国尤卡山 ESF（Exploration Studies Facility）和芬兰在 Olkiluoto 建的 ONKALO 地下实验室。

世界上第一个普通地下实验室是德国的阿塞（Asse）盐矿，建于 1965 年。这是利用一个开采过的盐矿，1965—1978 年在这里处置了不少低放废物和一部分中放废物，还在这里做了很多研究活动。世界上著名的为专门目的建造的地下实验室是加拿大白壳（Whiteshell）地下实验室和比利时的莫尔地下实验室。比利时从 1974 年开始研究 Boom 黏土层，建立了莫尔地下实验室（图 11-3），做了大量研究开发工作，现在正在研究开挖和封闭工程。

表 11-5 一些利用已存洞穴或巷道改建而成的普通地下实验室

地下实验室	地点	主岩	深度	经营负责单位	时间	历史背景	合作者
Asse	德国汉诺威东南	岩 盐	490～800 m，洞穴在 950 m 深处	德国环境和健康国家研究中心（GSF）	1965—1978 年作低中放废物处置，研究活动到 1997 年，回填工作等在进行中	开采过钾碱和盐	法国、荷兰、西班牙
Tono	日本中部	沉积岩	135 m	日本核燃料循环开发研究机构（JNC）	1986—	铀矿山	瑞士
Kamaishi	日本北部	花岗岩	300 m	日本 JNC	1998—	原铁-铜矿山	瑞士
Stripa	瑞典斯德哥尔摩西 230 km	花岗岩	360～410 m	瑞典核燃料和废物管理公司（SKB）	1976—1992 年	原铁矿山	美国、芬兰、法国、日本、西班牙、瑞士、英国、加拿大
Grimsel	瑞士北部	花岗岩	450 m	瑞士放射性废物处置合作总署（NAGRA）	1983—	从前水电工程挖掘的几条隧道	捷克、法国、德国、日本、西班牙、瑞典、美国
Mont Terri	瑞士	黏土	400 m	瑞士国立水文地质和地质调查局（SNHGS）	1995—	前高速公路隧道平巷	比利时、法国、德国、日本、西班牙
Olkiluoto	芬兰	花岗岩	60～100 m	芬兰放射性废物管理公司（Posiva）	1992—	低放废物处置库附近，为处置乏燃料而开发	瑞典
Climax	美国内华达	花岗岩	420 m	美国能源部（DOE）	1978—1983 年	由已存坑道掘进，为试验乏燃料处置	—
G－Tunnel	美国	凝灰岩	425 m	美国 DOE	1979—1990 年	前核武器试验坑道	—
Amelie	法国	岩盐		法国放射性废物管理局（ANDRA）	1986—1992 年	前钾盐矿	—
Fanay Augeres	法国	花岗岩	170 m	法国核防护和安全研究所（IPSN）	1980—1990 年	前铀矿山	—
Tournemire	法国	黏土	250 m	法国 IPSN	1990—	原铁路隧道和附近巷道	德国

表 11-6 一些特建的普通地下实验室

地下实验室	地 点	主 岩	深 度	经营负责单位	时 间	合作者
HADES 高放废物处置实验场地	比利时莫尔 Boom 黏土层	黏土	230 m	核废物黏土层处置欧洲地下研究机构（GIE EURIDICE）	1980 年开始挖竖井 1984 年开始研究活动	法国、德国、日本、西班牙、瑞典
Whiteshell 白壳地下研究实验室	加拿大 Manitoba	花岗岩	240～420 m	加拿大原子能有限公司（AECL）	1979 年开始设计 1984 年开始打竖井 1986 年开始研究工作	法国、匈牙利、日本、瑞典、英国、美国
Mizunami 地下实验室	日 本	花岗岩	—	日本 JNC	在挖掘竖井	瑞 士
Horonobe 地下实验室	日 本	沉积岩	—	日本 JNC	2000 年批准建造	—
Äspö 硬岩实验室	瑞典东海岸 Oskarshamn 核电站附近	花岗岩	200～450 m	瑞典 SKB	1986 年开始选址 1990 年开始建造 1995 年开始研究活动	加拿大、芬兰、法国、德国、日本、西班牙、瑞士、英国、美国
Busted Butte	美国内华达尤卡山	凝灰岩	100 m	美国 DOE	1998 年开始建造	—
Beuse/Hount Maru	法国	黏土	360 m	—	2000 年开始建造	—
WIPP	美国卡尔斯巴德	岩盐	670 m	美国 DOE	1983 年开始建造	—

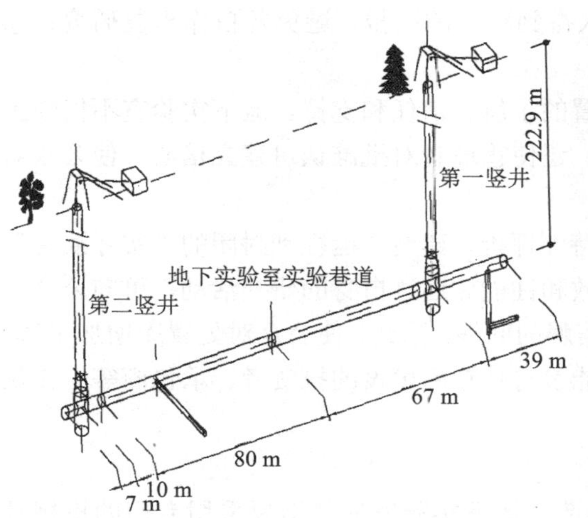

图 11-3 比利时莫尔地下实验室

2. 地下实验室的功能和作用

地下实验室有诸多的功能和作用（表 11-7），概括起来有以下 6 个方面：

（1）开发场址特性评价和场址监测的方法与设备。地下实验室提供条件开发和试验处置库场址特性评价所要的试验工具，使工作人员熟悉运用这些工具，建立试验处置库所需要的监测系统。

（2）试验和验证处置库模型。验证场址概念模型和数学模型，发现地表测定参数与地下测定参数之间的差别和联系。地下实验室采集的数据比较接近实际处置库条件，较具代表性和不确定度较小，并且，地下实验室还可方便地获取地下水样。此外，地下实验室还可测定设计所要求的某些参数；安排某些重要的开发研究项目；建立处置库详细设计和优化的平面布置模型、安全评价模型、溶质和核素的输运模型等。

（3）开发处置库建造、运行、封闭甚至包括废物回取的方法、设备和经验，培训人员。开发处置库建造、运行、废物放置、屏障构筑、回填、封闭和关闭等技术。地下实验室可研究工程屏障和主岩在场址条件下温度-力-热-化学的耦合作用，研究不同开挖方式的力学影响，建立和验证处置库建设和运行所必要的质量控制和质保体系。如果处置计划要求考虑可逆转性，还可开发废物的回取技术。

（4）支持监管活动。地下实验室不仅支持处置库的设计、建造和运行，还对监管部门有很多支持作用。监管者接触或参与地下实验室建设和运行活动，增加了与经营者和公众的接触、沟通的机会。地下实验室的活动直接向监管部门证明处置库设计的可行性和可靠性，向监管者提供评价处置库的方法和工具，以利将来的安全评价。

（5）吸引国际合作。地下实验室向国际开放，吸收许多合作者。如瑞典的 Stripa 和 Äspö，瑞士的 Grimsel 和 Terri，比利时的 HADES，加拿大的 Whiteshell，美国的 WIPP 等地下实验室都有许多国家参加合作研究。他们有的是合作参加共同感兴趣的专门研究计划，有的是租借地下实验室的场地条件来完成某些课题的研究，有的是为培训人员。这些合作有许多好处，例如：① 围聚许多专家学者一起进行研究，促进加快完成某些重要研究工作和攻克某些难题；② 获得更多经费和设备的投入，支持开展更多的研究活动；③ 所得成果可以共享，实现以比较少的投入得到较多的回报，避免各自作重复研究；④ 帮助培训人才。

（6）提高公众和地方政府对高放废物处置的了解、信任和支持。地下实验室不仅使工程技术人员对设计功效和可实现性建立信心；还使管理者对批准认可建立信心，使公众对废物能够安全处置建立信心。

地下实验室实际上是一次从选址、场址特性评价、建造、运行到封闭的“实际演习”，它向大家展示处置库是什么样的，有什么功效和性能。通过自身的研究活动，可向公众作容易理解的宣传，对他们所提出的问题作可信赖的回答，因此，使公众对处置库增加了解、信任和支持。此外，地下实验室也使将来可能参与处置库建设的投资者、承包商等合作伙伴和相关方树立信心。

3. 地下实验室的选型和费用估算

地下实验室的建造必须选合适的地质构造，地下实验室的建造要采用专门的挖掘技术，尽量减少对岩体的扰动，减少破坏原来的平衡。地下实验室的一切活动要按质量控制和质量保证大纲进行。

表 11-7　地下实验室的研究开发活动

研究开发目标	研究项目举例	进行研究的地下实验室
开发地下场址特性评价的方法和设备；试验方法的可靠性	通风设备，交叉孔洞水力和地震试验，钻孔雷达，开挖正确检测 变形测定器 盐岩中盐水渗透性试验设备和方法 盐水迁移试验	Stripa Whiteshell，WIPP Asse
确定地表建立的场址特性评价方法的可靠性	深钻孔同现场渗透性试验结果比较，巷道发现情况同挖掘前的预测比较	WIPP Äspö
现场勘察方法应用到地下系统获取所要求的更多信息	裂隙图绘制和水力测定，以选择处置钻孔位置 和地球物理方法的应用	Olkiluoto Tournemire，Grimsel，Stripa
核素在岩体中输运的概念模型和数学模型的开发和试验	放射性核素的阻滞 非饱和带输运实验 溶质输运和扩散实验 气体-阀值-压力试验 示踪剂滞留试验	Grimsel Yucca Whiteshell WIPP Äspö
现场系统挖掘的量化影响	挖掘爆破工程的损害实验 爆破的平巷和挖掘的处置钻孔周围的扰动研究	Äspö，Grimsel，WIPP Olkiluoto
挖掘技术的开发和试验	验证在塑性黏土中挖掘平巷技术的可行性 比较钻进技术和爆破挖掘技术 验证深钻孔钻进技术 研究处置技术	HADES Äspö，Grimsel Asse Oliluoto
模拟放射性废物处置所产生的效应（热、核素释放、力学影响）	热和辐射对黏土影响研究 巷道放置废物的热模拟 加热试验 热-库体相互作用试验 热-力学-水力试验	HADES Asse Yucca，WIPP，Sripa，Grimsel WIPP Whiteshell
各种长期作用，运行后阶段，腐蚀，地质力学稳定性等	黏土处置概念方案验证 热-水力-力学耦合作用试验 材料界面相互作用试验 回填材料性能	HADES Kamaishi，Whiteshell WIPP Asse
验证工程屏障系统（可行性）	钻孔封闭和缓冲材料试验 全规模工程屏障实验 高放废物罐钻孔的封闭 缓冲材料和容器试验 小规模封闭性能试验 处置库封闭实验	Stripa Grimsel Asse Whiteshell WIPP HADES

建立地下实验室需要较大投资，所以不少地下实验室寻找适当的废矿井或巷道进行改建，这不仅节省挖掘费用和辅助设施的建造费用，而且已有的地质资料可被利用和容易获得批准。这样的地下实验室的不足之处是代表性受限制，其选址条件不一定那么理想和接近实际处置库。在选定岩层中建造特定场址地下实验室要花费更多的钱，但它能获得比较接近实际地质条件的数据和经验，包括设计、挖掘、建造和运行。这样的地下实验室方便

参观者进入，有利和公众沟通，建特定场址地下实验室的前提条件是处置库场址已基本选定。特定场址地下实验室，可建在处置库区内或在它的附近，地下实验室部分或全部包围在处置库内，地下实验室的竖井和通道将来可为处置库所用。特定场址地下实验室也可以在处置库关闭之后作长期监测和验证工程屏障与处置库的行为所用，也可在预定的研究工作完成之后关闭。

地下实验室的建造费用，按经济合作与发展组织核能机构（OECD/NEA）的经验，在亿欧元级水平。四个欧洲国家地下实验室的年开发研究费用为 5 百万～11 百万欧元。

二、天然类比研究

天然类比研究（natural analoque study）是研究和考察与地质处置放射性废物类似的天然现象及天然或人造物质经过漫长历史年代之后的变化[11]。天然类比研究的重要作用在于：

（1）为地质处置的安全性提供佐证，使公众信任高放废物能够安全处置；

（2）为处置库的选址和多重屏障的设计、建造提供有益借鉴；

（3）为安全评价模式的可信度提供旁证。

自然类比研究的方式很多，大致可以分为以下 3 类：

1．铀（钍）矿自然类比研究

这是把深部铀矿类比成放射性废物处置库，作以下研究：

（1）铀系核素的不平衡状态；

（2）铀系核素的迁移速率；

（3）研究地下水、胶体、腐殖质、微生物在铀矿地球化学和水文地质条件下对核素迁移的影响；

（4）地质作用对核素迁移的影响，例如核素沿断层的迁移；

（5）铀系核素向生物圈的输运，测定其在土壤、地表水、饮用水、动植物体中分布等。

钍矿和铀矿一样，也可作类比研究，世界上很多国家作了铀（钍）矿自然类比研究，这方面开展过的大型国际合作项目很多如：① 澳大利亚 Alligator River Province 铀矿，1981 年开始进行研究；② 巴西 Pocos de Caldas 钍矿，1986 年开始研究；③ 加拿大 Cigar 湖铀矿，埋深 400 m。这是世界上最大、最富的铀矿（铀品位达 12%～55%）。加拿大用它来类比研究 CANDU 堆乏燃料直接处置的安全性。

我国陈璋如（核工业地质研究院）等人以连山关铀矿床，闵茂中（南京大学）等人以湖南 362 铀矿（沥青铀矿）作天然类比研究[12]，发现铀矿石和围岩中的铀钍和大部分微量元素的迁移范围十分有限，一般在 51×10^6 年间不超过 30～35 m。此外，陈璋如、张展舒（东华理工学院）等进行了青铜文物的腐蚀和模拟研究；周文斌（当时在东华理工学院，现调南昌大学）、张展舒等进行了现代活动地热田与高放废物处置库类比研究等。

日本以 Tono 铀矿作天然类比研究，所进行的类比研究工作很多，如图 11-4 所示。

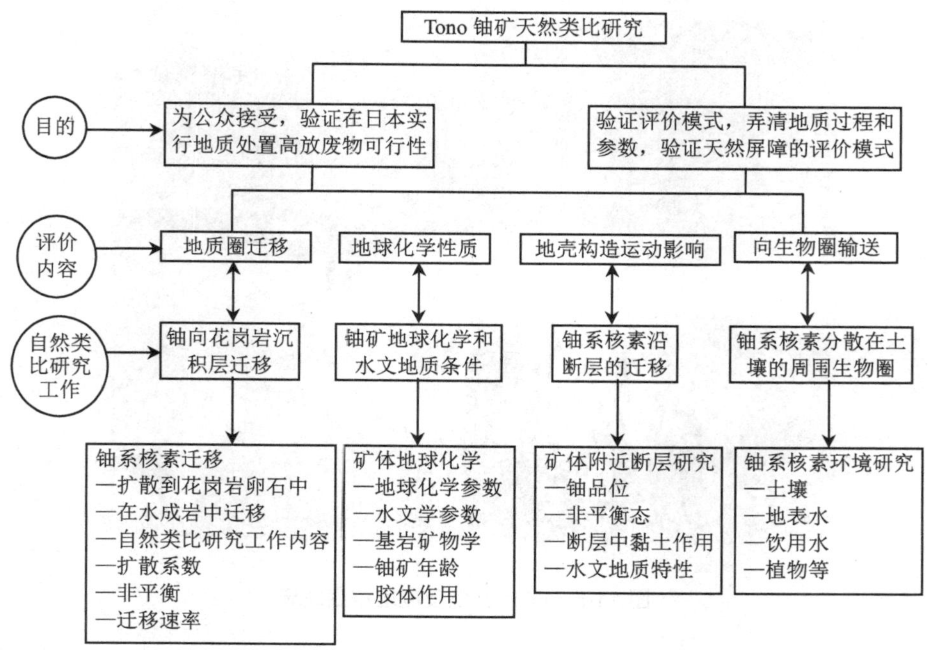

图 11-4 日本 Tono 铀矿所进行的类比研究工作

2. 天然物考古自然类比研究

天然物考古自然类比研究最典型例子是奥克洛（Oklo）天然反应堆。1972 年法国人发现了西非加蓬共和国的奥克洛天然反应堆，那里原来是一个铀矿，经过地壳变迁形成了罕见的富铀带（^{235}U 丰度达到 3.75%），后来又进了水，大约在 20 亿年前发生链式裂变反应，持续约 10^5～10^6 年，“燃烧”了 1 000～2 000 t 铀，产生了大量裂变产物和锕系核素，估计产生了 4 t 钚。奥克洛地区是高孔隙、高渗透性、含有丰富水分的黏土沉积层。但挖掘发现，这个天然反应堆产生的裂变产物、锕系核素及其子体经过 20 亿年仅仅迁移几米远。这个事实有力证明，地质构造可以实现安全隔离放射性核素。图 11-5 为 Oklo 天然反应堆挖掘现场的照片。

此外，许多国家的科学家们研究了各种天然玻璃体，如陨石、流纹玻璃、玄武玻璃等，考察其溶解、析晶和腐蚀风化的情况，以此来判断高放废物玻璃固化体的耐久性。科学家们还研究铁陨石的组成、结构、侵蚀风化的速率和耐蚀机理，探讨高放废物固化体包装容器的选材和加工工艺。天然物考古认为，在安全评价中假定高放废物包装容器腐蚀速率 30 μm/a 是保守的，特别是在还原条件更是如此[13]。

包装容器的耐蚀性现在很受人们的重视。金属容器在处置环境中的腐蚀机理主要是化学和电化学作用。发生均匀腐蚀、局部腐蚀（点蚀、缝隙腐蚀）、氢蚀（膨胀开裂）、应力腐蚀、沿晶腐蚀、微生物腐蚀等。影响腐蚀的因素很多，有电位、pH、溶解氧、温度、压力、还包括腐蚀产物对后续腐蚀过程的影响等，所以相同材料的包装在不同地质环境条件下耐久性可能会有较大的差别。

图 11-5 Oklo 天然反应堆挖掘现场

3．人造物考古自然类比研究

这方面的研究成果很多，例如：瑞典对从波罗的海底沙土中发掘的青铜古炮（1676 年造）做了研究，研究发现：这门青铜古炮含铜 96.3%，主要腐蚀产物是赤铜矿和孔雀石，其腐蚀不是氧化反应，而是还原反应，对于 100%纯铜，经过 10^5 年，腐蚀深度小于 5 mm。因此，有人提出用铜材作为乏燃料直接处置的包装容器。铜在无氧条件下是准耐腐蚀材料，但在存在 SO_4^{2-}，H_2S 条件下腐蚀速率比较大。

日本对 Ohdaira Mound 出土的古剑（1380 年造）做了研究，X 射线测定技术测出腐蚀速率为 2.8 μm/a，证明在深地下金属腐蚀速率比在空气中低得多，这为放射性废物深地质处置的安全性提供了佐证。

混凝土和水泥广泛用作建筑和密封材料，混凝土构件有很快破坏的情况，但也有很耐久的例子。英国科学家考察古建筑物的砂浆的风化程度，探索建造耐久的混凝土工程屏障的配方。我国发掘了新石器时代的混凝土，已有五千多年历史。至今这混凝土地面仍持保持平整光洁，抗压强度还相当于现在的 $100^{\#}$水泥（100 kg/cm^2），这项发掘对建造耐久的工程屏障有重要价值。

举世闻名的我国长沙马王堆，这是 1972 年发掘的汉墓，已有 2 100 年历史，可是女尸仍然皮肤湿润，富有弹性，内部器官基本完整，胃内尚存有 138.5 颗甜瓜子。3 000 多件随葬品保存完好。女尸身裹多层织物，施加防腐剂，放置在四重棺椁中。外椁周围有 30～40 cm 厚的木炭（约 5 t），再外面是 60～300 cm 厚夯实的高岭土（青膏泥、白膏泥），墓穴中填充五花土，逐层夯实。此墓位于小丘上，墓深 16 m，周围是水田。长沙地区属亚热带气候，潮湿多雨，年降雨量约 1 400 mm。马王堆汉墓的发掘显示了木炭和黏土密封层 2 100 年隔水、隔气的有效性，黏土类物质作为缓冲和回填材料对废物处置工程屏障的有效作用。马王堆汉墓用浅土、棺木埋葬尚可完好保存尸体 2000 多年，向人们证明采用精心设计的多重屏障体系处置高放废物，将放射性核素同生物圈安全隔离是可以实现的和可以信赖的。

三、评价模式和参数

高放废物处置库安全隔离的期限远远超出了现有试验和验证的时间与空间尺度，只能依靠数学模式计算来推断。废物处置系统的安全评价需要开发和使用能够定量描述处置系统重要情景及其后果的模式。

数学模式是真实系统的一种数学表达式，是用数学方法连接情景和后果的一种工具。处置过程是高度复杂的长期过程，需要使用多种模式，这些模式复杂程度不同，应优选既符合评价目标而又简单的模式。引入的因素越多，使用的模式越复杂，不确定度越大。

建立模式通常要作许多简化和假定，需要用许多参数。选用复杂模式可能有些数据不容易获得，而且存在较大的不确定度。

参数获取的难度和工作量都很大。参数应尽可能避免缺项，同时应筛选测试技术，使获得数据尽可能可信和可靠。英、美、法、德、日、加、西、芬和瑞典等国联合进行DECOVALEX国际合作项目开发研究热-水-力（THM）耦合模型和验证其有效性，已取得许多有意义成果。研究证明在多场耦合中，温度场的影响是最大的。温度升高引起热膨胀导致热应力和应变，影响围岩力学稳定性；温度升高改变流体密度与黏度，改变岩石的矿物成分与孔隙性质，改变膨润土作用；影响地下水流，影响核素迁移速度，所以确定温度的界限十分重要。中国科学院武汉岩土力学研究所的专家也参与了DECOVALEX国际合作研究项目。

已建立或正在开发的模式很多，一些常用的数模如表11-8所示。归纳起来，可分为4类：

（1）固化体侵蚀模式；

（2）处置库释放模式；

（3）核素环境迁移模式；

（4）照射模式和剂量健康效应模式。

数学模型之间的关系如图11-6所示。

表11-8 一些常用的数模和程序

主要评价对象	一些数模和程序
近场处置库	CHEQMATE
地下水流动和放射性核素迁移	NAMMU，GROUNDWATER，MODFLOW，DASH，SMARA，GEONET，CHEQMATE，MOTIF，SYVAC，SZ-CONVOLUTE
地球化学影响	EQ3/6，PHREEQ，PHREEQC，SOLLCHEM WATCH，WATEQ，GEONET，SYVAC，FITEQL，GEDCHEM
放射性核素剂量效应	BIOS，BIOPATH，ECOS，ECOSYS，BIODOSE，FORADO/E，FORADO/I，BIOMOVS，HYDROCOIN，INTRAVAL，CMS
玻璃固化体浸出	GLASSOL

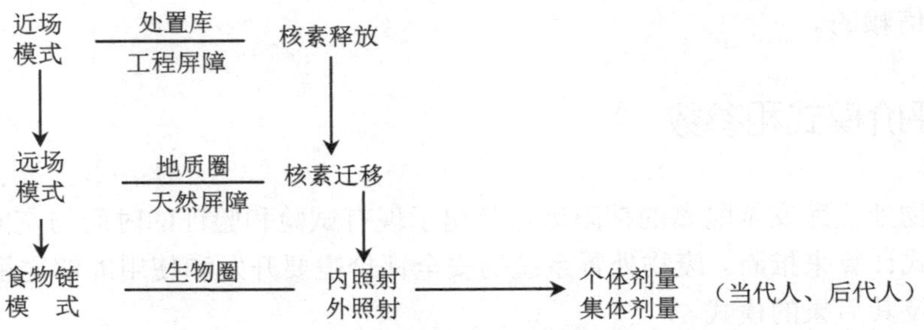

图 11-6 数学模式之间的关系

对于近场模式和远场模式，核素的释放和迁移是关键问题，这包括地下水作用于玻璃固化体导致核素的浸出，辐解、热解和腐蚀作用产生气体，气流载带核素的迁移，核素的迁移途径受到的各种阻滞和稀释作用，以及核素本身的衰变和扩散作用。

食物链转移和剂量模式主要根据地下水、地表水、空气和土壤中核素浓度，找出关键核素，关键途径和关键居民组，计算核素在食物链中的转移以及通过剂量转移因子计算出它们产生的电离辐射后果。

西班牙 ENRESA 对高放废物和乏燃料处置的数学模式和程序作了综述评论出版了一本专著[14]，介绍了美国、瑞典、芬兰、比利时、西班牙、日本、德国、加拿大等国家提出的模式（Yucca Monntain Project，SR-97，TILA-99，SAFIR，ENRESA-2000，SPA，HIZ，AECL Project 等）。

我国周文斌等人引进美国 EQ3/6 程序，模拟研究了 Am、Np、Pu 在不同介质条件下的存在形式及在各类水-岩作用过程中的迁移行为，开发了元素存在形式研究模型及 EQ6 的滴定模型和封闭体系不可逆反应模式等，发表了《EQ3/6 及其在核废物地质处置领域的应用》（原子能出版社，2004 年）。

四、情景分析和后果分析

情景（scenarios）分析[10]是识别会导致处置库性能改变或造成放射性核素转移到生物圈和可能引起生物学后果的过程或事件。这些事件可分为三类：① 自然产生的，如地震、火山、断裂、陨石坠落、飓风等；② 废物本身诱发的，如化学作用、衰变热、辐解气体等；③ 人类活动引起的，如战争、恶意破坏、挖掘采矿等（表 11-9）。

表 11-9 处置可能造成核素释放的情景

自然过程和事件	人为活动	废物库本身的过程和事件
断层/地震活动	战争破坏活动	废物贮罐腐蚀
隆起/下陷	打井钻孔	缓冲回填材料失效
火山活动	采掘矿产	辐解/热解作用
陨石或小行星坠落	开采地下水、地热、温泉	产生气体（因腐蚀、辐解或生物降解作用）
地下水位变化	考古挖掘活动	衰变和衰变气体， 应力与工程屏障相互作用
气候重大变化，如冰川	蓄水	贮存容器移位，临界事故

情景包括正常情景和非常情景，正常情景如：

（1）废物体中核素浸出，气体释出，释热；

（2）包装容器的腐蚀穿孔，容器失效；

（3）缓冲回填材料失效，地下水输运，核素迁移，气体扩散，气体输运，核素吸附滞留；

（4）废物体与包装容器的相互作用，包装容器与缓冲/回填材料相互作用，缓冲/回填材料与主岩的相互作用；

（5）人和其他生物受照以及食入、吸入核素等。

非常情景如：打井、采掘活动、战争破坏、地震、断层、岩浆喷发、气候突变、巨大陨石或小行星坠落库区等。

总之，情景很多，合理选择情景十分重要。美国专家对尤卡山处置库 5 个有潜在风险的破坏性事件作如下分析：

（1）地质灾害。引起废物罐破裂、巷道错位等。

（2）火山活动。TSPA-VA 分析认为，这不会造成对场外公众剂量有重要贡献。

（3）核临界事故。TSPA-VS 分析认为，临界事故是极不可能发生的，万一发生时，仅造成场外剂量中度增加。

（4）人类闯入。假定在未来 1 万年，有人在处置库区钻一深井，钻孔穿过 1 个高放废物罐，并继续下钻到达饱和带，然后放弃了这个钻孔。

（5）气候改变。气候改变对处置库预期影响是显著的。然而，气候改变难以预料，并且不可能确认证实。

情景分析包括确定情景，估计发生概率以及随时间变化等。情景可由审管部门规定，或由营运单位选择并向审管部门证明其选择是正确的。

有些情景发生的概率较高，如废物包装因腐蚀而损伤；有些情景发生的概率较低，如巨大陨石或小行星坠落库区。有些情景造成的后果甚微，如生物的降解作用；有些情景造成的后果极为严重，如地震、火山活动使处置系统遭到破坏。一般说来，非常情景发生的概率非常小，但其后果可能是灾难性的。

后果分析是估算放射性核素释放和迁移可能产生的后果，应该关心的是破坏性事件、特征和过程。情景分析通常使用概率论方法，后果分析使用确定论方法。

$$R_i = C_i P_i$$

$$R = \sum R_i = \sum_{i=1}^{n} C_i P_i$$

式中，R_i——情景 i 的危险度；

C_i——情景 i 产生的放射学后果；

P_i——情景 i 产生的概率；

R——所有情景的总危险度。

五、不确定度分析和灵敏度分析

为提高安全评价的置信度，需要作模式验证，作灵敏度和不确定度分析。不确定度会影响安全评价的结果。任何安全评价都存在不确定性，问题是如何降低安全评价的不确定度，达到可接受的水平。不确定度分析使一个系统的预测性能与真实性能偏离的程度定量化。

由于高放废物处置库跨越的时空太大，情景选择、情景发生概率及其放射学后果的不确定性都很大，不确定度主要来自两个方面：

一是来自模式和参数接近真实系统的程度，这与废物数据、场址数据、设施设计、建立模型、所作假设、选用的参数等很多因素有关。模式不可能完全代表真实系统，输入参数不一定正确，计算过程引入近似处理等。

二是来自人类活动、地质和气候变化及处置系统长期演变的不确定性。

可以看出，这种不确定性原由客观事件的随机性和人主观认识有限性。

人们在作安全分析时往往将参数取得偏保守，使结果有较大裕度，但要避免过分保守，以减少资源的浪费；另一方面人们努力减少不确定度。作不确定度分析，鉴定总的不确定度中何者是主要的，找出减小不确定度的优先措施。在进行安全评价时，应确定不确定度的可接受水平，如果预测情景后果比较严重，不确定度的可接受水平应该控制得比较严；反之，如果预测情景的后果比较轻或者微不足道，则不确定度的可接受水平可放宽。

高放废物处置系统，是一个复杂的系统，影响其性能的因素错综复杂，所以要找出对安全评价结果有重要影响的因素和判断其影响的程度，找出哪些参数和假定对结果有最大影响，这就要作灵敏度分析。灵敏度分析对估算不确定度范围和提高安全评价的可靠性有重要的作用。

六、安全评价

安全评价是分析和判断处置系统效能和安全性的一种方法。安全评价的目的是分析处置系统与安全有关因素的预期性能，特别是放射性该素的释放和迁移，作用到人的可能性，并和相关的标准作比较，作出定性或定量分析，判断处置系统和计划活动的可接受性，判断处置系统的性能是否符合预定的要求和达到安全目标。安全评价关心的是：

（1）引起危害作用的时间期限；

（2）引起危害的剂量水平；

（3）产生危害的概率。

安全评价包括 3 个基本组成部分：

（1）确定导致放射性核素释放的景象及影响因素；

（2）估计这些景象发生的概率及对处置库可能的影响；

（3）计算放射性核素释放对环境和人群造成的后果。

安全评价的程序主要包括以下 9 个方面：

（1）确定评价目标；

（2）获取特征数据；

（3）分析和选择景象；

（4）将概念模型公式化；

（5）参数重要性分析；

（6）数学模拟分析；

（7）评价处置系统性能；

（8）与性能目标和检测结果进行比较；

（9）提交评价报告。

安全评价贯穿于高放废物处置的全过程，从处置库的规划、选址、设计、建造、运行、关闭，一直到关闭后，但各个阶段的安全评价有不同的侧重和要求。安全评价结果用于许可证申请和审批活动，为处置系统决策提供依据。安全评价常用迭代方法，如图 11-7 所示。

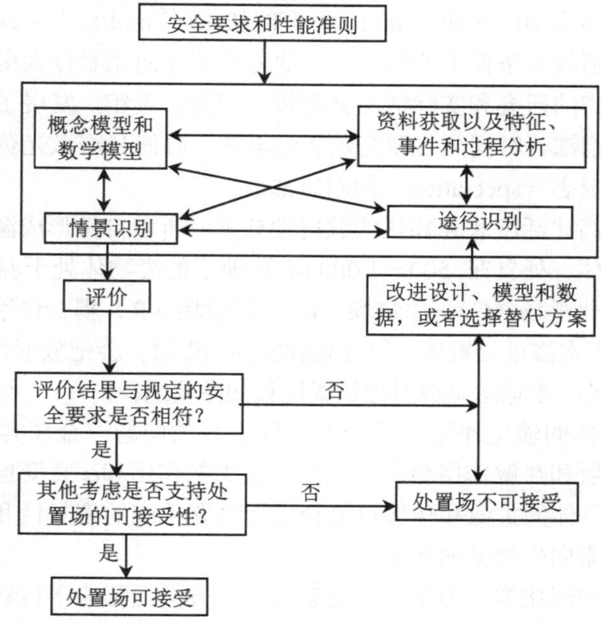

图 11-7 安全评价迭代方法

七、数据库建设

在处置库选址、设计、建造、运行中应收集、分析和保存大量可靠数据，建立数据库，以供各阶段使用，同时为审管部门监管所用，也为公众提供它们了解的窗口，并在处置库关闭之后作为档案材料妥善长期保存。

实际上，实验室研究、地下实验室试验、天然类比研究和数学模型的估算与实际处置之间存在着相互依存和相互促进的作用（图 11-8）。

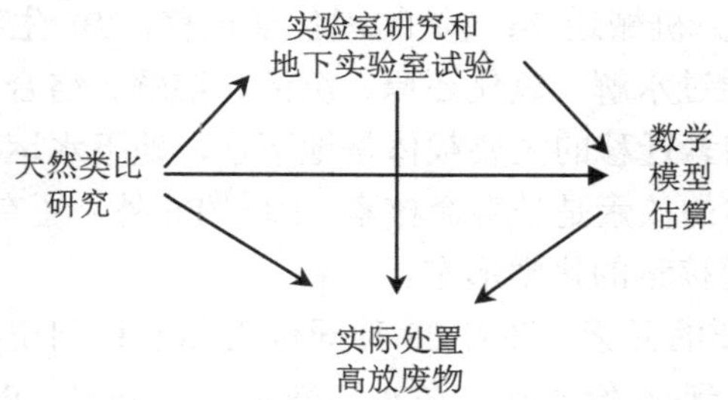

图 11-8 实验室研究与天然类比研究和数学模型估算间关系

第五节　核素迁移研究

核素迁移（nuclides migration）行为和规律研究是实现放射性废物安全处置的重要基础工作，它为处置库的选址和设计建造提供参数，为安全评价提供依据。由于环境介质中锕系元素浓度极低，通常 10^{-8}～10^{-12} mol/L，有的在 10^{-15} mol/L 水平或更低，这增加了分离和分析测量难度。超低浓条件下的热力学、动力学和界面化学行为呈现许多和常量元素不同特性，实验室所作的研究和实际情况会有较大偏差。近年，发展了激光诱导光声光谱法、激光诱导分解光谱法、时间延迟激光荧光光谱法、时间分辨激光荧光光谱法等灵敏度高或可测价态和存在形态（speciation）的新方法。

高放废物中含有高比活度和强释热的放射性核素，所以自身形成温度场和辐射场，产生热解气体和辐解气体。处置在 500～1 000 m 深地下的废物体处于温度场（T）-渗流场（H）-应力场（M）-化学场（C）-生物场（B）-辐射场（R）耦合作用的环境中。废物处置相当时间之后，地下水渗进处置库，侵蚀高放废物的贮罐，会把放射性核素溶浸出来，向生物圈扩散和迁移。地下水输运是放射性核素迁移的主要途径。

气体的产生和气体的输运作用是另一个需要重视的问题。金属容器的腐蚀会产生氢气，水和有机物受辐射和热解作用会产生气体，微生物作用和α衰变也会产生气体。气体的积累会造成过压，气体的扩散和传输可能会破坏处置系统的密封性和导致产生有毒、有害气体以及放射性核素向生物圈的释放。

核素迁移过程的物理化学行为是十分复杂的。一方面受影响于核素自身的物理化学性质，如水解、聚合、吸附、溶解、配合、沉淀、矿化、氧化还原、离子交换等；另一方面受影响于环境条件，如 pH、Eh、离子强度、温度、辐射场、压力和应力，以及微生物和腐殖质的存在。pH 主要影响水解作用，Eh 主要影响核素的价态。一般，深地下呈碱性和低氧还原条件。地下水的 pH 为 4～10（以 6～9 多见），氧化还原电位为−100～−500 mV[12]。在 500～1 000 m 深地下，压力为 5～30 MPa。

核素的迁移活动既受到正向作用，如溶解、弥散、扩散、渗透、地下水输运、胶体载带、微生物载带；又受到逆向作用，如自身衰变、离子交换、吸附、沉淀、沉降、聚凝、矿化、分散稀释等。实际的迁移，是这两方面因素共同作用和平衡的结果。由于核素的价态和存在形态复杂，以及超微量状态的行为极大不同于常量状态，所以，研究地质环境中包容和阻滞放射性核素迁移的处置化学十分重要。

核素的迁移可分为：① 机械迁移；② 物理化学迁移；③ 生物迁移。以离子、络合离子和可溶性分子等形式通过水解、氧化还原、沉淀、溶解、络合、吸附等作用实现的迁移，属物理、化学迁移。核素迁移的主要载体是地下水，地下水运动速度和方向是关键因素。地质处置中受人们关注的核素是长寿命核素，除 ^{239}Pu 外，还有 ^{237}Np、^{99}Tc 和 ^{129}I 等。除核素的种类外，还应重视核素的化学形态。

钚是超铀元素中最重要的元素。钚有 20 种同位素和 5 种同质异能素，其中最重要的是 ^{239}Pu。钚的价态有+3 价到+6 价 4 种。在水溶液中，以 Pu^{3+}、Pu^{4+}、PuO_2^+和 PuO_3^{3-}的水合离子形态存在。钚的最稳定价态是+4 价，其次是+6 价，由于 Pu^{4+} 或 PuO_2^+的歧化反应：

$$3Pu^{4+}+2H_2O \longleftrightarrow 2Pu^{3+}+PuO_2^{2+}+4H^+$$

$$2PuO_2^{+}+4H^+ \longleftrightarrow PuO_2^{2+}+Pu^{4+}+2H_2O$$

所以在一定酸度水溶液中，钚可以有三种或四种价态（+3 价，+4 价，+5 价，+6 价）同时共存。

钚水解能力 $Pu^{4+}>PuO_2^{2+}>Pu^{3+}>PuO^{2+}$。$Pu^{4+}$水解倾向较强，在 pH>1 时就发生水解，形成 $Pu(OH)_4$。Pu^{5+}水解能力较弱，只有当 pH～6.8 时才能发生明显水解，形成 $PuO_2(OH)$沉淀。

^{237}Np 毒性高，半衰期很长（200 万 a）。镎的价态有+3 价到+7 价 5 种。一般，Np 在地下水中除水解作用外，与碳酸根的络合作用最强。在地下水中 Np 以正五价最为稳定，多以 NpO_2^+、$NpO_2CO_3^-$、NpO_2OH、$NpO_2(CO_3)_2^{3-}$等形态存在，并且以前两者占优势。在 CO_3^{2-}、浓度较高情况下，$NpO_2CO_3^-$为主要形态。NpO_2^+和 NpO_2OH 的吸附性较强，$NpO_2CO_3^-$吸附性很弱，容易随地下水迁移。Np（Ⅳ）在近中性地下水中的溶解度要比 Np（Ⅴ）低 4～5 个量级，且存在形态主要是 $Np(OH)_4$，吸附性强，可大大降低 Np 的迁移能力。因此，处置库缓冲材料中存在还原性物质（如铁和硫矿物质），呈还原氛围，使 Np 以 Np（Ⅳ）价存在是有利的。

镅有 18 种同位素和 5 种同质异能素。其中最重要的核素是 ^{241}Am（$T_{1/2}$ = 432.6 a）和 ^{243}Am（$T_{1/2}$ = 7 370 a）。

^{99}Tc 属中毒性核素，^{235}U 裂变生成 ^{99}Tc 产额高（6.07%～6.13%），后处理过程大部分 ^{99}Tc 进入高放废液中。^{99}Tc 半衰期很长（2.1×10^5 a）。^{99}Tc 有多种价态（−1～+7 价），重要价态是+4 价和+7 价。^{99}Tc 在地下水中主要以 TcO_4^-形式存在，难被岩石等介质所吸附，在地质介质中容易迁移，所以 ^{99}Tc 成为安全评价中关注的核素。在碱性条件下，TcO_4^-可被 Fe 还原和水解为 $TcO_2 \cdot 2H_2O$。存在黄铁矿、辉锑矿、铁、硫等还原性物质，对阻滞 ^{99}Tc 迁移是有利的。此外，活性炭对 ^{99}Tc 有较高吸附能力。

碘有 35 种同位素和 8 种同质异能素，仅 ^{127}I 为稳定同位素，绝大多数的核素的半衰期小于 1 d。重要的核素有 ^{131}I、^{129}I 和 ^{125}I。^{131}I 是重要的裂变产物，裂变产额较高、半衰期较短、易挥发，可作为反应堆周围环境的监测指标，也可作为监测核爆炸的信号核素。^{129}I 半衰期极长（1.6×10^7a）属高毒性。碘的价态有−1 价、0 价、+1 价、+3 价、+5 价、+7 价等多种，在地下水中多以 I^-和 IO_3^-形态存在。在还原条件下容易从废物中释放出来，不容易被工程屏障系统或天然屏障系统滞留。^{129}I 有很高活动性，能在人体重要器官富集，对人体有较大的潜在危害性，对人类辐射剂量贡献很大。

此外，还有一些特长寿命核素，如 ^{126}Sn、^{79}Se、^{36}Cl、^{107}Pd、^{59}Ni 等，它们的易迁移性也是值得重视的。

一、核素迁移研究

核素迁移受地下水或气流传输载体力学过程与核素-介质相互作用两方面因素的控制。传输载体流动引起核素弥散和扩散，工程屏障和地质屏障的各种物理-化学作用则起阻滞核素迁移的作用。

核素迁移研究有实验室研究、地下实验室研究和现场研究。研究温度、pH、Eh、接触时间、颗粒度，固液比等的影响。用射线自照相技术来测定放射性分布状况。实验室实验多用蒸馏水、去离子水或模拟地下水，多数在室温或90℃的情景下进行研究。动态实验有用岩心粉装柱；有用扩散槽让水通过岩石薄片；也有用岩柱。我国进行最多的研究是静态吸附实验和动态岩柱实验，实验室测定吸附分配系数 K_d、滞留因子 R_f、表观扩散系数 D_a 和有效扩散系数 D_e。

为研究裂隙作用，也有用整块岩石样品做实验。一般先用非放射性元素做模拟实验，然后做放射性示踪实验。为模拟地下环境，用低氧工作箱，箱体内氧浓度≤5×10^{-6} mol/mol，为保持还原电位，采用惰性气体 99% Ar 和 1% CO_2。真实深地下水的获取和保存都是很困难的，因为可能破坏原来的平衡，pH、Eh 和气体分压都可能会发生改变。地下实验室的实验采用横向或垂直钻孔，放入放射性核素，研究核素的迁移行为。

1．分配系数（distribution coefficient）

在实验室的测定为

$$K_d=\frac{\text{岩石相放射性浓度}}{\text{地下水中溶解的放射性浓度}}$$

$$K_d=\frac{\text{平衡时核素在固相介质中浓度(Bq/g)}}{\text{平衡时核素在液相介质中浓度(Bq/ml)}}=\frac{(A_0-A_t)}{A_t}\cdot\frac{V}{W}\ \text{(ml/g)}$$

式中，A_0——液相中核素初始浓度（Bq/ml）；

A_t——平衡时液相中核素浓度（Bq/ml）；

V——液相总体积（ml）；

W——试验样品质量（g）。

K_d 表征平衡时放射性核素在液相与固相分配特征。K_d 值越大说明固相对核素的吸附能力越强。K_d 值不仅受核素性质、核素浓度、核素存在形式、介质成分、介质温度、pH、压力和平衡时间的影响，而且还和固相和液相的比值，以及测定分配系数时所用示踪剂的量有关。对于一个给定的体系，平衡时的 K_d 是温度和压力的函数

$$K_d=f(T,\ P)$$

目前，在实验室内测定吸附分配系数，一般是在常温（20～25℃）和常压（1大气压）下进行的。通常做法是先求出最小平衡吸附时间，在此平衡吸附时间基础上，作出固定固液比的吸附等温线，根据 Freundlich 吸附等温线的线性区域，确定 K_d 值。通常采用的固液比为 1∶10 到 1∶50。实验发现大部分岩石（除岩盐外）对 Sr、Cs、Pu、Am 有较好的吸附能力，但对碘和锝吸附能力较差。

2．扩散系数（diffusion coefficient）

扩散是由浓度差引起的。一般，扩散动力学遵循费克（Fick）定律。若对于同一点，浓度随时间而改变，遵循 Fick 第二定律：

$$\frac{\partial c}{\partial t}=\frac{\partial}{\partial x}(D_a\frac{\partial c}{\partial x})$$

如果在同一介质中，D_a 不随 x 而改变，则：

$$\frac{\partial c}{\partial t}=D_a\frac{\partial^2 c}{\partial x^2}$$

静态扩散方程：

$$\ln c=k-\frac{x^2}{4D_a\cdot t}$$

式中，c——扩散物质浓度（mol/m^3）；

x——扩散距离（m）；

t——扩散时间（s）；

D_a——表观扩散系数（m^2/s）。

以 $\ln c$ 对 x^2 作图由斜率可求出表现扩散系数 D_a

3．滞留因子（retardation factor）

滞留因子又称阻滞因子，滞留因子 R_f 可用下式求得，K_d 值越大说明固相滞留核素的能力越强

$$R_f=1+\frac{\rho}{\varepsilon}K_d$$

式中，ρ——样品密度（g/cm^3）；

ε——有效孔隙率。

二、配合反应（complex reaction）

地下水中存在着许多的阳离子，如 Na^+、K^+、Ca^{2+}、Mg^{2+}、Fe^{2+}/Fe^{3+}等，同时也存在着许多阴离子，如 OH^-、HCO_3^-、CO_3^{2-}、$H_2PO_4^-$、HPO_4^{2-}、PO_4^{3-}、Cl^-、SO_4^{2-}、F^-、NO_3^-等，这些阴离子能够不同程度与核素的阳离子发生配合反应。改变核素形态，影响它们迁移行为。不同阴离子的配合能力不同，大致存在这样的顺序：

$$OH^-，CO_3^{2-}>F^-，HPO_4^{2-}，SO_4^{2-}>PO_4^{3-}>Cl^-，NO_3^-$$

地下水一般偏碱性，含有相对较高浓度的 OH^-和 CO_3^{2-}离子，碳酸根离子浓度与 pH 与 CO_2 分压有关。pH＜10 时，HCO_3^-占优势，pH＞10 时，CO_3^{2-}占优势。

铀主要以 $UO_2(CO_3)_2^{2-}$，$UO_2(CO_3)_3^{4-}$，$UO_2(OH)_2$ 形式存在；

钚主要以 $Pu(OH)_5^-$ 形式存在；

镎主要以 NpO_2^+，NpO_2OH，$NpO_2CO_3^-$，$NpO_2(CO_3)_2^{3-}$形式存在；

镅主要以 $AmCO_3^+$，$Am(OH)_2^+$形式存在。

不同价态的核素具有不同配合能力，如：

Pu（Ⅳ）＞Pu（Ⅵ）＞Pu（Ⅲ）＞Pu（Ⅴ）

配合反应不仅发生与无机阴离子，还发生与腐殖酸、富里酸等有机聚合物的反应。

锕系元素与阴离子发生配合反应形成配合物，会改变其滞留或迁移性能。例如 NpO_3^-和 NpO_2OH 容易被吸附，$NpO_2CO_3^-$容易随地下水迁移。

研究配合作用的方法很多，如溶剂萃取法、离子交换法、络合滴定法、电位滴定法等。一般采用溶剂萃取法测定配合物稳定常数β，然后根据下列公式求出其他热力学数据。

$$自由能\ \Delta G = -RT\ln\beta$$

$$热焓\ \Delta H = -R\frac{\partial \ln\beta}{\partial(1/T)}$$

$$熵\ \Delta S = \frac{\Delta H - \Delta G}{T}$$

应该认识，实验室的研究存在局限性，因为：

（1）实验所用的花岗岩常受到了扰动（如破碎、劈开、研磨等）；

（2）模拟地下水一般用平衡水，pH 和 HCO_3^-/CO_3^{2-}等发生了改变。要取得不改变离子强度、氧化还原电位和胶体存在情况的地下水是十分困难的；

（3）用常量元素代替痕量（或微量）元素；

（4）时间、空间上的有限性，实验时间有限和实验样品小型性；

（5）做了很多假设，例如：天然裂隙系统看作均匀多孔介质系统等；

（6）做了许多简化，如简化为一维模型、二维模型等。

三、水解反应（hydrolysis reaction）

锕系核素在中性和碱性条件下容易发生水解反应。不同价态锕系元素离子有不同水解能力，水解倾向为：

$$An^{4+} > AnO_2^{2+} > An^{3+} > AnO_2^{+}$$

锕系元素的化学价态多样，Ac，Th，Pa，U 的最稳定氧化态分别是+3 价、+4 价、+5 价、+6 价，到了 Np 虽然有+7 价的 Np，但它的最稳定氧化态是+5 价，Pu 有+3 价到+7 价的各种氧化态，但以+4 价最稳定，从镅往后的锕系元素最稳定氧化态都是+3 价（表 11-10）。

表 11-10 锕系元素的氧化态

Ac	Th	Pa	U	Np	Pu	Am	Cm	Bk	Cf
						（2）			2
[3]	（3）	3	3	3	3	[3]	[3]	[3]	[3]
	[4]	4	4	4	[4]	4	4	4	4
		[5]	5	[5]	5	5			
			[6]	6	6	6			
				（7）	（7）				

[注]（）只存在于固体中，□ 最稳定氧化态。

四价镎在不同 pH 值下水解形成：$Np(OH)_2^{2+}$，$Np(OH)_3^+$，$Np(OH)_4$, $Np(OH)_5^-$。水解反应抑制了锕系元素离子在水中的溶解量，同时促进了真胶体和假胶体的生成。

四、胶体的形成（colloid formation）

胶体是一种热力学不稳定的高分散体系，粒径在 1～1 000 nm。这些粒子在液相中可生成稳定的悬浮体。胶体的稳定性由介质的物化性质所决定，一方面它可以随地下水自由移动，另一方面它也易被吸附在矿物质的表面。胶体的比表面积很大，最小颗粒达到 10^3 m^2/g，对溶液中的离子或分子有相当大的吸附能力。硅、硅酸盐、黏土、氧化铁/氢氧化铁易形成胶体。地面水中胶体量比较大，地下水中胶体的浓度通常比较低。

胶体分为真胶体和假胶体，锕系元素水解形成氢氧化物或多核离子的微小颗粒物，成为真胶体；锕系元素也可被吸附在水泥、黏土、腐殖质或微生物的表面，形成假胶体。胶体既可载带核素移动，也可载带核素滞留下来。胶体是促进 Np、Pu、Am、Cm、Th 传输和迁异的重要载体，因此研究胶体的生成、胶体的稳定性等对核素迁移的研究有重要意义。

胶体的稳定性与胶体的表面电荷和颗粒大小有关。小于 0.45 μm 的胶粒稳定地悬浮于天然水中，大于 0.45 μm 的胶粒会变得不稳定，趋向于沉积下来。

胶体的测定主要为：颗粒大小、表面电荷、比表面和动力学性质，常用的测定技术如表 11-11 所示。其他分析技术还有透射电镜（TEM）、扫描电镜（SEM）、选择区域电子衍射（SED）、质谱（MS）、加速器质谱（AMS）、光致 X 射线发射（PIXE）、质子诱发 r 发射（PIGME）、傅立叶变换红外光谱（FTRS）等。

表 11-11 胶体测定技术

测定技术	测定内容
超过滤	胶体大小，1 nm 到约 1 μm
沉降	≥1 μm 颗粒有效
超离心	＞10 nm 到约 1 μm 颗粒有效
静态光扫描（SLS）	颗粒大小，旋转半径，团粒结构
动态光扫描（DLS）	颗粒动态，直线运动和旋转运动的扩散系数，流体动力学半径（适合 2 nm～1 μm）
小角度 X 射线扫描*（SAXS）	颗粒大小，形状，团粒结构，相互作用，表面积（适合 2 nm～0.1 μm）
小角度中子扫描*（SANS）	颗粒大小，形状，结构，相互作用，非均质体系
非弹性和准弹性中子扫描（IQENS）*	在胶体表面黏土和孔中的水的结构和动力学，聚合物动力学
胶体过滤，胶体渗透色谱，立体排斥色谱	颗粒大小
流体动力学色谱	颗粒大小，同支持物相互作用（≥10 nm 颗粒）
微电泳	颗粒表面电荷，Z-电位
电泳光扫描	表面电荷，Z-电位，颗粒大小（多组分胶体）
光声光谱	鉴定胶体化学特性

[注] *这些方法不适于低浓胶体（≤100 mg/L）。

五、腐殖质作用

腐殖质是广泛存在于地质介质中的有机物质，植物的根茎叶埋在地下，由于微生物的降解作用，部分溶于地下水中，形成溶解性有机碳化物（DOC）。DOC 含量随地下水的埋深和周围环境而变化。一般，浅含水层中有较高浓度的 DOC。

腐殖质主要组成形式有胡敏酸（HA）和富里酸（FA）等。不同地下水中 HA 与 FA 之比差别很大。HA 和 FA 分子结构相似，但 HA 的分子量比较大。HA 中含有较多的酚基，FA 中含有较多的羧酸基。腐殖质具有多种类型官能团能够引发配合反应、还原反应和形成胶体。锕系元素可同 HA、FA 配合或离子交换，形成腐殖质配合物，增加在地下水中的溶解度，促进锕系核素的迁移作用；另一方面，它又容易被黏土和岩石物质所吸附，这有阻滞锕系核素迁移的作用。锕系核素与腐殖酸的配合能力和碳酸盐相当。地下水溶解的腐殖酸可能已与地下水中的 Ca^{2+}、Mg^{2+}离子结合形成腐殖质胶体，但这种腐殖质胶体会与锕系核素离子发生交换反应，形成假胶体。

六、微生物作用

深地下存在着微生物，有厌氧菌，有喜氧菌，即便在高放废物处置库近场恶劣条件下也可能存在着微生物。微生物对高放废物的处置有着以下的作用和影响：

（1）微生物酶的催化作用促进废物固化体贮罐的腐蚀；

（2）侵蚀玻璃固化体；

（3）改变地下水的 pH 和 Eh；

（4）破坏缓冲/回填材料——膨润土；

（5）生物降解腐殖质，产生 CO_2 和 CH_4 等气体；

（6）直接摄取核素——如吸附、吞食和滞留核素；

（7）作为配位体，络合核素和促进核素的迁移；

（8）作为核素的载体，形成假胶体；

（9）还原作用，例如：微生物可把铁从+3 价还原到+2 价，Fe（Ⅱ）可催化还原 Tc；脱硫菌能还原铀，铀（Ⅳ）可还原 Pu 等。

我国实验室研究裂变产物和锕系元素的迁移行为，已进行了许多工作，已取得不小成果，如表 11-12 所示。

表 11-12　我国核素迁移做过的主要研究工作

研究核素	^{239}Pu，^{241}Am，^{99}Tc，^{99m}Tc，$^{125,131}I$，$^{134,137}Cs$，^{75}Se，$^{85,89}Sr$，^{57}Co 等
研究内容	吸附分配系数，扩散系数，滞留因子，胶体影响，腐殖酸作用等
研究对象	花岗岩，黏土，黄土，玄武岩，凝灰岩，片麻岩，页岩，膨润土，沸石等
研究方法	静态批式法，动态柱式法，粉末样品法，块状岩石法等
研究单位	中国原子能科学研究院，中国辐射防护研究院，核工业北京地质研究院，东华理工学院，21 研究所，北京大学，清华大学，南京大学，复旦大学，兰州大学，四川大学，武汉岩土力学研究所等
研究成果发表	全国核化学放射化学学术讨论会（北京，1990；上海，1995；兰州，2000；桂林，2005） 《核化学与放射化学》《原子能科学技术》《辐射防护》《核科学与工程》《核技术》，《Radiochimica Acta》等杂志 《国防科工委高放废物地质处置研讨会文集》；《放射性废物管理》（一）、（二）、（三）、（四），原子能出版社；学位论文和大学学报等

七、辐解作用

在高处废物处置库强辐射场中，水辐解会产生自由基，会产生氧化剂 H_2O_2 和还原剂 H_2；废物辐解会形成 NO_x、SO_x、CO_2 和 CH_4 等气体物质和酸性物质，会加速金属容器的腐蚀，会改变地下水 pH，会改变核素的氧化还原态。

八、气体的生成

由于金属腐蚀，微生物降解作用，放射性衰变，水和有机物辐解作用，以及衰变热、辐射效应，处置场会产生气体。其中，金属腐蚀和微生物降解有机物是产生气体的主要来源。比利时、法国、意大利、德国、荷兰、西班牙、英国 7 个国家的 20 个组织和研究所开展 PEGASUS 项目，研究放射性废物处置设施的气体效应，提出了两个数学模型 GASFORM 和 GABI。处置库产生的气体，一方面会造成过压、产生裂缝，另一方面气体可渗透过介质，促进水流动和核素的迁移[15]。

第六节　高放废物处置的国际现状

至今，世界上还没有一个国家建成高放废物地质处置库。国际高放废物处置进展迟缓，原因很多，主要因为：① 乏燃料应该被当作资源还是当作废物有争论；② 高放废物处置库选址条件高，场址难找；③ 高放废物处置费用大，技术难度高，资源不足；④ 公众对处置安全性的认同和社会/政治阻力。世界上一些国家高放废物处置研究开发状况如表 11-13 所示。

一、美国 WIPP 已建成运行

美国在新墨西哥州的卡尔斯巴德建造了一个超铀废物隔离试验设施（WIPP，Waste Isolation Pilot Plant）[16]，1988 年建成。选址和建造花费 20 年时间，建设投资 20 多亿美元，1999 年 3 月正式投入使用。WIPP 属于深地质处置库，处置容量 17.6 万 m^3，但它只处置 DOE 军工超铀废物，所含的主要核素是钚，不处置高放废物。

WIPP 位于离地面 650 m 深地下的盐层中，该盐层有 600 m 厚，伸展几百英里。这盐层是 2 250 万～2 500 万年前形成的稳定地质层。处置库有 7 个处置单元。每个 6 m（高）×10 m（宽）×100 m（长）。设有 4 个竖井，分别供运送人员、材料、废物和通风。

WIPP 由 DOE 经营，设计要处置 700 m^3 需远距离操作的超铀废物，170 000 m^3 可直接操作的超铀废物。废物中 60%属混合废物，既含有放射性物质，又含有化学危险物质。这些废物来自美国军工后处理厂、钚生产基地、核武器制造和试验场址以及实验设施。表面剂量率大于 2 mSv/h 者可直接操作，表面剂量率为 2 mSv/h～10 Sv/h 时需远距离操作。设计运行 35 年，在这期间，放进去的废物可以回取，关闭封库要花 10 年时间，然后进入有组织控制期，处置库地表监测面积为 40 km^2。

表 11-13 各国高放废物处置研究开发状况

国 家	后处理		高放废物	高放废物场址研究	选 址	地下实验室	
	本 国	外 国				建 造	研 究
比利时		●	玻璃体	●	●	●	●
加拿大			乏燃料		●	●	●
中国	●		玻璃体	●	(3)		
芬兰			乏燃料	●	(4)	●	●
法国	●	(1)	玻璃体	●		●	●
德国		●	玻璃体 乏燃料	●	(5)	●	●
印度	●		玻璃体	●	●		
日本	●	●	玻璃体	●		●	●
瑞典			乏燃料	●	●	●	●
瑞士		●	玻璃体 乏燃料	●	●	●	●
英国	●	(1)	玻璃体	●	(3)		
美国	(2)		玻璃体 乏燃料	●	(4)	●	●
俄罗斯	●	(1)	玻璃体	●	●		

[注]（1）为外国处理乏燃料；（2）生产堆乏燃料后处理；（3） 初步探索；（4）已选定场址；（5）曾选过一场址，现被否定，准备启动新选址程序。

● —代表 “yes”。

二、美国尤卡山处置库正在建设中

美国法律规定，由能源部（DOE）负责高放废物固化体和乏燃料的最终处置。美国国家科学院 1957 年提出高放废物地质处置建议后，美国为高放废物处置做了大量工作。

（1）1983 年在 6 个州选出 9 个预选场址，1984 年从 9 候选场址中筛选出 5 个；

（2）1986 年从 5 个预选场址中筛选出 3 个——汉福特玄武岩、尤卡山凝灰岩和得克萨斯盐岩；

（3）1989 年从 3 个预选场址中选定 1 个——尤卡山场址；

（4）1991 年开始对尤卡山场址作详细调查和评价工作；

（5）1998 年完成可行性研究报告；

（6）2002 年国会和布什总统批准尤卡山场址。

尤卡山场址在内华达州，南距拉斯维加斯 180 km，东距内华达核试验场 35 km。该地区人烟稀少，年降水量 17 cm，蒸发量大。尤卡山凝灰岩形成年龄约 12.5 百万 a。地下水位在 600 m 深度，处置库位于地表下 300 m，处于地下水位以上的非饱和带中。场址占地面积 3 平方公里，场址土地属联邦政府所有，目前无人居住。

尤卡山处置库[17]设计容量为 7 万 t，准备处置 6.3 万 t 商业核电站乏燃料，7 000 t 军工高放废物固化体。预计投资600亿美元。拟设置2口竖井用来进排风，2口斜井用来运输人员和物资与废物。处置的高放废物打算卧放在巷道中。巷道直径约3 m，内衬10 cm厚混凝土壁。直径约1 m，高4 m的高放废物罐封装在外容器中，外容器两层结构，内层为2 cm厚的耐腐蚀的金属层，外层为10 cm厚的金属层。高放废物罐（内容器+外容器）横卧在巷道中的钢结构架上，巷道间隔为28 m。废物罐中的废物装载量、容器传热性能和巷道间距保证自释热所引起的温升不超过200℃。尤卡山处置库的设计有以下特点：

（1）位于非饱和带中；

（2）所处置的废物在100年内可回取；

（3）不使用缓冲回填材料。

根据总体系统性能评价-可行性评价（TSPA-VA）得出，在最初1万a内，场外公众的年剂量不会超过 0.001 mSv。美国法律规定，只有完成了性能评价，并预测处置库建成后的1～10万a之内是安全的，并经核管会（NRC）批准，处置库才能建造和运行。为了促进处置库的建设，美国在尤卡山建立了特定场址地下实验室 ESF（Exploratory Study Facility），许多工作要在那里进行研究和验证。

尤卡山处置库的审批和工程建设进展迟缓，计划一再拖延，现在预计 2016 年建成投入使用。

三、芬兰获准建乏燃料处置库

芬兰目前有两座核电站（2×840 MW和2×488 MW），核电占总发电量的32%，芬兰政府批准还要新建一座核电站。芬兰预计会产生4 000 t以上乏燃料，政府决定采取直接将乏燃料处置在500 m深的花岗岩中，估计建设、运行和封库费用为46亿芬兰马克。芬兰已通过核电收费（0.012芬兰马克/度电）筹备好46亿芬兰马克的经费。

芬兰选址工作从20世纪80年代开始，经历了以下阶段：

（1）1980—1982年，确定选址标准，对全国地质情况进行普查；

（2）1983—1985年，场址初选，从327个地段中筛选出134个地段作进一步调查；

（3）1986—1992年，场址初步调查，通过对134个地段的初步调查，筛选出5个重点地段；

（4）1993—2000年，对筛选出的5个重点地段作详细调查。每个场址约钻15个深孔，30～40个浅孔。最终选定奥尔基洛托（Olkiluto）核电站附近的花岗岩为处置库场址。

2001年5月，国会批准了场址。在该场址开始建造ONKALO地下实验室，预计2010年完成，计划2012年开始在Olkiluto建造高放废物乏燃料处置库[18]。

四、法国研究长寿命废物处置决策

法国1991年12月30日颁布的《91—1381核废物法》要求在15 a内对长寿命放射性废物进行各种研究，此前不进行最终处置。研究工作的三大方向是[19]：

（1）研究分离-嬗变长寿命放射性核素，使其转化为短寿命放射性核素或稳定元素；

（2）通过地下实验室研究评价深地质处置，以便营建可回取或不回取废物的地质处置库；

（3）研究评价地表长期（不少于100年）贮存废物的可能性。

由12位专家组成的国家级评估小组每年对研究工作进行审评。这个小组包括6名由国民议会和参议院指定的专家，其中两名为外籍专家。他们由议会、参议院下设的科技抉择评估办公室提名。其他6名专家由核安全与信息高级委员会和科学院提名，政府任命。国民议会和参议院将根据《放射性废物管理法》规定，对15年研究工作进行评估。2006年，对过去15年的研究作了评估，提出还将继续研究15～20年，才能得出最终结论。

五、高放废物处置国际合作交流

国际原子能机构总干事穆罕默德·巴拉迪在《IAEA对放射性废物管理的展望》著文中说[20]，“过去几十年，已证明放射性废物管理是一个困难的社会问题。总的说来已有可靠的技术，并建立了良好的安全记录。但是，还需做大量工作，来解决共同关心的问题，论证废物处理和其他关键领域中的解决办法……加强国际合作框架，从而有助于确保安全管理所有类型的放射性废物”。高放废物安全处置是一项艰巨的任务，依靠一个国家的条件和力量是很难完成的。IAEA把它选为支持的重点，鼓励开展合作研究。欧共体国家组织了对花岗岩、岩盐、黏土三类地质介质处置的合作研究。许多国家的地下实验室和自然类比研究也都进行着广泛的合作。IAEA、EU和ICRP等国际组织举办了许多高放废物处置国际论坛和会议，编制了许多技术报告和导则。

国际原子能机构从1984—2004年相继组织了三个有十多个成员国参与的国际合作研究项目，作者参加了这三个合作研究项目，研究高放废物和乏燃料深地下处置行为，包括：玻璃固化和人造岩石的配方、固化体和乏燃料的侵蚀溶解机理、化学稳定性、环境介质影响、数学模型与评价，等等。欧盟支持核能机构开展合作研究，有13个成员国参与，研究花岗岩、黏土岩、岩盐和凝灰岩中处置高放废物和乏燃料的工程屏障设计、建造、试验、数学模型和评价等。

尽管高放废物地质处置技术是可行的，安全上是有保证的，但许多人仍持怀疑态度，一些国家的选址和申请建造许可证的阻力重重。另外，许多有核电国家根本不具备建库的条件，因此，有人提出了建设国际高放废物处置库，但这个建议实现的难度很大。

六、可回取性和可逆转性

高放废物安全处置是一项探索性研究，随着地质处置开发研究活动的深入和扩展，人们对地质环境的不均匀性和长期包容能力的不确定性有了更多体会和认识，发现和提出了许多新问题。近年来，有的国家提出了可回取、可逆转的要求[21-22]，这是为了：

（1）高放废物和地质处置确保万年、十万年，甚至更长时间的安全隔离存在着许多不确定性，可能存在着我们尚未认识的风险，采取可回取和可逆转性，使得可予挽救和弥补，缓解人们的担忧和顾虑。

（2）今天认为是废物的东西，说不定将来可能是再利用的资源，高放废物中存在的铀、钚、超铀核素，采取可回取性，保留以后再开发利用的机会。

(3) 高放废物处置需要几代人长期努力才能解决，如果采取关死封闭的不可回取处置，影响了后代人可能采用更好办法进行安全处置。有人认为可回取性不是向后代转移负担，而是对后代人能力的信任，为后代人去更好解决这个问题创造条件。

可回取性现在已被一些国家的法规所规定，例如美国尤卡山的处置库设计要保证300年可回取，WIPP的超铀废物保证在运行期间的35年（封闭库之前）的可回取。法国《核废物法》（91—1381 号法令）规定深地质处置要实行有限期的许可制度，期满要更换许可证，取不到许可证要把废物回取出来。加拿大在 2002 年议会通过《核燃料废物法》（C-27），成立核废物管理组织（NWMO），负责核燃料废物的长期管理的概念设计方案，提出：

（1）反应堆现场扩展贮存（干法）；

（2）集中贮存（干法）；

（3）可回取深地质处置。

芬兰、瑞士的立法中也都作了可回取性规定。可回取性的时间尺度现在有两种看法：一是高放废物处置期的任何时间内都可回取；二是在处置的初级阶段可回取，现在为许多国家接受的是后者。可回取性不应该降低处置库长期安全性的要求，实现可回取性必须要保持有组织控制，包括对存放的乏燃料与可裂变材料的核保障。可回取性对废物包装容器和处置库设计等许多方面提出了更高要求，无疑增加处置的难度和投资。为了适应可回取和可逆转的要求，人们提出了分步决策，小步推进模式和增加了对工程屏障作用的重视，积极开发高耐蚀的废物包装容器和改进废物的处置方式。人们熟悉的高放废物处置库概念设计是在深地层巷道上不同距离打钻孔，把高放废物罐叠放在钻孔中，然后用膨润土进行回填和封堵。现在美国尤卡山处置库所作的巷道卧放设计，不用膨润土作缓冲回填材料，就是为了适应可回取要求。

七、公众信任和社会支持

IAEA 总干事穆罕默德·巴拉迪说：还没有什么问题像乏燃料和高放废物处置那样，公众的接受起到如此核心作用，构建公众的信任是一项关键性挑战。国际上，处置库建造的障碍，不是技术和资金问题，而是受到政治和公众舆论的影响，为了争取公众的信任和社会的支持，国外采取：加强宣传活动，公众沟通，公众参与，经济补偿等许多措施[23]，如：

（1）广泛向公众做宣传，举办展览会，参观地下实验室，使公众了解和信任高放废物地质处置的安全性和可靠性；

（2）加强向公众通报地质处置技术的新进展和新成就，增加透明度；

（3）听取公众或公众代表的意见，并做好反馈工作，提高公众对处置库安全性的信心和对审管者与实施者的信任感；

（4）对场址利益相关者实行经济补偿；

（5）建立和执行法规标准，并尽可能同国际标准接轨。

八、分步决策推进我国高放废物安全处置工作

我国军工积存的高放废液有待玻璃固化。从“十一五”起我国转向积极发展核电，计划到2010年，我国核电装机容量达到4 000万kW，届时乏燃料产生率将近1 000 t/a。

《中华人民共和国放射性污染防治法》规定了我国高放固体废物实行集中深地质处置，α放射性固体废物也实行深地质处置[24]。我国高放废物地质处置研究工作开始于1985年“高放废物深地质处置研究发展计划”（SDC计划），现在处于技术准备阶段。20年来已经做了许多工作，取得不少成果[25]，主要做了以下几方面工作：

（1）在甘肃北山地区开展了地质、水文地质、地壳应力测量等研究工作，初步建立了场址评价方法，验证了其有效性，为今后进一步开展选置工作奠定了基础；

（2）核素迁移和核素水溶液化学研究；

（3）缓冲/回填材料——膨润土研究[26-27]，推荐内蒙古高庙子钠基膨润土矿供将来高放废物处置使用。

我国总结国内外经验，提出了政府指导，统筹规划，分步决策方针，2005年成立了高放废物地质处置专家组。2006年，国防科学技术工业委员会、科技部和国家环保总局联合发布了《高放废物地质处置研究开发规划指南》，提出了我国高放废物地质处置研究开发的总体思路、发展目标、研究开发规划纲要及“十一五”期间的主要任务等。初步规划2020年前后建成地下实验室，在21世纪中叶建成高放废物地质处置库。

参考文献

[1] ICRP Publication 46. Radiation Protection Principles for Disposal of Solid Radioactive Waste. 1985.

[2] ICRP Publication 77. 放射性废物处置的放射防护政策[M]. 赵亚民译，北京：原子能出版社，1999.

[3] ICRP Publication 81. 用于长寿命固体放射性废物处置的辐射防护建议[J]. 赵亚民译，辐射防护，21（增刊），2002：5-19.

[4] ICRP. Protection from Potential Exposure：A Conceptual Framework. ICRP Publication 64，1993.

[5] ICRP. Protection from Potential Exposure：Application to Selected Radiation Sources. ICRP Publication 76，1997.

[6] IAEA. Geological Disposal of Spent Fuel and High Level and Alpha Bearing Wastes. IAEA-CEC-Symposium，Antwerp，1992，STI/PUB/907，1993.

[7] IAEA. Safety Principles and Technical Criteria for the Underground Disposal of High Level Radioactive Wastes. STI/PUB/854，1989.

[8] Guidance for Regulation of Underground Repositories for Disposal of Radioactive Wastes. STI/PUB/774，1989.

[9] 放射性废物地质库选址. HAD/401/06，1998.

[10] 地质处置设施安全评价的情景选择. EJ/T 612-91.

[11] 罗上庚. 放射性废物概论. 北京：原子能出版社，2003：234-245.

[12] 闵茂中. 放射性废物处置原理. 北京：原子能出版社，1998.

[13] 徐国庆. 核素迁移研究中若干问题的探讨. 第260次香山科学会议 高水平放射性废物地质处置

会议文集.北京，2005 年 9 月 6-8 日：122-132.

[14] Martinez-Esparza A et al. Modelling Spent Fuel and HLW Behavior in Repository Conditions，ENRESA，08/2002.

[15] IAEA. An Overview of International Status and Trends in Radioactive Waste Management. IAEA/WMDB/ST/2，2002，IAEA/WMDB/ST/3，2003.

[16] http://www.wipp.carlsbad.nm.us/index.htm.

[17] AEA. An overview of International Status and Trends in Radioactive Waste Management. IAEA/WMDB/ST/2，2002，IAEA/WMDB/ST/1，2001.

[18] Vira J，Oy P. Further Steps Towards Licensing：Underground Characterization Started for the Spent Fuel Repository. 29th Scientific Basis for Nuclear Waste Management，MRS 2005，Sept. 12-16，2005.

[19] http://www.nea.fr.

[20] 穆罕默德・巴拉迪. 进展的好征兆. 国际原子能机构通报，2000，42（3）：2.

[21] Gonzalel AJ. 放射性废物管理安全. 国际原子能机构通报，2000，42（3）：5.

[22] IAEA. Retrievability of high level waste and spent nuclear fuel. IAEA-TECDOC-1187，2000.

[23] 国际放射废物地质处置十年进展.（OECD/NEA），北京：原子能出版社，2001.

[24] 中华人民共和国放射性污染防治法. 2003.10.1.起执行.

[25] 王驹. 我国高放废物地质处置研究十年进展.//中国高放废物地质处置十年进展. 北京：原子能出版社，2004.

[26] 徐国庆. 膨润土矿床筛选. //中国高放废物地质处置十年进展. 北京：原子能出版社，2004：318.

[27] 刘晓东. 地质处置库缓冲回填材料特性研究. 第 260 次香山科学会议 高水平放射性废物地质处置会议文集. 北京：2005 年 9 月 6-8 日，152-165.

第十二章　核电站废物的处理

世界核电已有 13 000 多堆·年的运行史。按 IAEA 2007 年 4 月统计，全世界 33 个国家和地区中有 436 座商业核电机组在运行，还有 29 座在建设中。20 世纪 80 年代，中国核工业进入了以发展核电为标志的新阶段。目前我国大陆核电装机容量达到 8.5×10^3 MW（表 12-1）。为满足国民经济发展和人民生活提高对电力的需求，我国政府确定要积极发展核电，到 2020 年规划中的核电装机容量将达到 40×10^3 MW。在建和计划即将建设的核电站有秦山第二核电站二期、广东岭东核电站、浙江三门核电站、广东阳江核电站、山东海阳（一期）和辽宁红沿河（一期）核电站等。

表 12-1　我国已建成的核电机组

电厂名称	机组配置	堆　型	容量/MW	首次并网日期
秦山第一核电站	单机组	压水堆	1×300	1991 年 12 月 15 日
秦山第二核电站	双机组	压水堆	2×600	分别于 2002 年 2 月 6 日 和 2004 年 3 月 11 日
秦山第三核电站	双机组	重水堆	2×700	分别于 2002 年 11 月 19 日 和 2003 年 6 月 12 日
广东大亚湾核电站	双机组	压水堆	2×900	分别于 1993 年 8 月 31 日 和 1994 年 2 月 7 日
广东岭澳核电站	双机组	压水堆	2×900	分别于 2002 年 2 月 26 日 和 2002 年 9 月 14 日
江苏田湾核电站	双机组	压水堆	2×1 000	分别于 2006 年 5 月 12 日 和 2007 年 5 月 14 日

核电站运行和维修过程中基本上只产生低中放废物，废物比活度低，而且其中不少是活化放射性核素，它们的半衰期短、生物毒性小。由于核电站对所产生的放射性废液和废气采取了严格的净化处理和控制排放措施，正常运行时核电站的气载流出物和液体流出物对环境影响是很小的，增加的剂量负担不到天然本底的 1%。随着管理的加强和有关技术的持续发展和改进，核电站的安全性不断提高，对环境的影响越来越低。

第一节　核电站废物的来源

核电站依靠反应堆中核燃料的可控裂变链式反应所释放的能量生产蒸汽，蒸汽推动汽轮发电机发电。核电站放射性废物中的核素有两大来源：

（1）裂变过程。燃料元件中的 U-235 和 Pu-239 裂变反应产生裂变产物，裂变产物一般被包容在燃料元件包壳中，只有极少量在燃料元件包壳破损（通常小于 0.1%）时泄漏到一回路冷却剂中。还有少量裂变产物来自燃料组件包壳外表面沾染的痕量铀裂变，其裂变产物会直接进入到一回路冷却剂中。大部分裂变产物是半衰期较短的放射性核素，经过不长时间它们就衰变为稳定元素，但也有一些较长或很长寿命的放射性核素如 ^{85}Kr、^{90}Sr、^{137}Cs、^{99}Tc、^{129}I 等。

（2）活化过程。包括反应堆结构材料的活化、冷却剂的活化、冷却剂中杂质的活化和化学添加剂的活化等。反应堆结构材料活化产生 ^{58}Co、^{60}Co、^{55}Fe、^{59}Fe、^{51}Cr、^{54}Mn、^{57}Mn、^{59}Ni、^{63}Ni、^{65}Ni、^{65}Zn、^{94}Nb、^{124}Sb 等核素，这些核素随同反应堆结构材料的冲蚀-腐蚀产物一齐进入到一回路冷却剂中。同时，反应堆结构材料冲蚀-腐蚀产物进入到一回路冷却剂中后还会进一步被中子活化。冷却剂活化产生 ^{13}N、^{16}N、^{17}N、^{18}N、^{19}O、^{3}H 等核素。冷却剂中杂质活化产生 ^{24}Na、^{27}Mg、^{45}Ca、^{49}Ca、^{31}Si、^{37}S、^{38}Cl 等核素。活化产物和所用结构材料、反应堆功率、反应堆堆龄和冷却剂纯度等许多因素有关。随着反应堆结构材料的优化和冷却剂纯度的提高，活化产物量大大减少。

此外，燃料元件中铀和钚的中子俘获反应会产生超铀元素，超铀元素基本上都包容在燃料元件包壳中。

这里特别要说明 ^{3}H，^{14}C 和 ^{110m}Ag 这三个核素的产生。

核电站 ^{3}H 的产生来自以下四种反应：

① 冷却剂中氘的活化：$^{2}H + n \rightarrow {}^{3}H$；

② 冷却剂中锂（以 LiOH 加入，调节 pH 用）的活化：$^{6}Li + n \rightarrow {}^{3}H + {}^{4}He$；

③ 控制棒和冷却剂中硼的中子俘获：$^{10}B + n \rightarrow {}^{3}H + 2\,{}^{4}He$；

④ 铀核三裂变反应。

核电站 ^{14}C 的产生主要来自覆盖气体中杂质的活化反应如：

（1）^{17}O 核反应：$^{17}O(n，\alpha)^{14}C$

（2）^{14}N 核反应：$^{14}N(n，p)^{14}C$

（3）^{13}C 核反应：$^{13}C(n，\gamma)^{14}C$

对于 CANDU 重水堆核电站，^{3}H 和 ^{14}C 的量明显高于压水堆核电站。在压水堆中，^{3}H 近 80%进入液态；在重水堆中，^{3}H 近 50%以气态逸出，50%进入液相。^{3}H 以 HT 和 HTO 形式进入废气和废液中，^{14}C 主要以 CO_2 形式进入废气和废液中。

大亚湾核电站 ^{110m}Ag 曾经是液态流出物中关键核素。经查找原因，发现其主要来源为：Ag-In-Cd 控制棒、压力容器“O”型密封圈和热交换器密封圈中的 Ag 被冲蚀-腐蚀后，在一回路被中子活化，形成 ^{110m}Ag。^{110m}Ag 用大孔径树脂去除有较好的效果。

一回路冷却剂带有很强放射性。由于蒸汽发生器传热管束难免有泄漏，因此二回路介质也可能有放射性。一回路、二回路的有关设备和管路都可能受到不同程度的放射性污染，会产生各种类型不同水平的放射性废物。通过加强管理与改进工艺和设备，核电站正常运行和检修过程中产生的放射性废物量不断减少。放射性废物主要产生于检修活动，必须严密组织和管理检修活动，包括缩短检修时间等。

根据反应堆类型、功率、燃耗深度，可以用计算机程序推算出堆芯裂变产物的核素组成和活度，根据燃料组件气密性的丧失率和燃料元件的破损率，可以推算出燃料芯体与包壳之间空隙内裂变产物的活度和一回路冷却剂中裂变产物的活度，也可以推算出一回路冷却剂中活化产物的活度。根据设定的蒸汽发生器的泄漏率，可以推算出二回路介质中裂变产物和活化产物的活度。这样的计算机程序已开发很多，例如：

（1）计算堆芯总活度（包括裂变产物及重同位素），世界各国多用美国 ORNL 开发的 ORIGEN 2 程序[1]或其升级版本计算。

（2）计算一回路冷却剂的裂变产物及活化产物，美国对轻水堆已形成国家标准 ANSI/ANS 18.1[2]。我国也基于此标准制定了国家标准。法国对一回路冷却剂裂变产物采用 PROFIP 程序，活化产物采用 PACTOLE 程序。俄罗斯对一回路冷却剂中的裂变产物采用 RELWWER 2.0 程序。对一回路冷却剂中的活化产物有采用 CONTRAN 程序。

（3）计算二回路介质放射性，法国给出了简单计算模型，俄罗斯对压水堆编制了通用程序《BETA-GAMMA ROJECT》-VERSION 2.0。

（4）计算气载和液态流出物向环境的放射性释放量，有 GALE-PWR 程序等。

第二节　核电站废物的管理系统

核电站放射性废物可分为放射性废气、放射性废液和放射性固体废物三大类。

冷却剂在处理过程中排出的放射性气体、放射性设备的吹扫气是放射性工艺废气的主要来源。放射性设备间的排风由排风系统分别收集和净化处理。

反应堆一回路及其辅助系统、管道和阀门的泄漏，设备疏水，离子交换过滤器的冲洗水，放射性设备及设备间的地面的冲洗水以及去污废液等是放射性废液的主要来源。

放射性废液处理过程中产生的蒸发浓缩废液、核岛有关水处理系统产生的废树脂、废过滤器芯、放射性废气处理系统和核岛排风系统所产生的高效过滤器芯以及在运行和检修过程中废弃的设备部件和劳保用品等是固体放射性废物的主要来源。

核电站对产生的放射性废物实行分类收集、处理和贮存。废气和废液经处理后监测达标排放，保证向环境排放的放射性量和对公众的辐照剂量控制在国家规定的限值以下，并且是可合理达到的尽可能的低。固体放射性废物通常经减容处理和包装后在核电站内临时库内存放。按国发[1992]45 号文，低中放固体废物暂存年限不超过 5 年，以后送往低中放废物处置场进行处置。

核电站废物处理系统能够接受和处理电站正常运行和预期运行事故工况下的最大废物量和最大比活度的废物，处理能力和贮存容量都有较大余量。

核电站废物管理系统通常包括：

（1）放射性废物收集系统。

（2）硼回收系统。这是压水堆核电站的特有系统，主要作用是对一回路排出的冷却剂和核岛含硼废液进行贮存、净化处理、硼水分离和监测。有些核电站将硼回收系统划入核辅助系统，不作为放射性废物系统。

（3）废液处理和排放系统。主要作用是接收、暂存、处理、监测和排放不可复用的放射性废液，如工艺废液、控制区地面疏水、化学废液和洗涤废水等。

（4）废气处理和排放系统。主要作用是接收、处理、监测和排放放射性工艺废气。

（5）固体废物处理和贮存系统。主要作用是收集、处理和暂时贮存核电站所产生的固体废物。

第三节　核电站废物的处理方法

一、废气处理工艺和设备

核电站废气包括两大方面：即工艺废气和核岛厂房排风，放射性废气处理系统主要是指工艺废气处理系统。压水堆电站的工艺废气通常分为含氢废气和含氧废气。废气中主要放射性组分是：惰性气体、碘和气溶胶、碳-14和氚。CANDU堆电站的废气中还含有较多的碳-14和氚。厂房排风的主要组分是碘和气溶胶。短寿命惰性气体的去除主要靠滞留衰变作用，颗粒物和气溶胶的去除主要靠过滤，放射性碘的去除主要靠碘吸附器。氚的去除尚没有理想的办法。

1．含氢废气

含氢废气又称高放无氧工艺废气，主要来自反应堆一回路稳压器卸压箱、化学和容积控制系统的容控箱、冷却剂系统的疏水箱以及硼回收系统的暂存箱和脱气塔等。

含氢废气中主要化学成分是氢气和氮气，对这类废气通常采用压缩贮存衰变方法进行处理，其处理工艺流程如图12-1所示：

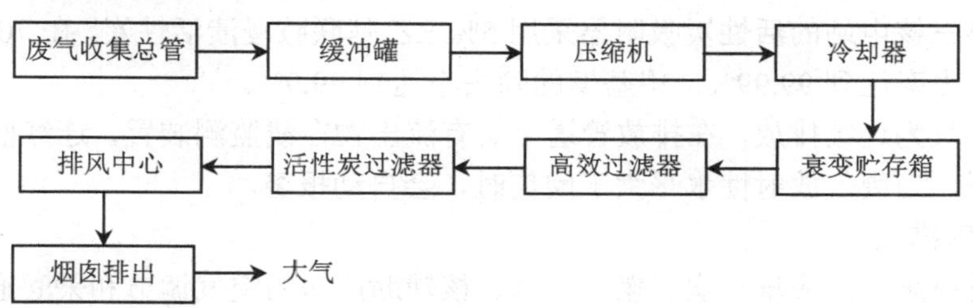

图12-1　压缩贮存衰变法处理含氢废气工艺流程图

废气衰变箱要保证废气有足够长的贮存时间，由于换料大修期间废气量大，设计时要考虑有足够备用容积。废气衰变贮存时间通常要在60 d以上。

CANDU堆核电站和部分压水堆电站采用活性炭延迟床处理含氢废气。我国田湾核电站采用的含氢废气处理工艺流程如图12-2所示：

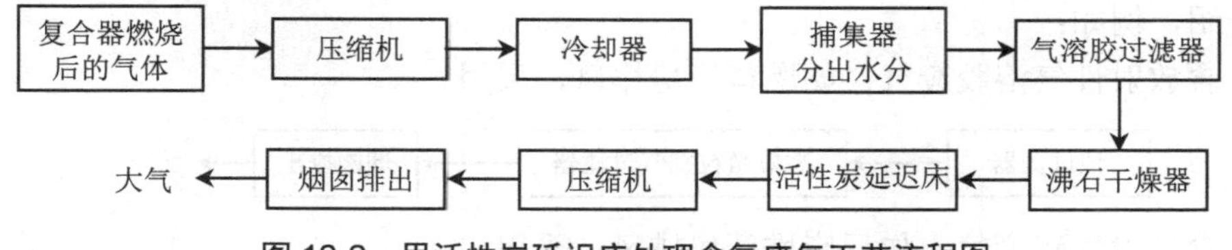

图12-2　用活性炭延迟床处理含氢废气工艺流程图

田湾核电站的活性炭延迟床的设计由4个5 m^3的活性炭床串联组成，30℃时对氪的净化系数为14，对氙的净化系数为280。大部分短寿命核素在活性炭延迟床连续吸附和解吸过程中衰减到可排放水平。

含氢废气处理后的排放，执行双重控制，第一控制是取样分析，测量排放废气的放射性水平是否满足排放要求；第二控制是在排放过程中由电厂流出物监测系统连续进行监测，当其放射性水平超过排放阈值时报警，对压缩贮存衰变工艺流程，能关闭排放阀停止排放。

为了保证在系统内不发生燃爆事故，含氢废气通常用氮气稀释、使氢气浓度保持在4%以下，并尽量减少潜在的火源。系统和设备在检修前，应用 N_2 气吹洗，除去残留的放射性气体和氢气。

2．含氧废气

含氧废气又称低放有氧工艺废气，来自非冷却剂相关放射性系统、贮槽的呼排气、吹扫气、鼓泡排气等。含氧废气只含有少量的放射性碘、气溶胶、裂变产物气体和氢气。

含氧废气含有少量放射性微粒，含有氧，一般通过高效过滤器和碘吸附器进行处理，其处理工艺流程如图12-3所示。

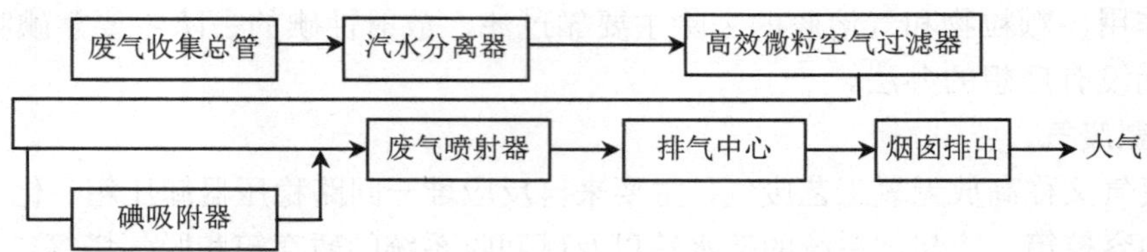

图12-3　含氧废气处理工艺流程图

秦山第三核电站的活性炭吸附器采用5%三乙基联胺浸渍活性炭，在70%相对湿度下，元素碘的除去率达到99.99%，甲基碘的除去率达到99.9%。

含氧废气为连续排放，在排放管道上装有流出物在线监测装置，连续监测排放废气的放射性水平，当废气放射性水平大于阈值时，会自动报警。

3．厂房排风

厂房排风来自反应堆厂房、燃料厂房、核辅助厂房的空气调节和采暖通风。主要含有放射性气溶胶和碘。普遍采用高效过滤器除气溶胶，用活性炭除碘。经过高效微粒空气过滤器和碘过滤器净化后，由烟囱排出，厂房排风连续运行。

厂房排风根据空气污染程度设定换气次数。气流的流向从低污染区向高污染区流动，保证排风进入烟囱前充分净化和进入环境的放射性物质最少，并创造一个温度、湿度适宜，舒适、安全的工作环境。

不同来源的厂房排风，放射性组分和水平不同，采用不同工艺流程处理，这里仅举例作简单介绍，例如：

（1）含放射性气溶胶废气，如燃料厂房排风，采用：

（2）含放射性碘废气，如反应堆厂房排风，采用：

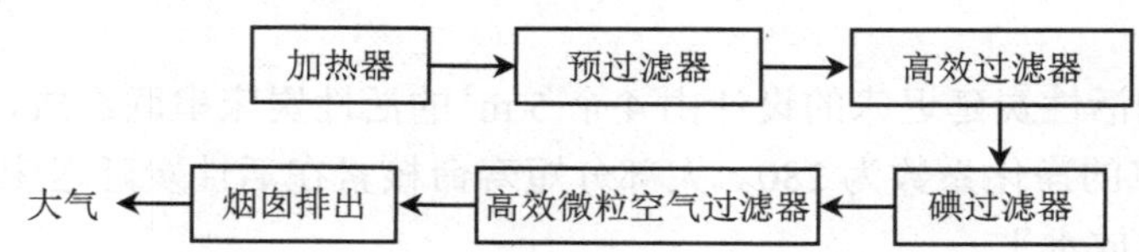

核电厂通风系统通常所用的过滤器的去污因子如表 12-2 所示。

表 12-2 核电厂通风系统过滤器去污因子

过滤器	作用	去污效率/%	去污因子，DF
进风预过滤器	除漂尘	85	7
排风预过滤器	除粗粒	85	7
高效过滤器	除粗粒	95	20
高效微粒空气过滤器	除气溶胶	99.95	2 000
碘过滤器（浸渍 KI）	除　碘	99.98	5 000

高效微粒空气过滤器和碘吸附器的检验非常重要，这类检验包括：

（1）运行前安装调试验收检验；

（2）运行后定期监督检验；

（3）运行中的更换检验。

过滤器的去污因子应定期检测。如碘吸附器可用甲基碘法，高效微粒空气过滤器可用荧光素钠气溶胶法。过滤器压降的监测是必不可少的，压降增加表示过滤器堵塞，压降减小表示过滤效率降低。

维修或更换过滤器和吸附床必须重视辐射防护和防止污染扩散。

烟囱排放实行连续监测，烟囱中安装监测仪表，在主控室自动记录气载流出物的放射性水平和流量，对气载流出物的排放进行有效控制和统计。烟囱的高度和设置根据气象资料、大气扩散试验和分析计算而定，通常用 SF_6 测算排放的扩散因子。

二、废液处理工艺和设备

核电站废液有各种分类方法，我国大亚湾核电站、岭澳核电站和秦山第二核电站分为：工艺疏水、化学废液、地面疏水和洗涤废水。有的压水堆核电站则分为 T1 废水（冷却剂相关系统设备、阀门和管道的疏水和引漏水，为含硼废水），T2 废水（辅助系统的树脂再生废液及废树脂的输送和冲洗水、去污废液、放化实验室废水，化学物质含量较高），T3 废水（控制区地面疏水和清洗水）。

核电站在换料大修期间废液的产生量集中，瞬间流量大，设计时必须考虑备有足够的贮存容量。

各类废液的来源不同，其数量、放射性活度浓度和含盐量有较大差异，主要处理方法和处理成本也不相同。因此，不同类型废液必须分类收集和贮存，分类进行处理，防止发生交叉污染。目前常用的废液处理技术有贮存衰变、过滤、离子交换和蒸发等。此外，电渗析、反渗透、超滤等技术在国外有增加应用的趋势。蒸发法和离子交换法在本书第四章已做介绍，这里只就核电厂的应用作一些补充说明：

1. 蒸发法

蒸发法具有去污因子高和浓缩倍数大等优点，核电厂废水处理中应用较多。核电厂废液处理系统应用较多的蒸发法是强制循环蒸发，但是也有一些核电厂采用自然循环蒸发。在蒸发处理前，对废液需要进行化学分析和放射性测量。为了尽可能提高浓缩倍数，料液送入至蒸发器之前，需要过滤除去悬浮物和颗粒物，需要调节 pH。对含有洗涤剂的废液进行蒸发时，为防止雾沫夹带而降低蒸发器的去污因子，需要加入消泡剂（抗泡剂）。核电厂蒸发主要用于工艺疏水和化学疏水的处理。含硼疏水的蒸发浓缩液含硼量很高，遇冷结晶可能会堵塞管道，要注意管道的保温。

2．离子交换法

压水堆核电站采用离子交换法处理废水的地方很多（表 12-3），一般用球状树脂，做成阳床、阴床和混床使用（有称除盐床）。也有用粉末状树脂，涂在过滤介质上做成预涂层过滤器，这在沸水堆电站用得较多。

表 12-3　压水堆电站常用的离子交换床

系　统	离子交换床	用　途
一循环冷却剂化学和容积控制	混床、阳床、阴床	放射性去污、去离子、除硼
硼回收	混床、阴床	放射性去污、硼回收
冷凝液和蒸汽发生器排污水	混床	去离子、放射性去污
元件贮存水池	混床	放射性去污、去离子
废水处理	阳床、阴床、混床	放射性去污
补给水	单床、混床	去离子和除胶体

核电站除盐床的树脂一般不再生，通常是根据除盐床的进出口压差和外表剂量率确定是否需要更换树脂。例如我国秦山第二核电站规定除盐床进出口压差达到 0.15 MPa 或外表面剂量率达到 15 mSv/h 时需要更换树脂。

废树脂采用水力输送，贮存在专门的贮槽中。废树脂贮槽要用压缩空气定期松动树脂层，以防止树脂层板结。在废树脂贮槽中，树脂上面有水覆盖，贮槽要有料位显示和高液位报警。为延长树脂床使用寿命可采用一些有效措施，如：加前置过滤器；采用超声波清洗树脂床或用压缩空气疏松树脂床，降低树脂床压力降。串联使用树脂床时，若第一台树脂床失效，后面树脂床并未失效，可只更换第一台树脂床，而将第 2 台、第 3 台升级为第 1 台、第 2 台使用等。

压水堆核电站各类废水处理工艺分述于下：

（1）工艺疏水。对压水堆电站，主要为冷却剂相关系统设备、阀门和管道的疏水与引漏水。这类废水的特点是放射性水平高，但化学物质含量低（主要是硼酸）。一般，采用除盐床（离子交换器）处理。当化学物质含量较高时，则需要蒸发处理或蒸发与离子交换串联使用。通常使用的工艺流程如图 12-4 所示：

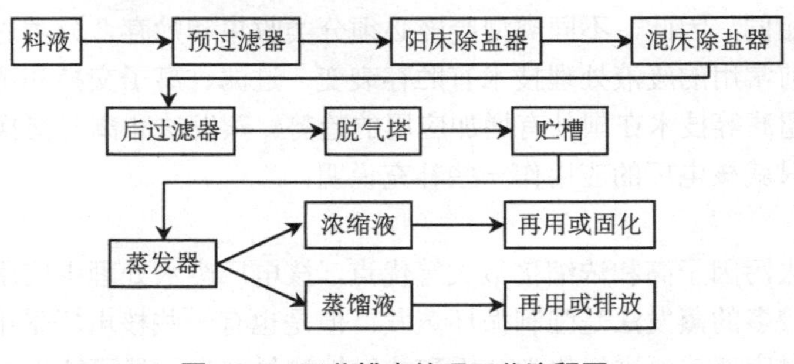

图 12-4　工艺排水处理工艺流程图

流程中的预过滤器主要用于除去废液中的悬浮固体杂质。除盐床一般由阳床和混床串联组成。后过滤器用于截留从除盐床中可能逸出的树脂颗粒。脱气塔是用于除去含硼废液中的氢气、氮气和裂变产物气体。

（2）化学废液。化学废液主要为放化实验室的废液、放射性去污系统所产生的去污废液等。这类废液的特点是化学物质含量高（含盐量大），一般采取蒸发处理。

核电站采用的废液蒸发工艺流程如图 12-5 所示。

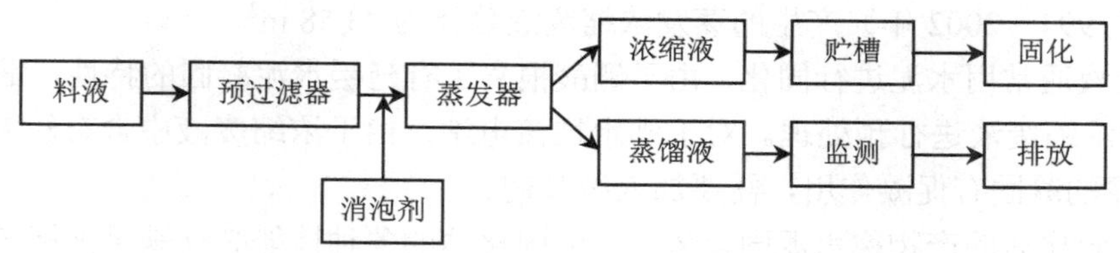

图 12-5 化学排水处理工艺流程图

（3）地面疏水。地面疏水主要为核岛控制区内的地面冲洗废水。这类废水特点是可能含有一定量的化学物质和固体颗粒，放射性水平比较低。

地面疏水应单独收集，通过取样分析和测量，当放射性浓度低于排放限值时（例如对滨海电站可为 3.7×10^{6} Bq/L），经过过滤，就可排放；当放射性水平较高时，则需要进行蒸发处理。

（4）淋浴水和洗衣水。核电站控制区卫生出入口的洗手水、淋浴水和特种洗衣房的洗衣废水的放射性水平通常很低，但这些废水含有一定量的洗涤剂，一般不作特别处理。通常采用过滤或活性炭吸附处理后排放，但对这些废水，设计上一般都考虑了在放射性水平超过排放限值时，送往废液处理系统进行处理的可能性。对这类废水进行蒸发处理时通常要添加消泡剂，以减少废水蒸发过程中的泡沫夹带。新开发的技术，如采用双氧水或臭氧加紫外光氧化分解洗涤剂；臭氧处理洗衣和淋浴水。在 pH≤11.6，温度 50℃，臭氧浓度 30～40 mg/L 时，加入速度 10 L/h，废水中表面活性剂除去效果非常好，二次废物量大大减少。

（5）含油废水。汽轮机厂房、变电站、配电所、锅炉房、油脂贮存库、消防站等场所，会产生一些含油污水。含油污水常排入油污水池澄清，并由隔板将表面的油撇去。除油后，可排入生活污水集水池或直接排放。排入海中的油含量应该小于 10 mg/L。收集的废油虽不含放射性物质，但不能排入水体，要作单独处理。

（6）生活污水。核电站的生活污水一般经生化处理站处理，达到国家规定的标准后，可用于浇花、农田灌溉或排入海洋。生活污水既要不影响生态环境，又要注意充分利用水资源。

三、固体废物处理工艺和设备

核电站固体废物来源于核电站的运行过程和换料检修活动，通常分为湿固体废物和干固体废物两大类。湿固体废物包括废液预处理过程中产生的泥浆、废液蒸发处理所产生的浓缩废液（蒸发残渣）、核岛水处理系统和废液处理系统所产生的废树脂和废过滤器芯等。

一般采用固化或固定方法处理。

1. 浓缩废液

压水堆电站的浓缩废液主要来自废液处理系统和硼回收系统的蒸发器。废液处理系统浓缩废液中含有硝酸钠、硼酸或硼酸盐，最大含盐量 400 g/L 或最大含硼量 $4\,000\times10^{-6}$。硼回收系统浓缩废液主要是废硼酸，为了防止硼结晶，含硼浓缩液的温度保持在 55℃。每个电站浓缩废液的产生量同电站的规模和运行管理水平关系很大。大亚湾核电站两台机组运行 9 年（1994—2002 年）产生的蒸发浓缩废液总计为 93.58 m^3。

浓缩废液通常用水泥进行固化，由于硼酸根离子有延缓水泥凝固的特性，常常先加入 $Ca(OH)_2$ 对浓缩废液进行预处理。对于沸水堆核电站，由于浓缩废液中含有较多 SO_4^{2-}，SO_4^{2-}对水泥的凝固有促凝作用，需要加入缓凝剂。

经水泥固化后的产物称水泥固化体。水泥固化体的各种性能必须满足国标《低、中水平放射性废物固化体性能要求　水泥固化体》的要求[3]。

用一般的水泥固化法固化含硼浓缩废液，增容很多，1 m^3 浓缩物可能产生 2 m^3 水泥固化体。采用改进的水泥固化技术，例如，我国台湾省开发的改进水泥固化技术（HEST）仅产生 0.25 m^3 固化体，废物体积降低到了 1/8。目前韩国正在建造冷坩埚玻璃固化工厂，准备用来处理核电站的各类废物，经过处理后废物体积预计可减少 20 倍。

现在美国有的核电站采用超滤、纳米滤材过滤器、离子交换和反渗透复合工艺取代絮凝沉淀和蒸发工艺，减少使用活性炭和减少加入化学试剂，以实现废物最小化[4]。

2. 废树脂

核电站的放射性废树脂不仅仅来自废液处理系统，轻水堆电站核岛有关水处理系统也都产生废树脂，例如压水堆核电站废树脂来自下列系统的除盐床：

（1）化学和容积控制系统；

（2）硼回收系统；

（3）反应堆换料水池和乏燃料水池冷却水处理系统；

（4）蒸汽发生器排污系统等。

核电站放射性废树脂的产生量不多，一个机组一年产生几立方米至几十立方米。大亚湾核电站两台机组运行 9 年（1994—2002 年）产生的废树脂仅为 62.6 m^3。不同除盐床的废树脂其比活度相差很大（10^6～10^{13} Bq/kg）。压水堆核电站废树脂中主要核素是 ^{137}Cs、^{134}Cs、^{60}Co 和 ^{58}Co，对于 CANDU 堆的阴树脂，则含有相当高量的 ^{14}C。

废树脂的处理是迄今尚未圆满解决的问题，是核电站废物管理中的一个难点，主要原因为：

（1）废树脂富集了放射性核素，虽然多数仍属于低中水平放射性废物，但有的废树脂可能比活度很高；

（2）废树脂是有机物质，在干燥的状态下具有可燃性；

（3）废树脂会辐解、热解或生物降解，产生 H_2、CH_4、C_2H_6、NH_3 等燃爆性气体；

（4）废树脂含有较多硫和氮，焚烧产物和降解产物对贮存容器和设备有较强腐蚀性；

（5）废树脂长期存放会粉化，在贮槽底部板结，会造成回取困难；

（6）废树脂是弥散性物质，不允许直接处置（除非脱水后装入高整体性容器）；

（7）沥干水的废树脂含有 50%～60%（质量分数）水分，燃烧热值低，塑料固化时尚需作进一步的干燥处理。

虽然废树脂的处理方法已经研究开发很多，（图 12-6），但迄今为止尚没有一个圆满解决的方法，目前大多采用水泥固化法处理。

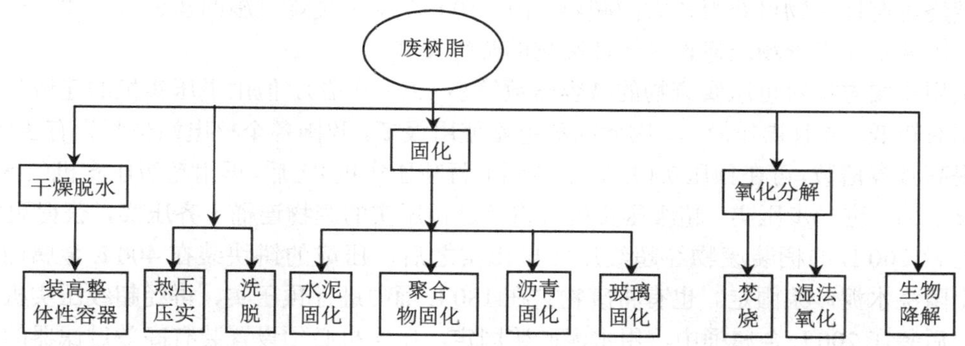

图 12-6 废树脂处理和整备方法

上述的已开发研究的废树脂的处理方法大致可分为以下两类[5]：

（1）不破坏树脂有机结构，如洗脱法、压实法、水泥固化、沥青固化、塑料固化和干燥后装入高整体性容器等；

（2）破坏树脂有机结构，如氧化分解（焚烧或湿法氧化）、玻璃固化、生物降解等。

废树脂包容量大的水泥固化体，长期浸泡在水中后固化体会龟裂和破碎，因此要限制水泥固化体中废树脂的包容量。为了保证废树脂水泥固化体的质量，要减少废树脂的包容量，这会加大水泥固化体的体积。对于处置成本高，处置场地困难大的电站，应该优选经过处理和包装后废物体积小的处理工艺，例如，将废树脂烘干后直接装入高整体性容器，或者采用冷坩埚玻璃固化的方法处理废树脂。对于一个已经运行的核电站，如果没有条件建造新的废树脂处理设施或改造已有的处理设施，可利用已有的水泥固化装置固化废树脂，把废树脂逐步少量掺入到浓缩废液中一起进行固化，采用这种方法要选好配方，包括优选所采用的水泥类型和添加剂，以保证固化体的质量。评价废树脂水泥固化体，至关重要的是鉴定长期浸泡后（1 a 以上）的抗浸出性能是否满足要求。

3．废过滤器芯

废过滤器芯来自化学容积控制系统、硼回收系统、废液处理系统、反应堆换料水池与乏燃料水池的水处理系统，以及蒸汽发生器排污水处理系统等装有机械过滤器的地方。目前国内外不少核电站已经少设置这种机械过滤器，而由离子交换器执行机械过滤和净化处理双重功能，在这种情况下就不会产生废过滤器芯。

废过滤器芯的更换，一般是根据过滤器的压差和剂量率确定是否需要更换过滤器芯。如我国秦山第二核电站，当过滤器压差达到 0.25 MPa 或其外表面剂量率达到 15 mSv/h 时，就要更换过滤器芯。通常更换过滤器芯是遥控进行作业。废过滤器芯一般通过铅屏蔽转运容器装入混凝土容器中，并注入水泥砂浆固定。如果废过滤器芯辐射水平较低，（例如，蒸汽发生器排污系统的废过滤器芯），则可装在 200 L 金属桶中，并用水泥砂浆固定。

4．干固体废物

干固体废物如：废活性炭、石墨、吸附剂、废高效过滤器芯、控制区内准备废弃的设备、部件、工具、劳保用品、擦拭材料、铺垫或覆盖用的塑料等。此外，还有很少量可能放射性强的堆内测量部件等。根据所采用的减容工艺、干固体废物可以分为可压实废物和不可压实废物，或可燃性废物和不可燃性废物。

焚烧可燃性废物可获得较大的减容（10～100 倍），但焚烧设施的建造费用和运行费用较高。国外常在多堆场址建设可燃性废物的焚烧设施。

采用压实方法对可压实废物的减容倍数较小（2～10 倍），但由于压实机的建造和运行费用相对较低，并且操作简单，因此在核电站使用很多。我国各个核电站也都设有压实机。为了提高减容倍数，可在预压实(用数十吨到上百吨压实机)之后，再用超级压实机(1 500～2 000 t 压力）进一步压实。超级压实机可将经过预压实的废物连桶一齐压实，获得更大减容。通常 200 L 的桶装废物经超级压实机压实之后，压成的饼块装在 400 L 金属桶中，周围空隙浇水泥砂浆固定。也有将废物装在 180 L 桶中进行预压实、再经超级压实机压实成饼块后装在 200 L 金属桶中，用水泥砂浆固定。压实机必须设置装有高效过滤器的排风系统，以防止废物压实时释放的放射性气溶胶和气载颗粒污染周围环境。此外，还要注意收集废物压实过程被挤压出的水分。

5．固体废物的包装和运输

核电站固体废物通常用 200 L（或 55 加仑，208 L）和 400 L 钢桶及混凝土容器包装。我国大亚湾、岭澳、秦山二期核电站的水泥固化体和废过滤器芯基本采用混凝土容器包装。这种混凝土容器分为Ⅰ、Ⅱ、Ⅲ、Ⅳ四种型号。按设计，浓缩液水泥固化体包装在Ⅰ、Ⅱ型混凝土容器内，废树脂固化体包装在Ⅰ、Ⅱ、Ⅲ型混凝土容器内，废过滤器芯包装在Ⅳ型混凝土容器内。此外，国外也有用 0.5 m^3、1 m^3、2 m^3 的金属钢箱作包装容器。一些常用的废物包装容器的尺寸如表 12-4 所示。

表 12-4 一些常用废物包装容器的尺寸

类别		外径/mm	内径/mm	高度/mm	壁厚/mm	容积/L
钢桶	200 L	590	560	900	1.25	200
	400 L	772	700	1 080	1.5	400
混凝土容器	C-Ⅰ	1 400	1 100	1 300	150	864
	C-Ⅱ	1 400	800	1 300	300	308
	C-Ⅲ	1 400	600	1 300	400	118
	C-Ⅳ	1 100	800	1 300	150	502

实践表明，混凝土容器虽然有自屏蔽效能好和抗腐蚀作用强优点，但它有着重大缺点，由于一个 2 m^3 体积的大混凝土容器只能装 0.5～0.86 m^3 废物，废物包装率太低，占用贮存库和处置场空间多，不符合废物最小化的要求。

废物包装应满足《低中水平放射性固体废物包装安全标准》要求[6]。重点应检查包装桶外表污染水平和剂量率。废物货包上要有清楚而耐久的放射性标志和编号（或条形码）。

废物包装容器必须由取得许可的有资质的工厂生产。根据有关标准规定，A 型包装要求做：渗水试验、负载试验、贯穿试验和 1.2 m 高度自由坠落试验；对于 B 型包装，还要求增加：高温燃烧试验、9 m 高度坠落试验和水浸试验。

核电站废物场内运输应该有专用车辆和专用道路，不致引发交叉污染和环境污染，不使工作人员受到不必要的照射。核电站废物的场外运输，必须遵守《放射性物质安全运输规程》（GB 11806）的相关规定。

6．固体废物的暂存

核电站应设废物暂存库，暂存库的设计应满足下列要求：

（1）有足够的暂存容量（按规定厂内暂存不超过 5 a 的废物量）；

（2）保证暂存期满后废物可以回取；

（3）操作人员的受照水平和库外辐照剂量率不超过规定限值，并合理可达到的尽量低；

（4）具有安全可靠的堆放工具，如吊车、叉车等。

对所贮存的废物要求满足：

（1）废物包的放射性活度不超过规定限值，所贮存废物的总活度不超过设计限值；

（2）废物包的重量和外形尺寸，不超过设计的装卸和运输限值；

（3）随同废物包应提供废物重量、体积、废物类型、表面剂量率、表面污染水平等数据；

（4）入库时，废物包要进行编号，填写入库登记卡，注明贮存位置，并将有关数据录入计算机，建立所贮存废物的文档。

贮存库要做好日常管理、做好防火、保安和定期监测工作，并制订应急预案。在多雨的沿海地区，由于空气湿度大、氯离子含量高，为了降低金属桶的腐蚀速率，需要考虑通风、除湿等措施。

废物桶堆放的层高应满足安全要求，一般 200 L 金属桶垒放 4～6 层，大型混凝土桶垒放 3～4 层。为了吊运和堆放的安全和方便，有的核电厂将多个（4～8 个）200 L 废物金属桶装在一个筐篮里，连筐篮一起进行堆贮。这种堆贮方式稳固性好，回取方便。废物桶的吊运堆放一般在控制室内借助电视监视器遥控操作，或采用无人驾驶叉车进行堆放。对放射性水平较低的废物桶，也可采用有人驾驶叉车进行堆放。所贮废物桶的号码、剂量率、贮存位置和贮存日期都储存在计算机数据库中，所贮的废物桶完全处于控制状态。

7．生活垃圾和工业垃圾

核电站的生活垃圾和工业垃圾按常规方法进行分类，对废弃物进行填埋或焚烧处理，实现减容化、无害化，对可回收复用的材料实施资源化处理。

第四节　核电站流出物的排放

核电站应不断提高放射性废物的管理水平，实现废物最小化，减少流出物的排放。

一、流出物排放的审批和监督

《核电厂运行安全规定》[7]对核电厂放射性排出流和废物提出了原则规定。国家核安全局还发布了《核电厂放射性排出流和废物管理》[8]导则。

核电站遵守国家规定的“三同时”、“四统一”原则，即废物处理设施和主工艺设施同时设计、同时建设、同时投产；多堆电站统一管理、统一申请排放限值、统一实行环境监测、统一组织应急响应设计和实施排放。

核电站必须向国家环境保护总局提出放射性物质每年排放数量的申请，报告拟排放物质的特性与活度、排放位置和方法，并通过环境调查和适当的试验或数学模拟方法，确定排放的放射性核素可能引起公众照射的重要照射途径，估算可能引起关键人群组的受照剂量。

核电站实际排出的放射性物质的数量必须控制在国家环境护保总局批准的限值之内。为了保证不超过国家环境保护总局批准的限值，并做到合理可达到的尽量低，通常核电站都制订低于批准限值的管理目标值，并分配气载和液体流出物的排放总量，确定排放浓度限值，实行总量与浓度双重控制，并以总量控制为主。

核电站对放射性流出物的排放有一套严格审批制度，质保部对排放过程实施独立监督，保证流出物取样、监测、排放，符合国家法规、标准和核电站管理程序。例如大亚湾核电站实施如图 12-7 所示的审批管理程序。

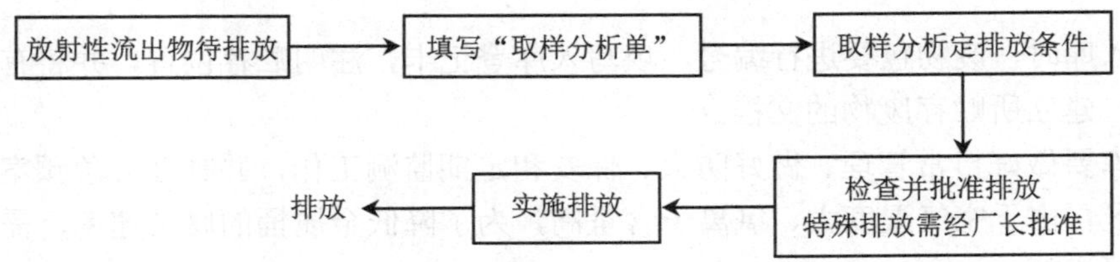

图 12-7 大亚湾核电站流出物排放审批管理程序图

核电站年排放总量按季度控制，连续 3 个月内的排放总量不得超过排放目标值的 1/2。若出现超过，必须迅速查明原因，采取有效措施纠正，并报上级环保部门。核电站每年的实际排放量要向国家环境保护总局报告。

二、气态流出物的排放

放射性气态流出物的排放分为连续排放和约定排放两种类型。含氢废气由于所采用的处理工艺不同，可以是约定排放（衰变箱处理工艺）也可以是连续排放（活性炭滞留床处理工艺）；含氧废气采用连续排放；安全壳内的排风采用约定排放；核辅助厂房和燃料厂房的排风采用连续排放。

在工艺排气的管路和排风烟囱上分别设有流出物连续监测装置和分析取样装置。在线流出物监测系统能连续监测和记录气载流出物的辐射水平以及排出气体的流量和总体积。当流出物的辐射水平高于设定的低阈值时会发出报警信号；超过设定的高阈值限时，会自动关闭排气阀，停止排放。取样分析的项目有：

惰性气体（测量 总β和γ谱）；

气溶胶（测量 总β和γ谱）；

碘（测量 总γ和γ谱）和氚。

测量结果作为统计气态流出物排放量的依据。

三、液态流出物的排放

根据《中华人民共和国放射性污染防治法》[9]规定，核电站放射性废水的排放实施槽式排放。废水在排入环境之前，先贮存在监测槽中，排放前启动循环泵使废液混合均匀，然后取样分析，合格后才实施排放，若不合格要返回废液处理系统重新处理。当一个槽在排放时，另一个槽在接收废液，还应有一个槽处在备用状态。

废水排放实施双重控制，第一控制为槽中废水排放前的取样分析；第二控制为排放时的在线连续监测。取样分析项目包括：总γ、总β、氚、^{90}Sr 和γ谱。在线连续监测包括在排放管路上的辐射监测和流量监测。辐射监测仪表与排放阀联锁控制，当流出物辐射水平高于排放限值时，就会自动报警和关闭排放阀，并将数据传入集中数据处理系统和主控室。

液态流出物有核岛废水和常规岛废水，两类废水分别由不同系统收集、处理、贮存。但排放时，两类废水由二回路冷却水同一个排放口排出。在冷却水排放渠中混合均匀后排入外环境水系，在排放渠废水可得到很大程度的稀释，稀释因子可达到几百。

核电站液体放射性流出物排放口应避开集中取水口、经济鱼类产卵场、洄游路线、水生生物养殖场、游泳娱乐场等，并应考虑有利于温排水的热扩散，控制水域温升，避免产生热污染。

核电站应调查周围地区各种年龄人口的情况，他们的食品和生活习性，确定关键核素、关键人群组和关键照射途径，采用适当模式和参数，估算公众和关键人群组的受照剂量。

四、流出物排放的质量保证和质量控制

核电站对流出物的排放，必须严格实行质量保证和质量控制，流出物的监测程序和测量方法应由审管部门批准，监测记录应予妥善保存。流出物的取样频率、取样点选定、取样方式、分析方法、仪器刻度、标准源的使用、数据处理等必须遵守相关的程序规定，执行质保大纲的要求。监测工作应由培训合格的人员承担。核电站流出物的监测由核电站和当地环保部门分别独立进行，监测结果除向上级部门报告外还予公布。

五、非放射性有害物质的控制

核电站的环境影响评价，除了考虑放射性核素的影响外，还要求考虑非放射性有害物质的影响。核电站的生活用水和工业用水须经净化、消毒、杀菌、软化等处理。为除去水中悬浮物和胶体，常常加入混凝剂，如：铝盐[硫酸铝 $Al_2(SO_4)_3 \cdot 18H_2O$，明矾 $Al_2(SO_4)_3$，$K_2SO_4 \cdot 24H_2O$，铝酸钠 $NaAlO_2$]，铁盐[硫酸亚铁 $FeSO_4 \cdot 7H_2O$，氯化铁 $FeCl_3 \cdot 6H_2O$、硫酸铁 $Fe_2(SO_4)_3$]。混凝剂水解生成絮状胶体氢氧化物，吸附、聚凝水中的悬浮物、微小颗粒和胶状物形成沉淀。为软化水质，通常加入 CaO，生成 $Ca(OH)_2$，以降低水中 Ca、Mg 离子浓度，降低水的硬度，为较好地去除硅还加入镁剂。核电站要关注加入的常规化学物不给环境带来负面影响。

滨海电站的凝汽器都要采用大量海水作为冷却水，为了避免海水中微生物对电站运行

的影响，需要杀灭所引入海水中的微生物。例如，紫贻贝（海虹）能用足丝吸附于管壁，迭层繁殖，导致管道断面缩小，增加阻力，降低流量，影响传热。通常对引入海水进行氯化处理（常用液态氯和漂白粉）。加入的氯一部分消耗于杀死水中微生物，一部分消耗于水中的有机物和某些无机物，还有一部分残留在水中，称为过剩氯或残余氯。残余氯的浓度应控制在 0.5 mg/L 以下，使对海域的生态环境影响最小。

第五节 核电站的废物最小化

核电站的废物最小化不仅可以减少公众所受到的辐照剂量和环境影响，同时可以降低核电站的运行成本、提高核电站的经济效益，是保证核电可持续发展的重要措施之一。由于废物处置场场址难觅和处置场收费的不断上涨，核电废物最小化越来越受到各国核电界的重视。世界核营运者协会（WANO）曾经将放射性固体废物最终产生量列为对核电站运行业绩评估的十大指标之一。

核电厂废物最小化已有很多好的经验，国内外已有很多经验总结和报导[10, 11]。表 12-5 和表 12-6 列举了一些主要的技术措施和管理措施。

表 12-5 核电厂减少放射性废物的主要技术措施举例

措 施	作用和效果
降低燃料元件破损率	减少废物作用很大
降低蒸汽发生器泄漏率，减少反应堆系冷却剂系统泄漏率，减少“跑、冒、滴、漏”	减少废物作用很大
提高燃耗、减少换料次数	减少废物作用很大
减少换料和维修天数	减少废物作用很大
选择耐腐蚀材料作为压力容器和堆内构件， 选用含低钴材料作反应堆结构材料， 用 M-5 合金代替 Zr-4 合金等	减少腐蚀产物和活化产物作用很大
采用模块化设备	设备容易更换，缩短检修时间，减少废物作用大
设备进行表面处理，提高设备光洁度	不易积污，并易于去污，减少二次废物作用大
提高过滤器和离子交换器性能	减少废物作用大
尽量降低冷却剂和覆盖气体中的杂质	减少活化产物作用大
对固体废物采用超级压实机处理，减少回弹作用	减少固体废物体积
尽量不采用一次性使用的防护衣物	减少固体废物体积
监测和分类控制区内的废弃物	不笼统放在一起当作放射性废物处理
对废过滤器芯分类处理，低放废过滤器芯压缩减容之后包装，一个包装容器装多个废过滤器芯	减少固体废物量
控制区内不使用木质脚手架	减少固体废物量
墙壁涂覆环氧树脂	容易去污
包覆台架和支架	易去污处理
用可剥离涂层涂覆易污染物的表面	防污染，易去污
对大件放射性废物进行切割处理	减少废物体积，并有利后续的压缩/焚烧处理

措　施	作用和效果
科学合理收集和处理废物	防止交叉污染和减少二次废物
尽可能分出极低放废物和清洁解控废物	减少放射性固体废物体积
选用包装容积效率高的包装容器	减少最终固体废物体积
防止雨水进入放射性控制区	减少废水量，对多雨地区意义很大
防止控制区内设备、管道外表面产生凝结水	减少废水量
对多堆电站的可燃废物使用焚烧方法处理	可燃废物焚烧处理可获得很大减容
换料、维修用的专用工具和起重运输工具贮存在专门场所，供多次使用	减少固体废物量
监测控制区内拆下的设备、管道和保温材料	以便分类收集和处理
对压水堆硼酸回收再利用	减少废物量
通用器具集中管理使用	减少固体废物量

表 12-6　核电厂减少放射性废物的管理措施举例

措　施	作用和效果
提出减少废物的目标和指标，建立废物统计和跟踪系统，定期发布废物量	领导者和员工全体动员投入废物最小化
制定放射性废物管理规章和培训大纲，举办放射性废物管理知识讲座	使员工都了解放射性废物管理和废物最小化意义，提高员工的安全文化素养，掌握减少放射性废物的方法，树立废物最小化的自觉意识和发挥减少废物的主观能动性
建立废物管理委员会或废物管理小组，授权有经验人员负责废物管理	提出废物处理/处置策略，定期讨论废物管理方面的问题，研究解决办法，提出改进建议，协调废物管理工作各部门之间的关系
周密计划和组织换料大修，缩短大修工期	显著减少废物产生量和工作人员受照剂量
防止非计划停堆	显著减少废物产生量和工作人员受照剂量
严格控制进入控制区的工作人员，规定干净物项进入控制区域的限制条件	防止污染扩散，减少废物产生量
严格废物分类收集、存放和处理	防止交叉污染
加强废物管理工作的质量保证措施	为减少废物量和降低废物放射性水平提供保障
做好应急响应准备	应对突发事故，减轻事故的危害与防止污染扩展
加强防火、防盗	防止事故造成污染
加强监测	控制污染在最小的范围内，防止污染扩散
对承包商规定相应的废物最小化要求	要求承包商承担相应的废物最小化责任

对于群堆电站，采用焚烧炉、超级压实机、流动固化装置和共用固体废物贮存库等措施，对减少核电站的固体废物量有显著的效果。美国压水堆核电站在过去的 5 年时间里，把固体废物产生量由约 100 m^3/GW·a 降到约 50 m^3/GW·a。

我国核电站非常重视废物最小化，已经提出和实施了许多行之有效的措施。大亚湾核电站和岭澳核电站建立了“遵守法规、安全运行、减少排放、节约资源、持续改进、保护环境”的环境管理方针，由生产部经理全面负责电站的放射性废物管理，并由一名副经理具体负责核电站的环境保护与放射性废物管理工作的运作。由三废处理、辐射防护、环境监测、化学分析、维修等部门人员组成环境保护与三废管理委员会。三废管理委员会定期召开会议，专门研究解决三废管理方面重大事项，制定管理目标，跟踪落实和协调有关技术和管理问题。由于加强了管理和持续的改进，核电站的流出物排放量和固体废物量，呈不断下降趋势。大亚湾核电站在过去 9 a（1994—2002 年）内气载和液态流出物的排放（除氚外），远低于核电站的管理目标值，甚至不到百分之一（表 12-7）[12]。

表 12-7 大亚湾核电站放射性流出物排放（1994—2002）

流出物	液态流出物		气态流出物		
	除 ^3H 外核素	^3H	惰性气体	碘	气溶胶
国标 6249-86 年排放控制值（A）	750 GBq	150 GBq	2 500 TBq	75 GBq	200 GBq
大亚湾电站管理目标值（B）	700 GBq	55.6 GBq	1 140 TBq	34.2 GBq	3.8 GBq
实际排放值所占比例/%，相对于（A）	2.23	19.2	1.22	0.27	0.005 7
实际排放值所占比例/%，相对于（B）	2.39	51.7	2.68	0.59	0.30

由于流出物排放的严格管理，确保了对环境和公众的安全。大亚湾核电站 1994—2002 年流出物排放对关键居民组所造成的年有效剂量平均为 1.20×10^{-3} mSv，相当于国标 0.25 mSv 的 48%，约为世界人均天然本底年有效剂量 2.4 mSv 的 0.05%。

大亚湾核电站运行 9 年（1994—2002 年）两台机组累积产生放射性固体废物 1 563.51 m^3，仅为设计值的 18%。2002 年每台机组产生的固体废物已经降到 63.5 m^3/a，约为 1995 年的 127 m^3/a 的 50%，达到法国同类型核电机组的先进水平[13]（表 12-8）。

表 12-8 大亚湾核电站与法国同类核电站固体放射性废物的产生量比较 单位：m^3/机组

年 份	1994	1995	1996	1997	1998	1999	2000	2001	2002
大亚湾电站	49(1)	127	97	104	89	92	93	66.6	63.5
EDF 的核电机组(2)	124	88	112	106	94	98	101	96.4	99.8
WANO 统计的平均水平(3)	70	57	45	36	45	36	39	—	—

[注]（1）1994 年是大亚湾核电站投产第一年，没进行换料大修，废物产生量较少；（2）所列数据为法国 EDF 所有机组平均水平；（3）表中数据为 WANO 统计的 300 多台各类机组平均水平。

秦山核电站的放射性废物产生量也逐年下降，浙江省环保局对秦山核电站周围的环境实行双轨监测，监测结果表明秦山地区的辐射环境质量状况良好。

我国台湾省的核电站由于受处置场压力，高度重视废物最小化，除采取许多行政管理措施外，还采用了多种减容技术，例如，台湾省自行研发的先进水泥固化技术、从国外采购的焚烧炉、超级压实机等。马鞍山核电厂站采用了先进水泥固化技术并设置了 30 kg/h 焚烧炉，国圣核电厂站的减容中心装备了处理能力 100 kg/h 的焚烧炉和 1 500 t 压力超级压实机，使近几年来最终固体废物量显著下降（表 12-9）。

表 12-9　我国台湾省核电厂站固体废物年产生量

电站名称，台数，堆型和容量/MW	固体废物桶数，200 L/桶			
	1993—1995 年	1996—1998 年	1999—2001 年	2002—2004 年
金山　2×BWR，636	1 500	1 300	700	550
国圣　2×BWR，985	2 000	1 650	900	800
马鞍山 2×PWR，951	450	400	300	200

参考文献

[1] ORNL/TM-7175，1980.

[2] RADIOATIVE SOURCE TERM FOR NORMAL OPERATION OF LIGHT-WATER REACTOR. ANSI/ANS 18.1，1984.

[3] 低、中水平固体固化体性能要求　水泥固化体. GB 145691-93.

[4] IAEA. An Overview of International Status and Trends in Radioactive Waste Management. IAEA/WMDB/ST/2，2002，IAEA/WMDB/ST/3，2003.

[5] 罗上庚. 放射性废物概论[M]. 北京：原子能出版社，2003：62-78.

[6] 低、中水平放射性固体废物包装安全标准. GB 12711-91.

[7] 核电厂运行安全规定. HAF 0300.

[8] 核电厂放射性排出流和废物管理. HAF 0311.

[9] 中华人民共和国放射性污染防治法. 2003 年 10 月 1 日起施行.

[10] IAEA. Minimization of Radioactive Waste from Nuclear Power Plants and the Back end of the Nuclear Fuel cycle，Technical Reports Series No.377，IAEA，Vienna，1995.

[11] 孙明生. 核电厂放射性废物最少化的目标及其具体实施[J]. 辐射防护，2001，(21)：359.

[12] 欧阳俊杰，陈跃. 大亚湾核电站 1994—2002 年放射性流出物监测总结[J]. 辐射防护，2004（24）：162.

[13] 黄来喜，何文新，陈德淦，俊杰，陈跃. 大亚湾核电站放射性固体废物管理[J]. 辐射防护，2004（24）：211.

第十三章　核技术利用废物和废旧放射源的管理

核技术在工农业生产、医疗、教育、研究和国防事业中有着广泛的应用。我国医用放射性同位素的年使用总量超过 5×10^4 TBq，医用射线装置总数已达十几万台，这种应用还在日益扩大。

放射性同位素通常用反应堆中子辐照或加速器生产，也有些同位素从乏燃料后处理工艺过程分离得到，如 ^{85}Kr、^{133}Xe、^{90}Sr 和 ^{137}Cs 等。放射性同位素在生产和应用过程中所产生的放射性废物与核燃料循环产生的废物相比，虽然数量、毒性和放射性水平都要低很多，但它们的影响和管理的重要性不容忽视，特别是放射源的管理，丢失和被盗事故国际上屡屡发生，产生的影响很大，在防恐、反恐新形势下引起国际社会的广泛关注。

核技术利用废物在我国俗称城市放射性废物，因为它主要产生于城市的医院、研究所、大学和工厂应用放射性同位素的过程。

第一节　核技术利用废物的产生和特性

放射性同位素以密封源或非密封源（开放源）两种形式存在和被应用。这两种情况所产生的放射性废物差别很大，密封源一般不会产生放射性废物，只是当它成为废源作固体放射性废物处理时，或者当发生泄漏时，可能引起放射性污染。非密封源的使用则可能产生废液、固体废物和气载放射性废物。在工业、农业和国防中密封源使用为多，在医疗、教育和研究中除用密封源外开放源也用得较多，如核医学中常用 ^{99m}Tc 和 ^{131}I 等开放源。

一、同位素的应用

放射性同位素的应用非常广泛，并且还在不断扩大应用的数量和应用范围。

1．同位素在工业中的应用

（1）工业探伤，集装箱检查，检测焊缝、磨损、泄漏、堵塞等；

（2）质量控制和工艺控制，使用于量具如测量重量、厚度、料位、湿度、灰分、孔隙度、仪表刻度等；

（3）除湿，除尘，除静电，避雷；

（4）热源，电源，动力源；

（5）医疗卫生用品、中草药和食品的消毒杀菌或保鲜；

（6）烟气净化，除二氧化硫和氮氧化物；

（7）废水、淤泥的处理；

（8）地质勘探，找水，找油，测井，测定河流的泥沙沉积等；

（9）火灾报警，毒气探测，毒品检测；

（10）发光标志和信号；

（11）辐射交联，聚合物改性，电缆辐照等。

工业用的放射性测量装置有固定式，有便携式；有的放射性较弱（如刻度源仅 kBq～MBq），有的很强达几千 TBq；有的装置很大，有的体积很小，小的容易失控或被盗。有的长久置放在厂房，由于被灰尘、污垢所覆盖，放射性标志不清晰，容易被遗忘和失控。

2．同位素在农业中的应用

放射性同位素在农业中的应用也十分广泛，例如：

（1）辐射育种，诱发突变培育高产、优质、抗冻、抗虫害的新品种；

（2）农副产品的辐射保鲜；

（3）牲畜疾病的诊断和治疗；

（4）光合作用的研究；

（5）肥效和土壤改良研究；

（6）杀虫灭菌；

（7）化肥、农药的环境转移研究等。

在许多化合物的毒理学和新陈代谢研究中，常用放射性核素 ^{14}C 和 ^{3}H，因为它们容易进入复杂的碳氢化合物大分子结构中。

3．同位素在医疗中的应用

放射性同位素广泛用于疾病的诊断、治疗、病理和药理的研究，以及医疗机械用品的消毒。

（1）疾病的放射诊断，使用的核素如 ^{14}C、^{32}P、^{51}Cr、^{59}Fe、$^{57,58}Co$、^{67}Ga、^{81m}kr、^{99}Mo、^{99m}Tc、^{111}In、^{113m}In、^{198}Au、$^{123,125,131}I$、^{133}Xe、^{201}Tl、^{153}Gd、^{241}Am 等。以 ^{131}I 和 ^{99m}Tc 用得最多；

（2）疾病的放射治疗（使用较多的核素如 ^{32}P、^{131}I、$^{89,90}Sr$、^{90}Y、^{153}Sm 等）；

（3）医疗用具的消毒灭菌（使用较多的核素如 ^{60}Co、^{137}Cs 等）；

（4）核医学病理、毒理、新陈代谢研究（使用较多如 ^{3}H、^{14}C、$^{32,33}P$、^{35}S、$^{125,129,134}I$ 等）。

在医院的核医学科室，以使用开放型放射性同位素为多，如给病人注射水溶性注射液，口服胶囊或吸入气溶胶等，也有用密封型源作敷贴器、作介入治疗等。较长寿命的核素，如 ^{60}Co、^{92}Ir、^{137}Cs 主要用于外部射线治疗和医疗器械的消毒。

二、核技术利用产生的废物

核技术利用产生的废物有气态、液态和固态三类，以固、液态居多，例如：

（1）废放射源和发生器；

（2）一次性注射器、口服药杯、试管、标记瓶，废钼-锝柱；

（3）药棉，纱布，手套，污染的防护衣具；

（4）淋洗废液的冲洗废水，实验室洗涤废水；

（5）废有机闪烁液；

（6）废溶剂（如 TBP/煤油）、废机油、真空泵油、润滑油、液压传动油；

（7）化学提取物；

（8）动物尸体、排泄物、血液，试验动物的培养基、饲料与垫草；

（9）污染的土壤、矿物与肥料；

（10）废过滤器芯、废吸附剂、废离子交换柱、蒸发残渣、焚烧灰等。

三、核技术利用废物的特性

核技术利用废物和核燃料循环所产生废物有显著不同，表现在：

（1）多数废物沾污半衰期短（^{14}C 和 ^{36}Cl 除外）、生物毒性低的放射性核素，如多数医用放射性核素；

（2）多数废物的放射性活度比较低（kBq/kg～MBq/kg 量级）；

（3）可能夹带易变质、腐烂的生物体或带有病原体。非放射性危害作用在某些情况下可能超过放射性危害作用；

（4）品种多，分类差，变化大；

（5）主要废物形态是固态和液态，固态废物大部分可燃和可压缩（占 60%～80%）；

（6）废放射源的多样性、分散性，给管理带来很大麻烦。

医学和生物研究中所常用的放射性同位素及所产生的放射性废物如表 13-1 所示，工业和核医学中常用的密封源如表 13-2 和表 13-3 所示[1, 2]。

表 13-1 医疗中常用的放射性同位素和废物类型

放射性核素	半衰期	主要用途	典型用量	废物类型
^{3}H	12.3 a	放射性标记 生物学研究 有机合成	≤50 GBq	溶剂、固体、液体气体
^{14}C	5 730 a	医用 生物学研究 标记	≤1 GBq ≤50 GBq ≤50 GBq	呼出 CO_2，固体、液体，溶剂
^{18}F	1.8 h	正电子发射，断层照相	≤500 MBq	固体、液体
^{24}Na ^{22}Na	15.0 h 2.6 a	生物学研究	≤5 GBq ≤50 kBq	液体流出物
^{32}P ^{33}P	14.3 d 25.3 d	治疗、生物学研究	≤200 MBq ≤50 MBq	固体、液体流出物
^{35}S	87.4 d	医学和生物学研究	≤5 GBq	固体、液体流出物
^{36}Cl	3.01×10^{5} a	生物学研究	≤5 MBq	气体、固体、液体
^{45}Ca ^{47}Ca	163 d 4.5 d	生物学研究 临床应用	≤100 MBq ≤1 GBq	固体（主要）、液体（少量）
^{46}Sc	83.8 d	医学和生物学研究	≤500 MBq	固体、液体

放射性核素	半衰期	主要用途	典型用量	废物类型
^{51}Cr	27.7 d	临床测定 生物学研究	≤5 MBq ≤100 MBq	固体，液体流出物（主要）
^{57}Co ^{58}Co	271.7 d 70.8 d	临床测定 生物学研究	≤100 MBq ≤50 MBq	固体、液体流出物
^{59}Fe	44.5 d	临床测定 生物学研究	≤50 MBq	固体，液体流出物（主要）
^{67}Ga	3.3 d	临床测定	≤200 GBq	固体、液体流出物
^{75}Se	118.5 d	临床测定	≤10 MBq	固体、液体
^{81m}Kr	13.3 s	肺活量研究	≤6 GBq	气体
^{85}Sr	64.8 d	生物学研究	≤50 MBq	固体、液体
^{86}Rb	18.7 d	医学和生物学研究	≤50 MBq	固体、液体
^{82m}Rb	6.2 h	临床测定	≤50 MBq	固体、液体
^{89}Sr	50.5 d	临床治疗	≤300 MBq	固体、液体
^{90}Y	2.7 d	临床治疗 医学和生物学研究	≤300 MBq	固体、液体
^{95}Nb	35.0 d	医学和生物学研究	≤50 MBq	固体、液体
^{99m}Tc	6.0 d	临末测定 生物学研究 核素发生器	≤100 GBq	固体、液体
^{111}In	2.83 d	临床测定 生物学研究	≤50 MBq	固体、液体
^{123}I ^{125}I ^{131}I	13.2 h 60.1 d 8.0 d	医学和生物学研究 临床测定 临床治疗	≤500 MBq ≤11.1 GBq	固体、液体、气体
^{113}Sn	155.0 d	医学和生物学研究	≤50 GBq	固体、液体
^{133}Xe	5.3 d	临床测定	≤400 MBq	气体、固体
^{153}Sm	1.9 d	临床治疗	≤8 GBq	固体、液体
^{169}Er ^{198}Au	9.40 d 2.7 d	临床治疗 临床测定	≤500 MBq	固体、液体
^{201}Tl	3.0 d	临床测定	≤200 MBq	固体、液体
^{203}Hg ^{197}Hg	46.6 d 2.6 d	生物学研究 临床应用	≤5 MBq	固体、液体

表 13-2 工业中常用密封源

应 用	核 素	半衰期	源 强	备 注
工业放射照相	^{192}Ir ^{60}Co （^{137}Cs，^{170}Tm）	74.0 d 5.3 a	0.1～5 TBq 0.1～5 TBq	通常手提式
测井	^{241}Am/Be ^{137}Cs （^{252}Cf）	433.0 a 30.0 a	1～800 GBq 1～100 TBq	手提式
测湿	^{241}Am/Be ^{137}Cs （^{252}Cf，^{226}Ra/Be） ^{239}Pu	433.0 a 30.0 a 2 400 a	0.1～2 GBq 400 MBq 3 GBq	手提式
传送计	^{137}Cs	30.0 a	0.1～40 GBq	固定式
密度计	^{137}Cs ^{241}m	30.0 a 433.0 a	0.1～20 GBq 0.1～10 GBq	固定式
液位计	^{137}Cs ^{60}Co （^{241}Am）	30.0 a 5.3 a 433 a	0.1～2 GBq 0.1～10 GBq	固定式
测厚计	^{85}K ^{90}Sr （^{14}C，^{147}Pm，^{241}Am）	10.8 a 29.1 a	0.1～50 GBq 0.1～4 GBq	固定式
静电消除	^{241}Am ^{210}Po （^{226}Ra），^{60}Co	433.0 a 128.0 d	0.1～4 GBq 0.1～4 GBq	固定式，手提式
避雷针	^{241}Am （^{226}Ra） ^{60}Co	433.0 a 1 600 a 5.3 a	 0.1～500 MBq 3～7 GBq	固定式
电子俘获探测器	^{63}Ni ^{3}H	96.0 a 12.3 a	200～500 MBq 1～7.4 GBq	固定式，手提式
X 射线荧光分析仪	^{55}Fe ^{106}Cd （^{238}Pu，^{241}Am，^{57}Co）	2.7 a 463.0 d	0.1～5 GBq 1～8 GBq	手提式
食品保鲜防腐	^{60}Co ^{137}Cs	5.3 a 30.0 a	0.1～400 PBq 0.1～400 PBq	固定装置
校正刻度	^{60}Co ^{137}Cs	5.3 a 30.0 a	1～100 TBq	固定装置
烟雾探测器	^{241}Am ^{226}Ra （^{239}Pu）	433.0 a 1 600 a 2 400 a	0.02～3MBq	固定式
挖泥机	^{60}Co ^{137}Cs	5.3 a 30.0 a	1～100 GBq 1～100 GBq	固定式
高炉控制	^{60}Co	5.3 a	2 GBq	固定式

表 13-3　医疗和研究中常用的密封源

应用	核素	半衰期	放射性	备注
骨密度计	^{241}Am	433.0 a	1～10 GBq	可移动设备
	^{153}Gd	244.0 d	1～40 GBq	
	^{125}I	60.1 d	1～10 GBq	
	$^{239}Pu/Be$	2.41×10^4 a		
手工操作的近距放射治疗	^{198}Au	2.7 d	50～500MBq	小型便携式源
	^{137}Cs	30.0 a	30～300 MBq	
	^{226}Ra	1 600 a	50～500 MBq	
	^{60}Co	5.3 a	50～1 500MBq	
	^{90}Sr	29.1 a	50～1 500MBq	
	^{103}Pd	17.0 a	50～1 500 MBq	
	^{125}I	60.1 d	200～1 500 MBq	
	^{192}Ir	74.0 d	50～1 500 MBq	
	^{106}Ru	1.01 a	50～500 MBq	
遥控的近距放射治疗	^{137}Cs	30.0 a	0.03～10 MBq	可移动装置
	^{192}Ir	74.0 d	200 TBq	
远距放射治疗	^{60}Co	5.3 a	50～1 000 TBq	固定装置
	^{137}Cs	30.0 a	500 TBq	
全身血照射	^{137}Cs	30.0 a	2～100 TBq	固定装置
	^{60}Co	5.3 a	50～1 000 TBq	
研究	^{60}Co	5.3 a	≤750 TBq	固定装置
	^{137}Cs	30.0 a	≤13 TBq	
刻度源、校正源、仪器标准源	^{63}Ni	96 a	＜4 MBq	固定装在仪器中或可移动源
	^{137}Cs	30.0 a	＜4 MBq	
	^{57}Co	271.7 d	＜400 MBq	
	^{226}Ra	1 600 a	＜10 MBq	
	^{147}Pm	2.62 a	＜4 MBq	
	^{36}Cl	3.01×10^5 a	＜4 MBq	
	^{129}I	1.57×10^7 a	＜4 MBq	

镭源现在已不多用，但在许多医院中可能存放着废弃的镭源。现在，常用 ^{137}Cs 源代替 ^{226}Ra 源用于放射性治疗；用 ^{192}Ir 源代替 ^{137}Cs 源作工业射线照相；以陶瓷源代替粉末 CsCl 源等。

我国目前核技术利用放射性废物的年产生量，单个省、市、自治区一般小于 30 m^3。表 13-4 列出了欧盟一些国家产生的核技术利用放射性废物量。

表 13-4 一些欧盟国家的核技术利用放射性废物量

单位：m^3

国家	1991—1995 年	1996—2000 年	2001—2010 年	2011—2020 年
比利时	370	370	740	740
丹麦	100	100	200	100
德国	5 100	5 100	10 200 (1)	10 200 (1)
西班牙	210	210	420	420
法国 (2)	5 000	5 000	10 000	10 000
意大利	4 500	4 500	9 000	9 000
荷兰	1 600	1 600	3 200	3 200
葡萄牙	20	30	80	100
英国 (3)	4 960	3 030	5 610	5 610

[注]（1）由 2000 年数据推断；（2）处理和整备前体积；（3）时间分段为 1990—1994 年，1995—1999 年，2000—2009 年，2010—2019 年。

第二节 核技术利用废物的管理

核技术利用废物的安全管理包括废物的收集、贮存、处理、整备和处置等环节。

一、废物的收集

核技术利用废物的管理应执行分类收集、分类存放和分类处理的基本原则，包括：

（1）把放射性废物和非放射性废物分开；

（2）按放射性活度和放射性核素类型分开；

（3）把放射性废水和有机废液分开；

（4）把可燃废物与不可燃废物分开，可压缩废物与不可压缩废物分开；

（5）把长寿命核素废源和短寿命核素废源分开；

（6）把含危险废物（燃爆物）、含病毒和生物质（如动物尸体）的废物分出来。

这种分类可在废物产生地或在集中处理设施进行，在产生地分开是最好的。废物产生者应配备适当的固体废物贮存容器和废液贮桶或贮槽。一般，固体废物先装在塑料或硬纸板桶（对于坚硬废物）中。这些包装容器应有放射性标志和按不同放射性水平采用不同颜色，以便容易识别和辨认。不可压缩废物（如玻璃、金属物件）要和可压缩/可燃废物分开存放，以便后续可能要做的压缩/焚烧处理。存在水分的废物要用吸湿剂（如蛭石）除去水分。对于潮湿的废物应该用双层包装避免液体渗出。动物尸体过去常用福尔马林液浸泡保存，这种贮存方式既不方便，又不安全。推荐采用微波干燥或冷冻干燥技术作预处理。微波干燥技术包括微波炉加热，冷凝液收集和废气净化。干燥预处理方便分散贮存和后续的焚化处理。

塑料和硬纸板箱（桶）要能足够承重、耐压，搬运过程不会因破裂而泄漏，以高密度聚乙烯材质比较好。对于要作冷冻处理的废物包装，要防止冷冻之后变脆而破裂。对于要作化学消毒或热消毒的包装，要能承受化学物质的作用或能耐热。废物货包要扎口或封盖，废物不能装得太满。

密封源的活度差别很大，如标准源可能只是kBq级，远距治疗用的源可能是TBq级。有些源的活度虽已降到低于可用的水平，但仍可能有辐射伤害作用，如果它的包装容器受破坏，放射性物质泄漏释放出来，可能会产生严重后果，所以应关注其密封性和完整性。核技术用户送交贮存的废物货包中不允许混杂夹带密封源、装有液体的瓶罐、易腐烂物和锋利的物件。送贮废物应提交废物清单，实行适当的审批和移交手续。

废物收贮必须作好记录，建立文档，内容包括：

（1）废物类别；

（2）所含放射性核素；

（3）放射性活度/测定时间；

（4）表面剂量率/测定时间；

（5）数量（重量/体积）；

（6）产生地点；

（7）可能其他危害作用（如病原体、化学品）等；

（8）收贮人和收贮时间；

（9）存放地点和方式。

二、废物贮存

核技术利用的废物贮存是为了以下不同的目的，例如：

（1）衰变贮存，达到清洁解控水平后可按一般废物进行处理；

（2）为后续的处理作准备；

（3）已作整备的废物等待处置；

（4）等待运输到集中的处理设施。

操作放射性物质的场所，要设放射性废气或气溶胶的排放系统，要经常检查其净化过滤装置的有效性。

放射性废液或排到规定的废液处理系统中，或妥善地收集在密闭的容器内，不准向生活污水下水系统排放放射性废液。废水可贮存在钢容器中，也可贮存在高密度聚乙烯或聚碳酸酯罐中。应避免不同废液混合，如酸性液与碱性液的混合，含短寿命核素废液与含长寿命核素废液的混合，水相和有机相的混合等。有机废液（如有机闪烁液、废溶剂）应该贮存在化学性相容的容器中。含氚废水应装在玻璃容器或不锈钢容器中。如果要用塑料容器，可采用聚碳酸酯材质。所有废液的收贮，应避免释出气体所产生的过压和容器破损造成泄漏，稳妥的办法是用双层容器，如塑料桶放在金属箱中。

产生少量短寿命放射性核素废液的单位，可采取衰变或稀释法。放射性废液向环境排放的放射性浓度或总活度必须低于国家规定的限值。使用放射性核素量比较大，产生污水较多的单位，必须有废水专用处理装置。如无废水贮槽应将废水注入贮存容器，废水中含有短半衰期核素者，存放 10 个半衰期后可排入下水道系统，如果废水中含有较长半衰期核素者，可先进行固化，作固体放射性废物处理。

许多医院的核医学科室，一般将含短半衰期（常指半衰期小于 15 d）放射性核素的废水（如洗涤废水、病人排泄物和少量剩余配制液）排入自己专设的衰变池，待衰变到放射性浓度合格后排入医院总污水池。

图 13-1 示出了一个双衰变槽系统[1]，设计容量取决于废液产生量和需要衰变贮存的时间。一般情况，单槽设计容积 4 m^3 是适当的。衰变贮槽应该焊接优良、密封性好，耐火、耐腐蚀，应该有光滑的内表面。槽输出口应高于下水道，防止排出物回流进贮槽。贮槽安置在地下混凝土小室中，设置有抽取泄漏液的泵。一个槽处于在用，另一个槽处于在衰变贮存。在排放之前要取样监测，保证排放液的放射性浓度达到清洁解控水平。衰变贮槽室的砖/混凝土墙厚度满足辐射防护要求，有防止外人闯入的措施。

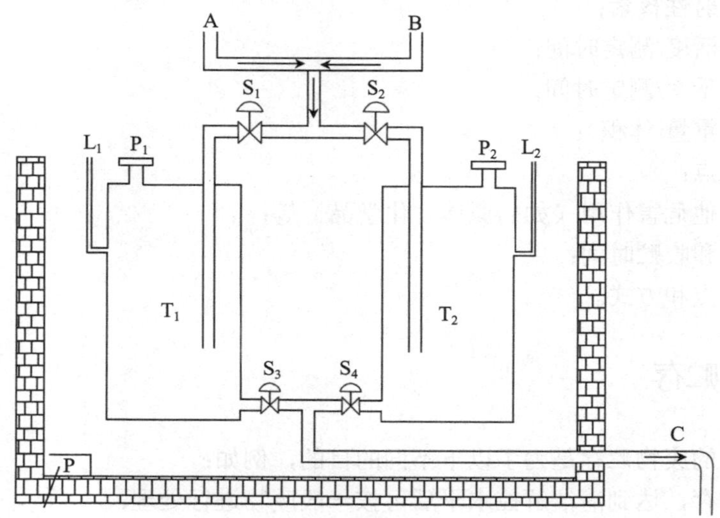

P_1，P_2—取样口；S_1，S_2—进料阀；S_3，S_4—出料阀；L_1，L_2—液面指示器；
T_1，T_2—衰变贮槽；A，B—进料口；C—排放到下水道系统出口；P—泄漏水转到衰变贮槽的泵

图 13-1 短寿命同位素低放废水衰变贮存槽

对于短半衰期核素，贮存 10 个半衰期放射性已降低了 3 个量级，这在许多情况下（原始比活度低于 10^8 Bq/kg 者）已低于清洁解控水平。对于有生物危害和化学危害的废物，则还要消除其生物和化学危害作用。

三、废液的排放

《电离辐射防护与辐射源安全基本标准》（GB 18871—2002）规定：不得将放射性废液排入普通下水道，除非经审管部门确认是满足下列条件的低放废液，方可直接排入流量大于 10 倍排放流量的普通下水道，并应对每次排放做好记录：

（1）每月排放的活度不超过 10 ALI_{min}（ALI_{min} 是相应于职业照射的食入和吸入 ALI

值中较小者，其具体数值可由 GB 18871 的 B1.3.4 条和 B1.3.5 条的规定获得）；

（2）每一次排放的总活度不超过 1 ALI_{min}，并且每次排放后用不少于 3 倍排放量的水进行冲洗。

此外，还应强调指出，排出的废水应是均匀的、容易在水中分散；排出废水中含有的悬浮固体物或沉积物应该先作过滤处理；不允许将有机废液和混合废液（含有危险物质）排入下水道系统。

对于达到清洁解控水平和做豁免处理的废物，要办理审批手续和记录在案，豁免值是根据对公众成员年剂量值小于 10 μSv，对公众集体剂量不超过 1 人·Sv/a 来确定的。对于各个核素的豁免水平，相差很大，最大相差 5～6 量级。表 13-5 列出了我国《电离辐射防护与辐射源安全基本标准》推荐的某些核素的豁免水平。

表 13-5 一些核素的豁免水平

放射性核素	比活度/（Bq/g）	总活度/（Bq/a）
^{3}H	1×10^{6}	1×10^{9}
^{14}C	1×10^{4}	1×10^{7}
^{32}P	1×10^{3}	1×10^{5}
^{125}I	1×10^{3}	1×10^{6}
^{226}Ra	1×10^{1}	1×10^{4}

使用放射性药物治疗的住院病人，要使用医院的专用厕所便溺。病人的排泄物应迅速冲洗入专用粪池，在化粪池贮存 10 个半衰期后，才允许排入下水道系统。对同时含有病原体的病人排泄物，应单独收集，经过存放衰变、杀菌消毒处理后才能排入下水道系统。欧共体提出不需要报告、许可或预先授权的核素的最低量如表 13-6 所示。

表 13-6 欧盟提出不需要报告、许可或预先授权的核素的最低量（Bq）[2]

组别	限值/Bq	核　素
很高毒性核素	$<5\times10^{3}$	^{226}Ra、^{238}Pu、^{239}Pu、^{241}Am、^{242}Cm、^{252}Cf
高毒性核素	$<5\times10^{4}$	^{60}Co、^{90}Sr、^{91}Y、^{93}Zr、^{94}Nb、^{106}Ru、^{110m}Ag、^{109}Cd、^{115m}Cd、^{114m}In、^{125}I、^{126}Sn、^{131}I、^{192}Ir
中毒性核素	$<5\times10^{5}$	^{14}C、^{22}Na、^{24}Na、^{32}P、^{35}S、^{36}Cl、42K、^{45}Ca、^{51}Cr、^{57}Co、^{58}Co、^{59}Fe、^{75}Se、^{82}Br、^{85}Sr、^{89}Sr、^{90}Y、^{123}I、^{137}Cs、^{147}Pm、^{169}Er、^{186}Re、^{197}Hg、^{198}Au、^{201}Tl
低毒性核素	$<5\times10^{6}$	^{3}H、^{99m}Tc、^{113m}In、^{133}Xe

四、固体废物的处理和整备

核技术利用产生的固体废物品种杂、来源广泛、产地分散，极需重视管理。

（1）严禁乱排、乱扔、乱倒、乱放含放射性的废物，严禁把带有放射性的废物当作一般垃圾处理。

（2）同时含有病原体的固体废物，必须先经消毒杀菌，然后按固体废物处理。

（3）产生放射性废物较多的单位，应当建立固体废物贮存库，暂存库应有足够的通风换气能力。

（4）经过衰变贮存，比活度降到 7.4×10^4 Bg/kg 以下者，可作非放射性废物处理。

（5）含有放射性核素的动物尸体应防腐、干化、灰化后，残渣按放射性物质处理。短半衰期废物可用放置衰变的办法处理。

1. 生物废物的处理

核医学研究产生一些生物废物，如做试验的鼠、猴、狗、兔的尸体。生物废物的处理有冷冻处理、热处理、化学处理等方法。对于有传染性的生物废物，在处理和贮存前应作预处理，消除传染性病原体。

（1）冷冻法。当废物量少时，用冰箱、冷冻柜就可，废物量大时要设冷库，温度维持在不高于−20℃。要设置冷冻控制失效的警告装置。冷冻法可起到防腐和衰变贮存两个作用，衰变后达到清洁解控水平者可作一般废物处理，如果尚需进一步处理（如焚烧）的生物废物，可能要送出去作后续处理。冷冻处理的生物废物的运输要使用冷藏车。

（2）热处理法。热处理法有焚烧、微波处理、烘干、蒸汽高压消毒等。

焚烧法

关于焚烧处理技术本书前面已有专门论述，这里需要强调指出的是：① 生物废物不能用一般焚烧炉焚烧处理；② 焚烧炉的设置和运行要经过环境影响评价和审管机构的批准；③ 由于焚烧炉建设投资和运行费用比较高，一般同位素用户不设焚烧炉，在有大量废物产生的部门，如废物集中处理中心和核研究中心设焚烧炉才是经济的；④ 因为同位素废物的多样性，焚烧炉最好选择能适于焚烧多种废物的炉型；⑤ 焚烧炉设计要重视挥发性放射性核素（如 ^{125,131}I，^{14}C 和 ^{3}H 等）的安全释放。

微波处理法

一般用微波加热到约 100℃，处理时间约 30 min。为了防止放射性气溶胶逸出，应维持在稍低负压下运作。微波处理不适用于挥发性废物。也有用功率为 4.5 kW，频率 2 450 MHz 微波加热到 2 000℃变成等离子态，不产生恶臭。

烘干法

这是应用恒温控制炉，在 160℃下凝固生物体的蛋白质，烘干时间维持 1～3 h。烘干法不适用于挥发性废物。动物尸体也可用真空干燥机烘干。

（3）化学处理法。化学处理法是用化药使生物废物脱活性。一般，化学处理法采用含氯化合物，但也有用汞化物、酚化物、碘、酒精等。因为甲醛有致癌作用，不宜采用。为了有效进行化学处理，可先将实验动物尸体破碎成片。化学处理法应重视负压操作、尾气处理、排风过滤等问题。

2. 压实减容

压实减容在本书前面已作专门论述，桶内压实装置简单，能够使软废物（纤维、塑料、橡胶）减容 3～5 倍，这是容易实现的、经济的减容措施。压实处理的废物不能含密封源，不应含冷冻的生物废物，不应含带水的废物。

3. 直接固化

同位素用户产生的废液，衰变贮存之后仍然不能排放者需要作固化处理。固化方法很多，以水泥固化常用。水泥固化法有以下优点：

（1）热稳定性好；

（2）不着火；

（3）工艺简单，设备易得，室温下运行；

（4）水泥体具有自屏蔽作用。

水泥固化常用的基料有：

（1）波特兰水泥（普通硅酸盐水泥）；

（2）高炉水泥；

（3）高铝水泥。

同位素用户的放射性废液适宜用高炉水泥/波特兰水泥（BFS/OPC=3∶1）固化。搅拌方式以滚动搅拌简单易行，即把水泥和废液装入桶内，放入能起捣动作用的物体，密封桶盖。然后把桶放在专门设计的台架上滚动和振动，达到均匀混合。为了提高对某些特定核素的包容作用，可选加适当的添加剂，如沸石、蛭石、膨润土、飞灰等。

对于有机废液，直接水泥固化是不理想的。为了有机废液的安全贮存和运输，可用吸收剂作预处理，可选用活性炭、天然纤维、合成纤维、黏土、硅藻土、蛭石、吸收珠等吸收剂吸收有机废液，然后作水泥固化处理。

核技术利用者应根据自己所产生的废物类型和废物产生量，建立必要的条件，如表13-7所示。

表 13-7　核技术利用所产生废物的管理中要用的一些设备

管理活动	所用仪器设备
监测和鉴定	剂量率测定仪，污染检测仪，手提γ谱仪；长柄夹钳；基本辐射防护用品等
收集和分类	塑料袋，废物桶，装固体废物 200 L 钢桶，装废液 0.5～4 m^3 贮槽
整　备	硅胶吸附，活性炭吸附，桶内水泥固化等
废物搬运	叉车，机械和液压设备，用于提升、堆存或拖拉作业
运　输	0.5～1 m^3 卡车或拖车
贮　存	符合安全要求的分隔开的房间或建筑物

第三节　废旧放射源的管理

现在不用、将来也不准备使用的放射源称为废放射源（简称废源）。

一、放射性废源的产生和问题

废源的产生有多种原因，例如：

（1）经过衰变，已不再具备使用意义；

（2）原定的使用任务已完成或中止，或者使用单位转产、退役而不再使用该源；

（3）源破损，不适于再继续使用；

（4）技术进步有新方法或新源代替（如镭源已不再多用）。

由于放射源使用范围广、用户多，因此废旧放射源数量大、存放分散、品种杂。不少地方存在着底数不清、账目与实物不符、去向不明，不了解其性质和状态等问题。丢失、遗弃、被误置、丧失看管、非法转移、违规处置或混入废钢铁进入熔炉等事故和事件在世界各地屡有发生。不仅造成人力、财力、物力很大损失，而且给社会造成不良影响。

据报道，美国有放射源约 200 万枚，其中遗失的和没有登记的约有 3 万枚，1994 年以来发生有关放射性物质的事件超过 2 500 起，6 年来估计丢失放射源有 1 500 枚。1984 年摩洛哥丢失 ^{192}Ir 源事故，造成 8 人死亡。1987 年 9 月，巴西失控一枚 ^{137}Cs 放射性治疗用源，无知的废品商人打开了装放射源的容器，商人的女儿还把一部分放射性铯涂在身上给家人跳舞看，造成 4 人在 4 周内死亡。对涉及的 11.2 万人监测发现，249 人受放射性污染，对数百所房屋监测发现，85 所房屋受污染，撤离居民数百人，产生去污废液达 5 000 m^3。污染废物的处理和整备用了 3 a 时间，产生固体放射性废物 3 500 m^3，清除污染总共花费几十亿美元[4]。1998 年西班牙一枚 ^{137}Cs 源随废钢铁进入了熔炉，造成局部空气放射性浓度达 2 MBq/m^3，高出本底 1 000 倍，导致巨大的经济损失，其中由于产量下降造成损失 2 000 万美元，用于清污花费 300 万美元，用于废物处理还花费 300 万美元。

据不完全统计，我国涉源单位有 12 000 多家，用源 14 多万枚，其中废源 5 万多枚，在用源超 8 万枚。我国每年发生的有关放射性物质的事件几十起，造成不同程度的人员伤残和环境污染。如 1963 年安徽三里庵丢源事件导致 2 人死亡；1985 年某地收购站收进一个被盗的铅罐，收购人员将铅罐卖掉，把源留下带回家中，一家 6 口人受到严重照射，其中 2 人患了白血病，已有 1 人死亡；1992 年山西忻州一个 ^{60}Co 放射源失控，导致多人受照，其中 3 人死亡和 1 人严重辐射损伤。

1983 年我国城乡建设环境保护部发布《关于加强放射性环境管理的通知》，开始城市放射性废物库的规划和建设工作。1984 年国务院环委办发布《建设城市放射性废物库的暂行规定》[（84）国环办建字第 029 号]，全国城市放射性废物库建设进入规范管理阶段。现在，全国已建起了 25 个核技术利用放射性废物库。近年，国家投入大笔资金，除新建一批核技术利用废物库外，还要根据不同情况，对已有的库实行改建或扩建。

过去我国废旧放射源的管理，大致可分为三种情况：① 收藏入库，集中管理；② 分散存放，自行管理；③ 处理不当，无人管理。现在国家环境保护总局正在大力抓规章制度和废旧放射源的管理工作。

密封源或者密封在容器中，或者紧密包容在固态基质中，一般不会产生放射性废物，但当它成为废源时可能要作固体放射性废物处理；当它发生泄漏时，可能引起放射性污染。一个镭原子完全衰变会生成 5 个氦原子，久置的镭源会引起包封容器过压，导致扩大污染。早年制造的密封源由于多用粉末或可溶性盐（如 ^{226}Ra 源用 $RaCl_2$、$RaBr_2$ 或 $RaSO_4$），还有的是液体源，封装在玻璃瓶中，无保护罩，直接装在铅容器中，这种源容易发生溶解和泄漏。现在多用陶瓷源、金属源，不仅不溶于水，而且不吸潮，安全性大有提高。

由于放射源丢失和被盗事故屡屡发生，加之恐怖组织与成员妄图利用放射源制造“脏弹”伤害人体，污染环境，扰乱社会安定，放射源的管理引起国际社会高度关注。所以，加强放射源的管理，不仅是辐射防护和环境保护的需要，也是反恐、防恐安全的需要。加强放射源的管理，使失控源得到有效控制[5]，建立相应的测定技术和监控能力，控制放射性污染金属的流通，提高公众对放射源管理的安全意识，以及建立适当的应急响应措施，十分迫切和必要。

二、放射源的安全管理

加强放射源安全管理必须从源头抓起，实行生产、销售、使用许可制度。首先要查清废源的基本情况，清理和建立放射源的档案记录；建立放射源的备案、注册、许可证分级监管制度；建立放射源数据库；对废源进行集中收贮，把无主源控制管理起来，防止发生事故和防止坏人恶意使用废源。

对于放射源应该建立记录和档案，其内容包括：

（1）放射性核素种类；

（2）起始放射性活度/测定时间；

（3）物理化学形态；

（4）放射源大小和形状；

（5）屏蔽状况；

（6）表面剂量率和测定方法；

（7）供货者；

（8）使用情况/负责人；

（9）泄漏情况。

对于放射源使用要求做到：

（1）掌握源的类型、源强和生产时间；

（2）掌握包装情况；

（3）重视检查和维护保管，定期盘点；

（4）保持申请采购和使用情况记录；

（5）对使用人员进行培训。

国际原子能机构在 2000 年 12 月发布了“放射源安全和保安行为准则”对成员国的辐射源安全监管提出了明确要求。此外，IAEA 还发布了许多技术文件，如：“废放射源问题的性质和等级”“识别和搜寻废放射源的方法”“集中废密封源设施的参考设计”“废镭源的整备和临时贮存”“废密封放射源的搬运、整备和贮存”“不用密封放射源事故防止管理”“高活度废放射源的管理”“不用长寿命密封源的管理”及“不用密封放射源钻孔设施处置的安全考虑”等[6-15]。国际原子能机构提出了根据归一化 A/P 比值（活度比）按放射源导致人体危害的潜在风险对放射源分级，把放射源分为 5 类[16]，这为建立分级管理制度提供了国际协调基础。

我国政府对放射源管理高度重视，已发布了许多法规和标准，如表 13-8 所示。

表 13-8 我国已发布的相关密封源管理的法规和标准

名 称	发布单位和实施时间
中华人民共和国放射性污染防治法	2003 年 10 月 1 日起施行
放射性同位素与射线装置安全和防护条例	国务院令第 449 号（2005 年 9 月 14 日）
放射性同位素与射线装置安全许可管理办法	国家环保总局令第 31 号（2006.3.1）
放射源分类办法	国家环保总局公告 2005 年第 62 号
建设城市放射性废物库的暂行规定	国务院环委办发布（1984）
城市放射性废物管理办法	国家环保局发布（1987）
放射环境管理办法	国家环保局发布（1990）
电离辐射防护与辐射源安全基本标准	GB 18871—2002，国家质量监督检验检疫总局

此外，国家技术监督局和卫生部还发布了许多关于密封放射源和医用放射性废物管理标准和规定。

我国放射性污染防治法规定：生产、销售、使用、贮存放射源的单位，应当建立健全安全保卫制度，指定专人负责，落实安全责任制，制订必要的事故应急措施。发生放射性丢失、被盗和放射性污染事故时，有关单位和个人必须立即采取应急措施，并向公安部门、卫生行政部门和环境保护行政主管部门报告。各级政府部门按照各自职责，立即组织采取有效措施，防止放射性污染蔓延，减少事故损失。

《放射性同位素与射线装置安全和防护条例》（国务院令第 449 号）规定[17]，根据放射源对人体健康和环境的潜在的危害程度，从高到低将放射源分为Ⅰ类、Ⅱ类、Ⅲ类、Ⅳ类和Ⅴ类，将射线装置分为Ⅰ类、Ⅱ类和Ⅲ类。

Ⅰ类源　极度危险源　　例如放射性同位素热电发生器、辐射装置等
Ⅱ类源　高度危险源　　例如工业γ照相源等
Ⅲ类源　危险源　　　　例如固定工业测量仪源（如料液测量、挖泥测量）等
Ⅳ类源　低危险源　　　例如骨密度仪、静电消除器源等
Ⅴ类源　极低危险源　　例如植入人体源、医疗诊断用 ^{99m}Tc、治疗用 ^{131}I 等

按国务院令第 449 号规定，Ⅰ类、Ⅱ类、Ⅲ类源要签订废旧放射源返回协议，使用放射源的单位应当将其废旧放射源交回生产单位或返回原出口方，确实无法交回生产单位或返还原出口方的，送交有相当资质的放射性废物集中贮存单位贮存。对于Ⅳ类和Ⅴ类废旧放射源进行包装、准备后送交有相应资质的放射性废物集中贮存单位贮存。

国务院第 449 号令还规定，根据放射源丢失、被盗、失控或者放射性同位素和射线装置失控造成人员受到意外异常照射的辐射事故的性质、严重程度、可控性和影响范围等因素，将辐射事故分为特别重大、重大、较大和一般四个等级。并对应急响应、事故调查处理、定性定级、立案侦查、医疗应急、监督检查、法律责任等都作了明确规定。

密封放射源具有完善的包封，保证运输和使用的安全，但是废源可能有破损和泄漏。所以运输、处理/整备或再利用之前必须作检测。一般用于刻度的小密封源如活度小于 4 MBq，可以不作进一步处理，处置在低中放废物处置库中；但活度大于 4 MBq 的密封源，要处理/整备之后才能作处置。高活度的 ^{60}Co，^{137}Cs 密封源若不适于原先的用途，但活度可能还比较高，可以在其他地方应用，这种转换户主，必须严格履行转账手续。废密封源管理方法如图 13-2[18]所示。

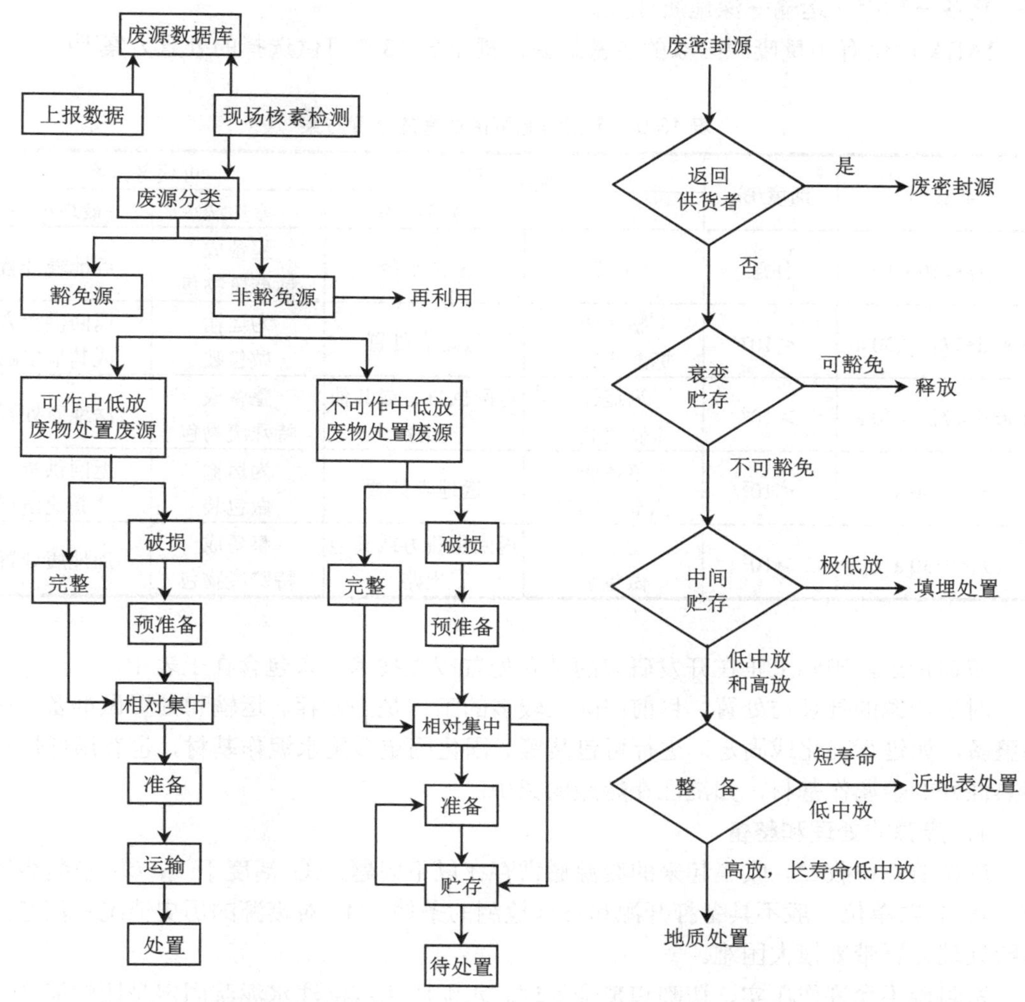

图 13-2 废密封源管理流程图

从上分析可看出，对于废旧源存在着以下出路：

（1）短寿命核素的废源可以通过贮存衰变，达到豁免标准之后作非放废物进行处置。

（2）经过调查或实测还可能在其他地方使用。

（3）返回制造单位，这需要事先有约定或合同。实际上，许多废旧源已找不到供货方或制造商；返回到供货者对高活度源和含长寿命核素的源来说，特别重要，因为它们不容易用衰变贮存来达到解控。

（4）送贮存库贮存或处置。

三、放射性废源的安全处理与处置

废源的处理与处置通常按半衰期长短采取如下策略：① 半衰期很短的源→衰变贮存→运输→一般填埋处置；② 半衰期较短的源→整备→运输→近地表处置；③ 半衰期长的

源→整备→贮存→运输→深地质处置。

IAEA 对仅有小量废源国家的废密封源，提出表 13-9 可供选择的处置方案[19]。

表 13-9 废密封源可供选择的处置方案

半衰期	活度/Bq	优选方案		可代替方案	
		方 法	最终出路	方 法	最终出路
$T_{1/2}<100$ d	任意	衰变	清洁解控	整备成标准废物包	近地表处置
100 d$<T_{1/2}<$30 a	$<10^6$	整备成标准废物包	近地表处置	为运输做包装	返回供货方或其他出路
100 d$<T_{1/2}<$30 a	$>10^6$	为运输做包装	返回供货方或其他出路	整备成特殊废物包	深地质处置
$T_{1/2}>30$ a	$<10^3$	整备成标准废物包	近地表处置	为运输做包装	返回供货方或其他出路
$T_{1/2}>30$ a	$>10^3$	为运输做包装	返回供货方或其他出路	整备成特殊废物包	深地质处置

应该指出，国际上正在开发研究的钻孔处置废源技术，未包含在上表中。

对于废源的处理与处置，目前国际上较多的工作是为贮存、运输和处置做准备。废源的整备，如进行固化或固定，进行再包装等。固化固定多用水泥作基材，也有用低熔点和导热性好的金属作基材，如浇注在熔融的铅中。

1．废源的处理和整备

废源要集中收贮，收集起来的废源通常存在以下问题：① 活度不一；② 包装容器多样；③ 收贮单位一般不具备打开源和进行检测的条件；④ 对废源的历史情况不清楚，所以给处理处置带来很大困难。

密封源不允许作压实、切割和焚烧处理。水泥固化或浇注水泥浆固定是比较简便、容易实行的方法，水泥固定又可提供作为辐射屏蔽和核素浸出的工程屏障，但水泥固定或固化之后难以取出再作其他处理。

密封源不允许在没有恰当防护措施和指导的情况下打开。中子源要有适当中子屏蔽层，中子屏蔽应采用低原子序数的物质，如聚乙烯、石蜡等。废源的保管和处理要特别重视镭源，以及泄漏源、粉末源、液体源和中子源（如 ^{238,239}Pu-Be 源，^{226}Ra-Be 源，^{241}Am-Be 源，^{252}Cf 源）。久置的镭源往往有泄漏，要监测表面污染和环境气溶胶污染情况。这些源要贮存在有适当通风的专用设施中。要重视长寿命放射性核素源，还要重视制源和存放过程产生的长寿命核素产物，如 ^{241}Pu 的β^-衰变生成 ^{241}Am。

操作在屏蔽或包装容器内的源必须先要监测在 1 m 远处剂量率和表面剂量率，检查外表面污染情况和有无破损，监测表面污染可用擦拭法。处理裸源或把源从屏蔽容器中取出，要根据其活度和物理化学状态，在热室或手套箱中用机械手或长柄工具进行。活度小于 1 MBq 的小源可用长柄工具操作。观察裸源要通过有足够屏蔽能力的铅玻璃，铅屏蔽之后的源可借助镜子观察。

对低活度α源、低活度β/γ源、高活度β/γ源、特种源和中子源等的处理要根据核素种类、活度和状态的不同，采取不同辐射防护和安全措施[2]，例如：

（1）低活度α源（如用于烟雾报警、静电消除、X 光荧光分析的 ^{241}Am 源、^{210}Po 源、^{238}Pu 源、^{239}Pu 源）需要在手套箱中操作，要做α监测，通常用不锈钢容器作内包装，然后装在 400 L 混凝土容器中贮存。

（2）低活度β/γ源（用于量具、X 光荧光分析、校正、短程治疗的辐射源）需要有屏蔽物和用夹钳操作，装在不锈钢内桶中，然后再装在 400 L 混凝土容器内，有的还要增加铅屏蔽。

（3）高活度β/γ源（如用于辐照和治疗用的 ^{60}Co 源和 ^{137}Cs 源）需要热室机械手操作。需要装在铅容器中和专门设计的贮存容器中。

（4）特殊源，如 ^{226}Ra 源、^{85}Kr 源、^{3}H 源，需要手套箱和夹钳操作，需要包装在专门设计的密封容器中，使用专门设计的容器贮存。

（5）中子源如 ^{241}Am/Be 中子源、^{252}Cf 中子源、^{226}R/Be 中子源和 ^{238}Pu/Be 中子源，需要特别重视中子的防护。

IAEA 推荐的一种整备方法是使用 200 L 标准桶（一种涂漆钢桶），桶内周壁布置钢筋，注入水泥浆到桶的 1/3 高度，然后在桶中央位置放入待处置的废源，再浇注水泥浆至满。养护、封盖后进行贮存或处置。

镭源处理是比较麻烦的问题，镭半衰期长（^{226}Ra 的 $T_{1/2}$=1 600 年）衰变过程会产生氡气，易泄漏释出，需要特别关注，现在尚缺乏完善的处置方法，比较现实可行的方法是对有破损的镭源先作再封装，封装方法有多种。国际原子能机构和奥地利塞伯斯道夫（Seiberdorf）实验室联合开发了废镭源整备技术。该法将镭源封在不锈钢管中，然后放入衬钢的铅容器中，再将该包装放入填充混凝土的 200 L 桶中。

许多国家采用 IAEA 准荐的 TIG 技术（tungsten inert gas welding），在氩气氛中把镭源封装在 9 个细钢管和一个粗钢管中，然后安插在一个铅容器中。再将此铅容器安置在一个 200 L 内衬混凝土的钢桶中。每桶最多容纳 560 mgRa（20.52 GBq），保证桶外表面剂量率符合允许水平。这样就可进行长期贮存，此技术的关键是焊封。

也有采用 200 L 钢桶内壁加衬钢筋混凝土，中间放置装镭源的容器，周围装填活性炭。为可以回取，内容器装满后不是浇注水泥浆固定，而是用预制好的水泥顶盖加以紧固。比利时将含少量镭的废源装在 100 L 金属桶中，灌满沙，密封，放进 400 L 金属桶中，两桶的中间浇注水泥砂浆固定，然后送去贮存。废镭源有许多封装整备方法，图 13-3 示出了一种废镭源封装贮存容器图[20]。为保证废源的安全贮存、运输和处置，人们正在积极研发专门的外包装和多功能容器。

我国清原公司已把核工业系统上万个废源收集、运输、贮存于西北处置场。1999 年在国际原子能机构派遣专家的指导下，进行了一次废镭源的示范整备，整备操作包括：

（1）废镭源的确认，主要检验源本身与标牌和记录的一致性；

（2）废镭源的封装，将废镭源重新封装在新的不锈钢管中，以防止泄漏和氡的析出；

（3）封装管的检漏，确认封装管密封的有效性；

（4）放置入铅屏容器中。

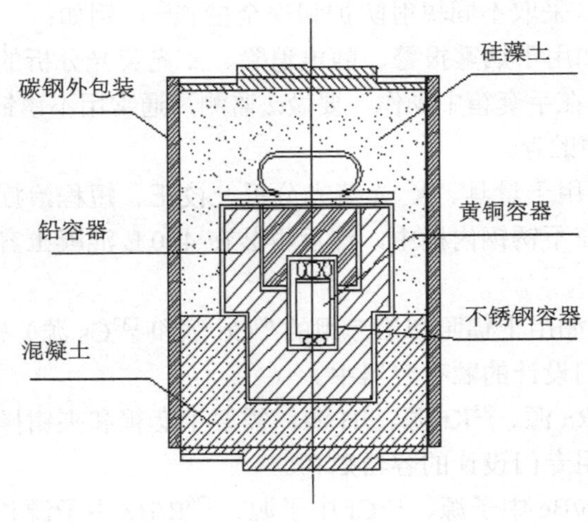

图 13-3 废镭源封装图

示范整备将分散的 177 个镭源，活度范围 10^3～10^7 Bq，总活度 $4×10^9$ Bq，装在 84 个不锈钢封装壳内，然后全部排列在一个铅屏蔽容器内。容器外表辐射水平满足 A 型货包的要求[21]。经整备后大大减少了贮存空间和风险。

中核清原公司研制了一台废源整备车，7.0 m×2.4 m×3.6 m，总重量小于 5 t。该流动装置由两部分组成：① 更衣室，内设更衣柜、监测仪表和防护用品等；② 操作室，内设手套箱、不锈钢焊接装置、检漏装置、铅屏蔽容器、带水泥屏蔽的金属桶和工作台等设备，可进行放射源包装、封焊、检漏和临时贮存。废源整备车从 2004 年 7 月投入使用后，已到我国东北、西北、华东和西南的 20 多个单位进行了废源的收集和整备[22]。

2. 废源的运输

放射性废源的运输必须装在专门的容器中和按放射性物质运输规定进行。为了适合贮存操作和运输需要，应防止外表面沾污，外表面剂量率应低于 2 mSv/h，1 m 远处剂量率应低于 0.1 mSv/h。容器外面应有放射性标志和编号，建立档案、记载所包容的废源和包容固定的方式与时间等。

3. 废源的处置

处置是放射性废物管理的终点，安全处置各类废源已成为人们关注的待解决的重要问题之一。国际上对废源的处置，特别是长半衰期废源的处置，尚没有统一的法规标准。

关于低活度较短寿命经过整备的废源在前苏联等前东欧一些国家进行过不少近地表处置，法国奥布处置场也准备处置这样的废源[20, 23]。

俄罗斯 RADON 研究所开发的一种低中放废源处置办法，是在热室中将废源从铅罐中转移到底板可以抽开的特殊容器中。将这特殊容器运送到贮存井筒上。井筒深约 6 m，混凝土结构，内衬钢壁，在井筒里放置 200 L 的钢桶。当特殊容器底板开启时，废源就掉进这 200 L 钢桶中。铺满一层废放射源后，浇注一层低熔点的铅或铅-锡合金熔融物，以作固定。再放入一层废放射源，再浇注一层熔融物，直到注满。这种方法用金属作固定基体，导热性好。此法把整备和处置结合起来。井筒和钢桶周围空间浇注水泥浆之后，200 L 钢桶就处置在井筒中了。南非核能公司开发了一种钻孔处置废源（borehole disposal of spent sources）技术。钻孔深约 100 m，直径 165 mm。IAEA 正在组织专家评价用此技术处置 ^{226}Ra 源和 ^{241}Am 源的安全性[24]。

火灾报警器的单个废镅源（^{241}Am）活度很低，可豁免处理，但为回收贵金属把大量废镅源集中在一起，则应作专门处理（整备）。废镅源要在手套箱中取出来，装在钢桶中，按放射性废物处置。有报道大量废镅源装在钢桶中，混掺沙子，灌浇水泥砂浆固定[20]，待作放射性废物处置。剥离镅源产生的可压缩废物、可燃性废物和其他非放废物应分别作不同处理与处置。

第四节　核技术利用放射性废物库

为了加强对核技术利用中产生的核废物和废旧放射源的管理，我国在 1983 年开始建设核技术利用放射性废物库（俗称城市放射性废物库）。核技术利用放射性废物库是地区性固体废物和废放射源贮存库，主要接收来自工农业、科研、医疗、教学等领域的核技术利用过程中产生的低、中水平放射性固体废物和不再使用的或废弃的密封放射源。所贮存的废物应是可以回取的，实行动态管理。

国家环境保护总局总结我国 20 多年来实践的经验和教训，制定了《核技术利用放射性废物库选址设计与建造技术要求》（试行）[25]，要求规定：根据地区废物产生的形态和数量以及废物处理、准备能力的情况，废物库可分为两类：

（1）一类库，具有废物处理、准备装置和废物贮存设施；

（2）二类库，仅设贮存设施。

我国现有核技术利用放射性废物库绝大部分属于二类库。

核技术利用放射性废物库根据当地条件可采取地面、半地下或洞穴等形式。库容不应小于 500 m^3，设计寿命不低于 100 a。所接受的放射性废物一般不应超过 GB 9133 规定的低放水平，接收的单个密封放射源或不再用的密封放射源的活度不应超过 4×10^{12} Bq（100Ci）。

核技术利用放射性废物库，保证在设计寿期内，为放射性废物提供与公众环境间有足够的隔离和良好的包容性能，满足审管部门的要求。

核技术利用放射性废物库的场址条件应以不影响废物库安全运行和废物库运行不影响附近地区的环境安全和社会与经济发展为原则。选址在地质结构稳定、无活动断层、无滑坡、泥石流、热带风暴等自然灾害和无燃爆侵扰的地区；远离交通要道，但有道路可供方便运送废物；地下无待开采的资源，以及不是旅游区、自然保护区、风景名胜古迹保护区等。

核技术利用放射性废物库设计的一般原则为：

（1）满足法规标准的要求；

（2）有利于废物库的建造、运行、维修和退役；

（3）方便废物的回取；

（4）采用经过实践检验，证明是安全、可靠和有效的技术、工艺、设备和仪表；

（5）经费概算符合国家有关规定。

核技术利用放射性废物库，按辐射水平分为监督区和控制区。废物贮存车间、废源贮存车间和废物处理车间为控制区。根据废物的数量和类别的具体情况，将废物贮存区分为废源存放区、废物存放区、接收物暂存区和（或）衰变贮存区。如果有高活度废物，增设高活度（或高剂量率）废物存放区。废源和废物分开存放，废源存放在有屏蔽盖板的贮存坑内。活度小、半衰期很短的废源（如校准源、某些医疗用源）可以存在地面上的铁柜内。放射性废物宜存放在地面的库房内，可将库分隔成低活度、较高活度、衰变存放等若干区。对高活度（高剂量率）废物应有足够屏蔽保护措施。为了方便搬运和运输，可将尺寸较小的废物包放在大的外包装内（小的废源可放在吊篮内）。废物库地面应能足够承重，墙面和地面应易于去污。

核技术利用放射性废物库应根据废物包的大小、重量、放射性活度、废物库状况配置合适的搬运设备，如数控或手控吊车、电动或手动叉车、电瓶车、手推小车等。废物库应设置废物信息计算机管理系统，方便保存和查询废物货包特性、存放位置、发送单位、接收日期等信息。设有满足要求的通风系统（包括风量、换气次数和风流向符合要求）以及消防系统等。

《核技术利用放射性废物库选址、设计与建造技术要求》（试行）对核技术利用放射性废物库设计的剂量目标值作出了如下规定：

（1）从事放射性废物运输、检查、检测和贮存等放射性工作人员，年有效剂量不超过 5 mSv；库区周围公众年有效剂量不超过 0.1 mSv。

（2）在进行屏蔽厚度计算时，选用的剂量率值分别为：① 距盖板表面 0.5 m 处剂量率不超过 20 μSv/h；② 各贮存间隔墙表面 0.2 m 处剂量率不超过 20 μSv/h；③ 库体外墙表面 0.2 m 处剂量率不超过 2.5 μSv/h。

（3）表面污染控制水平按 GB 18871 规定执行。

核技术利用放射性废物库应根据放射性废物库的放射性源项和周边社会与安全环境情况，设置适当的安全保卫系统，包括出入口控制、库区周边照明和报警系统，必要时加装可视监控系统、红外报警系统、烟感报警系统。防止没有经过准许的人闯入。废物库有巡检制度，有围墙、铁丝网和闯入报警，能及时发现闯入和偷盗者，并且具备有效应对措施。

核技术利用放射性废物库应考虑预防事故发生以及事故应急措施所需的资源和条件，在废物收贮过程中主要可能发生的事故有两类：

（1）废物运输中交通事故（如撞车或着火）；

（2）废物货包装卸作业中跌落事故。

这些事故可能导致废物容器损坏，废物散落泄出，气溶胶释放以及人员伤亡等后果。

北京市平谷区放射性废物库 1965 年投入运行[26]，运行 30 多年，收贮废物 570 m^3，废源 2 582 个，总活度 8.39×10^{12} Bq。该库设有 5 个库，收贮废物主要有以下四类：

（1）放射性污染的可燃/可压缩废物，如工作服、劳保用品、纸、棉纱、塑料、过滤器芯、工作台等；

（2）放射性污染的不可燃/不可压缩废物，如污染设备、仪表、工具、手套箱、工作箱等；

（3）试验用动物尸体，如鼠、狗、猴等，装在有福尔马林的陶罐中；

（4）废放射源，多数为刻度仪器用的标准源。

平谷库建设时间较早，由于设计原因，多数废物用塑料袋装投入库内，动物尸体多数装在含福尔马林的硫酸坛中，加上废物档案不健全，给回取和进一步处理与处置带来困难。

上海市放射性三废实验处理站的废物库建成于 1987 年，负责全市放射性三废（废渣除外）的收集、运输、处理及贮存等工作。实行科学管理，固体废物采用统一包装桶，遥控操作，整齐堆放。存放废物的性质、数量和存放位置都储存在计算机中。该库具有废水处理、固体废物打包压缩、焚烧、水泥固化、塑料固化等比较完备的处理和整备能力[27]。焚烧炉第一台报废后，又建了第二台。因为废物收贮量不多，废物处理设施的利用率不是太高。

俄罗斯莫斯科“拉同”（Radon）科工联合体负责莫斯科市同位素和核技术应用所产生的放射性废物，具有运输、处理、整备、贮存和处置放射性废物的能力。为运输放射性废物，备有废液运输车和固体废物运输车。为废物的处理和整备，设有两台压实机（200 t 压力和 1 200 t 压力）、焚烧炉（可烧固体废物 60 kg/h，有机废液 20 kg/h）、废水处理车间。对湿固体废物能进行水泥固化、沥青固化和玻璃固化处理。还开发了冷坩埚型熔炉（可达到 2 000 ℃高温）和处理废源等技术[28]。

参考文献

[1] IAEA. Management of Radioactive Waste from the Use of Radionuclides in Medicine. IAEA-TECDOC 1183，Vienna，2000.

[2] IAEA. Management of Small Quantities of Radioactive Waste. IAEA-TECDOC-1041，Vienna，1998.

[3] 电离辐射防护与辐射源安全基本准则. GB 18871-2002.

[4] Sophia T. Miaw W. The Goiania Accident Waste Management Strategy for a Safe Storage Disposal. SPECTRUM’94，Proc. Nuclear and Hazardous Waste Management International Topic Meeting，Aug.14-18，1994，3：2184.

[5] 潘自强，谢武成，赵永明. 放射源安全和保安的新进展[J]. 辐射防护，2005，25（16）：384.

[6] IAEA. Code of Conduct of the Safety and Security of Radioactive Sources. IAEA/CODEOC/2004.

[7] IAEA. Nature and Magnitude of the Problem of Spent Radiation Sources. IAEA-TECDOC-620. Vienna，1991.

[8] IAEA. Methods to Identify and Locate Spent Radiation Sources. IAEA TECDOC-804，Vienna，1995.

[9] IAEA. Reference Design for a Centralized Spent Sealed Sources Facility. IAEA-TECDOC-806. Vienna，1995.

[10] IAEA. Conditioning and Interim Storage of Spent Radium Sources. IAEA-TECDOC-886，Vienna，1996.

[11] IAEA. Handling，Conditioning and Storage of Spent Sealed Radioactive Sources. IAEA-TECDOC-1145，Vienna，2000.

[12] IAEA. Management for the Prevention of Accidents from Disused Sealed Radioactive Sources. IAEA-TECDOC-1205（2001）.

[13] IAEA. Management of Spent High Activity Radioactive Sources. IAEA-TECDOC-1301，2002.

[14] IAEA. Management of Disused Long Lived Sealed Radioactive Sources. IAEA-TECDOC-1357，2003.

[15] IAEA. Safety Considerations in the Disposal of Disused Sealed Radioactive Sources in Borehole Facilities. IAEA TECDOC Series No. 1368，2003.

[16] IAEA. Categorization of Radioactive Sources. IAEA-TECDOC-1344 Vienna，2003.

[17] 放射性同位素与射线装置安全和防护条例（国务院令第 449 号）. 2005 年 12 月 1 日起施行.

[18] 丛慧玲，乔书荣. 放射性废源的安全管理.//放射性废物管理及核设施退役. 1997.

[19] IAEA. Selection of Efficient Options for Processing and Storage of Radioactive Waste in Countries with Small Amounts of Waste Generation. IAEA-TECDOC-1371，Sep. 2003.

[20] Cholerzynski A，Tomzak W. Conditioning and storage of spent sealed radium sources. International Conference on Management of Radioactive Waste from Non-power Application Sharing the Experience，Malta，Nov. 5-9，2001：165.

[21] 范选林. 核工业遗留废放射源治理若干技术问题研究.//21 世纪辐射防护论坛第四次会议论文集. 北京，2005：79.

[22] 韩国胜，范选林，刘艳. 废入放射源整备车的研制和应用[J]. 辐射防护，2006，26（1）：56.

[23] Lacrois J P. Management of Disused Smoke Detectors. International Conference on Management of Radioactive Waste from Non-power Application Sharing the Experience，Malta，Nov.5-9，2001：110.

[24] IAEA. Issues Relating to Safety Standards on the Geological Disposal of Radioactive Waste. IAEA-TECDOC-1282，2002：57-62.

[25] 国家环境保护总局. 核技术利用放射性废物库选址、设计与建造技术要求（试行），2004.2.

[26] 岳维宏. 北京城市放射性废物库的源项调查[J]. 辐射防护，2002，27（3）：163.

[27] Zhang Y. et al. Treatment Process and Facilities for Urban Radioactive Waste. Radioactive Waste Management Practices and Issues in Developing Countries，IAEA-TECDOC-851，1995：201.

[28] Ojovan A P. et al. SIA“RADON”Experience in Radioactive Waste Vitrification Moscow. SIA“Radon” 1996：26.

附录一　我国放射性废物相关法规、标准和导则

一、综合性法律、法规和标准

中华人民共和国环境保护法	1989 年 10 月 26 日起施行
中华人民共和国水污染防治法	1984 年 11 月 1 日起施行（1996 年修正）
中华人民共和国固体废物污染环境防治法	1996 年 4 月 1 日起施行
中华人民共和国环境噪声污染防治法	1997 年 3 月 1 日起实施
中华人民共和国海洋环境保护法	2000 年 4 月 1 日起施行（修改本）
中华人民共和国大气污染防治法	2000 年 9 月 1 日起施行
中华人民共和国放射性污染防治法	2003 年 10 月 1 日起施行
中华人民共和国职业病防治法	2002 年 5 月 1 日起实施
中华人民共和国环境影响评价法	2003 年 9 月 1 日起施行
中华人民共和国行政许可法	2004 年 7 月 1 日起施行
中华人民共和国行政处罚法	1996 年 10 月 1 日起施行
中华人民共和国海洋倾废管理条例	1985 年 4 月 1 日起施行
中华人民共和国民用核设施安全监督管理条例	1986 年国务院发布
中华人民共和国核材料管理条例实施细则	HAF 501/01
放射环境管理办法	国家环保局第 3 号令 1990 年 5 月 28 日
放射性废物安全监督管理规定	HAF 401
电磁辐射环境保护管理办法	国家环境保护总局第 18 号令 1997 年 3 月 25 日
电离辐射防护与辐射源安全基本标准	GB 18871—2002
辐射源和实践的豁免管理原则	GB 13367—92
辐射防护规定	GB 8703—88
放射卫生防护基本标准	GB 4792—84
放射性废物管理规定	GB 14500—2002
放射性废物分类标准	GB 9133—1995，HAD 401/04
核科学技术术语　放射性废物管理	GB/T 4960.8—1996
核科学技术术语　辐射防护与辐射源安全	GB/T 4960.5—1996
辐射防护最优化纲要	GB/T 14325—1993
运行辐射防护最优化纲要系统评审方法	EJ/T 790—1993
辐射防护技术人员资格基本要求	GB/T 14570—1993
核安全与辐射安全文件格式与内容标准的编制规定	EJ 556—1999
环境空气质量标准	GB 3059—1996
大气污染物综合排放标准	GB 16297—96
室内空气质量标准	GB/T 18883—2002
海水水质标准	GB 3097—1997
地下水质量标准	GB/T 14848—93
地表水环境质量标准	GB 3838—2002

生活饮用水水源水质标准	CJ 3020—93
生活饮用水卫生标准	GB 5749—85
生活饮用水标准	GB 5750—85
渔业水质标准	GB 11607—89
农田灌溉水质标准	GB 5084—92
污水综合排放标准	GB 8978—1996
污水海洋处置工程污染控制标准	GB 18486—2001
建筑施工场界噪声限值	GB 12523—1990
城市区域环境噪声标准	GB 3096—1993
工业企业厂界噪声标准	GB 12348—90
生活垃圾填埋污染控制标准	GB 16889—1997
危险废物贮存污染控制标准	GB 18597—2001
危险废物填埋污染控制标准	GB 18598—2001
危险废物焚烧污染控制标准	GB 18484—2001

二、放射性废物处理法规、标准和导则

1. 废物减容

放射性废物焚烧设施的设计与运行	HAD 401/03（1997）
低、中水平放射性废物减容系统技术规定	EJ 795—93
小型焚烧炉	HJ/T 18—1996
生活垃圾焚烧污染控制标准	GB 18485—2001
危险废物焚烧污染控制标准	GB 18484—2001
医疗废弃物焚烧设备技术要求	CJ/T 3083—1999

2. 废物固化

低、中水平放射性废物固化体性能要求 水泥固化体	GB 14569.1—93
低、中水平放射性废物固化体性能要求 塑料固化体	GB 14569.2—93
低、中水平放射性废物固化体性能要求 沥青固化体	GB 14569.3—93
放射性废物固化体长期浸出试验	GB 7023—86

3. 废物包装

低、中水平放射性固体废物包装安全标准	GB 12711—91
低、中水平放射性固体废物混凝土容器	EJ 914—94
低、中水平放射性固体废物钢质容器 钢桶	EJ 1042—96
低、中水平放射性固体废物钢质容器 钢箱	EJ 1076—98
放射性废物体和废物包的特性鉴定	EJ 1186—2005

4. 废物贮存

低、中水平放射性固体废物暂时贮存规定	GB 11928—89
核电厂低、中水平放射性固体废物暂时贮存技术规定	GB 14589—93
低、中水平放射性固体废物暂时贮存库安全分析报告要求	EJ/T 532—90
高水平放射性废液贮存厂房设计规定	GB 11929—89

5. 废物运输

放射性物质安全运输规程	GB 11806—2004
放射性物质运输包装质量保证	GB 15219—94
放射性物质安全运输质量保证	HAF—J 0075

铀矿石和铀化合物安全运输规定	EJ/T 526—90
放射性物质运输环境影响报告书的标准格式与内容	EJ/T 818—94
放射性物质运输安全分析报告的标准格式与内容	EJ/T 839—94
易裂变放射性物质 B 型包装许可证申请的标准格式与内容	HAF—J 0041
放射性物质安全运输货包的泄漏检验	GB/T 17230—1998
放射性物质运输事故应急准备与响应	HAF-001—2000

三、流出物排放法规、标准和导则

铀矿冶辐射环境监测规定	EJ/432—89
铀加工及核燃料制造设施流出物的放射性活度监测规定	GB/T 15444—94
生产堆退役环境和流出物辐射监测规定	EJ/T 968—95
核电厂环境辐射监测规定	EJ/T 382—89
核电厂放射性排出流和废物管理	HAF 0311—1990
核燃料循环放射性流出物归一化排放量管理限值	GB/T 13695—92
轻水堆核电厂放射性废水排放系统技术规定	GB 14587—93
气态排出流（放射性）活度连续监测设备 第二部分：气溶胶排出流监测仪器的特性要求	GB 7165.2—88
气态排出流（放射性）活度连续监测设备 第三部分：惰性气体排出流监测仪器的特性要求	GB 7165.3—89
气态排出流（放射性）活度连续监测设备 第四部分：碘监测仪的特性要求	GB 7165.5—88
气态排出流（放射性）活度连续监测设备 第五部分：氧排出流监测仪的特性要求	GB 7165.4—89
气态排出流（放射性）活度连续监测设备第六部分：超铀元素气溶胶排出流监测仪的特殊要求	GB 7165.6—89
核设施流出物和环境放射性监测质量保证计划的一般要求	GB 11216—1989
核设施流出物监测的一般规定	GB 11217—1989
核设施现场污染气象资料大纲	EJ/T 736—92
核辐射环境质量评价一般规定	GB 11215—89

四、放射性废物处置法规、标准和导则

关于我国中、低放射性废物处置的环境政策	国发[1992]45 号文
低、中水平放射性固体废物浅地层处置规定	GB 9132—88
低、中水平放射性废物的近地表处置规定	GB 9132—95
低、中水平放射性固体废物岩洞处置规定	GB 13600—92
放射性废物近地表处置场选址	HAD 401/05，1998
低、中水平放射性废物近地表处置设施的选址	HJ/T 23—1998
放射性废物地质库选址	HAD 401/06，1998
低、中水平放射性废物近地表处置设施设计准则 非岩洞型处置	EJ 1109.1—1999
低、中水平放射性废物近地表处置设施设计规定　岩洞型处置	EJ 1109.2—2002

放射性固体废物浅地层处置环境影响报告书的格式与内容	HJ/5.2—93
低、中水平放射性废物近地表处置场环境辐射监测的一般要求	GB/T 15950—95
核设施环境保护管理导则　放射性固体废物浅地层处置环境影响报告书的格式与内容	EJ/T 5.2—93
放射性废物近地表处置的废物接收准则	GB 16933—1997
地质处置设施安全评价的情景选择	EJ/T 612—91

五、铀钍矿冶放射性废物管理法规、标准和导则

铀、钍矿冶放射性废物安全管理技术规定	GB 14585—93
铀、钍矿冶放射性废物安全管理	EJ/T 683—92
铀水冶厂尾矿库安全设计规定	EJ 794—93
铀矿冶辐射防护设计规定	EJ/348—88
铀矿井排氡通风设计规范	EJ/359—89
铀矿井排氡子体风量计算方法	EJ/T 360—89
铀矿通风防护最优化方法	EJ/T 944—95
铀水冶厂尾矿设施的运行安全管理	EJ 725—92
铀矿冶设施退役环境管理技术规定	GB 14586—93
铀矿地质设施退役辐射环境安全规程	EJ 913—94
铀矿地质辐射防护和环境保护规定	GB 15848—1995
铀矿堆浸、地浸环境保护技术规定	EJ/T 1007—96
铀矿冶设施运行所造成的气态（载）放射性与有毒性源项的确定	EJ/T 1690—1998
铀矿山安全性评价	EJ/T 945—95
铀矿地质生产安全检查规定	EJ/T 1016—96
铀矿冶辐射防护规定	EJ/993—96
铀矿冶辐射环境监测规定	EJ 432—89
铀矿冶辐射环境质量评价规定	EJ 521—90
铀矿冶退役环境影响报告编制格式和内容	NEPA-RG.2—91
铀矿冶设施安全分析报告的标准格式与内容	EJ/T 613—91
铀矿冶环境影响报告的标准格式与内容	EJ/T 521—90
铀矿地质辐射环境影响评价规程	EJ/T 293—96
铀地质、矿山、选冶厂工作人员个人剂量管理规定	EJ 978—95
铀矿冶工作人员辐射防护管理规定	EJ 807—90
铀矿冶工作人员辐射防护监测规定	EJ 943—95

六、核电厂放射性废物管理法规、标准和导则

核电厂放射性废物管理安全规定	HAF 0800
核电厂放射性排出流和废物管理	HAD 401/01（1990）
核电厂放射性废物管理系统的设计	HAD 402/02（1997）
压水堆核电厂运行工况下的放射性源项	GB/T 13976—92
轻水堆核电厂放射性固体废物处理系统技术规定	GB 9134—88
轻水堆核电厂放射性废液处理系统技术规定	GB 9135—88
轻水堆核电厂放射性废气处理系统技术规定	GB 9136—88
轻水堆核电厂放射性废水排放系统技术规定	GB 14587—93
核电厂低、中水平放射性固体废物暂时贮存技术规定	GB 14589—93
核电厂环境影响报告的格式与内容	NEPA—RG.1—88
研究堆环境影响报告书的格式与内容	HJ/T 5.1—93
研究堆和临界装置安全分析报告的格式与内容	HAF 1001—89
研究堆安全分析报告的格式与内容	HAD 201/01—1996
核动力设计安全规定	HAF 102
核电厂运行安全规定	HAF 003
核电厂质量保证安全规定	国务院第 124 号令（1993.8）
核电厂核事故应急管理条例	国家环保总局第 8 号令
核电厂环境辐射防护规定	GB 6249—86
压水堆核电厂辐射防护规定	GB 14317—1993
研究堆辐射防护规定	EJ 270—84
临界装置与实验装置	EJ 382—89
研究堆设计安全规定	HAD 202/02
研究堆运行安全规定	HAF 201
研究堆的运行管理	HAF 202
研究堆的应用与修改	HAD 202//01
研究堆定期安全审查	HAD 202//03
轻水堆核电厂工作人员辐射防护培训规定	EJ/T 994—96
核电厂工作人员健康要求和医学监督规定	EJ 300—1987

七、退役废物管理法规、标准和导则

铀矿地质设施退役辐射环境安全规程	EJ 913—94
铀矿冶设施退役环境管理技术规定	GB 14586—93
铀矿冶退役环境影响报告书编写与内容	NEPA—RG—2
铀加工及燃料制造设施退役环境影响报告的标准格式与内容	EJ/T 1037—96
核燃料后处理退役辐射防护规定	EJ 588—91
反应堆退役辐射防护规定	GB 11850—89
反应堆退役环境管理技术规定	GB 14588—93
生产堆退役的去污技术准则	EJ/T 941—95
生产堆退役放射性工作场所区级划分	EJ 875—1994
生产堆退役质量保证	EJ/T 876—1994

生产堆退役环境和流出物辐射监测规定 EJ/T 968—1995
研究堆退役技术 国家核安全局—1995
研究堆和临界装置退役 HAF 1004
放射性污染表面的去污　试验与评价去污难易程度的方法 GB/T 14057—93
放射性污染表面的去污　纺织品去污剂的试验方法 GB/T 15850—95
中国核工业总公司军工设施退役及放射性废物治理项目管理办法 1991 年 8 月 1 日

八、核燃料循环活动放射性废物法规、标准和导则

铀加工及燃料制造设施辐射防护规定 EJ 1056—1997
核燃料后处理厂放射废物管理技术规定 EJ/T 940—95
核燃料后处理厂通风与空气净化系统设计规定 EJ/T 938—95
用于评价燃料制造厂核临界事故潜在辐射后果的假定 EJ/T 988—96
用于评价核燃料后处理厂核临界事故潜在辐射后果的假定 EF/T 967—95
核燃料后处理厂辐射安全设计规定 EJ 849—94
核燃料后处理厂建（构）筑物、系统和部件的分级准则 EJ/T 939—95
铀浓缩厂安全分析报告的标准格式与内容 EJ/T 796—93
铀加工及燃料制造设施退役环境影响报告的标准格式与内容 EJ/T 1037—96
核燃料循环设施应急计划的标准格式与内容 GB 13695—92 HAF 1102—93
铀富集工厂环境影响报告的标准格式与内容 EJ/T 735—92
核燃料后处理厂安全分析报告的标准格式与内容 EJ/T 681—92
铀燃料加工设施安全分析报告的标准格式与内容 HAD 301—01—1991
民用核燃料循环设施安全规定 HAF 301
民用核燃料循环设施营运单位的应急计划 HAD 002/07

九、豁免和清洁解控法规、标准和导则

辐射源和实践的豁免管理原则 GB 13367—92
核设施的钢铁和铝再循环再利用的清洁解控水平 GB 17567—98
拟开放场地土壤中剩余放射性可接受水平规定（暂行） HJ 53—2000

十、场址清污法规、标准和导则

表面污染测定 第一部分：β 发射体（β 最大能量＞0.15 MeV）和 α发射体 GB/T 14056—92
表面污染测定 第二部分：氚表面污染 GB/T 15222—94

十一、核技术利用废物和放射源管理法规、标准和导则

中华人民共和国放射性污染防治法 2003 年 10 月 1 日起施行

放射性同位素与射线装置安全和防护条例	国务院第 449 号令，2005 年 12 月 1 日起施行
建设城市放射性废物库的暂行规定	国务院环委办发布（1984）
城市放射性废物管理办法	国家环保局发布（1987）
核技术利用放射性废物库选址、设计与建造技术要求	环发[2004] 46 号
医用放射性废物管理卫生防护标准	GBZ 133—2002
操作开放型放射性物质的辐射防护规定	GB 11930—89
开放型放射性物质实验室辐射防护设计规范	EJ 380—89
使用密封放射源卫生防护标准	GBZ 114—2002
含密封源仪表的卫生防护标准	GBZ 125—2002
密封γ放射源容器卫生防护标准	GBZ 135—2002
密封放射源一般要求和分级	GB 4075—2003
钴-60 辐射装置的辐射防护与安全标准	GB 10252—1996
水池贮源型γ辐照装置设计安全标准	GB 17279—1998
γ辐照装置设计建造和使用规范	GB 17568—1998
建筑材料放射性核素限量	GB 6566—2001
建筑材料产品及建筑工业废渣放射性物质控制要求	GB 6763—2000
工业γ射线、γ射线探伤卫生防护标准	GBZ 132—2002
γ远距治疗室设计防护标准	GBZ/T 117—2002
医用γ照射远距治疗设备放射卫生防护标准	GB 16351—96
医用 X 射线诊断卫生防护标准	GBZ 130—2002
医用电子加速器卫生防护标准	GBZ 126—2002
工业 X 射线探伤卫生防护标准	GBZ 117—2002
粒子加速器设施安全分析报告的标准格式与内容	EJ/T 682—1992

十二、废物管理相关监测分析标准

辐射环境质量评价一般规定	GB 11215—89
核设施流出物和环境放射性监测质量保证计划的一般要求	GB 11216—89
电离辐射监测质量保证一般规定	GB 8999—88
检验和校正实验室能力的通用要求	GB/T 15841—2000
环境核辐射监测规定	GB 12379—90
核电厂环境辐射监测规定	EJ 382—86
核设施流出物监测的一般规定	GB 11217—89
辐射环境监测技术规范	HJ/T 61—2001
核设施水质监测采样规定	HJ/T 21—98
环境辐射监测中生物采样的基本规定	EJ 527—90
气载放射性物质取样的一般规定	HJ/T 22—98
环境辐射监测中土壤样品采集与制备的一般规定	EJ 428—89
生活饮用水标准检验法	GB 5750—80
饮用天然矿泉水检验法	GB 8538—95
饮用天然矿泉水中总α放射性的测定方法	GB 8538.56—87
饮用天然矿泉水中总β放射性的测定方法	GB 8538.57—87
用于半导体γ谱仪分析低比活度γ放射性样品的标准方法	GB 11713—89
环境地表γ辐射剂量率测定规定	GB/T 14583—93

辐射防护用β、γ和辐射剂量当量仪和剂量当量率仪	EJ/T 776
环境空气中氡的标准测量方法	GB/T 14582- 93
氡及氡子体测定规范	EJ 605—91
铀矿山空气中氡及氡子体的测量方法	EJ 378—89
住房内氡浓度控制标准	GB/T 16146—95
空气中氡浓度的闪烁瓶测量方法	GB/T 16147—95
地下建筑氡及氡子体控制标准	GB 16356—96
水中氡测量规程	EJ/T 1133—2001
空气中微量铀的分析方法　激光荧光法	GB/T 12377—90
空气中微量铀的分析方法　TBP 萃取荧光法	GB 12378—90
空气中碘-131 的取样和分析方法	GB 3059—1996
环境空气质量标准	GB 5748—85
环境影响评价技术导则——大气环境	HJ/T 2,2—93
土壤中锶-90 的分析方法	EJ/T 1035—96
土壤中镭-226 的放射化学分析方法	EJ/T 1117—2000
土壤中钚的测定　萃取色层法	GB 11219.1—89
土壤中钚的测定　离子交换法	GB 11219.2—89
土壤中铀的测定　CL-5209 萃取树脂分离 2-（5-溴-2-吡啶偶氮）-5-二乙氨基苯酚分光光度法	GB 11220.1—89
土壤中铀的测定　三烷基氧膦萃取-固体荧光法	GB 11220.2—89
土壤中放射性核素γ能谱分析方法	GB/T 11743—89
土壤、岩石等样品中铀的测定　激光荧光法	EJ/T 550—2000
拟开放场地土壤中剩余放射性可能接受水平（暂行）	HJ 53—2000
生物样品灰中铯-137 的放射化学分析方法	GB 11221.2—89
生物样品灰中锶-90 的放射化学分析方法　二-（2-乙基己基）磷酸酯萃取色层法	GB 11222.1—89
生物样品灰中锶-90 的放射化学分析方法　离子交换法	GB 11222.2—89
生物样品灰中铀的测定 固体荧光法	GB 11223.1—89
生物样品灰中铀的测定 激光液体荧光法	GB 11223.2—89
牛奶中碘-131 的分析方法	GB/T 14674—93
牛奶中氚的分析方法	EJ/T 558—91
植物、动物甲状腺中碘-131 的分析方法	GB/T 13273—91
尿中铀的分析方法	GB296.1～2—87
尿中钚的分析方法	EJ 274—84
水中微量铀的分析方法　激光液体荧光法	GB 12377—90
水中微量铀的分析方法	GB/T 6768—86
水中钍的分析法	GB/T 11224—89
水中镭-226 的分析方法	GB 11214—89
水中钚的分析法	GB 11225—89
水中镭的α放射性核素的测定	GB 11218—89
水中钋-210 的测定	GB/T 12376—90
水中铅-210 的分析方法	EJ/T 859—94
水中钾-40 的分析测定	GB/T 11338—89
水中锶-90 放射化学分析方法 发烟硝酸法	GB/T 6764—86
水中锶-90 放射化学分析方法 离子交换法	GB/T 6765—86
水中锶-90 放射化学分析方法　二（2-乙基己基）磷酸萃取色层法	GB/T 6766—86

水中铯-137放射化学分析方法	GB/T 6767—86
水中碘-131的分析方法	GB/T 13272—91
水中Fe-59的分析方法	GB/T 15220—94
水中Co-60的分析方法	GB/T 15221—94
水中Mn-54的分析方法	EJ/T　919—94
水中镍-63的分析方法	GB/T 14502—93
水中氚的分析方法	GB/T 12375— 90
水质　氟化物的测定	GB 7484—87
水质　溶解氧的测定	GB 7489—87
水质　五日生化需氧的测定	GB 7488—87
水质　硝酸盐氮的测定	GB 7480—87
水质　亚硝酸盐氮的测定	GB 7493—87
水质　挥发酚的测定	GB 7490—87
水质　氰化物的测定	GB 7486—87
水质　阴离子表面活性剂的测定	GB 7494—87
水质　总砷的测定	GB 7485—87
水质　铜、铅、镉、锌的测定　原子吸收分光光度法	GB7475—87
铀加工及核燃料制造设施流出物的放射性活度监测规定	GB/T 15444—95
低、中水平放射性废物近地表处置场环境辐射监测的一般要求	GB/T 15950—1995
核辐射环境品质的一般规定	GB11215—89
氚内照射剂量估算及评价方法	EJ 287—87
钚内照射剂量估算及评价方法	EJ 108—87
放射性工作人员健康管理规定	卫生部第2号，1997年9月1日
放射性工作人员健康标准	GBZ 98—2002
职业性外照射个人监测规范	GBZ 128—2002
水中放射性核素的γ能谱分析方法	GB/T 16140—90
水中总β放射性沉淀　蒸发法	EJ/T 900—94
水中总α放射性活度的沉淀　厚源法	EJ/T 1075—98
放射性核素的α能谱分析方法	GB/T 16141—95

[注] GB—中华人民共和国国家标准
GBZ—国家职业卫生标准
HAF—核安全规章
HAD—核安全导则
EJ —核行业标准
HJ —环境保护行业标准
CJ —城镇建设行业标准
NEPA-RG —国家环境保护局管理导则
T —推荐（标准）

附录二　国际原子能机构发布的有关放射性废物管理标准和导则

一、基础性和通用性

放射性废物管理原则	111-F（1995），DS 353
废物管理	DS 340
放射性废物管理	DS 353
建立放射性废物管理国家体系	111-S-1（1995）
核、辐射、放射性废物和运输安全的法律和政府机构	GS-R-1（2000）
非反应堆和处置库外核和辐射设施的安全评价	DS 284
含有天然放射性物质的废物的管理	DS 352
医疗、工业、农业、研究和教育应用放射性物质产生的废物管理	WS-G-2.7（2005）
放射性废物的分类	111-G-1.1（1994），DS 390
国家放射性废物管理计划的制订和实施	111-G-1.2
放射性废物管理审批	111-G-1.3
放射性废物安全管理的质量保证	111-G-1.4
固体材料中放射性核素的解控水平：豁免原则的应用	111-G-1.5
废物管理设施排放限值的导出	111-G-1.6
放射性废物管理名词术语	111-G-1.7（2003）
核设施审管机构的组织和人员	GS-G-1.1（2002）
核或辐射应急准备与响应	NS-R-2（2002）

二、处置前管理

包括退役在内的放射性废物处置前的管理	WS-R-2（2000）
核燃料循环设施的低中放废物处置前管理	111-G-2.1（1994）
医学、工业和研究设施的放射性废物处置前管理	111-G-2.2（1994）
低中放废物处置前管理	WS-G-2.5（2003）
高放废物处置前管理	WS-G-2.6（2003）
处置前废物管理的安全评价	111-G-2.4（1999）
放射性废物的贮存	WS-G-6.1（2006）
放射性废物安全贮存的管理系统	DS 336

三、放射性物质运输

核、辐射、放射性废物和运输安全原则	DS 298
放射性物质安全运输规范	TS-R-1（2004）
放射性物质安全运输规范的咨询材料	TS-G-1.1（2002）
放射性物质运输事故应急响应的计划和准备	TS-G-1.2（2002）
放射性物质安全运输管理体系	DS 326
放射性物质安全运输要遵守的保证	DS 327
放射性物质运输的辐射防护大纲	DS 377

四、排放

放射性流出物环境排放审管控制	WS-G-2.3（2000）
审管机构对核设施的审评	GS-G-1.2（2002）

五、近地表处置

放射性废物的近地表处置	WS-R-1（1999）
近地表处置设施的选址	111-G-3.1（1994）
近地表处置库的设计、建造、运行和关闭	111-G-3.2（1999）
放射性废物近地表处置安全评价	WS-G-1.1（1999）

六、地质处置

放射性废物地质处置安全要求	WS-R-4（2006）
放射性废物的地质处置	111-S-4，（DS 154）
地质处置设施的选址	111-G-4.1（1994）
地质处置库的设计、建造、运行和关闭	111-G-4.2
地质处置的安全评价	111-G-4.3
处置放射性废物的钻孔设施	DS 335
地质处置放射性废物的设施和设计运行	DS 334
放射性废物和安全处置的管理系统	DS 337
放射性废物处置	DS 354

七、放射源管理

放射源的分类	RS-G-1.9（2005）
射线发生器和密封源的安全	DS 114

建造胜任辐射防护能力和安全使用辐射源	RS-G-1.4（2001）

八、铀钍矿冶废物管理

采矿和水冶产生的放射性废物的管理	WS-G-1.2（2002）
矿冶放射性废物管理	WS-G-1.1（2002）
铀/钍矿冶废物管理设施的选址、设计、建造、运行和关闭	111-G-5.1
铀/钍矿冶地面设施的退役以及矿井、废石和尾矿的封闭	111-G-5.2
原料开采和加工的职业辐射防护	RS-G-1.6（2004）
铀/钍矿冶废物管理安全评价	111-G-5.3
铀/钍矿冶放射性废物管理	DS 277

九、核燃料循环废物管理

燃料循环设施的安全要求	DS 316
铀燃料制造设施的安全	DS 317
MOX 燃料制造设施的安全	DS 318
转换和富集设施的安全	DS 344

十、反应堆运行废物管理

核电厂运行中辐射防护和放射性废物管理	NS-G-2.7（2002）
核电厂辐射防护和废物安全的设计问题	DS 313
核电厂运行中的辐射防护和放射废物管理	DS 187
研究堆的安全	NS-R-4（2005）
研究堆的退役	DS 259
研究堆的维修 定期试验检查	DS 260
核电厂场址评价放射物质在空气和水中污染散布考虑	NS-G-3.2（2002）

十一、退役和环境整治

使用放射性物质设施的退役	DS 333
核设施的退役和环境整治	111-S-6
核动力厂和研究堆退役	WS-G-2.1（1999）
医疗、工业和研究设施退役	WS-G-2.2（1999）
核燃料循环设施退役	WS-G-2.4（2001）
核设施退役的安全评价	DS 376
终止实践审管控制场址的释放	DS 332

过去实践和事故造成的污染区的整治	WS-R-3（2003）
污染土地的推荐净化水平	111-G-6.6
排除、豁免和清洁解控原则的应用	RS-G-1.7（2004）
核设施产生的物料的再循环和再利用或豁免原则的应用	111-P-1.1
核设施的场址评价	NS-R-3（2003）

十二、废物管理的辐射防护

职业人员辐射防护	RS-G-1.1（1999）
吸入放射性核素职业照射的评价	RS-G-1.2（1999）
由外部源辐射引起的职业照射的评价	RS-G-1.3（1999）
医疗照射对电离辐射的放射保护	RS-G-1.5（2002）

[注] GS——General Safety　一般安全
WS——Waste Safety　废物安全
RS——Radiation Safety　辐射安全
NS——Nuclear Safety　核安全
TS——Transport Safety　运输安全
“F”——Fundamental　基本原则
“R”——Requirements　安全要求
“G”——Guidance　安全导则
“P”——Practice　实践
DS——Draft Safety Standards Series　安全标准草稿

附录三　国际原子能机构发布的有关放射性废物管理的出版物

一、放射性废物管理的一般原则和要求

放射性废物的安全管理要求	IAEA-TECDOC-853（1995）
发展中国家放射性废物管理的实践和问题	IAEA-TECDOC-851（1995）
放射性废物管理、去污和退役的情报资源	IAEA-TECDOC-84（1995）
核、辐射、运输和废物安全的相关性　实践手册	IAEA-TECDOC-1076（1999）
影响选择和实施废物管理技术因素的评论	IAEA-TECDOC-1096（1999）
小量放射废物的管理	IAEA-TECDOC-1041（1998）
研究开发的质量保证	SS，No. 50C/SG-Q8（1996）
制订和实施质量保证大纲导则	SS，No. 50C/SG-Q1（1996）
产生少量放射性废物国家中放射性废物处理和贮存有效方法的选择	IAEA-TECDOC-1371（2003）

二、放射性废气处理

气载放射性废物的处理	STI/PUB/195（1968）
核设施气载废物的管理	STI/PUB/561（1980）
核设施尾气净化系统的试验和监测	STI/DOC/10/243（1984）
核设施尾气净化系统的试验和运行	IAEA-SR-72（1983）
处理低中放物料设施尾气净化和通风系统的设计和运行	STI/DOC/10/292（1988）
高放废液整备设施尾气净化和通风系统的设计和运行	STI/DOC/10/291（1988）
核电站气溶胶放射性废物的管理	STI/DOC/10/307（1989）
核设施气态流出物中半挥发性放射性核素的控制	STI/DOC/10/220（1982）
核电站事故工况下尾气和空气净化系统	STI/DOC/10/358（1993）

气体过滤器

用在核设施的空气过滤器	STI/DOC/10/122（1970）
高效粒子空气过滤器测试方法比较	IAEA-TECDOC-355（1985）
核设施尾气净化系统的试验和监测	STI/DOC/10/243（1984）
核设施尾气净化系统的试验和运行	IAEA-SR-72（1983）

除　碘

核工业碘控制　STI/DOC/10/148（1973）

正常和应急情况下核设施放射性碘的除去方法和技术　STI/DOC/10/201（1980）

碘-129 的处理、整备和处置　STI/DOC/10/276（1987）

异常工况和事故工况下核设施中碘和其他气载放射性核素的滞留　IAEA-TECDOC-521（1989）

^{85}Kr 的分离、贮存和处置　STI/DOC/10/199（1980）

核设施气态流出物中半挥发性放射性核素的控制　STI/DOC/10/220（1982）

三、低中放废物处理

低中放废物处理技术的进展　STI/DOC/10/370（1994）

低中放废物关于其化学毒性的管理　IAEA-TECDOC-1325（2003）

低中放废液的处理　STI/DOC/10/236（1984）

放射性废液的处理　IAEA-TECDOC-654（1992）

放射性废液的膜技术处理　STR No.431（2005）

液体放射性废物处理的复合方法　IAEA-TECDOC-1336（2003）

低中放固体废物的处理　STI/DOC/10/223（1983）

低中放废物的整备　STI/DOC/10/222（1983）

核设施产生的放射性废物的加工和处理　STI/DOC/10/402（2001）

生物放射性废物的处理、整备和贮存　IAEA-TECDOC-775（1995）

关于无机吸附剂水处理和固化技术　IAEA-TECDOC-929（1997）

放射性废物集中处理和贮存设施的参考设计　IAEA-TECDOC-776（1995）

放射性固体废物的处理和整备　IAEA-TECDOC-655（1992）

放射性废物化学处理　STI/DOC/10/89（1968）

化学沉淀法处理液体放射性废物　STI/DOC/10/337（1992）

无机吸附剂处理液体放射性废物和回填地下处置库　IAEA-TECDOC-675（1992）

放射性废物蒸发器的设计和运行　STI/DOC/10/87（1968）

低中放浓缩物的处理　STI/DOC/10/82（1968）

处理放射性废物的离子交换工艺的运行和控制　STI/DOC/10/78（1967）

用离子交换法处理放射性废物和废离子交换剂管理　IAEA–TRS，No. 408（2002）

核电站废离子交换树脂的管理　IAEA-TECDOC-238（1981）

核电站含硼废液的处理　IAEA-TECDOC-911（1996）

为贮存和处置废离子交换树脂所作的处理　STI/DOC/10/254（1985）

研究堆沉淀泥浆和其他放射性浓缩物产生的废树脂的处理和整备　IAEA-TECDOC-689（1993）

放射性废物的化学处理　STI/DOC/10/98（1968）

为贮存和处置放射性废物所作的整备　STI/PUB/624（1983）

放射性废物整备的检查和试验　IAEA-TECDOC-959（1997）

维修和退役操作过程中去污新方法和新技术	IAEA-TECDOC-1022（1998）
小量放射性废物的管理	IAEA-TECDOC-1042（1998）
^{99}Mo 生产所产生的放射性废物的管理	IAEA-TECDOC-1051（1998）
影响选择和实施废物管理技术因素的评论	IAEA-TECDOC-1096（1999）
放射性废物管理和处置的废物盘存量记录保存系统	IAEA-TECDOC-1222（2001）
膜技术用于放射性废物处理	IAEA-STR-431（2003）
液体放射性废物处理的复合方法	IAEA-TECDOC-1336（2004）

废物贮存

废物货包的中间贮存	STI/DOC/10/390（1998）
放射性废物的贮存	IAEA-TECDOC-653（1992）
放射性废物的安全贮存	Draft Safety Guide DS-292

废液贮存

液体放射性废物贮槽　设计和利用	STI/DOC/10/135（1972）

有机废物处理

有机放射性废物处理和固化方案	STI/DOC/10/294（1989）
放射性有机废液的处理和整备	IAEA-TECDOC-656（1992）
放射性有机废液的处置前管理	TRS No.427（2004）

氚废物管理

核设施氚的管理	STI/DOC/10/234（1984）
含氚和碳-14 废物的管理	TRS，No.420（2004）
氚的环境行为	STI/DOC/10/310（1990）

减　容

低放固体废物的减容	STI/DOC/10/106（1970）
放射性废物焚烧设施的设计和运行	SS，No.108（1992）
放射性废物焚烧炉尾气处理	STI/DOC/10/302（1989）
低中放固体废物处理和减容技术现状	STI/DOC/10/360（1994）

固化技术

低中放废物的改进水泥固化	STI/DOC/10/350（1993）
	STI/DOC/10/116（1970）
放射性废物的沥青固化	STI/DOC/10/352（1993）
沥青固化法整备放射性废物	STI/DOC/10/272（1987）
低中放废物聚合物固化	STI/DOC/10/289（1988）
在处置场和污染场址就地固化和隔离放射性废物的技术	IAEA-TECDOC-972（1997）

废物包装

放射性废物货包的质量保证	STI/DOC/10/376（1995）
放射性废物固化体及货包的特性鉴定	STI/DOC/10/383（1997）
低中放废物包装可接受性的要求和方法	IAEA-TECDOC-864（1996）
固体低、中放废物包装容器和放射性废物货包	STI/DOC/10/355（1993）
低、中放废物固化体和货包评价	IAEA-TECDOC-568（1990）
高放废物货包可接受性质量保证要求和方法	IAEA-TECDOC-680（1992）
对放射性废物整备的检查和试验	IAEA-TECDOC-959（1997）
为贮存和处置而作放射性废物整备的鉴定—建立废物接受准则的导则	IAEA-TEDOC-285（1983）
废物处理和贮存过程废物货包记录保持方法	TRS，No.434（2005）

流出物排放

放射性流出物排放到环境中的审管控制	IAEA-WS-G-2.3（2002）
评价排放放射物质进入环境影响的通用模式和参数	Safety Series No.19（2001）
常规释放放射性核素环境转移的通用模式和参数	Safety Report Series No.57
核电站产生的放射性流出物和放射性废物运行管理	STI/PUB/734（1986）
放射性流出物有限释放进环境的原则	Safety Series No.77（1986）

四、高放废物处理

从高放废液中分离和利用铯和锶的可行性	STI/DOC/10/356（1992）
从高放废液中分离和利用钌、铑和钯的可行性	STI/DOC/10//308（1989）
高放废物固化技术	STI/DOC/10/176（1977）
高放废物固化产品特性鉴定	STI/DOC/10/187（1979）
需要冷却的高放废液的贮存和处理	STI/DOC/10/191（1979）
高放废物固化体的评价	IAEA-TECDOC-239（1981）
高放废物玻璃固化和贮存设施的设计与运行	STI/DOC/10/339（1992）
整备的高放废物的搬运和贮存	STI/DOC/10/229（1983）
高放固化体化学稳定性和相关性质	STI/DOC/10/257（1985）

包壳废物处理

废包壳和燃料端头部件的管理	STI/DOC/10/258（1985）

五、α 废物处理

α 废物的管理	STI/PUB/562（1981）
α 废物的处置	STI/DOC/10/287（1988）

α废物的整备	STI/DOC/10/326（1991）

六、核电站废物管理

核电站废物处理和整备新技术	IAEA-TECDOC-1504（2006）
核电站放射性废物管理	STI/PUB/208（1968），IAEA-TECDOC-276（1983）
核电站含硼废液的处理	IAEA-TECDOC-911（1996）
核电站和核燃料循环后段放射性废物最小化	STI/DOC/10/377（1995），STI/PUB/705（1985）
核电站放射性废物管理：实践程序	STI/DOC/10/198（1980）
核电站尾气和空气净化系统的设计	STI/DOC/10/274（1987）
核电站产生的放射性流出物和放射性废物运行管理	STI/PUB/734（1986）
核电站放射性废物管理系统设计	STI/PUB/739（1986）
核电站异常工况放射性废物管理	STI/DOC/10/307（1989）
核电站事故工况下尾气和空气净化系统	STI/DOC/10/358（1993）
WWER 型反应堆放射性废物管理	IAEA-TECDOC-705（1993）
核电站废离子交换树脂的管理	IAEA-TECDOC-238（1981）
安全处理核电站放射性废物的指南	IAEA-TECDOC-198（1980）
WWER 核电站放射性废物管理的改进	IAEA-TECDOC-1492（2006）

七、铀矿冶废物处理

铀矿和水冶厂的关闭	IAEA-TECDOC-939（1997）
铀矿和水冶厂关闭的规划和管理	IAAEA-TECDOC-824（1995）
铀采矿、水冶和就地浸出的环境影响评价	IAEA-TECDOC-977（1997）
良好实施铀矿冶运行及其关闭指南	IAEA-TECDOC-1059（1998）
铀采矿、水冶及其废物管理安全法规和环境影响	IAEA-TECDOC-1244（2001）
铀采矿和水冶的液体和固体废物中镭和其他污染物的环境迁移	IAEA-TECDOC-370（1986）
镭在水体和含水层中的行为	IAEA-TECDOC-301（1984）
铀、钍矿冶废物管理	SS，No. 44（1976）
铀矿冶废物的管理	STI/PUB/622（1982）
铀钍矿冶废物的安全管理	SS，No. 85（1987）
铀尾矿释放的氡的测定和计算	STI/DOC/10/333（1992）
铀尾矿监禁和管理的近期实践	STI/DOC/10/335（1992）
氡的环境行为	STI/DOC/10/310（1990）

铀尾矿的长期稳定　IAEA TECDOC-1403（2004）

八、核技术利用废物处理

医学中使用放射性核素所产生的放射性废物的管理　IAEA-TECDOC-1183（2000）
核技术利用产生的放射性废物的处理　IAEA-TRS No. 402（2001）
^{99}Mo 生产所产生的放射性废物的管理　IAEA-TECDOC-1051（1998）
放射性同位素用户产生的放射性废物的管理　IAEA-TECDOC-929（1997）
核技术应用产生的低、中放废物的处理技术　STI/PUB/87（1965）
油、气工业辐射防护和放射性废物管理　SS. No34，2004
非铀矿工作场所的氡的辐射防护　SS. No33，2004
医疗、工业、农业研究和教育使用放射性物质所产生的废物的管理　WS-G-2.7（2005）

废旧放射源的管理

密封放射源的处理、整备和贮存　小核研究中心和医疗、研究及工业同位素用户所产生的低中放废物管理技术手册　IAEA-TECDOC-1146（2000）
放射源的分类　IAEA-TECDOC-1344（2005）
废放射源问题的性质和等级　IAEA-TECDOC-620（1991）
废密封源的处理、整备和处置　IAEA-TECDOC-548（1990）
放射源安全和保安行为准则　IAEA/CODEOC/2004
辐射防护和放射源的安全　SS，No. 120（1996）
寻找和定位辐射源的方法　IAEA-TECDOC-804（1995）
废镭源的整备和中间贮存　IAEA-TECDOC-886（1996）
不用长寿命密封源钻孔处置的安全考虑　IAEA-TECDOC-1368（2003）
废密封源集中设施的参考设计　IAEA-TECDOC-806（1995）
废密封放射源的搬运、整备和贮存　IAEA-TECDOC-1145（2000）
不用密封放射源事故预防管理　IAEA-TECDOC-1205（2001）
高活度废放射源的管理　IAEA-TECDOC-1301（2002）
不用放射源的处理方案　TRS，No.436（2005）

九、核燃料循环废物

核燃料循环后段废物的处理　IAEA-TECDOC-831（1995）
乏燃料干法、湿法贮存的综评　IAEA-TECDOC-1100（1999）
延长乏燃料贮存的进一步研究　IAEA-TECDOC-944（1997）
搬运、贮存和处置乏燃料的远距离操作技术　IAEA-TECDOC-842（1995）
乏燃料贮存的安全和工程问题　STI/PUB/949（1995）

乏燃料贮存设施的设计 STI/PUB/976（1994）
乏燃料贮存设施的运行 STI/PUB/977（1994）
乏燃料贮存设施的安全评价 STI/PUB/656（1984）
乏燃料管理的多用途容器技术 IAEA-TECDOC-1192（2000）
铀浓缩物到六氟化铀精炼和转换过程所产生的废物的管理 IAEA-TECDOC-241（1981）
乏燃料性能评价和研究 IAEA-TECDOC-1343（2001）

十、废物最小化

铀纯化、富集和燃料元件制造的废物最小化 IAEA-TECDOC-1115（1999）
核设施去污和退役废物最小化 STI/DOC/10/401（2001）
放射性废物的分拣和最小化 IAEA-TECDOC-652（1992）
核燃料循环中物料和部件的再循环和再利用 IAEA-TECDOC-1130（2000）
核电厂和核燃料循环后端废物最小化 IAEA-TRS，No.377（1995）
核设施退役和拆卸过程产生部件的再利用再循环有关因素 STI/DOC/10/293（1988）

十一、低、中放废物处置

放射性废物的近地表处置 STI/PUB/1073（1999）
近地表处置低中放废物的科学和技术基础 STI/DOC/10/412（2002）
低放废物处置方案的评论 IAEA-TECDOC-661（1992）
低放废物处置设施的规划和运行 STI/PUB/1002（1997）
放射性废物近地表处置的社会、经济和排放影响 IAEA-TECDOC-1308（2002）
放射性废物近地表处置设计的技术考虑 IAEA-TECDOC-1256（2001）
放射性废物近地表处置设施中工程屏障行为 IAEA-TECDOC-1255（2001）
近地表处置废物货包的检查和检验 IAEA-TECDOC-1129（2000）
浅地下处置放射性废物指南 STI/PUB/578（1981）
低、中放固体废物岩穴处置指南 STI/PUB/610（1983）
固体放射性废物浅地下处置库场址调查 STI/DOC/10/216（1982）
近地表处置设施的选址 STI/PUB/965（1997）
岩穴低、中放废物处置库场址调查、设计、建造、运行、关闭和监测 STI/PUB/659（1984）
浅地下低、中放废物处置库设计、建造、运行、关闭和监测 STI/PUB/652（1984）
放射性废物浅表土地处置运行经验 STI/DOC/10/253（1985）
放射性废物浅土地和岩穴处置的接受准则 STI/PUB/710（1985）
放射性废物近地处置设施封闭的程序和技术 IAEA-TECDOC-1260（2001）

近地表处置设施地下水流的鉴定	IAEA-TECDOC-1199（2001）
低放废物处置设施的性能评价方法	NUREG 1573（2000）
放射性核素从浅土地埋藏场迁移和生物圈转移	IAEA-TECDOC-579（1990）
浅地层放射性废物处置库安全分析方法	SS，No. 64（1984）
近地表处置设施处置放射性废物活度限值的推导	IAEA-TECDOC-1380（2003）
发展放射性废物近地表处置的考虑	STI/DOC/10/417（2003）
放射性废物近地表处置设施的监测和维护	STI/PUB/1182（2004）
处置在近地表处置设施的放射性废物货包的安全评价	IAEA-TECDOC-1397（2004）
放射性废物近地表处置的安全评价	STI/PUB/1075（1999）
近地表放射废物处置设施的安全评价	IAEA-TECDOC-846（1995）
近地表放射废物处置设施安全分析报告的格式与内容	IAEA-TECDOC-783（1995）
地表放射废物处置设施安全分析报告的准备	IAEA-TECDOC-789 （ 1995 ）
放射性核素从浅土地埋藏场迁移和生物圈转移	IAEA-TECDOC-579（1989）
放射性废物近地处置设施的监督和监测	SS，No.35（2004）
放射性废物近地处置库的加固	STR，No.433（2005）

水力压裂

放射性灰浆水力压裂入页岩层中	STI/DOC/10/232（1983）
在处置和污染场址就地固化和隔离放射性废物技术	IAEA-TECDOC-972（1997）

十二、高放废物和α废物的深地质处置

放射性废物地质处置安全要求	STI/PUB/1231（2006）
地质处置放射性废物的科学和技术基础	STI/DOC/10/413（2003）
放射性废物地质处置	CD-ROOM，IAEA（2002）
放射性废物地质处置安全标准有关事项	IAEA-TECDOC-1282（2002）
高放废物地质处置库的监测	IAEA-TECDOC-1187（2000）
地质处置放射废物场址水文地质调查	STI/DOC/10/391（1999）
地质处置放射性废物场址选择和特性鉴定经验	IAEA-TECDOC-991（1997）
放射性废物处置的问题	IAEA-TECDOC-909（1996）
地下处置固体放射性废物准则	STI/PUB/612（1983）
地下处置高水平放射性废物安全原则和技术准则	Safety Series No. 99（1989）
乏燃料及高放废物和α废物的地质处置	STI/PUB/907（1993）
固体放射性废物陆地深地层处置库场址调查	STI/DOC/10/215（1982）
高放废物释热对地质处置库的影响	IAEA-TECDOC-319（1984）
放射性废物深地下处置库：近场效应	STI/DOC/10/251（1985）
处置放射性废物进深地质层的现场试验	IAEA-TECDOC-446（1987）
处置条件下高放废物体和工程屏蔽行为特性	IAEA-TECDOC-582（1991）
高放废物和α废物深地质处置库选址、设计和建造	IAEA-TECDOC-563（1990）

深地质处置放射性废物的接受准则	IAEA-TECDOC-560（1990）
放射性废物地下处置库的封闭	STI/PUB/319（1990）
高放废物和α废物深地质处置库运行和关闭导则	IAEA-TECDOC-630（1991）
深地质处置库工程屏障行为特性	STI/DOC/10/342（1992）
固体放射性废物和α废物地质处置库选址因素	STI/DOC/10/177（1977）
放射性废物管理和处置 废物盘存记录保持系统	IAEA-TECDOC-1222（2001）
高放废物处置记录的维护	IAEA-TECDOC-1097（1999）
高放废物地质处置库的监督	IAEA-TECDOC-1208（2001）
大陆地质处置库放射性废物处置安全分析范例	SS，No.58（1983）
地下处置库处置放射性废物审管导则	STI/DOC/774（1989）
放射性废物地下处置库的选址、设计和建造	STI/PUB/715（1986）
地下放射性废物处置系统性能评价	STI/PUB/692（1985）
放射性废物地下处置场址调查技术	STI/DOC/10/256（1985）
地质环境和废物处置	IAEA-TECDOC-292（1983）
长寿命超铀、锕系核素和裂变产物的地球化学	IAEA-TECDOC-637（1992）
高放废物地下处置的安全原则和技术准则	STI/PUB/854（1989）
地下处置放射性废物的规章	IAEA-TECDOC-230（1980）
放射性废物处置设施质量保证	IAEA-TECDOC-895（1996）
放射性废物地质处置科学和技术基础	TRS，No.413（2005）

地下实验室

地下实验室的研究成果用于放射性废物地质处置	IAEA-TECDOC-1243（2001）

天然类比研究

长寿命放射性废物处置行为评价的天然类比	STI/DOC/10/304（1989）
用天然类比支持长寿命放射性核素地质处置的放射核素迁移模型	IAEA-TECDOC-1109（1999）

分离—嬗变

锕系核素分离—嬗变的评价	STI/DOC/10/214（1982）
锕系核素和裂变产物的嬗变研究情况报告	IAEA-TECDOC-948（1997）
分离嬗变锕系核素和裂变产物对安全和环境的影响	IAEA-TECDOC-783（1995）

十三、核设施退役和去污

世界核设施退役情况	STI/PUB/1201（2004）
退役策略的选择、问题和因素	IAEA–TECDOC-1478（2005）
计划、管理和组织核设施退役所取得教训	IAEA—TECDOC-1394（2004）
退役的费用情况	IAEA–TECDOC-1476（2005）

退役安全文件的标准格式与内容	SS，No.45（2005）
核设施退役的国家政策和法规	IAEA-TECDOC-714（1993）
WWER 型核电厂退役	IAEA-TECDOC-1133（2000）
气冷堆退役燃料贮存和废物处置技术	IAEA-TECDOC-1043（1998）
大型核设施退役的组织和管理	STI/DOC/10/399（2000）
核设施退役无限制释放的监测计划	STI/DOC/10/334（1992）
核设施退役过程降低职业照射方法	STI/DOC/10/278（1987）
核设施去污和退役废物最小化	STI/DOC/10/401（2001）
便于退役的核电站的设计和建造	STI/DOC/10/382（1997）
核动力厂和研究堆的退役	STI/PUB/1079（1999）
医学、工业和研究设施的退役	WS-G-2.2（1999）
非反应堆核设施的退役	STI/DOC/10/386（1997）
研究堆安全	SS. No. NS-R-4（2005）
研究堆退役安全	SS，No.74（1986）
研究堆退役技术	IAEA-TECDOC-1273（2002）
研究堆利用、安全退役、燃料和废物管理	STI/PUB/1212（2005）
研究堆和小型核设施退役的计划和管理	STI/DOC/10/351（1993）
研究堆退役：评价，技术发展水平，遗留问题	STI/DOC/10/446（2006）
快堆运行和退役经验	IAEA TECDOC -1405（2004）
核设施退役遥控操作设备的应用	STI/DOC/10/348（1993）
核设施退役的审管过程	SS，No. 105（1990）
核设施退役过程混凝土和金属构筑物和的去污和拆毁	STI/DOC/10/286（1988）
核设施退役的技术和方法	STI/DOC/10/267（1986）
核设施退役和拆卸技术现状	STI/DOC/10/395（1995）
核设施污染烟囱的拆除	TRS，NO.440（2005）
核设施退役：去污、拆卸和废物管理	STI/DOC/10/230（1983）
陆基核电厂退役的有关因素	STI/PUB/500（1979）
要退役而关闭的核反应堆放射性特性鉴定	STI/DOC/10/389（1998）
地下构筑物、系统和部件的退役	STI/DOC/10/439（2006）
停运核设施的安全关闭	STI/DOC/10/375（1995）
放射性矿冶设施退役和残留物的清理	IAEA-TRS，No.362（1994）
核设施退役记录的保存	IAEA- TRS，No.395（1999）
核设施从运行到退役的过渡	IAEA-TRS，No. 420（2004）
核设施封闭有关因素	IAEA-TECDOC-603（1991）
核设施从运行到退役过渡的安全考虑	SS，No. 36（2004）
外部和内部污染的评价和处理	IAEA-TECDOC-869（1996）
延缓拆除核设施的安全封闭	IAEA-TRS，No.414（2003）
就地处置退役策略	IAEA-TECDOC-1124（1999）
大型核设施退役的组织和管理	IAEA- TRS，No. 399（2000）

核设施退役无限制释放的监测计划	IAEA- TRS，No. 334（1992）
核设施退役后的再开发利用	STI/DOC/10/444（2006）
核设施退役产生的有问题废物和物料的管理	TRS，No.441（2006）
核设施退役记录保持指南和经验	TRS，No.411（2003）
使用放射性物质设施的退役	SS. No. WS –R-5（2006）
使用放射性物质设施的退役策略	IAEA Safety Reports Series No. 50（待出版）
核反应堆退役的放射性石墨的特性鉴定、处理和整备	IAEA –TECDOC -1521（2006）

去　污

表面去污手册	STI/PUB/483（1979）
核设施去污和退役	IAEA-TECDOC-511（1989）
	IAEA-TECDOC-716（1993）
运行核电厂的去污	IAEA-TECDOC-248（1981）
核设施去污到允许运行、检查、检修、改造或退役	STI/DOC/10/249（1985）
维修和退役操作过程中去污新方法和新技术	IAEA-TECDOC-1022（1998）
核设施退役过程混凝土和金属构件的去污和拆毁	STI/DOC/10/268（1998）
乏燃料贮存设施和运输容器的去污	IAEA-TECDOC-556（1990）
核设施去污和拆卸技术现状	IAEA- TRS，No. 395（1999）

十四、豁免和清洁解控

排除、豁免和清洁解控原则的应用	RS-G-1.7（2004）
排除、豁免和清洁解控活度浓度值导出	SS，No.44（2005）
放射源和实践解除审管控制的原则	STI/PUB/817（1988）
核设施中物料再利用和再循环豁免原则的应用	SS，No. 111，1.1（1992）
豁免原则的应用经验	IAEA-TECDOC-807（1995）
固体物料中放射性核素的清洁解控水平：豁免原则的应用	IAEA-TECDOC-855（1996）
放射性核素在医学、工业和研究中应用所产生的物料的清洁解控	IAEA-TECDOC-1000（1998）
污染场址清污辐射防护原则的应用	IAEA-TECDOC-987（1997）
核设施退役符合无限制释放准则的监测	STI/DOC/10/334（1992）
豁免原则应用于核设施物料的再循环和再利用	STI/PUB/924（1992）
低剂量辐射风险的确定	IAEA-TECDOC-557（1990）

十五、场址恢复和清污

影响环境整治决策的非技术因素——如费用、土地和公众理解	IAEA-TECDOC-1279（2002）
放射性矿冶设施退役和残留物的清理	IAEA-TRS，No.362（1994）
整治污染场址的放射性特性鉴定	IAEA-TECDOC-1017（1998）
制定环境恢复策略的因素	IAEA-TECDOC-1032（1998）
放射性污染场址整治的技术	IAEA-TECDOC-1086（1999）
污染地下水整治的技术方案	IAEA-TECDOC-1088（1999）
适应场址整治的监测	IAEA-TECDOC-1118（1999）
环境整治活动中所用的场地鉴定技术	IAEA-TECDOC-1148（2000）
核反应堆严重事故之后的退役和清污	STI/DOC/10/346（1992）
核事故造成的大面积污染的清污	STI/DOC/10/300（1989）
核事故造成的大面积污染的清污计划	STI/DOC/10/327（1991）
核事故造成的大面积污染的清污所产生的废物处置	STI/DOC/10/330（1992）
污染场址清污辐射防护原则的应用	IAEA-TECDOC-987（1997）
中欧和东欧国家污染场地环境恢复计划	IAEA-TECDOC-865（1996）
中欧和东欧国家铀矿冶场址环境恢复计划	IAEA-TECDOC-982（1997）
放射性和其他危险物混合污染场地的整治	TRS，No. 442（2006）
散布放射性污染物场址的整治	TRS，NO. 424（2005）
铀生产设施环境污染及其恢复	STI/PUB/1228（2005）

十六、评价和数学模型

放射性废物处置情况的关键居民组和生物圈	IAEA-TECDOC-1077（1999）
调查和监测海洋放射性方法	STI/DOC/86（1965）
近海岸区污染物散布动力学机理模型	IAEA-TECDOC-274（1982）
放射性核素释放进海洋环境的影响	STI/PUB/565（1981）
释放进海岸边水中的放射性核素的行为	IAEA-TECDOC-329（1985）.
电离辐射环境影响的保护	IAEA-TECDOC-1091（1999）
过去核活动和事件放射性影响评价	IAEA-TECDOC-755（1994）
浅地层埋藏放射性核素的生物传输和迁移	IAEA-TECDOC-579（1990）
评价常规释放放射性核素环境转移的通用模型和参数	STI/PUB/611（1982）
放射性核素释放的环境影响	STI/PUB/971（1995）
用环境转移模型作预测的可靠性评价	STI/PUB/835（1989）
放射性核素释放的大气扩散模型	IAEA-TECDOC-379（1986）

核燃料循环放射性核素的局部和全球环境行为	IAEA-TECDOC-279（1983）
近海岸区污染物散布动力学机理模型	IAEA-TECDOC-274（1982）
长寿命放射性核素的环境迁移	STI/PUB/597（1982）
长寿命铀、锕系核素和裂变产物的地球化学	IAEA-TECDOC-637（1992）
氚在环境中的行为	STI/PUB/498（1979）
镭的环境行为	STI/DOC/10/310（1990）
镭在水体及含水层的行为	IAEA-TECDOC-301（1984）
超铀核素在环境中的行为	STI/PUB/410（1976）
超铀元素在海洋环境的迁移行为	IAEA-TECDOC-265（1982）
核素释放进水环境的影响	STI/PUB/406（1975）
放射性、化学和释热对环境的复合影响	STI/PUB/404（1975）
核电站冷却系统的环境影响	STI/PUB/378（1975）
核电厂的热排放	STI/DOC/10/155（1974）
地下处置放射性废物的安全评价	SS，No. 56（1981）
封闭核设施的安全评价考虑	IAEA-TECDOC-606（1991）
由外部源辐射引起的职业照射的评价	IAEA，ILO，RS-G-1.3（1999）
由吸入放射性核素引起的职业照射的评价	IAEA，ILO，RS-G-1.2（1999）

[注] TRS——Technical Reports Series 技术报告丛书
TECDOC——Technical Document 技术文件
SS——Safety Standards Series 安全标准丛书
SRS——Safety Reports Series 安全报告丛书

附录四　一些国家放射性废物管理机构和相关国际公约

国家	机构	承担相关职责
比利时	国家放射性废物和裂变材料管理局（ONDRAF/NIRAS）	全国放射性废物管理策略、废物处理、整备、运输、贮存、处置和质量控制
	核控制联邦局（FANC）	核安全和辐射防护法规
加拿大	原子能有限公司（AECL）	放射性废物和乏燃料管理的研究和开发
	核废物管理机构（NWMO）	乏燃料长期管理
	低放废物管理办公室（LLRWMO）	清除历史遗留的低放废物
法　国	国家放射废物管理局（ANDRA）	放射性废物管理策略，制订放射性废物处置开发计划，废物处置设施的选址、设计、建造和运营，低中放废物的运输和处置，包括建地下实验室和高放废物处置开发
	核材料总公司（COGEMA）	乏燃料后处理及后处理生产的废物整备和包装
	核设施安全局（DSIN）	制定和实施废物管理政策
	中央电离辐射防护局（SCPRI）	监测与检查工作人员、设施周围居民和环境的安全
德　国	联邦技术局（PTB）	负责放射性废物管理规划
	德国放射性废物处置工程公司（DBE）	负责废物贮存设施和处置场的设计、建造和运行
	联邦辐射防护局（BfS）	负责安全控制和标准规范的制订及核废物处置实施
	核燃料后处理总公司（BWK）	负责乏燃料的贮存和管理
荷　兰	国家机构	国会制订法律，政府部门制定政策、标准，颁发许可证
	国家放射性废物公司（COVRA）	负责放射性废物管理，包括高放废物的暂存
韩　国	原子能委员会（AEC）	制订放射性废物管理和处置政策
	科学技术部（MOST）	制订法规标准和发放许可证
	核环境管理中心（NEMC）	负责全国放射性废物管理项目的实施
	原子能安全委员会（AESC）	安全监督
芬　兰	国家机构	国会颁布法律，工商部制定政策、颁发许可证和安全规则
	辐射和核安全机构（STUK）	提出管理指导方针，安全评估，对 Posiva Oy 监管
	私营公司 Posiva Oy	实施乏燃料处置工作
西班牙	国家机构	国会颁布法律，经济部颁发处置库建造、运行执照，经费控制
		环境部评价和批准环评报告
	西班牙放射性废物公司（ENRESA）	负责全国包括乏燃料在内的核废物运输、暂存和最终处置，包括处置设施的选址、设计、建造、运行和关闭
	国家核安全委员会（CNS）	安全监督

国 家	机 构	承担相关职责
瑞 典	瑞典核燃料和废物管理公司（SKB）	执行机构，负责包括乏燃料在内的核废物处置的开发、选址、建造和运行活动及中间贮存设施
	核动力监察署（SKI）	监察核设施和废物管理设施的核安全
	辐射防护局（SSI）	辐射防护以及核研发计划
	瑞典核废物国家委员会（KASAM）	监督/顾问机构
南 非	国家机构	国会颁布法律，矿产能源部制定废物管理政策和策略
	核安全委员会（CNS）	发布执照，监督规章执行
	南非核能公司（NECSA）	负责乏燃料贮存
瑞 士	国家放射性废物处置总署（NAGRA）	负责放射性废物处置，也包括废物处置前的整备
	瑞士联邦能源办公室/核安全检察署（BFE）/（HBS）	管理申请执照，发布管理指导方针，管理辐射防护，评价项目，监督核设施的运行和安全
	瑞士联邦核安全委员会（KSA）	检查核设施运行和安全问题
	放射性废物处置计划专家组	对废物包括乏然燃料的管理、贮存和处置提出咨询建议
英 国	英国原子能局（UKAEA）	高放废物和乏燃料管理
	英国核燃料有限公司（BNFL）	负责运行乏燃料后处理，贮存、处理和处置后处理所产生的放射性废物
	英国放射性废物管理局（NIREX）	负责低中放废物的处置
	放计射性废物管理顾问委员会（RWMAC）	对主要的放射性管理问题提出咨询意见
	核退役局（NDA）	核设施退役
	放射性废物管理委员会（CoRWM）	
美 国	核管会（NRC）	负责处置库许可证发放，核材料接收，处置库关闭的批准
	环保局（EPA）	负责所有核设施环境安全
	能源部（DOE），下设：	负责国防核设施废物管理
	环境恢复和废物管理办公室（OERWM）	负责核设施的退役和场址环境恢复
	民用放射性废物管理办公室（OCRWM）	负责处置库选址、设计、建造和运行，处置库关闭
日 本	科技厅（PTB）	负责放射性废物管理规划、规章制度制定和安全监督下设原子能局和核安全局
	日本核燃料公司（JNFL）	负责乏燃料贮存和废物处置场
	日本核安全委员会（NSCJ）	负责核安全
	日本原子能委员会（JAEC）	下设原子能放射性废物咨询委员会
	日本核废物组织（NUMO）	高放废物地质处置实施机构

相关国际公约

《防止倾倒废物和其他物质污染海洋的公约》	1972年发布
《核事故及早通报公约》	1986年10月27日生效
《核材料实物保护公约》	1987年2月8日生效
《核事故或紧急情况援助公约》	1987年2月26日生效
《核安全公约》	1996年10月24日生效
《核损害民事责任维也纳公约》	1997年11月12日生效
《乏燃料管理安全和放射性废物管理安全联合公约》	2001年6月18日生效

附录五　放射性废物管理相关的监测和分析方法

一、个人剂量监测

1．内照射个人剂量监测

（1）生物检验：采集相关人员尿、粪和呼出气体样品，经预处理和放化分析，估算出放射性核素摄入量，根据代谢模式估算有效当量剂量。

（2）体外直接测量：① 全身计数器。测定发射 X 射线、γ射线的核素。得出体内现存核素含量，利用代谢参数，估算核素摄入量。② 肺部计数器。测定如 Pu 这样的核素是怎样沉积在肺部的。可用正比计数器或无机闪烁计数器测定，用适当肺部模型刻度。③ 甲状腺计数器。测定甲状腺内放射性碘沉积量。④ 伤口探测仪。

2．外照射个人剂量监测

（1）胶片剂量计。适于监测 X、γ、β、热中子，测定范围 0.05～15（10^{-2}Sv），显影、定影后测读。永久记录，可判断能量，价格便宜。

（2）玻璃剂量计。适于监测 X、γ、β、热中子，测定剂量范围 0.05×10^3～2×10^3（10^{-2} Sv），吸收辐射后激发发光，测读荧光强度。能重复使用，需要用读出仪。

（3）热释光剂量计。适于监测 X、γ、β、热中子，测定剂量范围 10^{-2}～10^5（10^{-2} Sv），磷光体吸收辐射后发光，测读热释光强度。能重复使用，需要用读出仪。

（4）个人剂量笔，使用方便、直读。

（5）核乳胶快中子个人剂量计。

（6）固体径迹剂量计。

此外，还有中子剂量计、个人剂量报警仪、个人电子剂量仪、趾端剂量计等。

二、工作场所辐射监测

1．外照射水平监测

γ射线、X 射线、β射线和中子监测。

2．表面污染监测

直接监测法和间接监测法。

3．空气污染监测

放射性气溶胶——通常采用采样测量。常用方法有过滤法、冲击法、向心分离法。

三、环境监测

包括运行前本底调查、运行监测、应急监测和退役监测，主要采取：

1．环境辐射监测γ辐射。

2．就地γ谱仪（可携式高纯锗γ谱仪，NaI(Tl)γ谱仪）环境γ放射性核素强度及其剂量率的就地γ谱仪测量分析。

3．航测和车载流动监测，大型NaI(Tl)γ谱仪，大型高纯锗γ谱仪，地面γ放射性核素强度及其剂量率的测定。

4．取样监测。气溶胶，水，沉降灰，生物，土壤等样品。

表1 环境监测举例

监测对象		监测内容
空气	γ辐射剂量率	总γ，总β，γ谱，^{90}Sr，^{137}Cs，^{3}H
	总α，β	
	气溶胶	
	气态碘	
水	降水（雨，雪）	γ谱，总β，^{3}H，^{90}Sr，总α，pH，U，Pu
	地表水	
	地下水	
土壤	土壤	γ谱，^{90}Sr
	沉积物	γ谱
生物样品	树叶，牧草	γ谱，^{90}Sr，总β，^{131}I
	蔬菜，水果	
	家畜，家禽	
海洋生态	海水	总β，^{3}H，pH
	海产品	γ谱，^{3}H
	海藻和海洋生物	γ谱，^{3}H
	海洋沉积物	γ谱，^{90}Sr

四、流出物监测

1．气载流出物监测

放射性惰性气体

放射性碘

放射性气溶胶

^{3}H、^{14}C

2. 液体流出物监测

正比计数管水面上监测

NaI 晶体浸入水中监测

五、常用的监测设备

表 2 常用的辐射探测器

监测仪器		测量对象	优缺点
气体电离探测器	气体电离室	α、β、γ、中子探测，可测计数和能谱	灵敏度较高，能量响应较好，电子线路简单，可做成便携式
	G-M 计数管	γ、β、X 射线探测	主要用来测γ，快速响应，探测效率高，灵敏度高，不测能量
	正比计数管	α、β、γ、中子探测，可测计数和能谱	结构简单，易损。充 BF_3 或 ^3He 正比计数管可测慢中子。反冲质子正比计数管可测快中子，采用铍窗的正比计数管可测量γ、X 射线
闪烁探测器	无机闪烁体		
	NaI（Tl）	X、γ 射线探测，能谱测定	灵敏度较高，探测γ射线效率高，无法测带电粒子，容易潮解，能量分辨率较低
	CsI（Tl）	适于强γ场中低能 X 射线和α粒子测量	不潮解，易加工成薄片，成本高，发光效率低
	ZnS（Ag）	适于在有β、γ 情况下测α 等重带电粒子	不能测粒子能量，含 ^{10}B 或 ^6Li 的 ZnS（Ag）探测器可测慢中子
	有机闪烁体		
	有机晶体	适于强γ 场中低能β 探测	
	塑料闪烁体	多用于β 射线计数测量	一些大体积塑料闪烁体可用于γ 射线和快中子计数测量
	液体闪烁体	特别适用于 ^3H 和 ^{14}C 低能β 核素测量，也可测α 粒子	有能谱测定能力
半导体探测器	金硅面垒型	主要用来测定α 和重离子的计数和能量	主要用来测α 射线，如用作氡的监测
	锂漂移型	可用来测γ、X 射线，也可测β	漂移深度较浅，探测效率较低
	高纯锗（HPGe）	主要用来测γ 射线，也可测 X 射线	能量分辨率高，仪器较复杂，需液氮冷却使用要求高
	锑锌化镉	主要用于测γ 射线	能量分辨率较 NaI（Tl）高，可在室温下工作，但体积小，探测效率低
热释光探测器		可测α、β、γ、中子	灵敏度高，量程宽，体积小，可重复使用 有赖于读数器，储存性能不稳定 在常规个人剂量监测中用得最多 在放射医学、放射生物学、地质研究中的应用也日益广泛
固体核径迹探测器		中子、α 粒子和多电荷重离子	广泛用于重核裂变测量，氡及其子体测量。对β、γ 不灵敏。材料易得，稳定性高。无须暗室操作，处理方法简单，价格低廉，测量费时
辐射光致荧光探测器		X，γ 照射测量 X，γ 混合场监测	可重复使用，低能端能量响应差，需加补偿片

表3　现场测量和实验室分析探测器

<table>
<tr><th colspan="2">现场测量设备</th><th colspan="2">实验室分析设备</th></tr>
<tr><td>α粒子探测器</td><td>α闪烁测量仪
α径迹探测器
流气式正比计数器
长射程α测量仪</td><td>α粒子分析</td><td>带多道分析器的α谱仪
流气式正比计数器
液闪谱仪
低本底α计数器</td></tr>
<tr><td>β粒子探测器</td><td>永电体电离室
流气正比计数器
带扁平探头的盖-革测量仪</td><td>β粒子分析</td><td>流气式正比计数器
液闪谱仪
低本底β计数器（用反符合计数管或塑料闪烁体，铅室屏蔽）</td></tr>
<tr><td>γ射线探测器</td><td>永电体电离室
带γ探头的盖-革测量仪
手持电离室测量仪
手持高气压电离室测量仪
可携式锗多道分析器
高气压电离式
碘化钠测量仪
热释光剂量计</td><td>γ射线分析</td><td>高纯锗反康γ谱仪
锗探头多道分析器
碘化钠探头多道分析器</td></tr>
<tr><td>X射线和低能γ射线</td><td>带测量仪表的Fidler探测器
现场X射线荧光谱仪</td><td colspan="2">平面HpGe、Si（Li）低能γ、X射线谱仪</td></tr>
<tr><td>氡气探测器</td><td>活性炭吸附装置
α径迹探测器
氡连续测量仪
永电体电离室
大面积活性炭收集器</td><td colspan="2"></td></tr>
</table>

六、一些核素的分析测定方法

1. 铀的分析测定

空气中微量铀的分析方法　激光荧光法	GB/T 12377—90
空气中微量铀的分析方法　TBP萃取荧光法	GB 12378—90
中微量铀的分析方法	GB 6768—86，ASTM-D2907-83
用γ谱仪放化分析测定土壤中铀同位素标准方法	ASTM-C1000-00
土壤中铀的测定　CL-5209萃取树脂分离	GB 11222.1—89
2-（5-溴-2-吡啶偶氮）-5-二乙氨基苯酚分光光度法	
土壤中铀的测定　三烷基氧膦萃取-固体荧光法	GB 11220.2—89
土壤中铀的分析方法	GB 11220.1—89，ASTM-C1000-83
生物样品灰中铀的测定　固体荧光法	GB 11223.1—89
生物样品灰中铀的测定　激光液体荧光法	GB 11223.2—89
尿中铀的分析方法	GB 296.1～296.2—87

天然水和废水中铀 X 光荧光分析标准方法 ASTM-C1416—99
岩石中微量铀钍分析方法 GB 349.1～4—88

2．钍的分析测定

水中钍的分析方法 GB 11224-89，ASTM-D2333-80
用能量色散 X 射线荧光光谱分析土壤中铀和钍标准方法 ASTM C1255—95

3．钚的分析测定

水中钚的分析方法 GB 11225—89，ASTM-D3865-82
土壤中钚的测定 萃取色层法 GB 11219.1—89
土壤中钚的测定 离子交换法 GB 11219.2—89
尿中钚的分析方法 EJ 274—87，ASTM-C1001-83
钚内照射剂量估算及评价方法 EJ 108—87
用α谱仪放化分析测定土壤中钚标准方法 ASTM-C1001-2000
用γ谱仪测定钚同位素组成标准方法 ASTM-C1030-2001
用量热法非破坏性分析钚、氚和镅-241 标准方法 ASTM -C1458-2000

4．镎-237 分析测定

土测中 Np-237 测定标准导则 ASTM-C1475-00

5．镅-241 分析测定

用α谱仪放化测定土壤中 Am^{241} 标准方法 ASTM -C1205-97
用γ射线谱仪定量测定钚中 Am^{241} 标准试验方法 ASTM-C1268-94

6．锝-99 分析测定

土壤中 Tc-99 测定标准导则 ASTM-C1387-98

7．镭的分析测定

水中镭-226 的分析方法 GB 11214—89，ASTM-D2460-80
水中镭的α放射性测定 GB 11218—89，ASTM-D3454-79
土壤中镭-226 的放射化学分析方法 EJ/T 1117—2000

8．氡的分析测定

环境空气中氡的标准测量方法 GB/T 14582—93
环境空气中氡及氡子体测定规范 EJ 605—91，EPA-PB-85-187955/AS
铀矿山空气中氡及氡子体的测量方法 EJ 378—89，ICRP No. 32
表面氡析出率测定 积累法 EJ/T 979—95
氡及氡子体测量规范 EJ/T 605—91
水中氡测量规程 EJ/T 1133—2001
饮用天然矿泉水氡的测定方法 GB 8538.58—87
空气中氡浓度的闪烁瓶测量方法 GB/T 16147—95

9．钋的分析测定

水中钋-210 的分析方法 电镀制样法 GB 12376—90

10．碘的分析测定

空气中碘-131 碘的取样与测定 GB/T 14584—93
空气中碘-131 的取样和分析方法 GB 3059—1996

水中碘-131 的分析方法	GB 13272—91，ASTM-D2 334
水中碘-129 的分析方法	ASTM-D2 334
牛奶中碘-131 的分析方法	GB/T 14674—93
植物/动物甲状腺中碘-131 的分析方法	GB 13273—91

11．锶的分析测定

水中锶-90 放射化学分析方法 发烟硝酸沉淀法	GB 6764—86
水中锶-90 放射化学分析方法 离子交换法	GB 6765—86，ASTM-D3920-80
水中锶-90 放射化学分析方法 二-（2-乙基己基）磷酸萃取色层法	GB 6766—86
土壤中锶-90 的分析方法	EJ/T1035—96　ASTM-C1507-01
生物样品灰中锶-90 的放射化学分析方法 二-（2-乙基己基）磷酸酯萃取色层法	GB 11222.1—89
生物样品灰中锶-90 的放射化学分析方法 离子交换法	GB 11222.2—89
食品中放射性物质检验　^{90}Sr 的测定	GB/T 148838—1994

12．铯的分析测定

水中铯-137 放射化学分析方法	GB 6767—86，ASTM-D2 577-72
生物样品灰中铯-137 的放射化学分析方法	GB 11221—89

13．氚的分析测定

空气中氚的分析方法	ASTM-D3442-75
水中氚的分析方法	GB 12375—90，ASTM-D2476-81
牛奶中氚的分析方法	EJ/T 558—91，
氚内照射剂量估算及评价方法	EJ 287—87
尿中氚的分析方法	EJ/T 1047—99

14．碳-14 的分析测定

空气中 C-14 取样与测定方法	EJ/T 1008—96　NCRP No.81

15．α 放射性测定

饮用天然矿泉水中总α 放射性的测定方法	GB 8538.56—87
水中总α 活度测定方法	GB/T 1075—98　ASTM D3064
低本底α 测量仪	GB 11682—89　ASTM D1943-81
放射性核素的α 能谱分析方法	GB/T 16141—95

16．β 放射性测定

水中总β 放射性的测定	EJ/T 900—94
饮用天然矿泉水中总β 放射性的测定	GB 8538—87　ASTM D1890-81
低本底β 测量仪	EJ/T 785—93

17．γ 放射性测定

空气中放射性核素γ 能谱分析	WS/T 184—1999
水中放射性核素γ 能谱测定方法	GB/T 16140—1995 ASTM D2 459-72
土壤中放射性核素γ 能谱分析方法	GB 11743—83

生物样品中的放射性核素γ能谱监测分析方法	GB/T 16145—95
用半导体γ谱仪分析低比活度γ放射性样品的标准方法	GB 11731—89
环境地表γ辐射剂量率测定规范	GB/T 14583—93
环境贯穿辐射监测一般规定	EJ 379—89
地面γ总量测量规范	EJ/T 831—94
车载γ能谱测量规范	EJ/T 980
车载γ能谱测量系统	EJ/T 585—91

18．其他核素的分析测定

水中 Ni-63 的分析方法	GB/T 14502—93
水中 Mn-54 的分析方法	EJ/T 919—94
水中 Co-60 的分析方法	GB/T 15221—94
水中 K-40 的分析方法	GB 11338—89

附录六　低中放废物固化体和放射性废物运输货包检验项目

一、低中放废物固化体性能检验

水泥固化体	
抗浸出性/（cm/d）	
^{60}Co	$\leq 2\times10^{-3}$
^{137}Cs	$\leq 4\times10^{-3}$
^{90}Sr	$\leq 1\times10^{-3}$
^{239}Pu	$\leq 1\times10^{-5}$
其他β/γ核素（不包括 ^{3}H）	$< 4\times10^{-3}$
其他超铀核素	$< 1\times10^{-5}$
游离液体	无泌出的游离液体
抗浸泡性	抗浸泡试验后不发生破碎，抗压强度损失≤25%
抗压强度	≥7 MPa
抗冲击性	9 m高自由垂直下落无明显破碎
抗冻融性	抗冻融试验后抗压强度损失≤25%
耐γ辐照性	γ辐照试验后抗压强度损失≤25%

沥青固化体	
抗浸出性/（cm/d）	
^{60}Co	$\leq 2\times10^{-4}$
^{137}Cs	$\leq 1\times10^{-3}$
^{90}Sr	$\leq 2\times10^{-4}$
^{239}Pu	$\leq 1\times10^{-5}$
其他β/γ核素（不包括 ^{3}H）	$\leq 4\times10^{-4}$
其他超铀核素	$\leq 1\times10^{-5}$
均匀性	不均匀度≤20%
含水率	浓缩废液固化体≤1%（质量分数），废树脂固化体≤3%（质量分数）
抗浸泡性	90 d 抗浸泡试验后体积膨胀率≤10%
燃点	＞300℃
软化点	≥55℃
起始放热温度	＞240℃
耐γ辐照性	γ辐照试验后体积增加≤10%

塑料固化体	
抗浸出性/（cm/d）	
^{60}Co	$< 1\times10^{-4}$
^{137}Cs	$< 5\times10^{-4}$
^{90}Sr	$< 1\times10^{-4}$
^{239}Pu	$< 1\times10^{-5}$
其他β/γ核素（不包括 ^{3}H）	$\leq 4\times10^{-4}$
其他超铀核素	$\leq 1\times10^{-5}$
均匀性和密实性	外表和剖面目视无空隙和裂缝
游离液体	完全硬化后无游离液体
抗浸泡性	抗浸泡试验后不破碎，体积变化≤5%，抗压强度变化≤15%
抗压强度	≥7 MPa
抗冲击性	9 m 高自由垂直下落无明显破碎
抗冻融性	冻融试验后体积变化≤2%，抗压强度损失≤15%
抗着火性	表面碳化层≤5 mm，质量损失＜20%
耐γ辐照性	体积变化损失≤5%，抗压强度损失≤15%

参考文献：GB14569.1—93，GB14569.3—93，GB14569.2—93

二、放射性废物运输货包检验项目

货包类型	内容物	试验项目	工况
IP-Ⅰ型	LSA-Ⅰ LSA-Ⅰ（液体，独家使用） SCO-Ⅰ	无	运输 正常条件
IP-Ⅱ型	LSA-Ⅰ（液体） LSA-Ⅱ LSA-Ⅱ（液体气体，独家使用） LSA-Ⅲ（独家使用） SCO-Ⅱ	自由落体试验 堆码试验	运输 正常条件
IP-Ⅲ型	LSA-Ⅱ（液体气体） LSA-Ⅲ	喷水试验 自由落体试验 堆码试验 贯穿试验	运输 正常条件
A型	放射性活度不超过A2值	喷水试验 自由落体试验 堆码试验 贯穿试验	运输 正常条件
A型 （盛装液体和气体）	放射性活度不超过A2值	喷水试验 9 m下落试验 堆码试验 1.7 m贯穿试验	运输 正常条件
B型	放射性活度超过A2值	喷水试验 自由落体试验 堆码试验 贯穿试验	运输 正常条件
		9 m下落试验 1 m冲击试验 耐热试验 水浸没试验	运输 事故条件
C型	放射性活度超过A2值	喷水试验 自由落体试验 堆码试验 贯穿试验	运输 正常条件
		9 m下落试验 1 m冲击试验 耐热试验 水浸没试验 强化水浸没试验 击穿/撕裂试验 强化耐热试验 90 m/s冲击试验	运输 事故条件

[注] IP-Ⅰ，IP-Ⅱ，IP-Ⅲ分别为1型，2型，3型工业货包；LSA-Ⅰ，LSA-Ⅱ，LSA-Ⅲ 分别为Ⅰ类，Ⅱ类，Ⅲ类低比活度物质；SCO-Ⅰ，SCO-Ⅱ 分别为Ⅰ类，Ⅱ类表面污染物体。

参考文献：GB11806—2004

附录七　桶装固体废物监测方法和废物固化体浸泡试验方法

一、桶装固体废物监测方法

监测装置	监测对象	优 缺 点
碘化钠（铊）γ谱分析装置	桶装废物核素组成及活度	简单或已知γ核素组成，均匀介质及均匀核素分布。无法定量测量非均匀介质、非均匀核素分布的情况。
高纯锗（HpGe）γ谱分析装置	桶装废物核素组成及活度	复杂γ核素组成，均匀介质及均匀核素分布。无法定量测量非均匀介质、非均匀核素分布的情况。
分段γ扫描装置（SGS）	桶装废物核素组成及活度	未知γ核素组成，分段均匀介质及均匀核素分布（各段之间可以非均匀）。不适合非均匀分布的中高密度介质桶装废物。
断层γ扫描装置（TGS）	桶装废物核素组成及活度	未知γ核素组成，分段均匀介质及均匀核素分布的活度定量测量，桶内γ核素分布。费用较高，测量时间较长。
桶中α废物检测装置	桶装废物中α废物量	无源中子分析——通过测定Pu-240自发裂变中子，灵敏度较低； 有源中子分析——通过Cf-252诱发作用，测定U-235缓发裂变中子，灵敏度较高。 可定量测量α废物含量。设备庞大，运行费用较高。

二、废物固化体浸泡试验方法

方法		温度/℃	浸泡剂	S/V（cm^{-1}）	浸泡溶液更换	浸泡时间/d	参考文献
IAEA法	静态法	25±5	去离子水	≤0.1	第一周每天一次，后8周每周一次，后6个月每月一次，然后一年两次	无限定	1，2
ISO法	静态法	40，70，100±1	去离子水	0.1～0.2	头5天每天一次，后二周每周二次，后4周每周一次，然后每月一次	无限定	3
MCC-1法	低温静态法	40，70，90	去离子水	0.1±0.005	不更换浸泡液	3，14，28	4，5
MCC-2法	高温静态法	110，150，190	去离子水	0.1±0.005	第3，7，14，28，56，91，182，364天更换溶液	28，91，364	4，5
MCC-4法	动态法	40，70，90	去离子水	0.1±0.005	浸泡液流动0.1 m/min，0.01 m/min，0.001 m/min	28 d或更长	4，5

方法		温度/℃	浸泡剂	S/V（cm⁻¹）	浸泡溶液更换	浸泡时间/d	参考文献
MCC-5 法	动态法	～100	蒸馏水	无关	水连续流动	3，14	4，5
ANS-16.1 法	静态法	17.5～27.5	去离子水	0.1±0.005	头 1 天 2 h，7 h，24 h 各一次，后 4 天每天一次，以后隔 14 d，28 d，43 d 更换溶液	90	6
GOST-29114-91（俄罗斯）法	静态法	25，40，90	蒸馏水	0.1～0.3	头 3 天每天一次，后 4 周每周一次，然后每月一次	28 d 或更长	7
PCT 法	粉末静态法	90±2	去离子水	19.55	不更换浸泡液	7	8，9

[注] S/V—浸泡样品表面积与浸泡液体积之比。

参考文献

[1] IAEA. Characterization of Radioactive Waste Forms and Packages. Technical Reports Series No.383，1997.

[2] HESPF E D. Leach Testing of Immobilized Radioactive Waste Solids：A Proposal for a Standard Method. Atom Energy Rev. 9（1），1971：195.

[3] ISO. Draft International Standard. Long-term Leach Testing of Radioactive Waste Solidification Products，Standard ISO/DIS-6961，ISO，Geneva，1980.

[4] US DOE. Nuclear Waste Materials Handbook（test methods）. Pep. DOE/TDC-11400，Technical Information Center，USDOE，Oak Ridge，TN，1982.

[5] American Nuclear Society. Measurement of the Leachability of Solidified Low-level Radioactive Wastes by a Short-tern Test Procedure-An American National Standard. ANSI/ANS 16.1，ANS，La Grange Park，IL，1986.

[6] State Committee for Standardization and Metrology，Long Time Leach Measurement of Solidified Radioactive Waste. State Standard GOST-29114-91，GOST，Moscow，1993.

[7] American Society for Testing and Materials. Test Methods for Determining Chemical Durability of Nuclear Waste Glasses：The Product Consistency Test（PCT），ASTM，Designation：C-1285-94.

[8] ASTM Standard Test Methods for Determining Chemical Durability of Nuclear. Hazardous and Mixed Waste Glasses：The Product Consistency Test（PCT），ASTM 1285-97.